MATLAB R2020a
入门、精通与实战

刘浩　韩晶　编著

電子工業出版社
Publishing House of Electronics Industry
北京•BEIJING

内 容 简 介

MATLAB 是 MathWorks 公司推出的高性能数值计算和可视化软件，它集数值计算、矩阵运算和图形可视化于一体，方便地应用于算法开发、数据采集、数学建模、科学计算、系统仿真、数据分析等方面。

本书基于 R2020a 版本，由浅入深且系统地介绍了 MATLAB 的应用。全书共 13 章，内容涉及初识 MATLAB、基础知识、向量与矩阵、矩阵运算、数学函数、数据绘图、图形处理、程序设计、数值计算、符号计算、句柄图形、输入与输出、Simulink 仿真。全书语言通俗易懂，内容丰富翔实；突出以实例为中心的特点，通过大量的实例，实现理论与实践的结合，可以帮助读者快速、轻松地掌握 MATLAB。

本书结构合理、叙述详细、算例丰富、图文并茂，可以作为信号处理、自动控制、机械电子、自动化、电力电气、通信工程等专业的教学用书，也可以作为通信、电子、自动控制等领域的广大科研工作者、工程师等的自学参考用书。

图书在版编目（CIP）数据

MATLAB R2020a 入门、精通与实战 / 刘浩，韩晶编著. —北京：电子工业出版社，2021.12

ISBN 978-7-121-42077-1

Ⅰ. ①M… Ⅱ. ①刘… ②韩… Ⅲ. ①Matlab 软件 Ⅳ. ①TP317

中国版本图书馆 CIP 数据核字（2021）第 190903 号

责任编辑：赵英华　　　　　　特约编辑：田学清
印　　刷：中煤（北京）印务有限公司
装　　订：中煤（北京）印务有限公司
出版发行：电子工业出版社
　　　　　北京市海淀区万寿路 173 信箱　　　　邮编：100036
开　　本：787×1092　1/16　印张：19.75　字数：468.3 千字
版　　次：2021 年 12 月第 1 版
印　　次：2021 年 12 月第 1 次印刷
定　　价：69.00 元

凡所购买电子工业出版社图书有缺损问题，请向购买书店调换。若书店售缺，请与本社发行部联系，联系及邮购电话：（010）88254888，88258888。

质量投诉请发邮件至 zlts@phei.com.cn，盗版侵权举报请发邮件至 dbqq@phei.com.cn。

本书咨询联系方式：（010）88254161～88254167 转 1897。

前言
PREFACE

MathWorks 公司在 1984 年推出了一套高性能的数值计算和可视化软件——MATLAB。MATLAB 全称“矩阵实验室”（Matrix Laboratory），它是以著名的线性代数软件包 LINPACK 和特征值计算软件包 EISPACK 中的子程序为基础发展而成的一种开放型程序设计语言。

MATLAB 不但省去了其他高级程序语言（如 C 语言）对复杂的变量类型进行声明这一步骤，而且用户可以按照符合人类正常逻辑思维方式和数学表达习惯的语言形式书写程序，从而大大提高了工作效率。

众多设计人员和工程实践者为 MATLAB 的开发做出了卓越的贡献，使其从一个简单的矩阵分析软件逐渐发展成为一个具有极高的通用性、带有众多实用工具的运算操作平台。

1. 本书特点

本书结合编者多年的 MATLAB 使用经验和实用算例，将 MATLAB 软件的使用方法与技巧详细地讲解给读者。本书内容新颖、步骤详尽，并辅以相应的图片，使读者在阅读时一目了然，从而可以快速掌握书中所讲内容。

全书采用由浅入深、循序渐进的讲解方式，便于读者尽快掌握 MATLAB 的应用，以更好地利用 MATLAB 开展工作。全书实例典型、轻松易学，通过应用算例，透彻、详尽地讲解了 MATLAB 在多方面的应用。

2. 本书内容

本书主要从使用方面对 MATLAB 进行较为详细的讲解，大部分内容通过简单的操作就可以掌握。全书共 13 章，具体安排如下：

第 1 章　初识 MATLAB
第 2 章　基础知识
第 3 章　向量与矩阵
第 4 章　矩阵运算
第 5 章　数学函数
第 6 章　数据绘图
第 7 章　图形处理
第 8 章　程序设计
第 9 章　数值计算
第 10 章　符号计算
第 11 章　句柄图形
第 12 章　输入与输出
第 13 章　Simulink 仿真

3．读者对象

本书结构合理、叙述详细、算例丰富，既适合包括广大科研工作者、工程师和在校学生等在内的读者自学使用，又适合大、中专院校相关专业教学使用。

4．本书作者

本书由刘浩编著，虽然在编写过程中力求叙述准确、完善，但由于水平有限，书中欠妥之处在所难免，希望读者和同仁能够及时指出，共同促进本书质量的提高。

目录
CONTENTS

第 1 章

初识 MATLAB

MATLAB 是一种专业的计算机应用程序，用于工程科学的矩阵数学运算。目前，它已逐渐发展为一种极其灵活的计算体系，用于解决各种重要的科学技术问题。本章主要介绍 MATLAB 的工作环境、通用命令、帮助系统等，最后通过简单的算例让初学者了解 MATLAB 的基本运算功能。

学习目标

（1）熟悉 MATLAB 的工作环境。

（2）掌握 MATLAB 的通用命令。

（3）熟悉 MATLAB 的帮助系统。

1.1 MATLAB 的工作环境

在初次启动 MATLAB 时，需要将安装文件夹里（默认路径为 C:\Program Files\Polyspace\R2020a\bin）的 MATLAB.exe 应用程序添加到桌面快捷方式，双击该快捷方式图标即可打开 MATLAB 操作界面。

1.1.1 操作界面

启动 MATLAB 后的操作界面如图 1-1 所示，在默认情况下，MATLAB 的操作界面包含选项卡、当前文件夹、命令行窗口、工作区等区域。

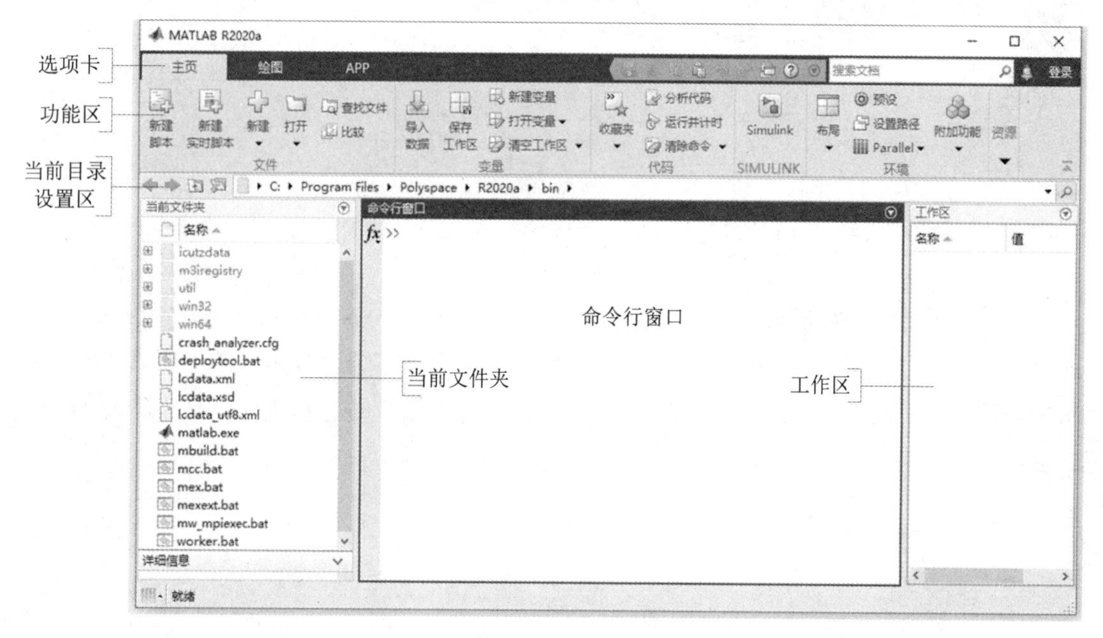

图 1-1 启动 MATLAB 后的操作界面

1.1.2 当前文件夹窗口

MATLAB 利用当前文件夹窗口组织、管理和使用所有 MATLAB 与非 MATLAB 文件，如新建、复制、删除、重命名文件夹和文件等。另外，还可以利用该窗口打开、编辑和运行 M 程序文件及载入 MAT 数据文件等。当前文件夹窗口如图 1-2 所示。

MATLAB 的当前目录是系统默认的实施打开、装载、编辑和保存文件等操作时的文件夹。设置当前目录，就是将此默认文件夹改变成用户希望使用的文件夹，即用来存放文件和数据的文件夹。

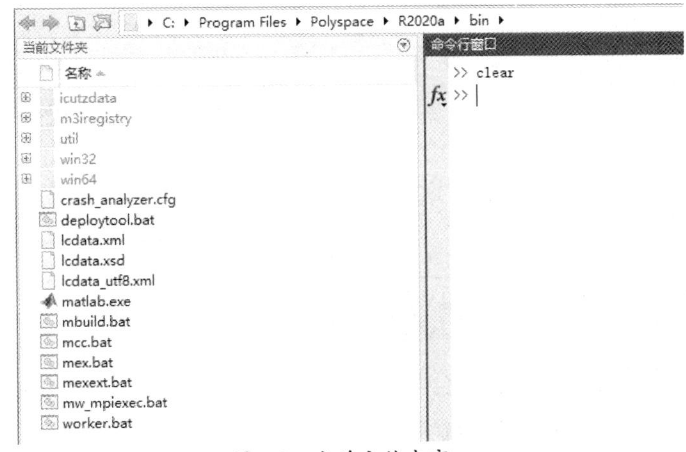

图 1-2　当前文件夹窗口

1.1.3　命令行窗口

MATLAB 默认主界面的中间部分是命令行窗口。命令行窗口是接收命令输入的窗口，可输入的对象除 MATLAB 命令外，还包括函数、表达式、语句及 M 文件名或 MEX 文件名等。本书将这些可输入的对象统称为语句。

MATLAB 的工作方式之一是在命令行窗口中输入语句，然后由 MATLAB 逐句解释执行并在命令行窗口中给出结果。命令行窗口可显示除图形以外的所有运算结果。

命令行窗口中的每行语句前都有一个提示符号“>>”，即命令提示符。在此符号后（也只能在此符号后）输入各种语句并按 Enter 键，方可被 MATLAB 接收和执行。执行的结果通常就直接显示在语句下方。

1. 命令行窗口中数值的显示格式

MATLAB 的默认显示格式是：当数值为整数时，以整数显示；当数值为实数时，以 short 格式显示，如果数值的有效数字超出了显示范围，则以科学记数法显示。

为了满足不同格式显示结果的需要，MATLAB 提供了 format 函数，用于数值显示格式的设置，其格式如下：

```
format style          %将命令行窗口中的输出显示格式更改为style指定的格式
format                %自行将输出格式重置为默认值
```

表 1-1 给出了命令行窗口中数值的显示格式。

表 1-1　命令行窗口中数值的显示格式

格　式	显示形式	格式效果说明
short	1.5708	默认格式，保留 4 位小数，整数部分超过 3 位的小数用 short e 格式
short e	1.5708e+00	用 1 位整数和 4 位小数表示，倍数关系用科学记数法表示成十进制指数形式
short g	1.5708	保证 5 位有效数字，当数字为 10^{-5}～10^{5} 时，自动调整数位多少，超出时用 short e 格式
long	1.570796326794897	15 位小数，最多 2 位整数，共 16 位十进制数，否则用 long e 格式表示
long e	1.570796326794897e+00	15 位小数的科学记数法

续表

格　式	显示形式	格式效果说明
long g	1.57079632679497	保证 15 位有效数字，当数字为 10^{-5}～10^{15} 时，自动调整数位多少，超出时用 long e 格式
rat	355/226	rational 用分数有理数近似表示
hex	3ff921fb54442d18	十六进制格式表示
+	+	正/负数和零分别用+、一、空格表示
bank	1.57	限两位小数，用于表示元、角、分
compact	不留空行显示	在显示结果之间没有空行的压缩格式
loose	留空行显示	在显示结果之间有空行的稀疏格式

表 1-1 中的最后两种格式用于控制屏幕显示格式，而非数值显示格式。MATLAB 的所有数值均按 IEEE 浮点标准规定的长型格式存储，显示的精度并不代表数值的实际存储精度（或数值参与运算的精度）。

2. 数值显示格式的设置方法

数值显示格式的设置方法有以下两种。

（1）依次单击“主页”→“环境”→“预设”按钮，在弹出的“预设项”对话框中选择“命令行窗口”选项，进行数值显示格式设置，如图 1-3 所示。

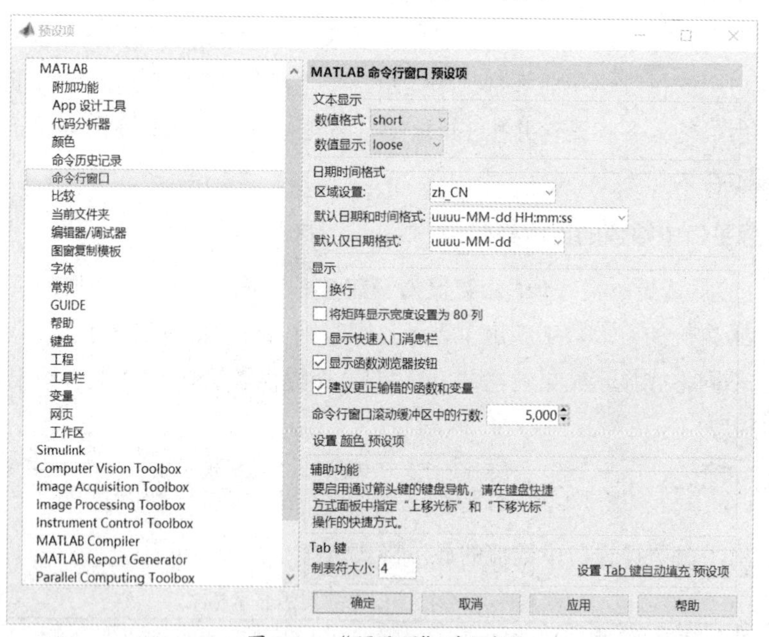

图 1-3　“预设项”对话框

（2）在命令行窗口中执行 format 命令。例如，要用 long 格式，只需在命令行窗口中输入 format long 语句即可。使用命令的目的是方便在程序设计时进行格式设置。

不仅数值显示格式可以自行设置，数字和文字的字体显示风格、大小、颜色也可由用户自行挑选。在“预设项”对话框左侧的格式对象树中选择要设置的对象，再配合相应的选项，便可对所选对象的风格、大小、颜色等进行设置。

3．命令行窗口清屏

当命令行窗口中执行过许多命令后，经常需要对命令行窗口进行清屏操作，通常有以下两种方法。

- 执行“主页”→“代码”→“清除命令”→“命令行窗口”命令。
- 在命令提示符后直接输入 clc 语句。

以上两种方法都能清除命令行窗口中显示的内容，但并不能清除工作区中显示的内容。

4．命令历史记录

在命令行窗口中使用过的语句均存储在命令历史记录窗口中，在命令行窗口中输入键盘中的方向箭头“↑”，即可弹出命令历史记录窗口。

对于命令历史记录窗口中的内容，可在选中的前提下将它们复制到当前正在工作的命令行窗口中，以供进一步修改或直接运行。

执行“主页”→“代码”→“清除命令”→“命令历史记录”命令，可以清除命令历史记录窗口中的内容。

1.1.4　工作区窗口

在默认情况下，工作区位于 MATLAB 操作界面的右侧。工作区窗口拥有许多其他应用功能，如内存变量的打印、保存和编辑、图形绘制等。操作时只需在工作区窗口中选择相应的变量，然后单击鼠标右键，在弹出的快捷菜单中选择相应的菜单命令即可，如图 1-4 所示。

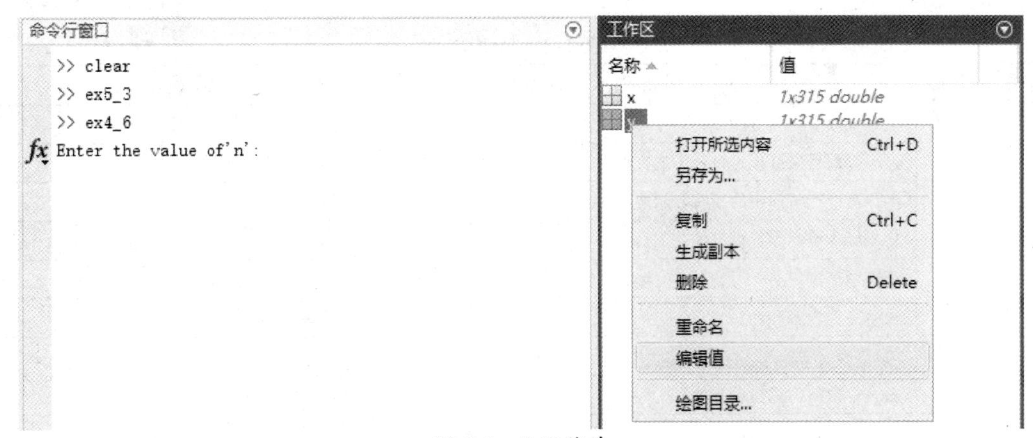

图 1-4　快捷菜单

在 MATLAB 中，数组和矩阵都是十分重要的基础变量，因此，MATLAB 专门提供了变量编辑器这个工具来编辑数据。

双击工作区窗口中的某个变量，会弹出如图 1-5 所示的变量编辑器窗口。在该编辑器窗口中，可以对变量及数组进行编辑操作。同时，利用“绘图”选项卡下的功能命令，可以很方便地绘制各种图形。

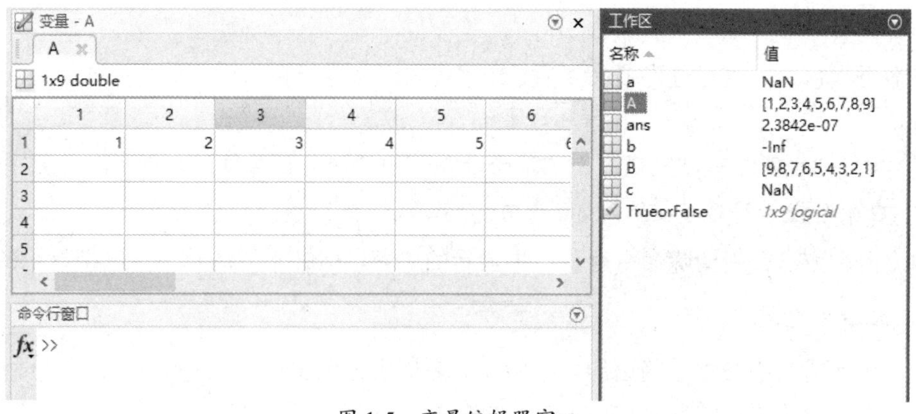

图 1-5　变量编辑器窗口

1.2　通用命令

通用命令是 MATLAB 中经常使用的一组命令，这些命令可以用来管理目录、命令、函数、变量、工作空间、文件和窗口。在后面的学习中会经常用到，下面对这些命令进行简单归纳，并不做详细介绍。

1.2.1　常用命令

在使用 MATLAB 时，在编写程序代码的过程中将经常使用的命令称为常用命令，如表 1-2 所示。

表 1-2　常用命令

命　令	命令说明	命　令	命令说明
cd	显示或改变当前工作目录	load	加载指定文件的变量
dir	显示当前目录或指定目录下的文件	diary	日志文件命令
clc	清除命令行窗口中的所有显示内容	!	调用 DOS 命令
home	将光标移至命令行窗口的左上角	exit	退出 MATLAB
clf	清除图形窗口	quit	退出 MATLAB，等同于 exit
type	显示文件内容	pack	收集内存碎片
clear	清理内存变量	hold	图形保持开关
echo	命令行窗口信息显示开关	path	显示搜索目录
disp	显示变量或文字内容	save	保存内存变量到指定文件
more	控制命令行窗口的分页输出	—	—

1.2.2　快捷键

在 MATLAB 命令行窗口中，为了便于对输入的内容进行编辑，MATLAB 提供了一些控制光标位置和进行简单编辑的常用编辑键与组合键，即快捷键。掌握这些快捷键，可以在输入命令的过程中获得事半功倍的效果。表 1-3 列出了一些常用的快捷键。

表 1-3　常用的快捷键

快 捷 键	说　明	快 捷 键	说　明
↑	调用上一命令行	Esc	清除当前输入行的全部内容
↓	调用下一命令行	Home	光标置于当前行开头
←	光标左移一个字符	End	光标置于当前行末尾
→	光标右移一个字符	Delete	删除光标处的字符
Ctrl + ←	光标左移一个单词	Backspace	删除光标前的字符
Ctrl + →	光标右移一个单词	Alt+Backspace	恢复上一次删除的内容
Pageup	向前翻阅当前窗口中的内容	Ctrl + C	中断命令的运行
Pagedown	向后翻阅当前窗口中的内容	—	—

1.2.3　标点符号的含义

在 MATLAB 中，一些标点符号也被赋予了特殊的意义或代表一定的运算。MATLAB 中的标点符号如表 1-4 所示。所有的标点符号均需要在英文状态下输入。

表 1-4　MATLAB 中的标点符号

名　称	符　号	作　用
空格		变量分隔符；数组行元素分隔符；矩阵一行中各元素间的分隔符；程序语句关键词分隔符
逗号	,	分隔欲显示计算结果的各语句；变量分隔符；矩阵一行中各元素间的分隔符；函数参数分隔符
点号	.	数值中的小数点；结构数组的域访问符
分号	;	分隔不想显示计算结果的各语句；矩阵行与行的分隔符
冒号	:	用于生成一维数值数组；表示一维数组的全部元素或多维数组中某一维的全部元素
百分号	%	注释语句说明符，凡在其后的字符均被视为注释性内容而不被执行
单引号	''	字符串标识符
叹号	!	调用操作系统运算
续行号	…	长命令行需要分行时连接下行用
赋值号	=	将表达式赋值给一个变量
圆括号	()	用于矩阵元素引用；用于函数输入变量列表；确定运算的优先级
方括号	[]	向量和矩阵的标识符；用于函数输出列表
花括号	{}	标识构造单元数组
下画线	_	用于变量、函数或文件名中的连字符
at 符	@	用在函数名前形成函数句柄；用在目录名前形成用户对象类目录

1.3　搜索路径设置

当 MATLAB 对函数或文件等进行搜索时，都是在其搜索路径下进行的。如果调用的函数在搜索路径之外，那么 MATLAB 会认为该函数并不存在。

提示：

通常，MATLAB 系统的函数（包括工具箱函数）都在系统默认的搜索路径中，但是用户自己书写的函数有可能并没有保存在搜索路径下。要解决这个问题，只需把程序所在的目录扩展成 MATLAB 的搜索路径即可。

在 MATLAB 的命令行窗口中输入某一变量（如 new）后，MATLAB 将进行如下操作。

（1）检查 new 是不是 MATLAB 工作区中的变量名，如果不是，则执行下一步。

（2）检查 new 是不是一个内置函数，如果不是，则执行下一步。

（3）检查当前文件夹下是否存在一个名为 new.m 的文件，如果没有，则执行下一步。

（4）按顺序检查所有 MATLAB 搜索路径中是否存在 new.m 文件。

（5）如果到目前为止还没有找到这个 new，MATLAB 就给出一条错误信息。

MATLAB 在执行相应的指令时，都是基于上述搜索策略完成的。如果 new 是一个变量，MATLAB 就使用这个变量；如果 new 是一个内置函数，MATLAB 就调用这个函数；如果 new.m 是当前文件夹或 MATLAB 搜索路径中的一个文件，MATLAB 就打开这个文件夹或文件，然后执行这个文件中的指令。

实际上，MATLAB 的搜索过程比上面描述的要复杂得多。但在大部分情况下，上述搜索过程已能满足大多数 MATLAB 操作。

MATLAB 设置搜索路径的方法有两种：一种是用“设置路径”对话框，另一种是用命令。现将两种方法分述如下。

1．利用对话框设置搜索路径

要查看 MATLAB 的搜索路径，可以通过选项卡命令和函数两种方法来进行。单击 MATLAB“主页”选项卡的“环境”选项组中的“设置路径”按钮，弹出“设置路径”对话框，如图 1-6 所示。通过该对话框，可为 MATLAB 添加或删除搜索路径。

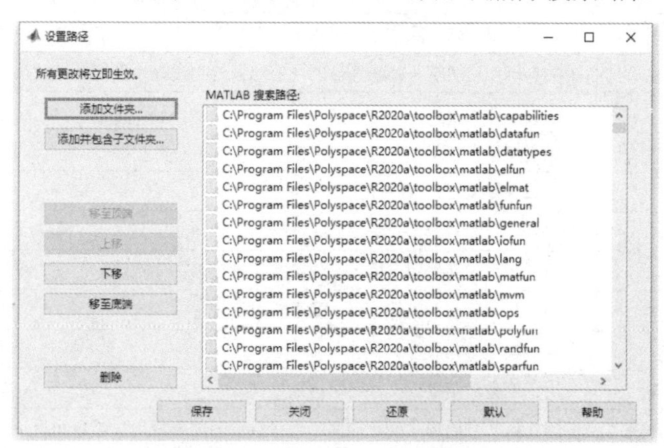

图 1-6　“设置路径”对话框

2．利用命令设置搜索路径

在 MATLAB 中，能够将某一路径设置成可搜索路径的命令有两个：path 及 addpath。其中，path 用于查看或更改搜索路径，该路径存储在 pathdef.m 中；addpath 将指定的文件夹添加到当前 MATLAB 搜索路径的顶层。

下面以将路径“F:\MATLAB 文件”设置成可搜索路径为例，分别予以说明。

用 path 和 addpath 命令设置搜索路径的具体命令如下：

```
>> path(path,'F:\ Matlab');
```

```
>> addpath F:\ Matlab -begin                        % 将路径放在路径表的前面
>> addpath F:\ Matlab -end                          % 将路径放在路径表的最后
```

1.4　MATLAB的帮助系统

MATLAB为用户提供了帮助系统，可以帮助用户更好地了解和运用MATLAB。本节就来介绍帮助系统的使用方法。常见的帮助命令如表1-5所示。

表1-5　常见的帮助命令

命　令	功　能	命　令	功　能
demo	运行MATLAB演示程序	lookfor	按照指定的关键字查找所有相关的M文件
help	获取在线帮助	doc	在网络浏览器中显示指定内容的HTML格式帮助文件或启动helpdesk
who	列出当前工作区窗口中的所有变量	which	显示指定函数或文件的路径
helpwin	运行帮助窗口，列出函数组的主题	exist	检查变量、脚本、函数、文件夹或类的存在性
what	列出当前目录或指定目录下的M文件、MAT文件和MEX文件	whos	列出当前工作空间中变量的更多信息

1.4.1　使用帮助命令

在MATLAB中，所有执行命令或函数的M源文件都有较详细的注释。这些注释都是用纯文本的形式来表示的，一般都包括函数的调用格式或输入函数、输出结果的含义。

1．help命令

如果要在命令行窗口中显示MATLAB的帮助信息，则可以采用help命令，其格式如下：

```
help 函数名称                                    %获取函数的帮助信息
help 命令名称                                    %获取命令的帮助信息
help 类型名                                      %分类搜索帮助信息
```

通过分类搜索可以得到相关类型的所有命令。表1-6给出了部分分类搜索类型。

表1-6　部分分类搜索类型

类 型 名	功　能	类 型 名	功　能
general	通用命令	graphics	通用图形函数
elfun	基本数学函数	control	控制系统工具箱函数
elmat	基本矩阵及矩阵操作	ops	操作符及特殊字符
mathfun	矩阵函数、数值线性代数	polyfyn	多项式和内插函数
datafun	数据分析及傅里叶变换	lang	语言结构及调试
strfun	字符串函数	funfun	非线性数值功能函数
iofun	低级文件输入/输出函数	—	—

2．lookfor命令

lookfor命令是在所有的帮助条目中搜索关键字，通常用于查询具有某种功能而不知道准确名字的命令，其格式如下：

```
lookfor topic        %获取具有某种功能的命令
```

【例 1-1】在 MATLAB 中查阅帮助信息。

解：根据 MATLAB 的帮助体系，用户可以查阅不同范围的帮助信息，具体步骤如下。

（1）在 MATLAB 的命令行窗口中输入 help help 命令，然后按 Enter 键，可以查阅如何在 MATLAB 中使用 help 命令，如图 1-7 所示。窗口中显示了如何在 MATLAB 中使用 help 命令的帮助信息，用户可以详细阅读上面的信息来了解如何使用 help 命令。

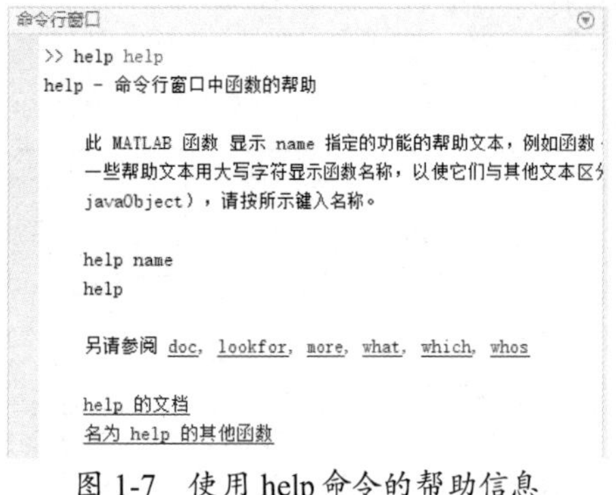

图 1-7　使用 help 命令的帮助信息

（2）在 MATLAB 的命令行窗口中输入 help 命令，然后按 Enter 键，查阅最近使用命令主题的帮助信息。

（3）在 MATLAB 的命令行窗口中输入 help topic 命令，然后按 Enter 键，查阅关于该主题的所有帮助信息。

上面简单地演示了如何在 MATLAB 中使用 help 命令，以获得各种函数、命令的帮助信息。在实际应用中，用户可以灵活使用这些命令搜索所需的帮助信息。

1.4.2　帮助导航系统

在 MATLAB 中，提供帮助信息的“帮助”交互界面主要由帮助导航器和帮助浏览器两部分组成。这个帮助文件和 M 文件中的纯文本帮助无关，它是 MATLAB 专门设置的独立帮助系统。该系统对 MATLAB 的功能叙述得全面、系统，而且界面友好、使用方便，是用户查找帮助信息的重要途径。

用户可以在操作界面中单击 ? 按钮，打开“帮助”交互界面，如图 1-8 所示。

图 1-8　“帮助”交互界面

1.4.3　示例程序的帮助系统

在MATLAB中，各个工具包都有设计好的示例程序，这些示例对提高初学者对MATLAB的应用能力有着重要的作用。

在 MATLAB 的命令行窗口中输入 demo 命令，就可以进入关于示例程序的帮助系统了，如图 1-9 所示。用户可以打开实时脚本进行学习。

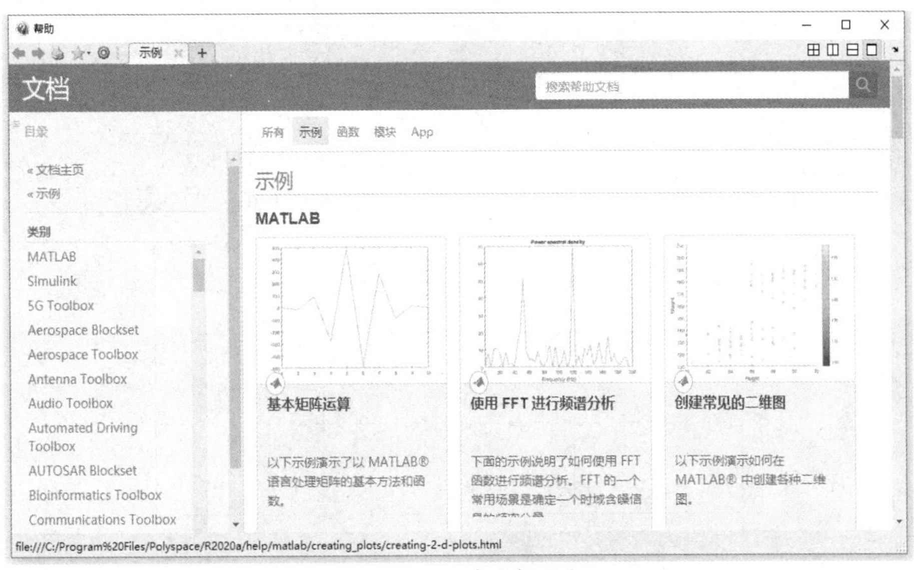

图 1-9　示例程序的帮助系统

1.5　MATLAB 示例

下面通过几个简单的实例来展示如何使用 MATLAB 进行简单的计算。此处无须追究程序代码的含义，后面章节会有比较详细的介绍。

【例 1-2】命令行窗口输入操作示例。

（1）启动 MATLAB，进入 MATLAB 的操作界面。

（2）在命令行窗口中的命令提示符后输入 x=6*pi，按 Enter 键，窗口中显示 x=18.8496。

（3）继续输入 y=cos(x)，按 Enter 键，窗口中显示 y=−1。

（4）继续输入 z=cos(x/6)，按 Enter 键，窗口中显示 z=−0.8660。

执行上述操作后，命令行窗口中的代码显示如下：

```
>> x=6*pi   %本书中，在命令行窗口中输入的语句句首都有命令提示符“>>”，非输入部分无命令提示符
x =
   18.8496
>> y=cos(x)
y =
    -1
>> z=cos(x/6)
z =
   -0.8660
```

【例 1-3】命令行窗口表达式操作示例。

```
>> A=2*pi/2+2^3/8-0.3e-3                          %输入表达式
A =
   4.1413
>> who                                            %检查内存变量
您的变量为:
A  x  y  z
```

【例 1-4】在命令行窗口中输入命令，制作多条曲线示例。

```
>> t=0:pi/6:2*pi;
>> y0=exp(t/5);
>> y=exp(t/5).*sin(2*t);
>> plot(t,y,t,y0,t,-y0)
>> grid                                           %结果如图 1-10 所示
```

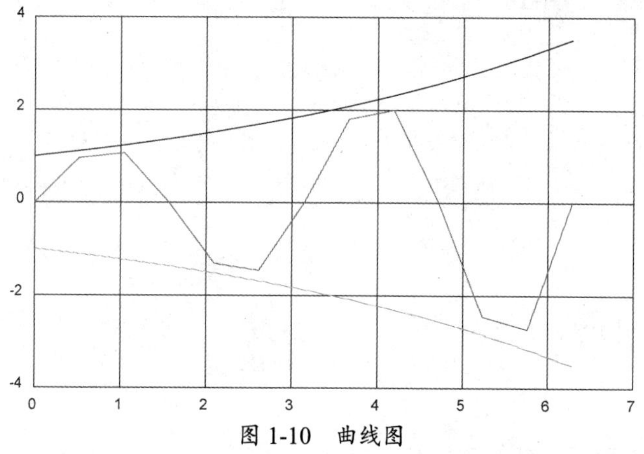

图 1-10　曲线图

1.6　本章小结

本章讲解了 MATLAB 的工作环境、搜索路径设置，对 MATLAB 中的通用命令进行了总结，同时讲解了如何在 MATLAB 中获取帮助信息。另外，还给出了 MATLAB 的应用示例操作。

第 2 章

基础知识

本章介绍 MATLAB 的基础知识，包括基本概念、数据类型、运算符和字符串。通过本章的学习，可以帮助读者尽快掌握 MATLAB 的基本概念，以及 MATLAB 的数据类型、运算符、字符串；帮助读者在程序设计过程中选择合适的数据类型、运算符及字符串，以减少编程过程中出现的错误。

学习目标

（1）熟悉 MATLAB 的数据类型。

（2）熟练掌握基本运算符的用法。

（3）熟悉字符串处理函数的使用方法。

2.1 基本概念

与其他程序设计语言类似，MATLAB 中也有常量与变量、数据类型等基本概念，本节首先介绍这些基本概念，然后对数据类型、运算符、字符串等一些更专业的概念进行讲解。

MATLAB 作为一种可编程的语言，其数据作为计算机处理的对象，可分为多种类型，如图 2-1 所示。

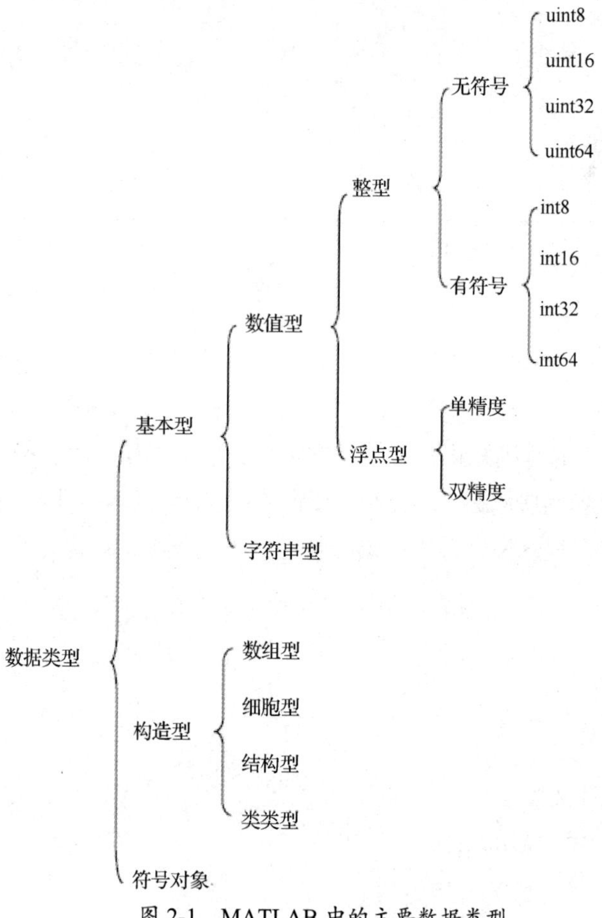

图 2-1　MATLAB 中的主要数据类型

MATLAB 中的数值型数据划分为整型和浮点型，整型数据主要为图像处理等特殊应用问题提供数据类型，以便节省空间或提高运行速度。而对于一般数值运算，大多采用双精度浮点型数据。

符号对象是 MATLAB 特有的一类为符号运算设置的数据类型，它可以是数组、矩阵、字符等多种形式及其组合。

在 MATLAB 中，当不同数据类型的变量在程序中被引用时，可以不用事先对变量的数据类型进行定义或说明，系统会依据变量被赋值的类型自动进行类型识别。

2.1.1　常量和变量

1. 常量

常量是程序语句中值不变的那些量。例如，表达式 y=3.1415*x 中的系数 3.1415 就是一个数值常量；在表达式 s='Name and Tel'中，单引号内的英文字符串 Name and Tel 是一个字符串常量。

在 MATLAB 中，系统默认给定一个符号来表示某些特定常量，如 pi 代表圆周率 π，即 3.1415926…。MATLAB 中常用的常量如表 2-1 所示。这些常量也被称为系统预定义的变量。

表 2-1　MATLAB 中常用的常量

常量符号	常量含义
i 或 j	虚数单位，定义为 $i^2=j^2=-1$
Inf 或 inf	正无穷大，由 0 作为除数引入此常量
NaN	不定式，表示非数值量，产生于 0/0、∞/∞、0*∞等运算
pi	圆周率 π 的双精度表示
eps	容差变量，当某量的绝对值小于 eps 时，可认为此量为 0，即浮点数的最小分辨率，在计算机中，此值为 2^{-52}
Realmin 或 realmin	最小浮点数，2^{-1022}
Realmax 或 realmax	最大浮点数，2^{1023}

2. 变量

在程序运行过程中，其值可以改变的量称为变量，变量用变量名表示。在 MATLAB 中，变量名的命名规则如下。

- 变量名必须以字母开头，且只能由字母、数字或下画线 3 类符号组成，不能包含空格和标点符号（如%、'、()、,、.）等。
- 变量名区分字母的大小写，如 a 和 A 代表不同的变量。
- 变量名不能超过 63 个字符，第 63 个字符后的字符会被忽略。
- 关键字（如 if、while 等）不能作为变量名。
- 不要使用表 2-1 中的特殊常量符号作为变量名。

常见的错误命名有%x、f(x+y)、y'、y''、A^2、A(x)、while 等。

2.1.2　数组、矩阵、标量与向量

MATLAB 运算中涉及的基本运算量包括标量、向量、矩阵和数组。它们各自的特点及相互之间的关系如下。

（1）数组是一个用于高级语言程序设计的概念，不是一个数学量。如果数组元素按一维线性方式组织在一起，那么称其为一维数组，一维数组的数学原型是向量。如果数组元素分行、列排成一个二维平面表格，那么称其为二维数组，二维数组的数学原型是矩阵。

如果元素在排成二维数组的基础上，将多个行、列数分别相同的二维数组叠成一个立体表格，便形成三维数组。依次类推，便有了多维数组的概念。

MATLAB 中的数组不借助循环，而是直接采用运算符，它有自己独立的运算符和运算法则。

（2）矩阵是一个数学概念，MATLAB 将矩阵引入基本运算量后，不但实现了矩阵的简单加减乘除运算，而且许多与矩阵相关的其他运算也大大简化了。

（3）向量是一个数学量，在 MATLAB 中，可视其为矩阵的特例。从 MATLAB 的工作空间窗口可以看到，一个 n 维的行向量是一个 $1\times n$ 阶的矩阵，列向量是一个 $n\times 1$ 阶矩阵。

（4）标量也是一个数学概念，在 MATLAB 中，既可将其视为一简单变量，又可把它当成 1×1 阶的矩阵，这与矩阵作为 MATLAB 的基本运算量是一致的。

（5）在 MATLAB 中，二维数组和矩阵是数据结构形式相同的两种运算量。二维数组和矩阵在表示、建立、存储等方面没有区别，区别只在于它们的运算符和运算法则不同。

例如，在 MATLAB 中，A=[1 2; 3 4]有矩阵或二维数组两种可能的角色。从形式上不能完全区分它们是矩阵还是数组，此时要看使用的运算符及其与其他量之间进行的运算。

（6）数组的维和向量的维是两个完全不同的概念。数组的维是根据数组元素排列后形成的空间结构去定义的：线性结构是一维，平面结构是二维，立体结构是三维，还有四维甚至多维。向量的维相当于一维数组中的元素个数。

2.1.3 命令与函数

命令与函数是 MATLAB 的灵魂，使用 MATLAB 离不开对命令与函数的操作。

1. 命令

一条命令通常完成一种操作，如 clear 命令用于清除工作空间。有的命令可能后面带有参数，如“addpath F:\ MATLAB\M-end”命令用于添加新的搜索路径。

在 MATLAB 中，命令与函数都存储在函数库里。MATLAB 有一个专门的函数库 general，就是用来存放通用命令的。一条命令也是一条语句。

2. 函数

MATLAB 中包含了大量的函数，可以直接调用。仅 MATLAB 的基本部分包括的函数类别就有 20 多种，而每一类别中又有少则几个、多则几十个函数。

除基本部分外，还有各种工具箱（工具箱实际上也是由一组组用于解决专门问题的函数构成的），目前 MATLAB 自带的工具箱已多达几十种。函数最一般的引用格式如下：

```
函数名(参数 1,参数 2,…)
```

例如，要引用正弦函数，就书写成 sin(A)，A 就是一个参数，它可以是一个标量，也可以是一个数组。而对数组求其正弦值是针对其中各元素进行的，这是由数组的特征决定的。

MATLAB 提供了大量标准初等数学函数，包括 abs、sqrt、exp 和 sin 等。生成负数的平方根或对数不会导致错误，系统会自动生成相应的复数结果。另外，MATLAB 还提供了许多其他高等数学函数，包括贝塞尔函数和 Gamma 函数等。

利用 elfun 函数，可以查看初等数学函数列表：

```
    help elfun
```

利用 specfun 及 elmat 函数，可以查看高等数学函数和矩阵函数列表：

```
    help specfun
    help elmat
```

MATLAB 中的函数分为内置函数（如 sqrt 和 sin）及自定义函数。其中，内置函数运行非常高效，但计算的详细信息不能访问；自定义函数利用 MATLAB 编程语言实现。

2.1.4　表达式与语句

1. 表达式

MATLAB 中的表达式是由常量（数字等）、变量（自由变量和约束变量，包括标量、向量、矩阵和数组等）、函数、运算符、分组符号（括号）等有意义的排列方法所得的组合。例如，A||B−sin(A*pi)就是一个表达式。

表达式又分为算术表达式、逻辑表达式、符号表达式。

2. 语句

语句是程序设计中的概念，在 MATLAB 中，表达式本身即可被视为一条语句。而典型的 MATLAB 语句是赋值语句（如 F = A||B−sin(A*pi)），其一般结构如下：

```
变量名=表达式
```

如同其他的程序设计语言一样，MATLAB 除赋值语句外，还有函数调用语句、循环控制语句、条件分支语句等。

【例 2-1】 赋值语句示例及运行结果。

```
>> rho = (1+sqrt(5))/2
rho =
    1.6180
>> a = abs(3+4i)
a =
     5
>> x = sqrt(besselk(4/3,rho-i))
x =
   0.3730 + 0.3214i
>> huge = exp(log(realmax))
huge =
  1.7977e+308
>> toobig = pi*huge
toobig =
   Inf
```

2.2　数据类型

MATLAB 作为一种可编程语言，其数据作为计算机处理对象，支持多种数据类型。在 MATLAB 中，有 15 种基本数据类型，分别是 8 种整型数据、单精度浮点型、双精度浮点型、逻辑型、字符串型、单元类型、结构体类型和函数句柄。每种基本的数据类型均以矩阵的形式出现，该矩阵可以是最小的 0×0 矩阵，也可以是任意大小的 *n* 维矩阵。

2.2.1 数值类型

MATLAB 中的数值类型包含整数、浮点数和复数 3 种类型。另外，还定义了 Inf 和 NaN 两个特殊数值类型。

1. 整数类型

在 MATLAB 中，整数类型包含 4 种有符号整数和 4 种无符号整数。有符号整数可以用来表示负数、零和正整数，而无符号整数则只可以用来表示零和正整数。MATLAB 支持 1B、2B、4B 和 8B 的有符号整数和无符号整数。

整数的数据类型和表示范围如表 2-2 所示。应用时要尽可能用字节数少的数据类型表示数据，这样可以节省存储空间和提高运算速度。例如，最大值为 100 的数据可以用 1B 的整数来表示，而没有必要用 8B 的整数来表示。

表 2-2 整数的数据类型和表示范围

数 据 类 型	数据类型表示范围	类型转换函数
有符号 1B（8bit）整数（单精度）	$-2^7 \sim 2^7-1$	int8
有符号 2B（16bit）整数（单精度）	$-2^{15} \sim 2^{15}-1$	int16
有符号 4B（32bit）整数（单精度）	$-2^{31} \sim 2^{31}-1$	int32
有符号 8B（64bit）整数（单精度）	$-2^{63} \sim 2^{63}-1$	int64
无符号 1B（8bit）整数	$0 \sim 2^8-1$	uint8
无符号 2B（16bit）整数	$0 \sim 2^{16}-1$	uint16
无符号 4B（32bit）整数	$0 \sim 2^{32}-1$	uint32
无符号 8B（64bit）整数	$0 \sim 2^{64}-1$	uint64

表 2-1 中的类型转换函数可以用于把其他数据类型的数值强制转换为整数类型。此外，类型转换函数还可以用于生成整数类型的数值。

如果要验证一个变量是否为整数，则需要使用 isinteger 函数；如果要查看数据类型并输出，则可以使用 class 函数。

【例 2-2】产生一个无符号 2B 整数的数值。

```
>> x=uint16(36524)
x =
  uint16
     36524
>> isinteger(x)
ans =
  logical
   1
>> class(x)
ans =
    'uint16'
```

2. 浮点数类型

MATLAB有双精度浮点数和单精度浮点数。双精度浮点数为MATLAB默认的数据类型。如果某个数据没有被指定数据类型，那么MATLAB会用双精度浮点数存储它。为了得到其他类型的数值类型，可以使用类型转换函数。

MATLAB中的双精度浮点数和单精度浮点数均采用IEEE 754中规定的格式定义。浮点数的数据类型和表示范围如表2-3所示。

表2-3　浮点数的数据类型和表示范围

数据类型名称	存储大小	表示范围	类型转换函数
双精度浮点数	8B	$-1.79769\times10^{308}\sim+1.79769\times10^{308}$	double
单精度浮点数	4B	$-3.40282\times10^{38}\sim+3.40282\times10^{38}$	single

3. 复数类型

复数包含实部和虚部两部分，虚部的单位是-1的开平方根，在MATLAB中，可以用i或j表示。通常可以直接使用赋值语句产生复数，也可以利用complex函数创建复数。complex函数的调用方式如下：

```
z = complex(a,b)                    %通过两个实数a、b创建一个复数z，z=a+bi
z = complex(x)                      %返回x的等效复数
```

【例2-3】利用直接赋值语句及complex函数创建复数。

```
>> a=2+4i                               %直接用赋值语句产生复数
a =
   2.0000 + 4.0000i
>> x=rand(2)*(-3);
>> y=rand(2)*5;
>> z=complex(x,y) %用函数complex创建复数，x、y是实数，z是以x为实部、y为虚部的复数
z =
  -0.2926 + 4.8244i  -1.6406 + 4.8530i
  -0.8355 + 0.7881i  -2.8725 + 4.7858i
>> x=rand(2);
>> z=complex(x) %用函数complex创建复数，其中x为实数，z是以x为实部、0为虚部的复数
z =
   0.4854 + 0.0000i   0.1419 + 0.0000i
   0.8003 + 0.0000i   0.4218 + 0.0000i
```

利用real及imag函数，可以把复数分为实数和虚数两部分。

4. Inf和NaN

在MATLAB中，规定用Inf和-Inf分别表示正无穷大和负无穷大。在除法运算中，除数为0或运算结果溢出都会导致出现Inf或-Inf的结果。isinf函数可以用于验证变量是否为无穷大。

【例2-4】编写3条运算结果为Inf或-Inf的MATLAB语句。

```
>> 10/0
ans =
   Inf
>> x=exp(5000)
x =
```

```
    Inf
>> x=log(0)
x =
  -Inf
```

在 MATLAB 中，规定用 NaN 表示一个既不是实数又不是复数的数值（非数）。NaN 是 Not a Number 的缩写。类似 0/0、Inf/Inf 这样的表达式得到的结果均为 NaN。

2.2.2 逻辑类型

逻辑类型用 1 和 0 表示 true 和 false 两种状态。可以用函数 logical 得到逻辑类型的数值。函数 logical 可以把任何非零的数值转换为逻辑 true（1），把数值 0 转换为逻辑 false（0）。

logical 函数的调用方式如下：

```
  L = logical(A)                               %将 A 转换为一个逻辑值数组
```

【例 2-5】 logical 函数的调用示例。

```
>> logical(1)
ans =
  logical
   1
>> logical(0)
ans =
  logical
   0
>> logical(-100)
ans =
  logical
   1
```

在 MATLAB 中，使用逻辑关系运算符也可以得到逻辑类型的数值。

2.2.3 字符和字符串

在 MATLAB 中，规定用数据类型 char 表示一个字符。一个 char 类型的 $1\times n$ 数组可以称为字符串 string。MATLAB 中的 char 类型都是以 2B 的 unicode 字符存储的。

创建字符串可以采用直接赋值法，也可以采用 char 函数。

【例 2-6】 利用不同的方法构造字符串。

```
>> str='Youaremyfriend'                        %用一对单引号表示字符串
str =
    'Youaremyfriend'
>> str=char('[3031]')                          %用 char 函数构造一个字符串
str =
    '[3031]'
```

2.2.4 结构体类型

结构体是根据属性名组织起来的不同类型数据的集合。有一种容易与结构体类型混淆的数据类型——单元数组类型，它是一种特殊类型的 MATLAB 数组，它的每个元素叫作单元，每个单元都包含MATLAB数组。

提示：

结构体和单元数组的共同之处在于它们都提供了一种分级存储机制来存储不同类型的数据；不同之处是它们组织数据的方式不一样。结构体数组里的数据是通过属性名引用的；而在单元数组里，数据是通过单元数组下标引用来操作的。

结构体数组是一种由“数据容器”组成的MATLAB数组，这种数据容器称为结构体的属性（field）。结构体的任何一个属性都可以包含任何一种类型的数据。

一个结构体数组Human有3个属性，即Name、Score和Salary。其中，Name是一个字符串，Score是一个标量，Salary是一个1×6的向量。例如，'Sara'属于Name字符串，100属于Score标量，[1 2 3 4 5 6]是Salary中一个1×6的向量。

1．结构体数组的构造

要构造一个结构体数组，可以利用赋值语句，也可以采用struct函数。

【例2-7】 通过为结构体中的每个属性赋值来构造一个结构体数组。

```
% 通过属性赋值构造一个结构体数组
>> Human.Name='Sara';
>> Human.Score=100;
>> Human.Salary=[123456];
>> Human
Human =
  包含以下字段的 struct:
      Name: 'Sara'
     Score: 100
    Salary: 123456
% 如下语句可以把结构体数组扩展成 1×2 的结构体
>> Human(2).Name='Tina';
>> Human(2).Score=99;
>> Human(2).Salary=[78];
```

上述语句使结构体数组Human的维数变为1×2。当用户扩展结构体数组时，MATLAB对未指定数据的属性自动赋值成空矩阵，并使其满足以下规则。

（1）数组中的每个结构体都具有同样多的属性。

（2）数组中的每个结构体都具有相同的属性名。

例如，下面的语句使结构体数组Human的维数变为1×3，此时，Human(3).Name和Human(3).Salary由于未指定数据，所以MATLAB将其设为空矩阵：

```
Human(3).Score=94.5;
```

注意：

在结构体数组中，元素属性的大小并不要求一致，如结构体数组Human中的Name属性和Salary属性都具有不同的长度。

除了使用赋值语句构造结构体数组，还可以用函数struct构造结构体数组。函数struct的基本调用格式为：

```
>> strArray=struct('field1',val1,'field2',val2,...);
```

上面语句中的输入变量为属性名和相应的属性值。

函数 struct 可以有不同的调用方法来构造结构体矩阵。例如，实现一个 1×3 的结构体数组的方法如表 2-4 所示。

表 2-4　使用 struct 函数实现一个 1×3 的结构体数组的方法

方　法	调用格式示例	初始值状况
单独使用 struct 函数	Personel(3)=struct('Name','John','Score',85.5,'Salary',[4500])	Personel(1)和 Personel(2)的属性值都是空矩阵
struct 与 repmat 函数配合使用	repmat(struct('Name','John',' Score',85.5,'Salary',[4500]),1,3)	数组的所有元素都具有和输入一样的值
struct 函数的输入为单元数组	struct('Name',{'Clayton','Dana','John'},'Score',{98.5,100,85.5},'Salary',{[4500],[],[]})	结构数组的属性值由单元数组指定

2．访问结构体数组的数据

使用结构体数组的下标引用，可以访问结构体数组的任何元素及其属性，也可以给任何元素及其属性赋值。

【例 2-8】 创建一个结构体数组，并访问其任意子数组。

```
>> Human=struct('Name',{'Sara','Tina','Tom'},'Score',{100,99,[]},'Salary',...
{[1 2 3 4 5 6],[7 8],[]})           %创建结构体数组
Human =
  包含以下字段的 1×3 struct 数组:
     Name
     Score
     Salary
>> NewHuman=Human(1:2)              %访问结构体数组的任意子数组，并生成一个 1×2 的结构体数组
Newhuman=
  包含以下字段的 1×2 struct 数组:
     Name
     Score
     Salary
>> NewHuman=Human(1:3)              %生成一个 1×3 的结构体数组
Newhuman=
  包含以下字段的 1×3 struct 数组:
     Name
     Score
     Salary
>> Human(2).Score                   %访问结构体数组的某个元素的某个属性
ans=
     99
>> Human(1).Salary(3)               %访问结构体数组的某个元素的某个属性的元素值
ans=
     3
>> Human.Name                       %得到结构体数组的所有元素的某个属性值
ans =
    'Sara'
ans =
    'Tina'
```

```
ans =
    'Tom'
>> Salary=[Human.Salary]            %使用矩阵合并符“[]”合并结果
Salary=
     1     2     3     4     5     6     7     8
>> Salary={Human.Salary}            %把结果合并在一个单元数组里
Salary=
  1×3 cell 数组
    {1×6 double}    {1×2 double}    {0×0 double}
```

2.2.5　单元数组类型

单元数组就是指每个元素都为一个单元的数组。它的每个单元都可以包含任意数据类型的 MATLAB 数组。例如，单元数组的一个单元可以是一个实数矩阵或一个字符串数组，也可以是一个复向量数组。

1. 单元数组的构造

构造单元数组有左标志法和右标志法。下面就详细介绍这两种方法。

（1）左标志法。

左标志法就是把单元标志“{}”放在左边。例如，创建一个 2×2 的单元数组可以使用如下语句：

```
>> c{1,1}='Butterfly';
>> c{1,2}=@cos;
>> c{2,1}=eye(1,2);
>> c{2,2}=false;
```

（2）右标志法。

右标志法就是把单元标志“{}”放在右边。例如，创建和上面一样的单元数组可以使用如下语句：

```
>> c(1,1)={'Butterfly'};
>> c(1,2)={@cos};
>> c(2,1)=eye(1,2);
>> c(2,2)={false};
```

上述语句还可以简单地写为下面的代码：

```
>> c={'Butterfly',@cos;eye(1,2),false};
```

【例 2-9】构造一个 2×2 的单元数组，并练习单元数组的显示。

```
>> c={'Butterfly',@cos;eye(1,2),false};  %方法①：直接输入单元数组的名称显示单元数组
>> c
c =
  2×2 cell 数组
    {'Butterfly'}    {@cos}
    {1×2 double }    {[ 0]}
>> celldisp(c)                           %方法②：使用函数 celldisp 显示单元数组
c{1,1}=
     Butterfly
c{2,1}=
```

```
      1    0
c{1,2}=
     @cos
c{2,2}=
     0
```

注意：

函数 celldisp 的显示格式与直接输入单元数组名称的显示格式是不同的。celldisp 函数更适用于具有大量数据的单元数组的显示。

2．单元数组的读取

【例 2-10】以程序 c={'Butterfly',@cos;eye(1,2),false}为例练习单元数组的读取。

```
>> Str=c{1,1}             %读取 c{1,1}中的字符串
Str =
    'Butterfly'
>> c(1,:)                 %读取单元数组中若干单元的数据，本语句读取单元数组 c 的第 1 行
ans =
  1×2 cell 数组
    {'Butterfly'}    {@cos}
```

3．单元数组的删除

只要将空矩阵赋给单元数组的某一整行或某一整列，就可以删除单元数组的这一行或这一列。

【例 2-11】接上例，删除单元数组 c 的第一行。

```
>> c(1,:)=[]
c =
  1×2 cell 数组
    {1×2 double}    {[0]}
```

2.2.6 函数句柄

函数句柄是 MATLAB 中用来提供间接调用函数的数据类型。函数句柄可以传递给其他函数，以便该函数句柄代表的函数可以被调用。函数句柄还可以被存储起来，以便以后利用。

函数句柄可以用符号@后面跟着函数名的形式表示。利用 fhandle 可以调用函数句柄。

【例 2-12】利用 MATLAB 中自带的正弦函数 sin，得到的输出变量 fhandle 为 sin 函数的句柄，并利用 fhandle 调用 sin 函数。

```
>> fhandle=@sin
fhandle =
  包含以下值的 function_handle:
    @sin
>> fhandle(0)
ans =
     0
```

实际上，上述程序中的语句 fhandle(0)相当于语句 sin(0)。

2.3　运算符

MATLAB 中提供了丰富的运算符，可以满足各种应用的需要。这些运算符包括算术运算符、关系运算符和逻辑运算符。

2.3.1　算术运算符

MATLAB 中的算术运算符的用法和功能如表 2-5 所示。

表 2-5　MATLAB 中的算术运算符的用法和功能

运　算　符	用　　法	功 能 描 述
+	A+B	加法或一元运算符正号。表示矩阵 A 和 B 相加。A 和 B 必须是具有相同长度的矩阵，除非它们之一为标量。标量可以与任何一个矩阵相加
−	A−B	减法或一元运算符负号。表示矩阵 A 减去 B。A 和 B 必须是具有相同长度的矩阵，除非它们之一为标量。标量可以被任何一个矩阵减去
.*	A.*B	元素相乘。相当于 A 和 B 对应的元素相乘。对于非标量的矩阵 A 和 B，矩阵 A 的列长度必须和矩阵 B 的行长度一致。一个标量可以与任何一个矩阵相乘
./	A./B	元素的右除法。矩阵 A 除以矩阵 B 的对应元素，即等于 A(i,j)/B(i,j)。对于非标量的矩阵 A 和 B，矩阵 A 的列长度必须和矩阵 B 的行长度一致
.\	A.\B	元素的左除法。矩阵 B 除以矩阵 A 的对应元素，即等于 B(i,j)/A(i,j)。对于非标量的矩阵 A 和 B，矩阵 A 的列长度必须和矩阵 B 的行长度一致
.^	A.^B	元素的乘方。等于[A(i,j)^B(i,j)]，对于非标量的矩阵 A 和 B，矩阵 A 的列长度必须和矩阵 B 的行长度一致
.'	A.'	矩阵转置。当矩阵是复数时，不求矩阵的共轭转置
*	A*B	矩阵乘法。对于非标量的矩阵 A 和 B，矩阵 A 的列长度必须和矩阵 B 的行长度一致。一个标量可以与任何一个矩阵相乘
/	A/B	矩阵右除法。粗略地相当于 B*inv(A)，准确地说相当于(A'\B')'。它是方程 X*A=B 的解
\	A\B	矩阵左除法。粗略地相当于 inv(A)*B。它是方程 A*X=B 的解
^	A^B	矩阵乘方。具体用法参见表下面的补充说明
'	A'	矩阵转置。当矩阵是复数时，求矩阵的共轭转置

当 A 和 B 都是标量时，表示标量 A 的 B 次方幂。当 A 为方阵、B 为正整数时，表示矩阵 A 的 B 次乘积；当 B 为负整数时，表示矩阵 A 的逆的 B 次乘积；当 B 为非整数时，有如下表达式：

$$A \wedge B = V * \begin{bmatrix} \lambda_1^B & & & \\ & \cdot & & \\ & & \cdot & \\ & & & \cdot \\ & & & & \lambda_n^B \end{bmatrix} / V$$

其中，$\lambda_1^B \sim \lambda_n^B$ 为矩阵 A 的特征值；V 为对应的特征向量矩阵。当 A 为标量，B 为方阵时，有如下表达式：

$$A \wedge B = V * \begin{bmatrix} A^{\lambda_1} & & & \\ & \cdot & & \\ & & \cdot & \\ & & & \cdot \\ & & & & A^{\lambda_n} \end{bmatrix} / V$$

其中，$A^{\lambda_1} \sim A^{\lambda_n}$ 为方阵 B 的特征值；V 为对应的特征向量矩阵。当 A 和 B 都为矩阵时，此运算无定义。

除了某些矩阵运算符，MATLAB 的算术运算符只对相同规模的数组做相应的运算。对于向量和矩阵，两个操作数必须同规模或有一个操作数为标量。

如果一个操作数是标量，而另一个不是，那么 MATLAB 会将这个标量与另一个操作数的每个元素进行运算。

【例 2-13】创建 4 阶魔方矩阵，并对矩阵进行乘法运算。

```
>> A=magic(4)                        %创建 4 阶魔方矩阵，返回由 1 到 n² 的整数构成的 n×n 方阵
A =
    16     2     3    13
     5    11    10     8
     9     7     6    12
     4    14    15     1
>> 5*A                               %矩阵乘法运算
ans =
    80    10    15    65
    25    55    50    40
    45    35    30    60
    20    70    75     5
```

MATLAB 的算术运算符不仅支持双精度数据类型的运算，还增加了对单精度类型、1B 无符号整数、1B 有符号整数、2B 无符号整数、2B 有符号整数、4B 无符号整数和 4B 有符号整数运算的支持。

2.3.2 关系运算符

MATLAB 中的关系运算符的用法和功能如表 2-6 所示。

表 2-6 MATLAB 中的关系运算符的用法和功能

<table>
<tr><th>运 算 符</th><th>名 称</th><th>示 例</th><th>使 用 说 明</th></tr>
<tr><td><</td><td>小于</td><td>A<B</td><td rowspan="6">① A、B 都是标量，结果是或为 1（真）或为 0（假）的标量
② A、B 若一个为标量，另一个为数组，则标量将与数组各元素逐一进行比较，结果为与运算数组行/列相同的数组，其中各元素取值为 1 或 0
③ 当 A、B 均为数组时，必须行数、列数分别相同，A 与 B 各对应元素相比较，结果为与 A 或 B 行/列相同的数组，其中各元素取值为 1 或 0
④ ==和~=运算对参与比较的量同时比较其实部和虚部，其他运算只比较实部</td></tr>
<tr><td><=</td><td>小于或等于</td><td>A<=B</td></tr>
<tr><td>></td><td>大于</td><td>A>B</td></tr>
<tr><td>>=</td><td>大于或等于</td><td>A>=B</td></tr>
<tr><td>==</td><td>等于</td><td>A==B</td></tr>
<tr><td>~=</td><td>不等于</td><td>A~=B</td></tr>
</table>

MATLAB 的关系运算符只对具有相同规模的两个操作数或其中一个操作数为标量的情况进行操作。

当两个操作数具有相同规模时，MATLAB 对两个操作数的对应元素进行比较，返回的结果是与操作数具有相同规模的矩阵。

【例 2-14】 接上例，确定 4 阶魔方矩阵中哪些元素的值大于 10。

```
>> magic(4)>10*ones(4)
ans =
  4×4 logical 数组
     1     0     0     1
     0     1     0     0
     0     0     0     1
     0     1     1     0
```

返回结果中等于 1 的位置上的 magic(4)的矩阵元素的值大于 10。

2.3.3　逻辑运算符

MATLAB 提供了 3 种类型的逻辑运算符，即元素方式逻辑运算符、比特方式逻辑运算符和短路逻辑运算符。

1. 元素方式逻辑运算符

元素方式逻辑运算符的用法和功能如表 2-7 所示。该运算符只接受逻辑类型变量输入。表 2-7 中的示例采用如下矩阵：

```
>> A = [1 0 0 0 1];
>> B = [0 0 1 1 1];
```

表 2-7　元素方式逻辑运算符的用法和功能

运 算 符	功　能	功 能 描 述	示　例
&	逻辑与	两个操作数同时为 1，运算结果为 1；否则为 0	A&B=0 0 0 0 1
|	逻辑或	两个操作数同时为 0，运算结果为 0；否则为 1	A|B=1 0 1 1 1
~	逻辑非	当 A 为 0 时，运算结果为 1；否则为 0	~A=0 1 1 1 0
xor	逻辑异或	当两个操作数相同时，运算结果为 0；否则为 1	xor(A,B)=1 0 1 1 0

MATLAB 的元素方式逻辑运算符只对具有相同规模的两个操作数或其中一个操作数为标量的情况进行操作。元素方式逻辑运算符有重载的函数，实际上，符号“&”“|”“~”的重载函数分别是 and、or 和 not。

2. 比特方式逻辑运算符

比特方式逻辑运算符对操作数的每个比特位进行逻辑操作，其用法和功能如表 2-8 所示。比特方式逻辑运算符接受逻辑类型和非负整数变量输入。表 2-8 中的示例采用如下矩阵：

```
>> A=17;          %二进制表示为10001
>> B=7;           %二进制表示为00111
```

表 2-8　比特方式逻辑运算符的用法和功能

函 数 名	功　能	功 能 描 述	示　例
bitand	与	返回两个非负整数的对应位做与操作	bitand(A,B)=1 (binary00001)
bitor	或	返回两个非负整数的对应位做或操作	bitor(A,B)=23 (binary10111)
bitxor	异或	返回两个非负整数的对应位做异或操作	bitxor(A,B)=22 (binary10110)
bitcmp	补码	返回 *n* 位整数表示的补码	bitcmp(A,B)=14 (binary01110)

3. 短路逻辑运算符

MATLAB 的短路逻辑运算符的用法和功能如表 2-9 所示。

表 2-9　MATLAB 的短路逻辑运算符的用法和功能

函 数 名	功　能	功 能 描 述	示　例
&&	逻辑与	两个操作数同时为 1，运算结果为 1；否则为 0	A&&B
||	逻辑或	两个操作数同时为 0，运算结果为 0；否则为 1	A||B

说明：

短路逻辑运算符的运算结果和元素方式逻辑运算符的运算结果是一样的。然而短路逻辑运算符在执行时，只有在运算结果还不确定时才去参考第二个操作数。

例如，A&&B 操作，当 A 为 0 时，直接返回 0，而不检查 B 的值；当 A 为 1 时，如果 B 为 1，则返回 1，否则返回 0。A||B 的执行方式与 A&&B 的执行方式类似。

【例 2-15】 短路逻辑运算符示例。

```
>> X=[1 0 0 1 1];
>> Y=[0 0 0 0 0];
>> any(X)||all(Y)                    %使用 any 和 all 函数将每个向量约简为单个逻辑条件
ans =
  logical
   1
>> b=1;
>> a=20;
>> x=(b~=0)&&(a/b>18.5)
x =
  logical
   1
>> b=0;
>> x=(b~=0)&&(a/b>18.5)
x =
  logical
   0
```

2.3.4　运算优先级

表达式中包括算术运算符、关系运算符和逻辑运算符。因此，运算符的优先级决定了对一个表达式进行运算的顺序。具有相同优先级的运算符从左到右依次进行运算；对于具有不同优先级的运算符，先进行高优先级运算。

运算符的优先等级如表 2-10 所示。可以看到，括号的优先级别最高，因此可以用括号改变默认的优先等级。

表 2-10　运算符的优先等级

运　算　符	优先等级
括号	最高优先级
转置（.'），幂（.^），复共轭转置（'），矩阵幂（^）	↓
一元正号（+），一元负号（-），逻辑非（）	
元素相乘（.*），元素右除（./），元素左除（.\），矩阵乘法（*），矩阵右除（/），矩阵左除（/）	
加法（+），减法（-）	
冒号运算符（:）	
小于（<），小于或等于（<=），大于（>），大于或等于（>=），等于（==），不等于（~=）	
逻辑与（&）	
逻辑或（|）	
短路逻辑与（&&）	
短路逻辑或（||）	最低优先级

【例 2-16】调整运算优先级算例。

```
>> A = [2 6 8];
>> B = [1 3 6];
>> C = A.*B.^3
C =
    2         162         1728
>> C=(A.*B).^3                                          %调整优先级
C =
    8       5832       110592
```

2.4　字符串

MATLAB 能够很好地支持字符串数据，可以用两种不同的方式表示字符串，即字符数组和字符串单元数组。

2.4.1　字符串的构造

通常可以用 $m \times n$ 的字符数组表示多个字符串，只要这些字符串的长度是一样的。当需要保存多个不同长度的字符串时，可以用单元数组类型实现。

MATLAB 提供了很多字符串操作，包括字符串的创建、合并、比较、查找及其与数值的转换。下面介绍创建字符串的操作。

1. 创建字符数组

可以通过一对单引号表示字符串，也可以用字符串合并函数 strcat 得到一个新的字符串。另外，还可以利用函数 char 创建字符串。

注意：

函数 strcat 在合并字符串的同时会把字符串结尾的空格删除。要保留这些空格，可以用矩阵合并符“[]”实现字符串的合并。

在利用函数 char 创建字符数组时，如果字符串不具有相同的长度，则函数 char 会自动用空格把字符串补足到最长的字符串长度。

【例 2-17】创建字符数组。

```
>> str='helloMATLAB'                %通过一对单引号表示字符串
str =
    'helloMATLAB'
>> a='hello ';                      %字符串后有一空格
>> b='MATLAB';
>> c=strcat(a,b)                    %用字符串合并函数 strcat 得到一个新的字符串
c=
    'helloMATLAB'
>> c=[a b]                          %用矩阵合并符实现字符串的合并
c=
    'hello MATLAB'
>> c=char('hello','MATLAB')         %利用函数 char 创建字符数组
c=
  2×6 char 数组
    'hello '
    'MATLAB'
```

2. 创建字符串单元数组

利用函数 cellstr 可以创建字符串单元数组，创建时会把字符串尾部的空格截去；也可以利用函数 char 把一个字符串单元数组转换成一个字符数组。

【例 2-18】创建字符串单元数组示例。

```
>> data=['hello ';'MATLAB']  %创建字符数组，带空格
data =
  2×6 char 数组
    'hello '
    'MATLAB'
>> celldata=cellstr(data)    %把上述字符数组转换成字符串单元数组
celldata =
  2×1 cell 数组
    {'hello' }
    {'MATLAB'}
>> length(celldata{1})
ans =
     5
>> chararray=char(celldata)  %可以利用函数 char 把一个字符串单元数组转换成一个字符数组
chararray =
  2×6 char 数组
    'hello '
    'MATLAB'
>> length(chararray(1,:))    %查看第一个字符串的长度
ans=
     6
```

2.4.2 字符串的比较

比较两个字符串或两个字符串的子串是否相同在 MATLAB 字符操作中是比较重要的。比较操作的内容如下。

- 比较两个字符串中的单独字符是否相同。
- 对字符串内的元素进行识别，判定每个元素是字符还是空白符（包括空格、制表符 Tab 和换行符）。

MATLAB 里包括以下几种比较字符串和子串的方法。

1. 字符串比较函数

MATLAB 提供的字符串比较函数如表 2-11 所示。这些函数对字符数组和字符串数组都适用。

表 2-11　MATLAB 提供的字符串比较函数

函 数 名	功 能 描 述	基本调用格式	
strcmp	比较两个字符串是否相等	strcmp(S1,S2)	字符串相等返回 1，否则返回 0
strncmp	比较两个字符串的前 N 个字符是否相等	strncmp(S1,S2,N)	字符串的前 N 个字符相等返回 1，否则返回 0
strcmpi	比较两个字符串是否相等，忽略大小写	strcmpi(S1,S2)	字符串相等返回 1，否则返回 0（忽略大小写）
dstrncmpi	比较两个字符串的前 N 个字符是否相等，忽略大小写	strncmpi(S1,S2,N)	字符串前 N 个字符相等返回 1，否则返回 0（忽略大小写）

【例 2-19】字符串比较示例。

```
>> str1='aaabbb';
>> str2='aaabbc';
>> c=strcmp(str1,str2)          %调用函数 strcmp 进行比较，由于两个字符串不相同，所以结果为 0
c=
     0
>> c=strncmp(str1,str2,5)       %字符串的前 5 个字符相同，因此比较前 5 个字符返回 1
c=
     1
```

2. 用关系运算符比较字符串

运用关系运算符可以对字符数组进行比较，但是要求比较的字符数组具有相同的维数，或者其中一个是标量。

【例 2-20】用==运算符判断两个字符串里的对应字符是否相同。

```
>> str1='aabbcc';
>> str2='abbabc';
>> c=(str1==str2)                      %用==运算符判断两个字符串里的对应字符是否相同
c =
  1×6 logical 数组
     1     0     1     0     0     1
```

提示：

也可以用其他关系运算符（>、>=、<、<=、==、!=）比较两个字符串。

2.4.3 字符串查找和替换函数

MATLAB 提供的一般字符串查找和替换函数如表 2-12 所示。

表 2-12 MATLAB 提供的一般字符串查找和替换函数

函 数 名	功 能 描 述	基本调用格式	
strrep	字符串替换	str=strrep(str,old,new)	将 str 中出现的所有 old 都替换为 new
findstr	在字符串内查找（两个输入对等）	k=findstr(str1,str2)	在输入的较长字符串中查找较短字符串的位置
strfind	在字符串内查找	k=strfind(str,pattern)	查找 str 中 pattern 出现的位置
		k=strfind(cellstr,pattern)	查找单元字符串 cellstr 中 pattern 出现的位置
strtok	获得第一个分隔符之前的字符串	token=strtok(str)	以空格符（包括空格、制表符和换行符）为分隔符
		token=strtok(str,delimiters)	输入 delimiters 为指定的分隔符
		[token,rem]=strtok(...)	返回值 rem 为第一个分隔符之后的字符串
strmatch	在字符串数组中匹配指定字符串	x=strmatch(str,STRS)	在字符串数组 STRS 中匹配字符串 str，返回匹配上的字符串的所在行
		x=strmatch(str,STRS,exact)	在字符串数组 STRS 中精确匹配字符串 str，返回匹配上的字符串的所在行，只有在完全匹配上时，才返回字符串的所在行

【例 2-21】字符串替换与查找示例。

```
>> s1='I am a teacher.';
>> str=strrep(s1,'teacher','student')          %字符串替换
str =
    'I am a student.'
>> str='I am a teacher.';
>> index=strfind(str,'e')                       %字符串查找
index =
     9    13
>> s='I am a teacher.';
>> [a,b]=strtok(s)                              %获得第一个分隔符之前的字符串
a =
    'I'
b =
    ' am a teacher.'
```

2.4.4 字符串与数值的转换

MATLAB 提供的把数值转换为字符串的函数如表 2-13 所示。

表 2-13 MATLAB 提供的把数值转换为字符串的函数

函 数 名	功 能 描 述
char	把一个数值截去小数部分，然后转换为等值的字符
int2str	把一个数值的小数部分四舍五入，然后转换为字符串
num2str	把一个数值类型的数据转换为字符串

续表

函　数　名	功 能 描 述
mat2str	把一个数值类型的数据转换为字符串，返回的结果是 MATLAB 能识别的格式
dec2hex	把一个正整数转换为十六进制的字符串
dec2bin	把一个正整数转换为二进制的字符串
dec2base	把一个正整数转换为任意进制的字符串

MATLAB 提供的把字符串转换为数值的函数如表 2-14 所示。

表 2-14　MATLAB 提供的把字符串转换为数值的函数

函　数　名	功 能 描 述
uintN	把字符转换为等值的整数
str2num	把一个字符串转换为数值类型
str2double	与 str2num 相似，但比 str2num 的性能优越，它同时提供对单元字符数组的支持
hex2num	把一个 IEEE 格式的十六进制字符串转换为数值类型
hex2dec	把一个 IEEE 格式的十六进制字符串转换为整数
bin2dec	把一个二进制字符串转换为十进制整数
base2dec	把一个任意进制的字符串转换为十进制整数

【例 2-22】在命令行中输出一行字符串来显示向量 x 的最小值。

```
>> x=rand(1,5)
x=
    0.1419 0.4218 0.9157 0.7922 0.9595
>> disp(['    向量 x 中的最小值为:' num2str((min(x)))]);
%在命令行中显示一个字符串
   向量 x 中的最小值为:0.14189
```

2.5　本章小结

本章主要介绍了 MATLAB 的基础知识，包括基本概念、数据类型、运算符和字符串。通过本章的学习，可以为独自编写用户程序和了解其他 MATLAB 程序奠定很好的基础；可以了解 MATLAB 的基本运算符的使用方法及不同数据类型之间的差异。在编写程序及阅读代码的时候，能够快速理解变量的基本数据类型，以选择适合具体情况下的数据类型及字符串的操作。

第 3 章

向量与矩阵

本章介绍 MATLAB 中向量与矩阵的创建方法。向量与矩阵在 MATLAB 中通过数组表示，因此，数组是 MATLAB 中的核心内容。本章主要结合基本数学知识，利用编程语言中数组的概念讲解 MATLAB 中向量与矩阵的创建方法，同时对向量与矩阵的基本运算进行讲解，为后面的学习奠定基础。

学习目的

（1）熟练掌握向量的创建方法与基本运算。

（2）熟练掌握矩阵的创建方法与基本运算。

（3）掌握稀疏矩阵的创建方法与基本运算。

3.1　向量

向量是一个有方向的量，它是高等数学、线性代数中的概念，在力学、电磁学等领域有着广泛应用。向量是由 n 个数 a_1，a_2，…，a_n 组成的有序数列，形式如下：

$$\boldsymbol{a}=\begin{bmatrix} a_1 \\ a_2 \\ \vdots \\ a_n \end{bmatrix} \text{或 } \boldsymbol{a}=\begin{bmatrix} a_1 & a_2 & \cdots & a_n \end{bmatrix}$$

3.1.1　创建向量

在 MATLAB 中，向量主要采用一维数组来表示。创建向量主要有直接输入法、冒号表达式法和函数法。

1．直接输入法

在命令提示符之后直接输入一个向量，其格式如下：

```
向量名=[a1,a2,a3,…]                                    %采用逗号符创建行向量
向量名=[a1  a2  a3  …]                                 %采用空格符创建行向量
向量名=[a1;a2;a3;…]                                    %采用分号符创建列向量
```

【例 3-1】 采用直接输入法创建向量。

```
>> A=[1,2,3,4]
A =
     1     2     3     4
>> B=[5 6 7 8]
B =
     5     6     7     8
>> C=[2;4;6;8]
C =
     2
     4
     6
     8
```

2．冒号表达式法

利用冒号表达式也可以创建向量，其格式如下：

```
向量名=a1:step:an
```

其中，a1 为向量的第一个元素；an 为向量最后一个元素的限定值；step 是变化步长，省略步长时系统默认为 1。

MATLAB 支持构造任意步长的向量，步长甚至可以是负数。

【例 3-2】 利用冒号表达式法创建向量。

```
>> A=1:2:10                                            %构造步长为 2 的递增向量
A =
```

```
     1     3     5     7     9
>> B=-2.5:2.5                                        %构造步长为 1 的递增向量
B =
   -2.5000   -1.5000   -0.5000    0.5000    1.5000    2.5000
>> C=2:-0.5:-1                                       %构造步长为-0.5 的递减向量
C=
    2.0000    1.5000    1.0000    0.5000       0         -0.5000     -1.0000
```

3. 函数法

MATLAB 提供了两个函数用来直接创建向量：一个是实现线性等分的函数 linspace；另一个是实现对数等分的函数 logspace。

（1）函数 linspace 的通用格式为：

```
A=linspace(a1,an ,n)                                 %生成等分间距向量
```

其中，a1 是向量的首元素，an 是向量的尾元素，n 把 a1 至 an 的区间分成向量的首尾之外的其他 n−2 个元素。若省略 n，则默认创建含有 100 个元素的线性等分向量。

（2）函数 logspace 的通用格式为：

```
A=logspace(a1,an,n)                                  %生成对数间距向量
```

其中，a1 是向量首元素的幂，即 A(1)为 10 的 a1 次幂；an 是向量尾元素的幂，即 A(n)为 10 的 an 次幂；n 是向量的维数。若省略 n，则默认创建含有 50 个元素的对数等分向量。

【例 3-3】利用线性等分函数及对数等分函数创建向量。

```
>> A=linspace(1,10);          %创建 1～10 的 100 个元素，采用“;”结束，不显示结果
>> B=linspace(1,5,8)          %创建 1～5 的 10 个线性等分元素
B =
    1.0000    1.5714    2.1429    2.7143    3.2857    3.8571    4.4286    5.0000
>> C=logspace(0,4);           %创建 1～10000 的 50 个元素，采用“;”结束，不显示结果
>> D=logspace(0,4,5)          %创建 1～10000 的 5 个对数等分元素
D =
           1          10         100        1000       10000
```

采用冒号表达式法和线性等分函数都能创建线性等分向量，但在使用时有几点区别需要注意。

（1）在冒号表达式法中，an 不一定恰好是向量的最后一个元素，只有当向量的倒数第二个元素加步长等于 an 时，an 才正好构成尾元素。

（2）在使用线性等分函数前，必须先确定创建向量的元素个数，但使用冒号表达式法将依着步长和 an 的限制去创建向量，无须考虑元素个数的多少。

（3）实际应用时，同时限定尾元素和步长去创建向量，可能会出现矛盾，此时要么坚持步长优先，调整尾元素限制；要么坚持尾元素限制，调整等分步长。

3.1.2　向量的加减乘除运算

在 MATLAB 中，维数相同的行向量可以相加减，维数相同的列向量也可以相加减，标量数值可以与向量直接相乘除。但是，不同维数的向量之间的加减运算是不允许的。

【例 3-4】向量的加减和数乘运算示例。

```
>> A=[1 2 3 4];
>> B=3:6;
>> AT=A';
>> BT=B';
>> E1=A+B
E1 =
     4     6     8    10
>> E2=A-B
E2 =
    -2    -2    -2    -2
>> F=AT-BT
F =
    -2
    -2
    -2
    -2
>> G1=3*A
G1 =
     3     6     9    12
>> G2=B/3
G2 =
    1.0000    1.3333    1.6667    2.0000
```

3.1.3 向量的点积和叉积运算

向量的点积即数量积，叉积又称向量积或矢量积。MATLAB 是用函数实现向量的点积、叉积运算的。

1. 点积运算

点积运算的定义是将参与运算的两向量各对应位置上的元素相乘，再将各乘积相加。因此，向量点积的结果是一标量而非向量。点积运算函数是 dot(A,B)，其中 A、B 是维数相同的两向量。

2. 叉积运算

向量 ***A***、***B*** 的叉积是一新向量 ***C***，***C*** 的方向垂直于 ***A*** 与 ***B*** 决定的平面。用三维坐标表示为

$$\boldsymbol{A}=A_x\boldsymbol{i}+A_y\boldsymbol{j}+A_z\boldsymbol{k}$$

$$\boldsymbol{B}=B_x\boldsymbol{i}+B_y\boldsymbol{j}+B_z\boldsymbol{k}$$

$$\boldsymbol{C}=\boldsymbol{A}\times\boldsymbol{B}=(A_yB_z-A_zB_y)\boldsymbol{i}+(A_zB_x-A_xB_z)\boldsymbol{j}+(A_xB_y-A_yB_x)\boldsymbol{k}$$

叉积运算的函数是 cross(A,B)，该函数计算的是 A、B 叉积后各分量的元素值，且 A、B 只能是三维向量。

3. 混合积运算

在三维向量之间，综合运用上述两个函数，可实现点积和叉积的混合运算。

【例 3-5】 向量的点积与叉积运算示例。

```
>> A=[1 2 3 4]; B=3:6; AT=A'; BT=B';
>> e=dot(A,B)                                  %向量的点积运算
```

```
e =
    50
>> f=dot(AT,BT)                                    %向量的点积运算
f =
    50
>> A=1:3
A =
     1     2     3
>> B=2:4
B =
     2     3     4
>> E=cross(A,B)                                    %向量的叉积运算
E =
    -1     2    -1
>> C=[3 2 1]
C =
     3     2     1
>> D=dot(C,cross(A,B))                             %混合积运算
D =
     0
>> E=cross(C,dot(A,B))                             %混合积运算
错误使用 cross (line 29)
在获取交叉乘积的维度中，A 和 B 的长度必须为 3。
```

3.2 矩阵

MATLAB 中最基本的数据结构是二维矩阵。二维矩阵可以方便地存储和访问大量数据。每个矩阵的单元可以是数值类型、逻辑类型、字符类型或其他任何 MATLAB 数据类型。

3.2.1 矩阵的构造

MATLAB 中的矩阵主要采用二维数组表示。

1. 简单矩阵的构造

使用矩阵构造符“[]”是最简单的构造矩阵的方法。构造一行的矩阵，可以把矩阵元素放在矩阵构造符中，并以空格或逗号隔开，一行的矩阵即行向量，一列的矩阵即列向量，其格式是：

```
row=[E1,E2,...,Em]                  %采用逗号符构造单行矩阵
row=[E1 E2 ... Em]                  %采用空格符构造单行矩阵
A=[row1;row2;...;rown]              %利用分号符构造多行矩阵，行与行之间用分号隔开
```

【例 3-6】 创建一个 4×4 的矩阵。

```
>> A=[1,2,3,4;5,6,7,8;9,10,11,12;13,14,15,16]
A =
     1     2     3     4
     5     6     7     8
     9    10    11    12
    13    14    15    16
```

2．特殊矩阵的构造

MATLAB 还提供了一些函数用来构造一些特殊的矩阵，这些函数如表 3-1 所示。

表 3-1　特殊矩阵函数

函数名	函数用途	基本调用格式	
ones	生成矩阵元素全为 1 的矩阵	A=ones(n)	生成 n×n 个 1
		A=ones(m,n)	生成 m×n 个 1
zeros	生成矩阵元素全为 0 的矩阵	A=zeros(n)	生成 n×n 个 0
		A=zeros(m,n)	生成 m×n 个 0
eye	生成单位矩阵，即主对角线上的元素为 1，其他元素全为 0	A=eye(n)	生成 n×n 的单位矩阵
		A=eye(m,n)	生成 m×n 的单位矩阵
diag	把向量转化为对角矩阵或得到矩阵的对角元素	D=diag(v,k)	把向量 v 转换为一个对角矩阵
		D=diag(v)	把向量 v 转换为一个主对角矩阵
		x=diag(A,k)	得到矩阵 A 的第 k 条对角线上的元素，k=0 表示主对角线，k>0 表示主对角线上方，k<0 表示主对角线下方
		x=diag(A)	得到矩阵 A 的主对角元素
magic	生成魔方矩阵，即每行、每列之和相等的矩阵	magic(n)	生成 n×n 的魔方矩阵
rand	生成 0～1 均匀分布的随机数	Y=rand(n)	生成 n×n 的 0～1 均匀分布的随机数
		Y=rand(m,n)	生成 m×n 的 0～1 均匀分布的随机数
randn	生成均值为 0、方差为 1 高斯分布的随机数	Y=randn(n)	生成 n×n 的标准高斯分布的随机数
		Y=randn(m,n)	生成 m×n 的标准高斯分布的随机数
randperm	生成整数 1～n 的随机排列	p=randperm(n)	生成整数 1～n 的随机排列
compan	生成多项式的伴随矩阵	A=compan(u)	生成多项式 u 的伴随矩阵

【例 3-7】 创建一个 3×3 的魔方矩阵。

```
>> A=magic(3)
A =
     8     1     6
     3     5     7
     4     9     2
```

3.2.2　矩阵的拓展与裁剪

矩阵的拓展指的是改变矩阵的现有大小，增加新的元素，使矩阵的行数或列数增加；矩阵的裁剪指的是从现有矩阵中抽取部分元素，组成一个新的矩阵。

1．矩阵的合并

矩阵的合并就是把两个或两个以上的矩阵数据连接起来得到一个新的矩阵。前面介绍的矩阵构造符不仅可用于构造矩阵，还可作为一个矩阵合并操作符。

表达式 C=[A B]表示在水平方向上合并矩阵 A 和 B；表达式 C=[A;B]表示在竖直方向上合并矩阵 A 和 B。

【例 3-8】 矩阵合并示例。

```
>> A=eye(2,4);
>> B=ones(2,4);
```

```
>> C=[A;B]                                          %在竖直方向（列）上合并矩阵
C =
     1     0     0     0
     0     1     0     0
     1     1     1     1
     1     1     1     1
>> D=[A B]                                          %在水平方向（行）上合并矩阵
D =
     1     0     0     0     1     1     1     1
     0     1     0     0     1     1     1     1
```

除了使用矩阵合并符合并矩阵，还可以使用矩阵合并函数来合并矩阵，如表 3-2 所示。

表 3-2　矩阵合并函数

函 数 名	函 数 描 述	基本调用格式	
cat	在指定的方向上合并矩阵	cat(dim,A,B)	在 dim 维方向上合并矩阵 A 和 B
		cat(2,A,B)	与[A B]的用途一致
		cat(1,A,B)	与[A;B]的用途一致
horzcat	在水平方向上合并矩阵	horzcat(A,B)	与[A B]的用途一致
vertcat	在竖直方向上合并矩阵	vertcat(A,B)	与[A;B]的用途一致
repmat	通过复制矩阵来构造新的矩阵	B=repmat(A,M,N)	得到 M×N 个 A 的大矩阵
blkdiag	用已知矩阵来构造块对角化矩阵	Y=blkdiag(A,B,...)	得到以矩阵 A，B，...等为对角块的矩阵 Y

【例 3-9】利用函数构造矩阵。

```
>> A=ones(3);
>> B=eye(2);
>> C=blkdiag(A,B)                                   %构造块对角化矩阵
C =
     1     1     1     0     0
     1     1     1     0     0
     1     1     1     0     0
     0     0     0     1     0
     0     0     0     0     1
```

2. 赋值拓展

对于一个 $m \times n$ 的矩阵，通过使用超出目前矩阵（数组）大小的索引数字，并对该位置元素进行赋值来完成矩阵的拓展。对于未指定的新位置，默认赋值为 0。

【例 3-10】赋值拓展矩阵。

```
>> A=magic(3);
>> A(4,5)=11                                        %赋值拓展矩阵
A =
     8     1     6     0     0
     3     5     7     0     0
     4     9     2     0     0
     0     0     0     0    11
>> A(:,4)=20
A =
     8     1     6    20     0
     3     5     7    20     0
     4     9     2    20     0
```

```
     0     0     0    20    11
>> B=A(:,[1:5,1:5])                                  %多次寻址拓展
B =
     8     1     6    20     0     8     1     6    20     0
     3     5     7    20     0     3     5     7    20     0
     4     9     2    20     0     4     9     2    20     0
     0     0     0    20    11     0     0     0    20    11
```

3．矩阵行/列的删除

要删除矩阵的某一行或某一列，只要给该行或该列赋予一个空矩阵即可。当某一索引位置上不是数字而是冒号时，表示提取该索引位置上的所有元素。

【例 3-11】 创建一个魔方矩阵，然后删除矩阵的第 3 行。

```
>> A=magic(3)                                   %创建魔方矩阵 A
A=
     8     1     6
     3     5     7
     4     9     2
>> A(3,:)=[]                                    %将矩阵的第 3 行设置为空矩阵即可删除该行
A=
     8 1 6
     3 5 7
```

4．矩阵的提取

矩阵的提取格式如下：

```
B=A([x1,x2,…], [y1,y2,…])  %提取矩阵 A 中的第 x1，x2，…行、第 y1，y2，…列元素，组成新的
矩阵 B
```

【例 3-12】 创建一个 6 阶魔方矩阵，并对矩阵进行提取操作。

```
>> A=magic(6)                                  %创建 6 阶魔方矩阵 A
A =
    35     1     6    26    19    24
     3    32     7    21    23    25
    31     9     2    22    27    20
     8    28    33    17    10    15
    30     5    34    12    14    16
     4    36    29    13    18    11
>> A(2,:)                                      %提取第 2 行元素
ans =
     3    32     7    21    23    25
>> A(1:2:6,2:2:6)                              %提取第 1、3、5 行中的第 2、4、6 个元素
ans =
     1    26    24
     9    22    20
     5    12    16
>> A(1:2:6,:)                                  %提取第 1、3、5 行中的所有元素
ans =
    35     1     6    26    19    24
    31     9     2    22    27    20
    30     5    34    12    14    16
>> A([1,2,6],[2,2,6])                          %提取第 1、2、6 行中的第 2、2、6 个元素
```

```
ans =
     1     1    24
    32    32    25
    36    36    11
>> A([1,2,6],:)                                      %提取第 1、2、6 行中的所有元素
ans =
    35     1     6    26    19    24
     3    32     7    21    23    25
     4    36    29    13    18    11
>> A([1,2,6],:)=[]                                   %删除第 1、2、6 行中的所有元素，创建新的矩阵 A
A =
    31     9     2    22    27    20
     8    28    33    17    10    15
    30     5    34    12    14    16
```

3.2.3 矩阵下标引用

1. 矩阵下标访问单个矩阵元素

若 A 是一个二维矩阵，则可以用 A(i,j)表示矩阵 A 的第 i 行第 j 列元素。

【例 3-13】 创建一个 4 阶魔方矩阵，并查找第 2 行第 4 列的数字，随后改变该值为 0。

```
>> A=magic(4)                                        %创建魔方矩阵
A =
    16     2     3    13
     5    11    10     8
     9     7     6    12
     4    14    15     1
>> a=A(2,4)                                          %查找第 2 行第 4 列的数字
a =
     8
>> A(2,4)=0                                          %改变元素的值
A =
    16     2     3    13
     5    11    10     0
     9     7     6    12
     4    14    15     1
```

2. 线性引用矩阵元素

在 MATLAB 中，可以通过单下标引用矩阵元素，引用格式为 A(k)。通常，这样的引用适用于行向量或列向量，有时也适用于二维矩阵。

MATLAB 在存储矩阵元素时，并不是按照其命令行输出矩阵的格式来进行的。实际上，矩阵可以看成是按列优先排列的一个长列向量格式来存储的。

对于一个 m 行 n 列的矩阵，若第 i 行第 j 列的元素 A(i,j)用 A(k)表示，则 k=(j-1)*m+i。

【例 3-14】 线性引用矩阵元素示例。

```
>> A = [1 4 7;2 5 8; 3 6 9]
A =
     1     4     7
     2     5     8
     3     6     9
```

```
>> a = A(4)                                          %按列寻址
a =
    4
```

矩阵 A 实际上在内存中是被存储成以 1、2、3、4、5、6、7、8、9 排列的一个列向量。A 矩阵的第 1 行第 2 列，即值为 4 的元素实际上在存储空间中是第 4 个元素。要访问这个元素，可以用 A(1,2)格式，也可以用 A(4)格式。A(4)就是线性引用矩阵元素的方法。

3. 引用矩阵元素方式转换

如果已知矩阵的下标，却想用线性引用矩阵元素方法访问矩阵，就可以用 sub2ind 函数得到线性引用的下标。反之，如果想从线性引用的下标得到矩阵的下标，就可以用函数 ind2sub。

【例 3-15】利用线性引用矩阵元素方法访问矩阵示例。

```
>> A = [1 4 7;2 5 8; 3 6 9];
>> linearindex_A=sub2ind(size(A),1,2)
linearindex_A=
    4
>> [A_row A_col]=ind2sub(size(A),4)
A_row=
    1
A_col=
    2
```

3.2.4 矩阵信息的获取

1. 矩阵尺寸信息

利用矩阵尺寸函数，可以得到矩阵的形状和大小信息，这些函数如表 3-3 所示。

表 3-3　矩阵尺寸函数

函 数 名	函 数 描 述	基本调用格式	
length	矩阵最长方向的长度	n=length(X)	相当于 max(size(X))
ndims	矩阵的维数	n=ndims(A)	矩阵的维数
numel	矩阵的元素个数	n=numel(A)	矩阵的元素个数
size	矩阵各个方向的长度	d=size(X)	返回的大小信息以向量方式存储
		[m,n]=size(X)	返回的大小信息分开存储
		m=size(X,dim)	返回某一位的大小信息

【例 3-16】使用矩阵尺寸函数获取矩阵尺寸长度示例。

```
>> A=rand(3,4)                                       %创建一个随机矩阵
A =
    0.6557    0.9340    0.7431    0.1712
    0.0357    0.6787    0.3922    0.7060
    0.8491    0.7577    0.6555    0.0318
>> n=length(A)                                       %求矩阵 A 的最长方向的长度
n=
    4
```

2．矩阵元素的数据类型和结构信息

获得矩阵元素的数据类型信息的函数如表 3-4 所示。

表 3-4　获得矩阵元素的数据类型信息的函数

函　数　名	函 数 描 述	基本调用格式
class	返回输入数据的数据类型	C=class(obj)
isa	判断输入数据是否为指定数据类型	tf=isa(obj,'class_name')
iscell	判断输入数据是否为单元型	tf=iscell(A)
iscellstr	判断输入数据是否为单元型的字符串	tf=iscellstr(A)
ischar	判断输入数据是否为字符数组	tf=ischar(A)
isfloat	判断输入数据是否为浮点数	tf=isfloat(A)
isinteger	判断输入数据是否为整数	tf=isinteger(A)
islogical	判断输入数据是否为逻辑型	tf=islogical(A)
isnumeric	判断输入数据是否为数值型	tf=isnumeric(A)
isreal	判断输入数据是否为实数	tf=isreal(A)
isstruct	判断输入数据是否为结构体	tf=isstruct(A)

测试矩阵是否为某种数据结构的函数如表 3-5 所示。

表 3-5　测试矩阵是否为某种数据结构的函数

函数名	函数描述	基本调用格式
isempty	测试矩阵是否为空矩阵	tf=isempty(A)
isscalar	测试矩阵是否为标量	tf=isscalar(A)
issparse	测试矩阵是否为稀疏矩阵	tf=issparse(A)
isvector	测试矩阵是否为矢量	tf=isvector(A)

3.2.5　矩阵结构的改变

可以改变矩阵结构的函数如表 3-6 所示。

表 3-6　可以改变矩阵结构的函数

函　数　名	函 数 描 述	基本调用格式	
reshape	以指定的行数和列数重新排列矩阵元素	B=reshape(A,m,n)	把矩阵 A 变为 m×n 大小
repmat	以指定的行数和列数复制矩阵	B= repmat(A,m,n)	—
rot90	旋转矩阵 90°	B=rot90(A) B=rot90(A,k)	旋转矩阵 90°，旋转矩阵 k×90°，k 为整数
fliplr	以竖直方向为轴做镜像	B=fliplr(A)	—
flipud	以水平方向为轴做镜像	B=flipud(A)	—
flipdim	以指定的轴做镜像	B=flipdim(A,dim)	dim=2 表示以水平方向为轴做镜像，dim=1 表示以竖直方向为轴做镜像
transpose	矩阵的转置	B=transpose(A)	相当于 B=A.'
ctranspose	矩阵的共轭转置	B=ctranspose(A)	相当于 B=A'

【例 3-17】改变矩阵结构示例。

```
>> A = [1 4 7;2 5 8; 3 6 9];                          %创建矩阵
A =
     1     4     7
     2     5     8
     3     6     9
>> B=transpose(A)                                     %求矩阵的转置
B =
     1     2     3
     4     5     6
     7     8     9
>> B=flipud(A)                                        %把矩阵以水平方向为轴做镜像
B =
     3     6     9
     2     5     8
     1     4     7
```

3.3 稀疏矩阵

在 MATLAB 中，可以用两种方式存储矩阵，即满矩阵存储方式和稀疏矩阵存储方式，简称满矩阵和稀疏矩阵。

在很多情况下，一个矩阵只有少数的元素是非零的，对于零值和非零值，均需要花费同样的空间来存储的方式称为满矩阵。这种存储方式会浪费很多存储空间，有时还会减慢计算速度。而稀疏矩阵在 MATLAB 内部是以非零元素及其行列索引数组来表示的。

说明：稀疏矩阵提供了一种针对矩阵元素大多数都是零值的有效存储方式。所有 MATLAB 自带的数学函数、逻辑函数和引用操作均可以使用在稀疏矩阵上（包括双精度类型、复数类型和逻辑类型的稀疏矩阵）。

注意：

稀疏矩阵不能自动生成，定义在满矩阵上的运算只能生成满矩阵，不论有多少个元素为零。但是，一旦以稀疏矩阵来存储，稀疏矩阵的存储方式就会传播下去。也就是说，定义在稀疏矩阵上的运算生成稀疏矩阵，定义在满矩阵上的运算生成满矩阵。

3.3.1 创建和查看稀疏矩阵

MATLAB 提供了转换函数 sparse，可以从满矩阵得到稀疏矩阵，其调用格式为：

```
S=sparse(A)                                           %将满矩阵 A 存为稀疏矩阵
```

【例 3-18】创建矩阵 A=[0 0 5 0;8 0 0 0;0 1 0 0;0 0 0 7]，并将其转换为稀疏矩阵。

```
>> A=[0 0 5 0;8 0 0 0;0 1 0 0;0 0 0 7]
A =
     0     0     5     0
     8     0     0     0
     0     1     0     0
     0     0     0     7
```

```
B=sparse(A)
B =
    (2,1)       8
    (3,2)       1
    (1,3)       5
    (4,4)       7
```

MATLAB 还提供了一些函数，用于创建特殊的稀疏矩阵，这些函数如表 3-7 所示。

表 3-7　特殊稀疏矩阵创建函数

函 数 名	函 数 描 述	基本调用格式	
speye	创建单位稀疏矩阵	S=speye(m,n)	创建 m×n 的单位稀疏矩阵
		S=speye(n)	创建 n×n 的单位稀疏矩阵
spones	创建非零元素为 1 的稀疏矩阵	R=spones(S)	把矩阵 S 的非零元素的值改为 1
sprand	创建非零元素为均匀分布的随机数的稀疏矩阵	R=sprand(S)	把矩阵 S 的非零元素的值改为均匀分布的随机数 R=sprand(m,n,density)，创建非零元素密度为 density 的 m×n 的均匀分布的随机数
sprandn	创建非零元素为高斯分布的随机数的稀疏矩阵	R=sprandn(S)	把矩阵 S 的非零元素的值改为高斯分布的随机数 R=sprandn(m,n,density)，创建非零元素密度为 density 的 m×n 的高斯分布的随机数
sprandsym	创建非零元素为高斯分布的随机数的对称稀疏矩阵	R=sprandsym(S)	返回对称随机稀疏矩阵，其下三角和主对角结构与 S 相同
		R=sprandsym(n,density)	返回 n×n 的对称随机稀疏矩阵，其非零元素密度为 density
spdiags	创建对角稀疏矩阵	A=spdiags(B,d,m,n)	把 B 中的值放在 d 中指定的对角线上，创建一个 m×n 的稀疏矩阵
spalloc	为稀疏矩阵分配空间	S=spalloc(m,n,nzmax)	相当于 sparse([],[],[],m,n,nzmax)

MATLAB 还提供了一些函数，用于得到稀疏矩阵的定量信息和图形化信息。这些函数包括得到稀疏矩阵非零值信息和图形化稀疏矩阵。

查看稀疏矩阵非零值信息的函数如表 3-8 所示。

表 3-8　查看稀疏矩阵非零值信息的函数

函 数 名	函 数 描 述	基本调用格式
nnz	返回非零值的个数	n=nnz(X)
nonzeros	返回非零值	s=nonzeros(A)
nzmax	返回用于存储非零值的空间长度	n=nzmax(S)

3.3.2　稀疏矩阵的运算规则

MATLAB 系统中的各种命令都可以用于稀疏矩阵的运算。当有稀疏矩阵参加运算时，得到的结果将遵循以下规则。

- 把矩阵转换为标量或定长向量的函数总是给出满矩阵。
- 把标量或定长向量转换为矩阵的函数（如 zeros、ones、eye、rand 等）总是给出满矩阵；而能给出稀疏矩阵结果的相应函数有 speye 和 sprand 等。

- 从矩阵到矩阵或向量的转换函数将以原矩阵的形式出现。也就是说，定义在稀疏矩阵上的运算生成稀疏矩阵，定义在满矩阵上的运算生成满矩阵。
- 两个矩阵运算符（如+、-、*、\、|）操作后的结果一般都是满矩阵，除非参加运算的矩阵都是稀疏矩阵，或者操作本身（如.*、&）保留矩阵的稀疏性。
- 在参与矩阵扩展（如[AB;CD]）的子矩阵中，只要有一个是稀疏矩阵，所得的结果就是稀疏矩阵。
- 在矩阵引用中，将仍以原矩阵形式给出结果。若 S 矩阵是稀疏的，而 Y 矩阵是全元素的，则不管 I、J 是标量还是向量，右引用 Y=S(I,J)都生成稀疏矩阵，左引用 S(I,J)=Y 都生成满矩阵。

3.4　本章小结

本章主要介绍了 MATLAB 中向量与矩阵的创建方法。在本章的学习过程中，需要结合线性代数的相关知识，并通过编程语言中数组的概念及应用，快速掌握 MATLAB 中向量与矩阵的创建方法、基本运算，为后面的学习奠定基础。另外，本章还介绍了稀疏矩阵的创建方法及其在 MATLAB 中的运算规则，读者需要在后面的学习及工作中灵活运用。

第 4 章

矩阵运算

矩阵运算是线性代数中极其重要的部分，MATLAB 支持很多线性代数中定义的操作。本章将对矩阵运算进行详细的讲解，包括针对整个矩阵的矩阵运算和针对矩阵元素的运算。本章内容包括矩阵分析、线性方程组、矩阵分解、矩阵的特征值和特征向量、非线性矩阵运算。

学习目的

（1）熟练掌握 MATLAB 矩阵分析的有关内容。

（2）熟练掌握 MATLAB 线性方程组的求解方法。

（3）掌握矩阵分解的有关内容。

（4）掌握非线性矩阵的运算。

4.1　矩阵分析

MATLAB 提供的矩阵分析函数如表 4-1 所示。

表 4-1　MATLAB 提供的矩阵分析函数

函 数 名	功 能 描 述	函 数 名	功 能 描 述
norm	求矩阵或向量的范数	null	矩阵的零空间
normest	估计矩阵的 2 阶范数	orth	矩阵的正交化空间
rank	矩阵的秩，即求对角元素的和	rref	矩阵的约化行阶梯形式
det	矩阵的行列式	subspace	求两个矩阵空间之间的夹角
trace	矩阵的迹	—	—

4.1.1　范数

对于线性空间中的一个向量 $\boldsymbol{x}=\{x_1,x_2,\cdots,x_n\}$，如果存在一个函数 $r(\boldsymbol{x})$满足以下 3 个条件，则称 $r(\boldsymbol{x})$为向量 $\boldsymbol{x}$ 的范数，一般记为$\|\boldsymbol{x}\|$。

（1）$r(\boldsymbol{x})>0$，且 $r(\boldsymbol{x})=0$ 的充要条件为 $\boldsymbol{x}=0$。

（2）$r(a\boldsymbol{x})=ar(\boldsymbol{x})$，其中 a 为任意标量。

（3）对向量 $\boldsymbol{x}$ 和 $\boldsymbol{y}$，有 $r(\boldsymbol{x}+\boldsymbol{y})\leqslant r(\boldsymbol{x})+r(\boldsymbol{y})$。

在 MATLAB 中，用函数 norm 计算向量和矩阵的范数，其调用格式如下：

```
n = norm(v)              %返回向量 v 的欧几里得范数，也称为 2-范数、向量模或欧几里得长度
n = norm(v,p)            %返回广义向量 p-范数
n = norm(X)              %返回矩阵 X 的 2-范数或最大奇异值，该值近似等于 max(svd(X))
n = norm(X,p)            %返回矩阵 X 的 p-范数，其中 p 为 1、2 或 Inf
n = norm(X,'fro')        %返回矩阵 X 的 Frobenius 范数
```

在 norm(X,p)语句中，如果 p = 1，则 n 是矩阵的最大绝对列之和；若 p = 2，则 n 近似等于 max(svd(X))，相当于 norm(X)；若 p = Inf，则 n 是矩阵的最大绝对行之和。

【例 4-1】 范数应用示例。

```
>> A = [5 -2 2];
>> m = norm(A)                          %计算向量的范数
m =
    5.7446
>> m = norm(A,1)                        %计算向量的 1-范数，该范数为元素模的总和
m =
    69
>> B = [6 0 8;-1 5 0;-5 6 0];
>> n = norm(B)                          %计算矩阵的 2-范数，该范数为最大奇异值
n =
   11.0410
>> S = sparse(1:15,1:15,1);
>> n = norm(S,'fro')                    %计算稀疏矩阵的 Frobenius 范数
n =
    3.8730
```

4.1.2 矩阵的秩

在矩阵中，线性无关的列向量的个数称为列秩，线性无关的行向量的个数称为行秩。可以证明，矩阵的列秩与行秩是相等的。求矩阵的秩的方法很多，其中有些算法是稳定的，有些算法是不稳定的。

在 MATLAB 中，用函数 rank 计算矩阵的秩，采用的算法基于矩阵奇异值的分解，其调用格式如下：

```
function r = rank(A,tol)
s = svd(A);
if nargin==1
   tol = max(size(A)) * eps(max(s));
end
r = sum(s > tol);
```

这种算法是最耗时的，但也是最稳定的。函数 rank 的用法如下：

```
k=rank(A)                    %用默认允许误差计算矩阵的秩
k=rank(A,tol)                %给定允许误差计算矩阵的秩，tol=max(size(A))*eps(norm(A))
```

【例 4-2】求 6 阶单位矩阵的秩。

```
>> rank(eye(8))
ans =
   8
```

4.1.3 矩阵的行列式

矩阵 $A=\left\{a_{ij}\right\}_{n\times n}$ 的行列式的定义如下：

$$|A|=\det(A)=\sum(1)^{k}a_{1k_1}a_{2k_2}...a_{nk_n}$$

其中，$k_1,k_2,\cdots,k_n$ 是将序列 $1,2,\cdots,n$ 交换 k 次得到的序列。

在 MATLAB 中，用函数 det 计算矩阵的行列式，其调用格式如下：

```
    d = det(A)                                                %返回矩阵 A 的行列式
```

【例 4-3】计算矩阵 A=[1 5 12; 2 8 18; 3 9 25]、B=[1 4 7;2 5 8;3 6 9]的行列式。

```
>> A=[1 5 12;2 8 18;3 9 25];
>> a=det(A);
>> disp(['矩阵 A 的行列式=',num2str(a)]);
矩阵 A 的行列式=-14
>> B=[1 4 7;2 5 8;3 6 9];
>> b=det(B);
>> disp(['矩阵 B 的行列式=',num2str(b)])
矩阵 B 的行列式=0
```

在上述代码中，矩阵 B 的行列式恰好为 0。在线性代数中，定义行列式为 0 的矩阵为奇异矩阵。但是一般不能使用语句 abs(det(A))<=ε 判断矩阵的奇异性，因为不容易选择合适的允许误差 ε 来满足要求。MATLAB 提供了函数 cond，可以用来判定矩阵的奇异性。

4.1.4 矩阵的迹

矩阵的迹定义为矩阵对角元素之和。在 MATLAB 中，用函数 trace 计算矩阵的迹，其调用格式如下：

```
b = trace(A)                                    %计算矩阵 A 的对角元素之和
```

【例 4-4】求矩阵 A=[1 4 7; 2 5 8; 3 6 9]的迹。

```
>> A=[1 4 7; 2 5 8; 3 6 9];
>> A_trace=trace(A);
>> disp(['A 的迹=',num2str(A_trace)]);
A 的迹=15
```

4.1.5 矩阵的正交空间

矩阵 A 的正交空间 Q 具有 Q'*Q=I 的性质，并且 Q 的列向量构成的线性空间与矩阵 A 的列向量构成的线性空间相同，且正交空间 Q 与矩阵 A 具有相同的秩。

MATLAB 提供了函数 orth，用来求正交空间 Q，其调用格式如下：

```
Q=orth(A)                                       %返回矩阵 A 的正交空间 Q
```

【例 4-5】求矩阵 A 的正交空间 Q，以及 Q 和 A 的秩。

```
>> A=[1 4 7;2 5 8;3 6 9];
>> Q=orth(A)                                    %求矩阵 A 的正交空间
Q =
    -0.4797 0.7767
    -0.5724 0.0757
    -0.6651 -0.6253
>> TA=rank(A)                                   %求矩阵 A 的秩
TA =
    2
>> TQ=rank(Q)                                   %求矩阵 Q 的秩
TQ =
    2
```

4.1.6 矩阵的化零矩阵

对于非满秩矩阵 A，若有矩阵 Z 使得 A*Z 的元素都为 0，且矩阵 Z 为一个正交矩阵（Z'*Z=I），则称矩阵 Z 为矩阵 A 的化零矩阵。

MATLAB 提供了求化零矩阵的函数 null，其调用格式如下：

```
Z=null(A)                   %返回矩阵 A 的一个化零矩阵，如果化零矩阵不存在，则返回空矩阵
Z=null(A,'r')               %返回有理数形式的化零矩阵
```

【例 4-6】求矩阵 A=[1 4 7;3 6 9;2 5 8]的化零矩阵；求矩阵 A=[1 4 7; 2 5 8; 3 6 9]的有理数形式的化零矩阵。

```
>> A=[1 4 7;3 6 9; 2 5 8];
>> Z=null(A)                                    %求化零矩阵
Z =
    -0.4082
```

```
      0.8165
     -0.4082
>> AZ=A*Z
AZ =
     1.0e-015*
    -0.4441
     0.4441
           0
>> A=[1 4 7;2 5 8;3 6 9];
>> Zr=null(A,'r')                                              %求有理数形式的化零矩阵
Zr=
     1
     -2
     1
>> AZr=A*Zr
AZr=
     0
     0
     0
```

4.1.7 矩阵的约化行阶梯形式

矩阵的约化行阶梯形式是高斯消元法解线性方程组的结果，其形式为

$$\begin{pmatrix} 1 & K & 0 & * \\ L & O & L & * \\ 0 & M & 1 & * \end{pmatrix}$$

MATLAB 提供了函数 rref，用来求矩阵的约化行阶梯形式，其调用格式如下：

```
R=rref(A)           %使用高斯消元法和部分主元消元法返回矩阵 A 的约化行阶梯形式
R=rref(A,tol)       %以 tol 作为误差容限
[R,jb]=rref(A)      %返回矩阵 A 的约化行阶梯形式 R，同时返回 1×r 的向量 jb，使 r 为矩阵 A 的秩
                    %A(:,jb)是矩阵 A 的列向量构成的线性空间；R(1:r,jb)是 r×r 的单位矩阵
```

【例 4-7】 求出矩阵 A 的约化行阶梯形式，并比较 R 和 A 的秩。

```
>> A=[1 4 7; 2 5 8; 3 6 9; 10 12 16];
>> R=rref(A)
>> t=(rank(A)==rank(R))
R =
     1     0     0
     0     1     0
     0     0     1
     0     0     0
t =
   logical
     1
```

4.1.8 矩阵空间之间的夹角

矩阵空间之间的夹角代表两个矩阵线性相关的程度，如果夹角很小，则它们之间的线性相关度很高；反之则不高。

在 MATLAB 中，用函数 subspace 实现求矩阵空间之间的夹角，其调用格式如下：

```
Th=subspace(A,B)                                    %返回矩阵 A 和矩阵 B 之间的夹角
```

【例 4-8】创建矩阵 A 和 B，并求它们之间的夹角。

```
>> A=[1 4 7; 2 5 8; 3 6 9; 10 12 16];
>> B=[1 15 23; 14 11 5; 8 13 29; 2 4 6];
>> Th=subspace(A,B)
Th =
    1.5480
```

4.2　线性方程组

在工程计算中，一个重要的问题是线性方程组的求解。在矩阵表示法中，线性方程组可以表述为给定两个矩阵 A 和 B，是否存在唯一的解 X 使得 AX=B 或 XA=B。

4.2.1　线性方程组问题

尽管在标准的数学中并没有矩阵除法的概念，但 MATLAB 采用了与解标量方程中类似的约定（用除号表示求解线性方程的解），采用运算符斜杠“/”和运算符反斜杠“\”表示求线性方程的解，其具体含义如下：

```
X=A\B                                          %表示求矩阵方程 AX=B 的解
X=B/A                                          %表示求矩阵方程 XA=B 的解
```

对于 X=A\B，要求矩阵 A 和 B 有相同的行数，X 和 B 有相同的列数，X 的行数等于矩阵 A 的列数；X=B\A 的行和列的性质与之相反。

在实际情况中，形式 AX=B 的线性方程组比形式 XA=B 的线性方程组要常见得多。因此反斜杠用得更多。本节的内容也主要针对反斜杠除法进行介绍。斜杠除法的性质可以由恒等变换式得到，即(B/A)'=(A'\B')。

系数矩阵 A 不一定要求是方阵，矩阵 A 可以是 $m \times n$ 的矩阵，有如下 3 种情况。

- $m=n$ 表示恰定方程组，MATLAB 会寻求精确解。
- $m>n$ 表示超定方程组，MATLAB 会寻求最小二乘解。
- $m<n$ 表示欠定方程组，MATLAB 会寻求基本解，该解最多有 m 个非零元素。

说明：当用 MATLAB 求解这些问题时，并不采用计算矩阵的逆的方法。针对不同的情况，MATLAB 会采用不同的算法来解线性方程组。

4.2.2　线性方程组的一般解

线性方程组 AX=B 的一般解给出了满足它的所有解。线性方程组的一般解可以通过下面的步骤得到。

（1）解相应的齐次方程组 AX=0，求得基础解。可以使用函数 null 得到基础解。语句 null(A)表示返回齐次方程组 AX=0 的一个基础解，其他基础解与 null(A)是线性关系。

（2）求非齐次线性方程组 AX=B，得到一个特殊解。

（3）非齐次线性方程组 AX=B 的一般解等于基础解的线性组合加上特殊解。

4.2.3 恰定方程组的求解

恰定方程组是方程的个数与未知量的个数相同的方程组。恰定方程组中的矩阵 A 是一个方阵，矩阵 B 可能是一个方阵或列向量。

如果恰定方程组是非奇异的，则语句 A\B 给出了恰定方程组的精确解，该精确解的维数与矩阵 B 的维数一样。

【例 4-9】 求矩阵 A\B 的精确值。

```
>> A=[8 1 6;2 5 7;3 9 2];
>> B=[1;2;3];
>> X=A\B
X =
     0.0463
     0.3059
     0.0540
```

可以验证，AX 精确地等于矩阵 B。

注意：

如果恰定方程组是奇异的，则该方程的解不存在或不唯一。在执行语句 A\B 时，如果发现 A 是接近奇异的，那么 MATLAB 将给出警告信息；如果发现 A 是严格奇异的，那么 MATLAB 将一方面给出警告信息，另一方面给出结果 Inf。

4.2.4 超定线性方程组的求解

超定线性方程组是方程的个数大于未知量的个数的方程组。当进行实验数据拟合时，经常会碰到解超定线性方程组问题。

【例 4-10】 有两组如表 4-2 所示的观测数据 x 和 y。请采用 $y = ax + bx^2$ 的模型拟合这两组数据。

表 4-2　观测数据

x	0	0.25	0.5	0.75	1	1.25	1.5	1.75	2	2.25
y	-0.001	0.8	2.2	5.6	12.5	20.8	32.4	45.6	60	98.8

该例题中共有 10 个方程和 2 个未知数，因此，必须用最小二乘法来拟合以求解 a 和 b。

MATLAB 命令操作如下：

```
>> clear
>> x=(0:0.25:2.25);          %用矩阵形式表示 x
>> y=([-0.001 0.8 2.2 5.6 12.5 20.8 32.4 45.6 60 98.8])'; %用矩阵形式表示 y
>> A(:,1)=x';                %构造系数矩阵 A
>> A(:,2)=x'.^2;
>> b=A\y                     %方程组可以写成 A*[b1 b2]'=y，然后用\求系数 a 和 b
b=
    -13.0750
    23.6278
```

由此得到关系式为 $y=-13.075x+23.6278x^2$，拟合曲线操作代码如下：

```
>> x=0:0.25:3;
>> y=-13.075*x+23.6278*x.^2;
>> plot(x,y,'-',x,y,'o')
```

得到的拟合曲线如图 4-1 所示，其中圆圈为原始数据。

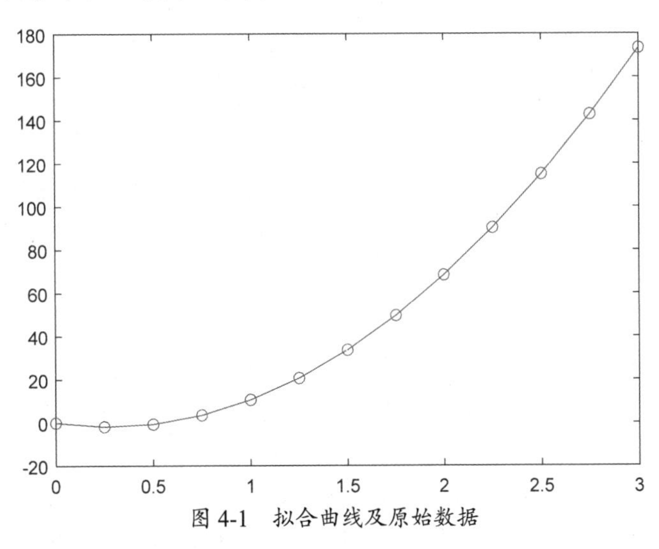

图 4-1　拟合曲线及原始数据

4.3　矩阵分解

矩阵分解是把一个矩阵分解成几个“较简单”的矩阵连乘积的形式。无论在理论上，还是在工程应用上，矩阵分解都是十分重要的。本节将介绍几种矩阵分解的方法，相关函数如表 4-3 所示。

表 4-3　矩阵分解函数

函　数	功 能 描 述	函　数	功 能 描 述
chol	Cholesky 分解	qr	正交三角分解
cholinc	稀疏矩阵的不完全 Cholesky 分解	svd	奇异值分解
lu	矩阵 LU 分解	gsvd	一般奇异值分解
luinc	稀疏矩阵的不完全 LU 分解	schur	舒尔分解

在 MATLAB 中，线性方程组的求解主要基于 3 种基本的矩阵分解，即对称正定矩阵的 Cholesky 分解、一般方阵的高斯消元法（LU 分解）和矩形矩阵的正交分解。这 3 种分解分别通过函数 chol、lu 和 qr 实现，它们都使用了三角矩阵的概念。

若矩阵的所有对角线以下的元素都为 0，则称为上三角矩阵；若矩阵的所有对角线以上的元素都为 0，则称为下三角矩阵。

4.3.1　对称正定矩阵的 Cholesky 分解

Cholesky 分解是把一个对称正定矩阵 A 表示为一个上三角矩阵 R 与其转置的乘积，公式为 A=R'*R。

注意：

并不是所有的对称矩阵都可以进行 Cholesky 分解。能进行 Cholesky 分解的矩阵必须是正定的，即矩阵的所有对角元素必须都是正的，同时矩阵的非对角元素不会太大。

Cholesky 分解在 MATLAB 中用函数 chol 实现，其调用方式如下：

```
R=chol(A)          %A 为对称正定矩阵，将 A 分解为满足 A=R'*R 的上三角矩阵 R
                   %若 A 不是对称正定矩阵，那么将返回出错信息
[R,p]=chol(A)      %该函数返回两个参数，并且不会返回出错信息
%当 A 是正定矩阵时，返回的上三角矩阵 R 满足 A=R'*R，且 p=0
%当A是非正定矩阵时，返回值p是正整数，R是上三角矩阵，其阶数为p-1，且满足A(1:p-1,1:p-1)=R'*R
```

考虑线性方程组 AX=B，其中 A 可以做 Cholesky 分解，使得 A=R'*R，这样，线性方程组就可以改写成 R'*R*X=B，由于\可以快速处理三角矩阵，因此得出：

X=R\(R'\B)

如果 A 是 $n\times n$ 的方阵，则 chol(A)的计算复杂度是 $O(n_3)$，而\的计算复杂度只有 $O(n_2)$。

对于稀疏矩阵，MATLAB 提供了函数 ichol 来做不完全 Cholesky 分解。在默认情况下，函数 ichol 引用 A 的下三角并生成下三角因子。函数 ichol 的调用格式如下：

```
L=ichol(A)                %使用零填充对 A 执行不完全 Cholesky 分解
L=ichol(A,opts)           %使用 opts 指定的选项对 A 执行不完全 Cholesky 分解
```

关于 opts 参数的设置可参考帮助文件，这里不再赘述。ichol 函数仅适用于稀疏方阵。

【例 4-11】 对给定矩阵 A 进行分解。

```
>> A=[1 1 1 2;1 4 2 1;1 2 20 8;2 1 8 40];          %A 为正定矩阵
>> R=chol(A)
R =
    1.0000    1.0000    1.0000    2.0000
         0    1.7321    0.5774   -0.5774
         0         0    4.3205    1.4659
         0         0         0    5.7895
>> B=[1 0 6 0; 0 18 0 60; 6 0 42 0; 0 60 0 78];%B 为非正定矩阵
>> R=chol(B)
错误使用 chol
矩阵必须为正定矩阵。
>> Rinf=ichol(sparse(A));                    %函数 sparse 将矩阵 A 转化为稀疏矩阵
>> Rinf=full(Rinf)                           %函数 full 将稀疏矩阵转化为满存储结构
Rinf =
    1.0000         0         0         0
    1.0000    1.7321         0         0
    1.0000    0.5774    4.3205         0
    2.0000   -0.5774    1.4659    5.7895
```

4.3.2 一般方阵的高斯消元法

高斯消元法又称 LU 分解，它可以将任意一个方阵 A 分解为一个下三角矩阵 L 和一个上三角矩阵 U 的乘积，即 A=LU。

LU 分解在 MATLAB 中用函数 lu 实现，其调用方式如下：

```
[L,U]=lu(A)      %将矩阵 A 分解为一个上三角矩阵 U 和一个经过置换的下三角矩阵 L，满足 A=L*U
[L,U,P]=lu(A)    %返回满足 A=P'*L*U 的置换矩阵 P，L 是单位下三角矩阵，U 是上三角矩阵
```

考虑线性方程组 AX=B，对矩阵 A 可以做 LU 分解，使得 A=L*U，这样，线性方程组就可以改写成 L*U*X=B，由于\可以快速处理三角矩阵，因此可以快速解出：

X=U\(L\B)

矩阵的行列式的值和矩阵的逆也可以利用 LU 分解来计算，形式如下：

```
det(A)=det(L)*det(U)
inv(A)=inv(U)*inv(L)
```

对于稀疏矩阵，MATLAB 提供了函数 ilu 来做不完全 LU 分解，生成一个单位下三角矩阵、一个上三角矩阵和一个置换矩阵，其调用格式如下：

```
ilu(A,setup)              %计算 A 的不完全 LU 分解，返回 L+U-speye(size(A))
%其中，L 为单位下三角矩阵；U 为上三角矩阵；setup 是一个最多包含 5 个设置选项的输入结构体
[L,U] = ilu(A,setup)      %分别在 L 和 U 中返回单位下三角矩阵和上三角矩阵
[L,U,P] = ilu(A,setup)    %返回 L 中的单位下三角矩阵、U 中的上三角矩阵和 P 中的置换矩阵
```

关于 setup 参数的设置可参考帮助文件，这里不再赘述。ilu 函数仅适用于稀疏方阵。

【例 4-12】 对矩阵 A 做 LU 分解。

```
>> A=[1 4 7;2 5 8;3 6 9];
>> [L,U,P]=lu(A)
L =
    1.0000         0         0
    0.3333    1.0000         0
    0.6667    0.5000    1.0000
U =
     3     6     9
     0     2     4
     0     0     0
P =
     0     0     1
     1     0     0
     0     1     0
```

4.3.3 矩形矩阵的正交分解

矩形矩阵的正交分解又称 QR 分解。QR 分解把一个 $m \times n$ 的矩阵 A 分解为一个正交矩阵 Q 和一个上三角矩阵 R 的乘积，即 A=Q*R。在 MATLAB 中，QR 分解由函数 qr 实现，下面介绍 QR 分解的调用方式：

```
X=qr(A)            %返回 QR 分解 A=Q*R 的上三角 R 因子
                   %当 A 为满矩阵时，R=triu(X)；当 A 为稀疏矩阵时，R=X
[Q,R]=qr(A)        %对 m×n 的矩阵 A 执行 QR 分解，满足 A=Q*R
%因子 R 是 m×n 的上三角矩阵，因子 Q 是 m×m 的正交矩阵。适用于满矩阵和稀疏矩阵
[Q,R,E]=qr(A)      %R 是上三角矩阵，Q 为正交矩阵，E 为置换矩阵，它们满足 A*E=Q*R
%程序选择一个合适的矩阵 E，使得 abs(diag(R))是降序排列的。适用于满矩阵
[Q,R]=qr(A,0)      %精简方式 QR 分解
%设矩阵 A 是一个 m×n 的矩阵，若 m>n，则只计算矩阵 Q 的前 n 列元素
%R 为 n×n 的矩阵；若 m≤n，则其效果与[Q,R]=qr(A)的效果一致。适用于满矩阵和稀疏矩阵
[Q,R,E]=qr(A,0)    %精简方式 QR 分解，E 是置换向量，满足 A(:,E)=Q*R。适用于满矩阵
```

```
R=qr(A,0)          %精简方式返回上三角矩阵 R
[C,R]=qr(A,B)      %矩阵 B 必须与矩阵 A 具有相同的行数，矩阵 R 是上三角矩阵，C=Q'*B
```

【例 4-13】通过 QR 分解分析矩阵的秩。

```
>> A=[1 4 7; 2 5 8; 3 6 9]
>> A_rank=rank(A);
>> disp(['矩阵A的秩=' num2str(A_rank)]);
>> [Q,R]=qr(A)
A =
     1     4     7
     2     5     8
     3     6     9
矩阵A的秩= 2
Q =
   -0.2673    0.8729    0.4082
   -0.5345    0.2182   -0.8165
   -0.8018   -0.4364    0.4082
R =
   -3.7417   -8.5524  -13.3631
         0    1.9640    3.9279
         0         0    0.0000
```

说明：

矩阵 R 的第 3 行元素为全 0，不满秩，从而得到矩阵 A 的秩为 2。该结果与用函数 rank 得到的结果一致。

4.4 矩阵的特征值和特征向量

一个 $n\times n$ 的方阵 $\boldsymbol{A}$ 的特征值和特征向量满足下列关系式：

$$\boldsymbol{Av}=\lambda\boldsymbol{v}$$

其中，λ 为一个标量，$\boldsymbol{v}$ 为一个向量。如果把矩阵 $\boldsymbol{A}$ 的所有 n 个特征值放在矩阵 $\boldsymbol{D}$ 的对角线上，则相应的特征向量按照与特征值对应的顺序排列，作为矩阵 $\boldsymbol{V}$ 的列，此时特征值问题可以改写为

$$\boldsymbol{AV}=\boldsymbol{VD}$$

如果 $\boldsymbol{V}$ 是非奇异的，则该问题可以认为是一个特征值分解问题，此时关系式如下：

$$\boldsymbol{A}=\boldsymbol{VDV}^{-1}$$

广义特征值问题是指方程 $\boldsymbol{AX}=\lambda\boldsymbol{BX}$ 的非平凡解问题。其中 $\boldsymbol{A}$ 和 $\boldsymbol{B}$ 都是 $n\times n$ 的矩阵，λ 是一个标量。满足方程的 λ 称为广义特征值，对应的向量 $\boldsymbol{X}$ 称为广义特征向量。

在 MATLAB 中，用函数 eig 求矩阵的特征值和特征向量，其调用格式如下：

```
e=eig(A)           %返回一个列向量，包含矩阵 A 的所有特征值
[V,D]=eig(A)       %返回矩阵 A 的特征值和特征向量，其列是对应的右特征向量，满足 A*V=V*D
[V,D,W]=eig(A) %在返回特征值及特征向量的同时返回满矩阵 W，其列是对应的左特征向量，满足 W'*A=D*W'
e=eig(A,B)         %返回一个列向量，包含方阵 A 和 B 的广义特征值
[V,D]=eig(A,B) %返回矩阵 A 和 B 的广义特征值与广义特征向量
[V,D,W] = eig(A,B)
%在返回特征值及特征向量的同时返回满矩阵 W，其列是对应的左特征向量，使得 W'*A=D*W'*B
```

【例 4-14】求解矩阵 A 的特征值和特征向量。

```
>> A=[3 15 27;1 8 32;-4 -12 -38];
>> [V D]=eig(A)
V =
  -0.3090 + 0.0000i   0.8042 + 0.0000i   0.8042 + 0.0000i
  -0.6617 + 0.0000i  -0.0718 + 0.5580i  -0.0718 - 0.5580i
   0.6831 + 0.0000i  -0.0857 - 0.1712i  -0.0857 + 0.1712i
D =
 -24.5658 + 0.0000i   0.0000 + 0.0000i   0.0000 + 0.0000i
   0.0000 + 0.0000i  -1.2171 + 4.6607i   0.0000 + 0.0000i
   0.0000 + 0.0000i   0.0000 + 0.0000i  -1.2171 - 4.6607i
```

说明：

由以上结果可以看出，矩阵 A 的特征值中有两个是相同的，与之对应的矩阵 A 的特征向量也有两个是相同的。故矩阵 V 是奇异矩阵，该矩阵不可以做特征值分解。

4.5 非线性矩阵运算

MATLAB 提供的非线性矩阵运算函数及其功能如表 4-4 所示，下面介绍这几个函数的用法。

表 4-4　MATLAB 提供的非线性矩阵运算函数及其功能

函 数 名	功 能 描 述
expm	矩阵指数运算
logm	矩阵对数运算
sqrtm	矩阵开平方运算
funm	一般非线性矩阵运算

4.5.1 矩阵指数运算

线性微分方程组的一般形式为 $\frac{\mathrm{d}x(t)}{\mathrm{d}t}=\boldsymbol{A}\boldsymbol{x}(t)$，其中，$\boldsymbol{x}(t)$是与时间有关的一个向量；$\boldsymbol{A}$ 是与时间无关的矩阵。该方程的解可以表示为 $\boldsymbol{x}(t)=\mathrm{e}^{tA}\boldsymbol{x}(0)$

因此，解一个线性微分方程组的问题就等效于矩阵指数运算。在 MATLAB 中，函数 expm 用于矩阵指数运算，其调用格式如下：

```
Y=expm(X)                                   %返回矩阵 X 的指数
```

【例 4-15】求一个三元的线性微分方程组的解。

```
>> A=[1 0 5;2 -4 8;-5 3 -1];
>> x0=[0;1;1];
>> t=0:0.03:3;
>> xt=[];
>> for i=1:length(t)
xt(i,:)=expm(t(i)*A)*x0;
end;
>> plot3(xt(:,1),xt(:,2),xt(:,3),'-o')
>> grid on;
```

运行上述程序，结果如图 4-2 所示。

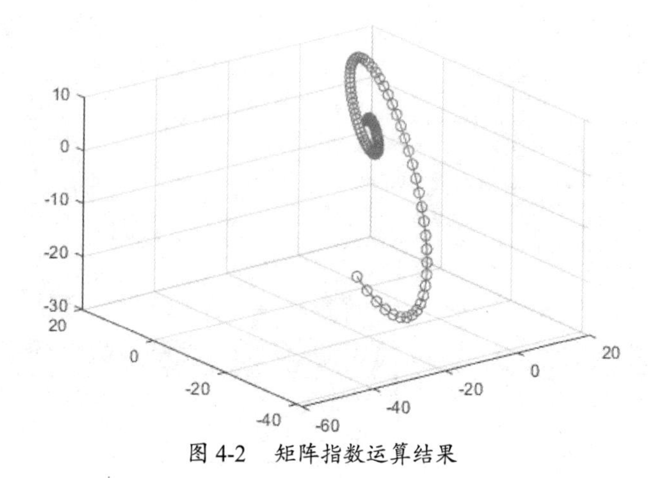

图 4-2 矩阵指数运算结果

4.5.2 矩阵对数运算

矩阵对数运算是矩阵指数运算的逆运算，在 MATLAB 中，函数 logm 用来实现矩阵对数运算，其调用格式如下：

```
L=logm(A)                    %返回矩阵 A 的对数 L，即 expm(A)的倒数
[L,exitflag]=logm(A)         %返回矩阵 A 的对数 L，同时返回标量 exitflag
%当 exitflag 为 0 时，函数成功运行
%当 exitflag 为 1 时，表明运算过程中某些泰勒级数不收敛，但运算结果仍可能精确
```

【例 4-16】求矩阵的反函数并进行验证。

```
>> A1=[1 4 7;2 5 8;3 6 9];
>> B=expm(A1)
>> A2=logm(B)
B =
    1.0e+006 *
    1.1189    2.5339    3.9489
    1.3748    3.1134    4.8520
    1.6307    3.6929    5.7552
A2 =
    1.0000    4.0000    7.0000
    2.0000    5.0000    8.0000
    3.0000    6.0000    9.0000
```

4.5.3 矩阵开平方运算

对矩阵 A 开平方得到矩阵 X，满足 X*X=A。如果矩阵 A 的某个特征值具有负实部，则其平方根 X 为复数矩阵；如果矩阵 A 是奇异的，则它有可能不存在平方根 X。

在 MATLAB 中，有两种计算矩阵平方根的方法：A^0.5 和 sqrtm(A)。函数 sqrtm 的运算精度比 A^0.5 的运算精度高。函数 sqrtm 的调用方法如下：

```
X=sqrtm(A)                 %返回矩阵 A 的平方根 X（X*X=A），如果矩阵 A 是奇异的，则返回警告信息
[X,resnorm]=sqrtm(A)  %返回残差 norm(A-X^2,'fro')/norm(A,'fro')，不返回警告信息
[X,alpha,condx]=sqrtm(A) %返回一个稳定因子 alpha，以及矩阵 X 的平方根条件数估计 condx
```

【例 4-17】求一个正定矩阵 A 的平方根 B，并验证 B*B=A。

```
>> A=[1 -12 8;2 25 -16;-3 36 27];
>> B=sqrtm(A)
>> BB=B*B
B =
    1.3237   -2.0946    0.7115
    0.1847    5.4719   -1.4504
   -0.5134    3.1402    5.6498
BB =
    1.0000  -12.0000    8.0000
    2.0000   25.0000  -16.0000
   -3.0000   36.0000   27.0000
```

可见，B*B 与矩阵 A 相等，验证了运算的正确性。

4.5.4　一般非线性矩阵运算

MATLAB 提供了一般非线性矩阵运算的函数 funm，其基本调用格式如下：

```
F=funm(A,fun)      %该命令把函数 fun 作用在方阵 A 上，其中 fun 是一个函数句柄
```

函数 fun 的格式是 fun(x,k)，其中 x 是一个向量，k 是一个标量。fun(x,k)返回的值应该是 fun 代表的函数的 k 阶导数作用在向量 x 上的值。fun 代表的函数的泰勒展开在无穷远处必须是收敛的（函数 logm 是唯一的例外）。一般非线性矩阵运算函数如表 4-5 所示。

表 4-5　一般非线性矩阵运算函数

函 数 名	调 用 格 式	函 数 名	调 用 格 式
exp	funm(A,@exp)	cos	funm(A,@cos)
log	funm(A,@log)	sinh	funm(A,@sinh)
sin	funm(A,@sin)	cosh	funm(A,@cosh)

在计算矩阵的指数时，表达式 funm(A,@exp)和 expm(A)中哪种方式的计算精度更高取决于矩阵 A 本身的性质。

【例 4-18】计算矩阵 A 的余弦函数。

```
>> A=[1 -2 8;2 4 -1;-3 9 12];
>> A_cos=funm(A,@cos)
A_cos =
  -56.5160   38.3912   42.3732
    3.1211  -46.0226    2.0372
   -5.5119   64.6900   -2.5424
```

4.6　本章小结

本章详细介绍了 MATLAB 中矩阵运算的方法。本章涉及的矩阵运算函数都是需要读者熟练掌握的内容。

第 5 章

数学函数

本章将介绍 MATLAB 中与数学运算有关的函数和概念。初等函数运算是 MATLAB 数学运算的重要组成部分。本章先介绍初等函数运算，包括三角函数、指数和对数函数、复数函数、截断和求余函数；然后介绍特殊数学函数运算，包括特殊函数、坐标变换函数、数论函数，这些都是进行数学运算的基础。

学习目的

（1）熟练掌握 MATLAB 初等函数的使用方法。

（2）掌握 MATLAB 特殊函数的使用方法。

5.1　初等函数运算

本节介绍初等函数运算，包括三角函数、指数和对数函数、复数函数、截断和求余函数。这些函数共同的特点是函数的运算针对的都是矩阵中的元素，即它们都是对矩阵中的每个元素进行运算的。

5.1.1　三角函数

MATLAB 提供了大量的三角函数，方便用户直接调用。三角函数的功能如表 5-1 所示。

表 5-1　三角函数的功能

函 数 名	功 能 描 述	函 数 名	功 能 描 述
sin	正弦	sec	正割
sind	正弦，输入以“°”为单位	secd	正割，输入以“°”为单位
sinpi	准确计算 sin(X*pi)	sech	双曲正割
sinh	双曲正弦	asec	反正割
asin	反正弦	asecd	反正割，输出以“°”为单位
asind	反正弦，输出以“°”为单位	asech	反双曲正割
asinh	反双曲正弦	csc	余割
cos	余弦	cscd	余割，输入以“°”为单位
cosd	余弦，输入以“°”为单位	csch	双曲余割
cospi	准确计算 cos(X*pi)	acsc	反余割
cosh	双曲余弦	acscd	反余割，输出以“°”为单位
acos	反余弦	acsch	反双曲余割
acosd	反余弦，输出以“°”为单位	cot	余切
acosh	反双曲余弦	cotd	余切，输入以“°”为单位
tan	正切	coth	双曲余切
tand	正切，输入以“°”为单位	acot	反余切
tanh	双曲正切	acotd	反余切，输出以“°”为单位
atan	反正切	acoth	反双曲余切
atand	反正切，输出以“°”为单位	hypot	平方和的平方根（斜边）
atan2	四象限反正切	deg2rad	将角从以“°”为单位转换为以弧度为单位
atan2d	四象限反正切（以“°”为单位）	rad2deg	将角的单位从弧度转换为“°”
atanh	反双曲正切		

【例 5-1】计算 0～2π的正弦函数、余弦函数。

```
>> x=0:0.05*pi:2*pi;
>> y1=sin(x);
>> y2=cos(x);
>> figure(1);
>> plot(x,y1,'b-',x,y2,'ro-');
>> xlabel('X 取值');
>> ylabel('函数值');
>> legend('正弦函数','余弦函数');
```

运行上述代码，结果如图 5-1 所示。

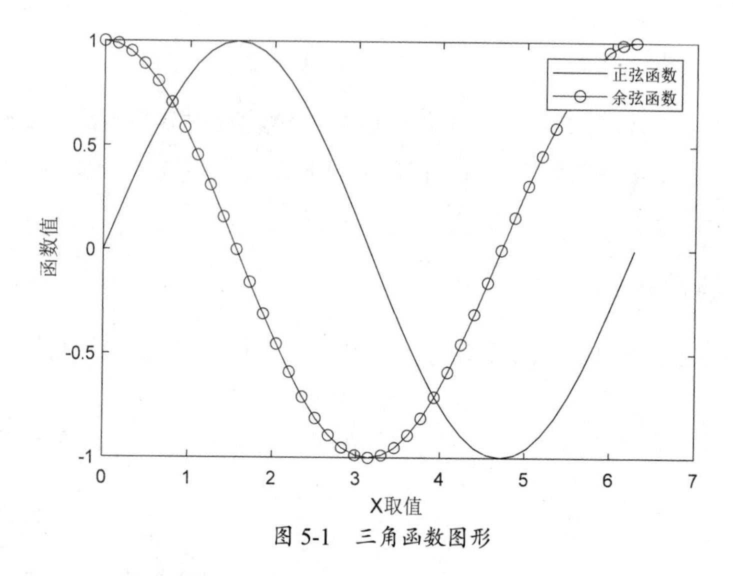

图 5-1 三角函数图形

5.1.2 指数和对数函数

MATLAB 提供的指数和对数函数及其功能如表 5-2 所示。

表 5-2 MATLAB 提供的指数和对数函数及其功能

函 数 名	功 能 描 述	函 数 名	功 能 描 述
exp	指数	realpow	对数，若结果是复数则报错
expm1	准确计算 exp(x)减去 1 的值	reallog	自然对数，若输入不是正数则报错
log	自然对数（以 e 为底）	realsqrt	开平方根，若输入不是正数则报错
log1p	准确计算 log(1+x)的值	sqrt	开平方根
log10	常用对数（以 10 为底）	nthroot	求 x 的 n 次方根
log2	以 2 为底的对数	nextpow2	返回满足 2^P>=abs(N)的最小正整数 P，其中 N 为输入

【例 5-2】计算 e^x 和 $\log x$ 的值。

```
>> x1=-1:0.2:6;
>> x2=0.1:0.3:6;
>> y1=exp(x1);
>> y2=log(x2);
>> figure(1);
>> subplot(1,2,1);
>> plot(x1,y1,'b-')
>> xlabel('自变量取值');
>> ylabel('函数值');
>> legend('e^x');
>> subplot(1,2,2);
>> plot(x2,y2,'ro-')
>> xlabel('自变量取值');
>> ylabel('函数值');
>> legend('log^x');
```

运行上述代码，结果如图 5-2 所示。

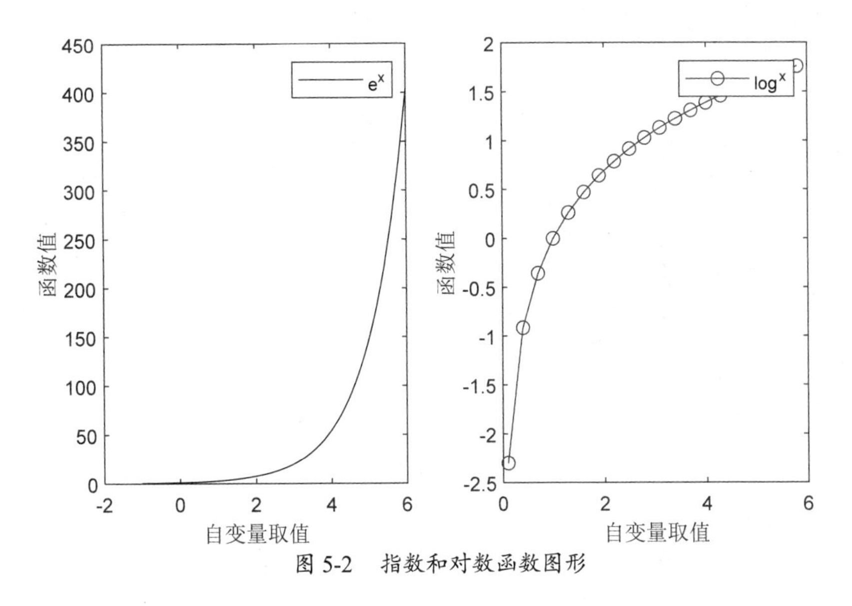

图 5-2　指数和对数函数图形

5.1.3　复数函数

MATLAB 提供的复数函数及其功能如表 5-3 所示。

表 5-3　MATLAB 提供的复数函数及其功能

函数名	功能描述	函数名	功能描述
abs	绝对值（复数的模）	imag	复数的虚部
angle	复数的相角	isreal	是否为实数矩阵
complex	用实部和虚部构造一个复数	real	复数的实部
conj	复数的共轭	sign	Sign 函数（符号函数）
cplxpair	把复数矩阵排列成复共轭对	unwrap	调整矩阵元素的相位
i	虚数单位	j	虚数单位

在复数函数中，除了函数 unwrap 和 cplxpair 的用法比较复杂，其他函数都比较简单。下面就详细介绍函数 unwrap 和 cplxpair。

函数 unwrap 用于对表示相位的矩阵进行校正，当矩阵相邻元素的相位差大于设定阈值（默认值为 π）时，通过加±2π 来校正相位。函数 unwrap 的基本调用格式如下：

```
Q=unwrap(P)                %当相位大于默认阈值 π 时，校正相位
Q=unwrap(P,tol)            %用 tol 设定阈值
Q=unwrap(P,[],dim)         %用默认阈值 π 在给定维 dim 上做相位校正
Q=unwrap(P,tol,dim)        %用阈值 tol 在给定维 dim 上做相位校正
```

函数 cplxpair 用于将复数排序为复共轭对组，其基本调用格式如下：

```
B = cplxpair(A)            %对沿复数数组不同维度的元素排序，并将复共轭对组组合在一起
B = cplxpair(A,tol)        %覆盖默认容差
B = cplxpair(A,[],dim)     %沿着标量 dim 指定的维度对 A 排序
B = cplxpair(A,tol,dim)    %沿着指定维度对 A 排序并覆盖默认容差
```

【例 5-3】绘制螺旋线的正确相位角。

```
% 定义相位角为 0 至 6π 的螺旋线的 x 坐标和 y 坐标
>> t = linspace(0,6*pi,201);
>> x = t/pi.*cos(t);
>> y = t/pi.*sin(t);
>> plot(x,y)                %绘制螺旋线，结果如图 5-3（a）所示
% 使用 atan2 函数基于螺旋线的 x 坐标和 y 坐标求其相位角，返回函数在[-π,π]区间的角度值
>> P = atan2(y,x);
>> plot(t,P)                %该图有不连续性，使用 unwrap 函数消除不连续性，如图 5-3（b）所示
% 当 P 的连续元素之间的相位差大于或等于跳跃阈值 π 时，unwrap 函数会将角度增加±2π 的倍数
% 平移后的相位角 Q 在[0,6π]区间上
>> Q = unwrap(P);
>> plot(t,Q)                %如图 5-3（c）所示
```

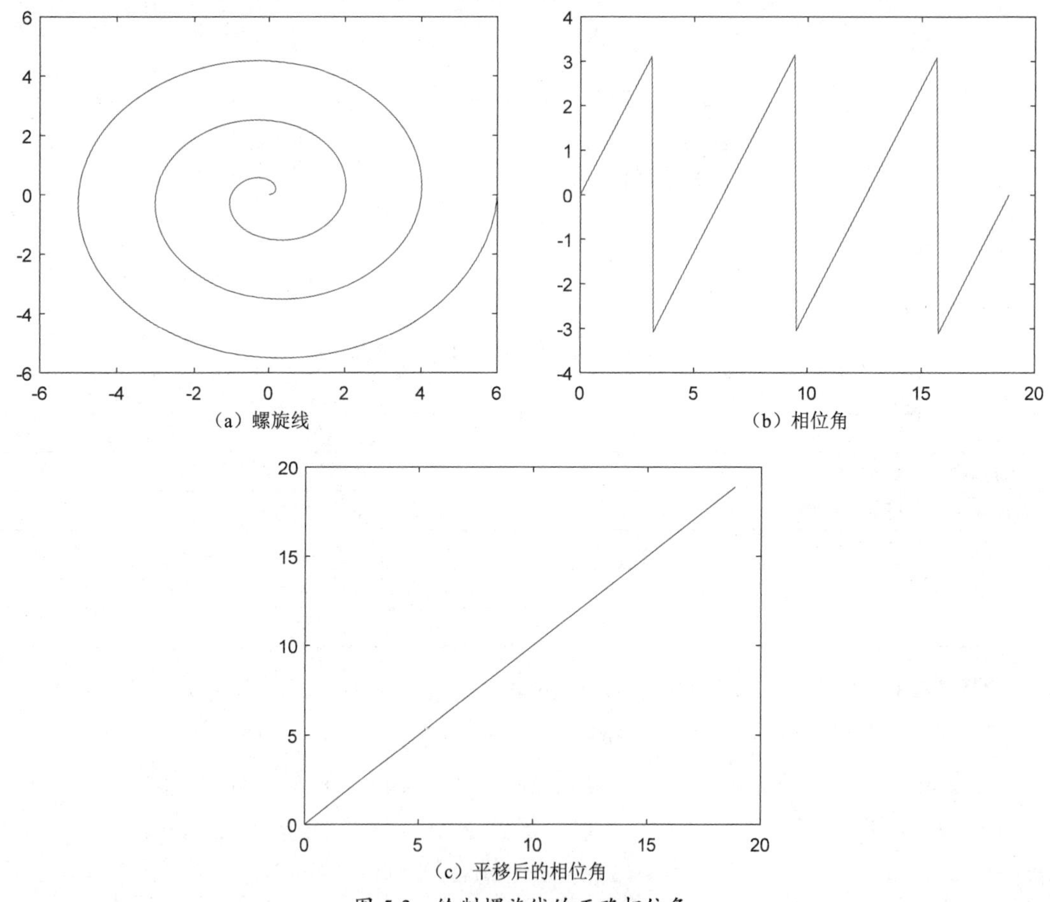

图 5-3 绘制螺旋线的正确相位角

5.1.4 截断和求余函数

MATLAB 提供的截断和求余函数及其功能如表 5-4 所示。

表 5-4 MATLAB 提供的截断和求余函数及其功能

函 数 名	功 能 描 述	函 数 名	功 能 描 述
fix	向零取整	mod	除法求余（与除数同号）
floor	向负无穷方向取整	rem	除法求余（与被除数同号）

续表

函 数 名	功 能 描 述	函 数 名	功 能 描 述
ceil	向正无穷方向取整	sign	符号函数
round	四舍五入	idivide	带有舍入选项的整除

【例 5-4】截断和求余函数应用示例。

```
% 函数 fix、floor、ceil 和 round 区别示例
>> A=[-2.88 -2.35 2.35 2.88];
>> fix_A=fix(A)
fix_A =
    -2    -2     2     2
>> floor_A=floor(A)
floor_A =
   -3    -3     2     2
>> ceil_A=ceil(A)
ceil_A =
   -2    -2     3     3
>> round_A=round(A)
round_A =
   -3    -2     2     3
% 函数 rem 和 mod 区别示例
>> A=[12 -12 12 -12];
>> B=[7 -7 -7 7];
>> rem_C=rem(A,B)
rem_C =
    5    -5     5    -5
>> mod_C=mod(A,B)
mod_C =
    5    -5    -2     2
```

5.2　特殊数学函数运算

本节针对一些用途比较特殊的数学函数进行介绍，主要包括特殊函数、坐标变换函数和数论函数。

5.2.1　特殊函数

特殊函数通常是数学物理方程的解。MATLAB 提供的特殊函数及其功能如表 5-5 所示。

表 5-5　MATLAB 提供的特殊函数及其功能

函 数 名	功 能 描 述	函 数 名	功 能 描 述
airy	Airy 函数	erfc	补余误差函数：erfc(x)=1−erf(x)
besseli	第一类修正 Bessel 函数	erfcinv	逆补余误差函数
besselj	第一类 Bessel 函数	erfcx	换算补余误差函数 erfcx(x)=exp(x^2)*erfc(x)
besselk	第二类修正 Bessel 函数	erfinv	误差函数的逆函数
bessely	第二类 Bessel 函数	expint	指数积分函数
besselh	第三类 Bessel 函数（Hankel 函数）	gamma	Gamma 函数

续表

函 数 名	功能描述	函 数 名	功能描述
beta	Beta 函数	gammainc	不完全 Gamma 函数
betainc	不完全 Beta 函数	gammaincinv	逆不完全 Gamma 函数
betaincinv	Beta 逆累积分布函数	gammaln	对数 Gamma 函数
betaln	Beta 函数的对数	psi	多Γ 函数
ellipj	Jacobi 椭圆函数	legendre	连带勒让德函数
ellipke	第一类和第二类完全椭圆积分	cross	矢量叉乘
erf	误差函数	dot	矢量点乘

将这些特殊函数进行分类，包括 Airy 函数、Bessel 函数、Gamma 函数、Beta 函数、Jacobi 椭圆函数和完全椭圆积分、误差函数、指数积分函数和连带勒让德函数。

1. Airy 函数

Airy 函数是微分方程 $\frac{\mathrm{d}^2W}{\mathrm{d}Z^2}-ZW=0$ 的解。有两类 Airy 函数：第一类 Airy 函数 $A_i(Z)$ 和第二类 Airy 函数 $B_i(Z)$。它们可以用改进的第一类 Bessel 函数 $I_v(Z)$和改进的第二类 Bessel 函数 $K_v(Z)$定义，表达式如下：

$$A_i(Z)=\left[\frac{1}{\pi}\sqrt{\frac{Z}{3}}\right]K_{\frac{1}{3}}\left(\frac{2}{3}Z^{\frac{3}{2}}\right)$$

$$B_i(Z)=\sqrt{\frac{Z}{3}}\left[K_{-\frac{1}{3}}\left(\frac{2}{3}Z^{\frac{3}{2}}\right)+K_{\frac{1}{3}}\left(\frac{2}{3}Z^{\frac{3}{2}}\right)\right]$$

函数 Airy 的调用方式如下：

```
W = airy(Z)              %值为 Z 的每个元素返回第一类 Airy 函数 Ai(Z)
%根据 k 值返回 Airy 函数，k=0 返回 Ai(Z)，k=1 返回 Ai'(Z)，k=2 返回 Bi(Z)，k=3 返回 Bi'(Z)
W = airy(k,Z)
W = airy(k,Z,scale) %根据选择的 k 和 scale 缩放生成 Airy 函数
```

2. Bessel 函数

Bessel 函数是微分方程 $Z^2\frac{\mathrm{d}^2y}{\mathrm{d}Z^2}+Z\frac{\mathrm{d}y}{\mathrm{d}Z}+\left(Z^2-v^2\right)y=0$ 的解，其中 v 是常量。该方程有两个线性无关的解，第一类 Bessel 函数 $J_v(Z)$和第二类 Bessel 函数 $Y_v(Z)$，它们的表达式如下：

$$J_v(Z)=\left(\frac{Z}{2}\right)^v\sum_{k=0}^{\infty}\frac{(Z)^k}{k!\Gamma(v+k+1)}$$

$$Y_v(Z)=\frac{J_v(Z)\cos(v\pi)-J_{-v}(Z)}{\sin(v\pi)}$$

有时也采用 Hankel 函数来表示 Bessel 方程，它们是第一类 Bessel 函数和第二类 Bessel 函数的线性组合：

$$H_v^{(1)}(Z)=J_v(Z)+\mathrm{i}Y_v(Z)$$

$$H_v^{(1)}(Z)=J_v(Z)-\mathrm{i}Y_v(Z)$$

Hankel 函数 $H_v^{(k)}$ 称为第三类 Bessel 函数。

在 MATLAB 中，与 Bessel 函数相关的函数的调用方式如下：

```
J=besselj(nu,Z)             %返回第一类 Bessel 函数 Jv(Z)
J=besselj(nu,Z,scale)       %指定是否呈指数缩放第一类 Bessel 函数以避免溢出或精度损失
%如果 scale 为 1，则 besselj 的输出按因子 exp(-abs(imag(Z)))进行缩放
Y=bessely(nu,Z)             %返回第二类 Bessel 函数 Yv(Z)
Y=bessely(nu,Z,scale)       %指定是否呈指数缩放第二类 Bessel 函数以避免溢出或精度损失
%如果 scale 为 1，则 bessely 的输出按因子 exp(-abs(imag(Z)))进行缩放
H=besselh(nu,Z)             %为数组 Z 中的每个元素计算第一类 Hankel 函数
H=besselh(nu,K,Z)           %为数组 Z 中的每个元素计算第一类或第二类 Hankel 函数,其中 K 为 1 或 2
H=besselh(nu,K,Z,scale) %指定是否缩放 Hankel 函数以避免溢出或精度损失
```

改进的 Bessel 函数是微分方程 $Z^2\frac{\mathrm{d}^2y}{\mathrm{d}Z^2}+Z\frac{\mathrm{d}y}{\mathrm{d}Z}-\left(Z^2+v^2\right)y=0$ 的解，其中 v 是常量。

该方程有两个线性无关的解：第一类改进的 Bessel 函数 $I_v(\mathrm{Z})$和第二类改进的 Bessel 函数 $K_v(\mathrm{Z})$，它们的表达式如下：

$$I_v(Z)=\left(\frac{Z}{2}\right)^v\sum_{k=0}^{\infty}\frac{\left(\frac{Z^2}{4}\right)^k}{k!\Gamma(v+k+1)}$$

$$K_v(Z)=\frac{\pi}{2}\frac{I_{-v}(Z)-I_v(Z)}{\sin(v\pi)}$$

在 MATLAB 中，与改进的 Bessel 函数相关的函数的调用方式如下：

```
I=besseli(nu,Z)             %返回第一类改进的 Bessel 函数 Iv(Z)
I=besseli(nu,Z,1)           %返回 besseli(nu,Z).*exp(-abs(real(Z)))
K=besselk(nu,Z)             %返回第二类改进的 Bessel 函数 Kv(Z)
K=besselk(nu,Z,1)           %返回 besselk(nu,Z).*exp(Z)
```

3. Gamma 函数和 Beta 函数

在 MATLAB 中，Gamma 函数和 Beta 函数的定义如下。

Gamma 函数：$\Gamma(a)=\int_0^{\infty}\mathrm{e}^{-t}t^{a-1}\mathrm{d}t$ 。

不完全 Gamma 函数：$P(x,a)=\frac{1}{\Gamma(a)}\int_0^x\mathrm{e}^{-t}t^{a-1}\mathrm{d}t$ 。

多 Γ 函数：$\psi_n(x)=\frac{\mathrm{d}^{n-1}\psi(x)}{\mathrm{d}x^{n-1}}$，其中$\psi(x)=\frac{\Gamma'(x)}{\Gamma(x)}=\frac{\mathrm{d}\ln(\Gamma(x))}{\mathrm{d}x}$，$\psi_n(x)$称为$(n+1)\Gamma$函数，如$\psi_3(x)$称为 4Γ 函数。

Beta 函数：$B(z,w)=\int_0^1 t^{z-1}(1-t)^{w-1}\mathrm{d}t=\frac{\Gamma(z)\Gamma(w)}{\Gamma(z+w)}$。

不完全 Beta 函数：$I_x(z,w)=\frac{1}{B(z,w)}\int_0^x t^{z-1}(1-t)^{w-1}\mathrm{d}t$ 。

在 MATLAB 中，与 Gamma 函数和 Beta 函数相关的函数的调用方式如下：

```
Y=gamma(a)                 %返回Γ(a)
Y=gammainc(x,a)            %返回不完全 Gamma 函数 P(x,a)
Y=gammainc(X,A,tail)       %当 tail='lower'时返回 P(x,a)，当 tail='upper'时返回 1-P(x,a)
Y=gammaln(A)               %返回 Gamma 函数的对数，可以避免采用 log(gamma(a))造成的溢出情况
```

```
Y=psi(X)                   %返回双Γ函数ψ1(x)
Y=psi(k,X)                 %返回 k+2Γ函数ψk+1(x)
B=beta(z,w)                %返回 Beta 函数 B(z,w)
I=betainc(x,z,w)           %返回不完全 Beta 函数 Ix(z,w)
L=betaln(z,w)              %返回 ln(B(z,w))，可以避免采用 log(beta(a))造成的溢出情况
```

4. Jacobi 椭圆函数和完全椭圆积分

Jacobi 椭圆函数 sn(u)、cn(u)和 dn(u)是定义在勒让德第一类椭圆积分基础上的。其中，勒让德第一类椭圆积分表达式如下：

$$u(m,\phi)=\int_0^{\phi}\frac{\mathrm{d}\theta}{\left(1-m\sin^2(\theta)\right)^{\frac{1}{2}}}$$

第一类完全椭圆积分 $K(m)$也是定义在勒让德第一类椭圆积分基础上的（$\phi=\frac{\pi}{2}$），其表达式如下：

$$K(m)=\int_0^{\frac{\pi}{2}}\left(1-m\sin^2(\theta)\right)^{\frac{1}{2}}\mathrm{d}\theta$$

在 MATLAB 中，与 Jacobi 椭圆函数和完全椭圆积分相关的函数的调用方式如下：

```
[SN,CN,DN]=ellipj(U,M)       %返回 Jacobi 椭圆函数 sn(u)、cn(u)和 dn(u)
[SN,CN,DN]=ellipj(U,M,tol)   %以指定精度 tol 计算 Jacobi 椭圆函数，默认精度是 eps
                             %若指定一个更大的值，则会降低计算精度、提高计算速度
K=ellipke(M)                 %返回第一类完全椭圆积分 K(m)
[K,E]=ellipke(M)             %返回第一类完全椭圆积分 K(m)和第二类完全椭圆积分 E(m)
[K,E]=ellipke(M,tol)         %以指定精度 tol 计算完全椭圆积分
                             %若指定一个更大的值，则会降低计算精度、提高计算速度
```

5. 误差函数

与误差函数有关的表达式如下。

误差函数：$\mathrm{erf}(x)=\frac{2}{\sqrt{\pi}}\int_0^x \mathrm{e}^{-t^2}\mathrm{d}t$。

余误差函数：$\mathrm{erfc}(x)=\frac{2}{\sqrt{\pi}}\int_x^{\infty}\mathrm{e}^{-t^2}\mathrm{d}t=1-\mathrm{erf}(x)$。

在 MATLAB 中，与误差函数相关的函数的调用方式如下：

```
Y=erf(X)        %返回误差函数
Y=erfc(X)       %返回补余误差函数 1-erf(x)
                %当 erf(x)接近 1 时，使用 erfc 函数替换 1-erf(x)以提高准确性
Y=erfcx(X)      %返回换算补余误差函数 exp(x^2)*erfc(x)的值，避免下溢或溢出错误
X=erfinv(Y)     %返回误差函数的反函数，对于 [-1 1] 区间之外的输入，erfinv 返回 NaN
X=erfcinv(Y)    %返回余误差函数的反函数
```

【例 5-5】误差函数应用示例。

```
>> erf(0.66)                                     %求值的误差函数
ans =
   0.6494
>> V = [-0.8 0 3 0.82];
>> erf(V)                                        %求向量元素的误差函数
ans =
```

```
    -0.7421          0      1.0000      0.7538
>> M = [0.59 -0.41; 6.1 -1.9];
>> erf(M)                                       %求矩阵元素的误差函数
ans =
    0.5959   -0.4380
    1.0000   -0.9928
```

6. 指数积分函数

指数积分表达式为 $E_1(x)=\int_x^{\infty}\frac{e^{-t}}{t}dt$ 。

在 MATLAB 中，用函数 expint 计算指数积分，其调用格式如下：

```
Y=expint(X)                                     %返回指数积分 E1(x)
```

5.2.2 坐标变换函数

MATLAB 提供的坐标变换函数及其功能如表 5-6 所示。

表 5-6　MATLAB 提供的坐标变换函数及其功能

函 数 名	功 能 描 述	函 数 名	功 能 描 述
cart2sph	将笛卡儿坐标系转换为球坐标系	sph2cart	将球坐标系转换为笛卡儿坐标系
cart2pol	将笛卡儿坐标系转换为极坐标系	hsv2rgb	将灰度饱和度颜色空间转换为 RGB 颜色空间
pol2cart	将极坐标系转换为笛卡儿坐标系	rgb2hsv	将 RGB 颜色空间转换为灰度饱和度颜色空间

【例 5-6】将极坐标系和球坐标系中的点(1,1,1)转换到笛卡儿坐标系中。

```
>> [a,b,c]=pol2cart(1,1,1)
a=
    0.5403
b=
    0.8415
c=
    1
>> [d,e,f]=sph2cart(1,1,1)
d=
    0.2919
e=
    0.4546
f=
    0.8415
```

5.2.3 数论函数

MATLAB 提供的数论函数及其功能如表 5-7 所示。

表 5-7　MATLAB 提供的数论函数及其功能

函 数 名	功 能 描 述	函 数 名	功 能 描 述
factor	分解质因子	perms	给出向量的所有置换
factorial	阶乘	matchpairs	求解线性分配问题
gcd	最大公因数	primes	小于或等于输入值的素数
isprime	判断是否为素数	rat	把实数近似为有理数

续表

函 数 名	功 能 描 述	函 数 名	功 能 描 述
lcm	最小公倍数	rats	利用 rat 函数显示输出
nchoosek	二项式系数或所有组合	—	—

【例 5-7】求 1386 的所有质因数和 8 的阶乘。

```
>> f = factor(1386)                                    %求质因数
f =
     2     3     3     7    11
>> f=factorial(8)                                      %求阶乘
f=
     40320
```

5.3 本章小结

本章主要介绍了 MATLAB 的数学函数，包括初等函数运算及特殊数学函数运算。读者在今后学习 MATLAB 软件的过程中还会经常遇到这些基本的数学运算。读者应当掌握一些比较基本的函数，避免因不熟悉相应命令及其用法而影响工作效率。

第 6 章

数据绘图

数据绘图是实现数据可视化的一种手段，通过它能直接感受数据的内在本质，发现数据的内在联系。本章将系统地阐述 MATLAB 绘制曲线和曲面的基本技法与指令等，分别介绍数据的可视化、二维图形的绘制、三维图形的绘制、特殊图形的绘制等内容，并结合相应的范例讲解如何运用 MATLAB 的绘图命令生成图形。

学习目标

（1）熟练掌握二维图形的绘制方法。

（2）熟练掌握三维图形的绘制方法。

（3）掌握特殊图形的绘制方法。

6.1 二维图形的绘制

二维图形的绘制是 MATLAB 语言图形处理的基础，也是在绝大多数数值计算中广泛应用的图形方式之一。下面主要介绍 plot、fplot、ezplot 三个基本的二维绘图命令。

6.1.1 plot 二维绘图命令

plot 函数将从外部输入或通过函数数值计算得到的数据矩阵转化为连线图。plot 函数是绘制二维图形最常用的指令，通过不同形式的输入，可以实现不同的功能，其调用格式有如下三种。

1. plot(y)命令

plot(y)命令中的参数 y 可以是向量、实数矩阵或复数向量。若 y 为向量，则绘制的图形以向量索引为横坐标值，以向量元素的值为纵坐标值。

【例 6-1】用 plot(y)命令绘制向量曲线、矩阵曲线、复数向量曲线示例。

```
>> x=0:pi/10:2*pi;
>> y=sin(x);
>> plot(y)                     %绘制的向量曲线如图 6-1(a)所示，x 坐标从 1 至 length(y)

>> y=[0 1 2;3 4 5;6 7 8];%创建实数矩阵
>> plot(y)%绘制的矩阵曲线如图 6-1(b)所示，即绘制 y 中各列对其行号的图，x 坐标为从 1 到 y 的行数

>> x=[1:0.5:10];
>> y=[1:0.5:10];
>> z=x+y.*i;                   %创建复数向量
>> plot(z)                     %绘制的复数向量曲线如图 6-1(c)所示，以实部为横坐标、以虚部为纵坐标
```

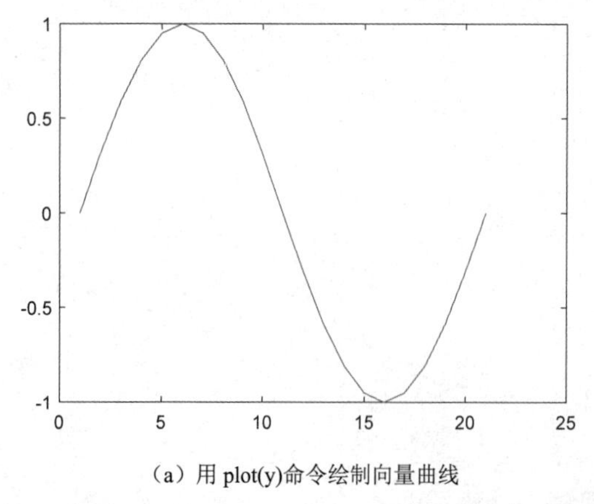

（a）用 plot(y)命令绘制向量曲线

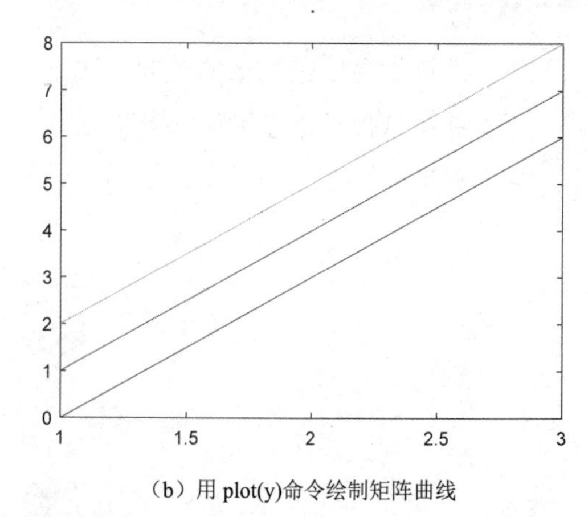

（b）用 plot(y)命令绘制矩阵曲线

图 6-1 用 plot(y)绘制曲线

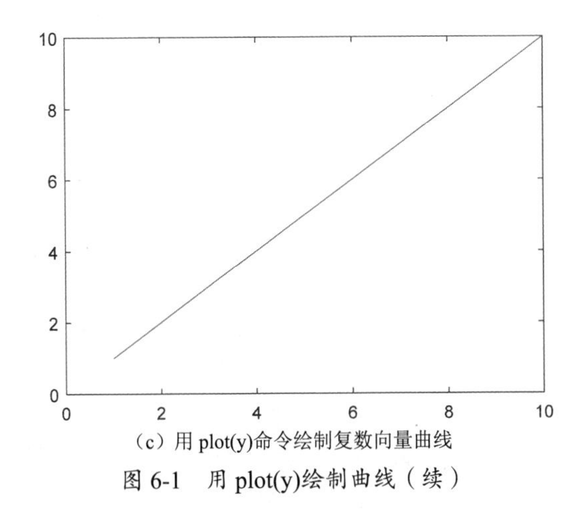
（c）用 plot(y)命令绘制复数向量曲线

图 6-1　用 plot(y)绘制曲线（续）

2. plot(x,y)命令

在 plot(x,y)命令中，参数 x、y 均可为向量和矩阵。若 x 和 y 均为 *n* 维向量，则绘制向量 y 对向量 x 的图形，即以 x 为横坐标，以 y 为纵坐标。

当 x 为 *n* 维向量，y 为 *m*×*n* 或 *n*×*m* 的矩阵时，该命令将在同一图内绘得 *m* 条不同颜色的曲线，并且以向量 x 为 *m* 条曲线的公共横坐标，以矩阵的 *m* 个 *n* 维分量为纵坐标。

当 x 和 y 均为 *m*×*n* 的矩阵时，将绘制 *n* 条不同颜色的曲线。绘制规则为：以 x 矩阵的第 *i* 列分量为横坐标，以矩阵 y 的第 *i* 列分量为纵坐标绘得第 *i* 条曲线。

【例 6-2】 利用 plot(x,y)命令绘制双向量曲线、向量和矩阵曲线、双矩阵曲线示例。

```
>> x=0:pi/100:2*pi;
>> y=cos(x);
>> plot(x,y)                                    %绘制的双向量曲线如图 6-2(a)所示

>> x=0:pi/100:4*pi;
>> y=[sin(2*x);cos(x)+2];
>> plot(x,y)                                    %绘制的向量和矩阵曲线如图 6-2(b)所示

>> x=[1 2 3;4 5 6;7 8 9];
>> y=[7 8 9;6 5 4;1 2 3];
>> plot(x,y)                                    %绘制的双矩阵曲线如图 6-2(c)所示
```

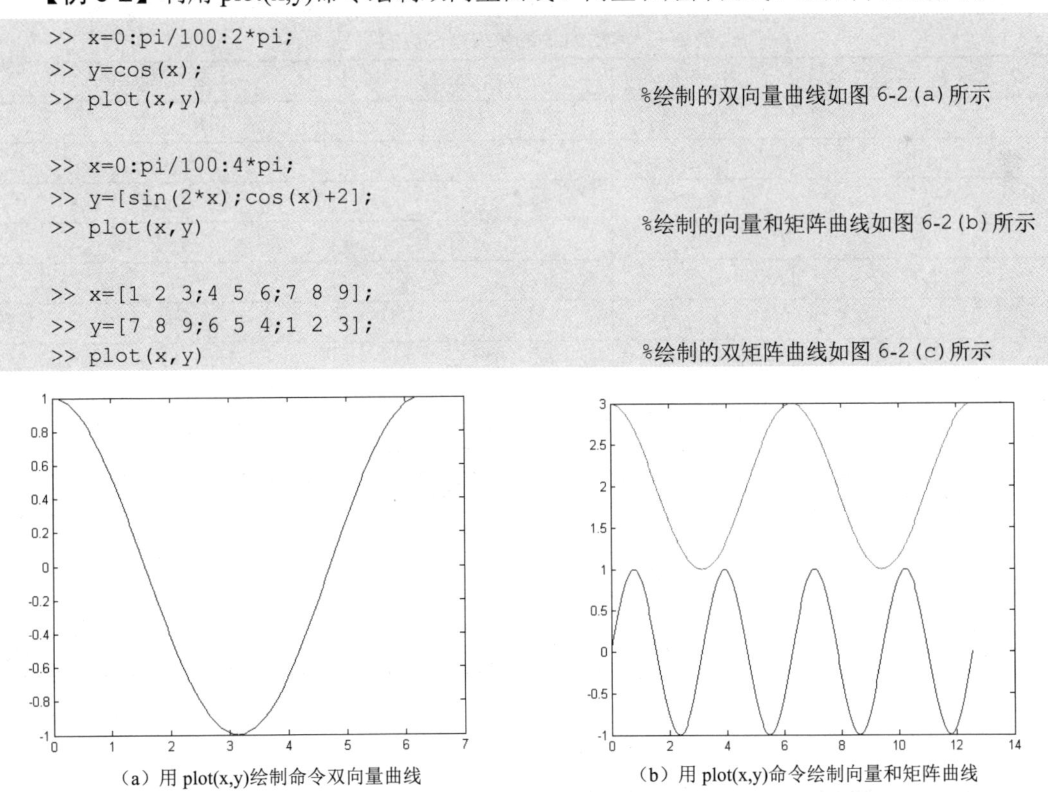
（a）用 plot(x,y)绘制命令双向量曲线　　（b）用 plot(x,y)命令绘制向量和矩阵曲线

图 6-2　用 plot(x,y)绘制曲线

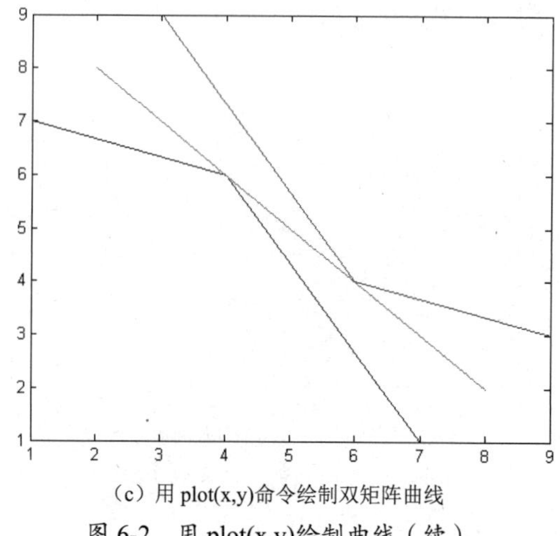

（c）用 plot(x,y)命令绘制双矩阵曲线

图 6-2　用 plot(x,y)绘制曲线（续）

注意：

plot(x,y1,x,y2,x,y3,…)以公共向量 x 为横轴，分别以 y1,y2,y3,…为纵轴，其效果与双矩阵曲线的绘制效果类似。

3．plot(x,y,s)命令

plot(x,y,s)用于绘制不同线型、标记和颜色的图形，其中 s 为字符，可以代表不同的线型、标记和颜色。常用的颜色和线型对应的符号如表 6-1 所示，常用的标记对应的符号如表 6-2 所示。

表 6-1　常用的颜色和线型对应的符号

颜色符号	颜　色	线型符号	线　型
y	黄色	-	实线（默认）
m	紫色	--	虚线
c	青色	—.	点画线
r	红色	:	点线
g	绿色	—	—
b	蓝色	—	—
w	白色	—	—
k	黑色	—	—

表 6-2　常用的标记对应的符号

标记符号	标　记	标记符号	标　记
.	点	^	上三角
。	圆圈	v	下三角
+	加号	>	右三角
*	星号	<	左三角
x	叉号	p	五角形
s	方形	h	六角形
d	菱形	—	—

【例 6-3】用 plot(x,y,s)命令绘图示例。

```
>> x=0:pi/50:2*pi;
>> y=sin(x);
>> plot(x,y,'k.')                        %结果如图 6-3（a）所示

>> x=0:pi/20:6*pi;
>> y1=sin(x);
>> y2=cos(x);
>> plot(x,y1,'k-',x,y2,'r.')             %绘制不同颜色和线型的曲线，如图 6-3（b）所示

>> t=(0:pi/100:2*pi)';
>> y1=sin(t)*[1,-1];
>> y2=sin(t).*cos(6*t);
>> t3=2*pi*(0:10)/10;
>> y3=sin(t3).*sin(10*t3);
>> plot(t,y1,'r:',t,y2,'-bo',t3,y3,'m.') %y=sin(t)cos(t)的图形及包络线如图 6-3（c）所示
```

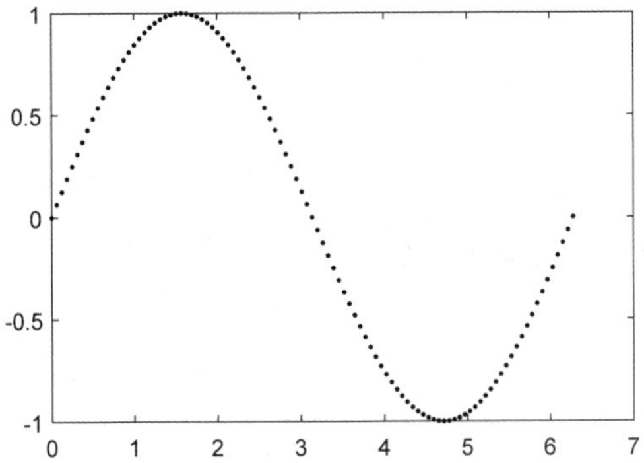

（a）用 plot(x,y,s)命令绘图

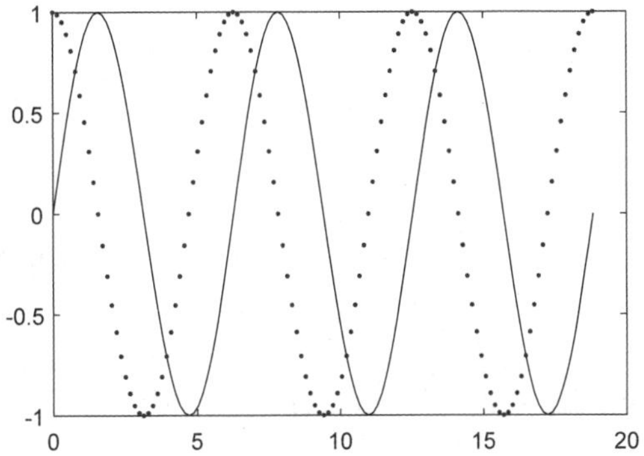

（b）不同颜色和线型的曲线

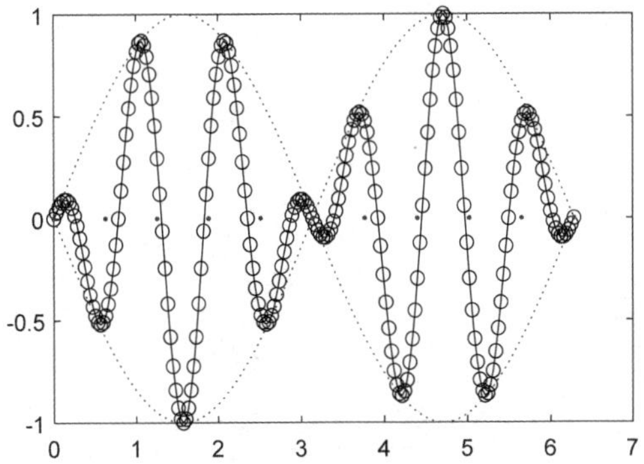

（c）y=sin(t)cos(t)的图形及包络线

图 6-3 用 plot(x,y,s)命令绘图示例

6.1.2 多次叠图和多子图操作

1. 多次叠图 hold 命令

若在已存在的图形窗口中用 plot 函数继续添加新的图形内容，则可使用图形保持命令 hold：执行 hold on 命令，再执行 plot 函数，即可在保持原有图形的基础上添加新的图形。利用 hold off 命令可以关闭此功能。

【例 6-4】利用 hold 命令绘制正弦和余弦曲线。

```
>> x=linspace(0,2*pi,60);
>> y=sin(x);
>> z=cos(x);
>> plot(x,y,'b');
>> hold on;
>> plot(x,z,'k:');
>> legend('sin(x)','cos(x)');                    %结果如图 6-4 所示
>> hold off
```

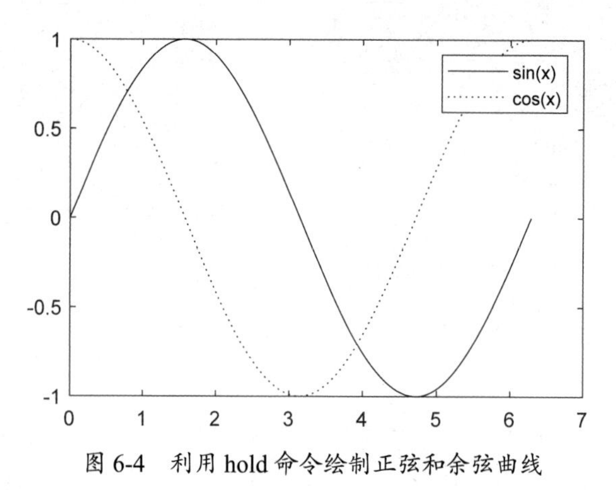

图 6-4　利用 hold 命令绘制正弦和余弦曲线

2. 多子图 subplot 命令

使用 subplot(m,n,k)函数，可以在视图中显示多个子图，其中，m×n 表示子图个数，k 表示当前图。

【例 6-5】使用 subplot 命令对图形窗进行分割。

```
>> x=linspace(0,2*pi,40);
>> y=sin(x);
>> z=cos(x);
>> t=sin(x)./(cos(x)+eps);
>> ct=cos(x)./(sin(x)+eps);

>> subplot(2,2,1);
>> plot(x,y);
>> title('sin(x)');

>> subplot(2,2,2);
>> plot(x,z);
>> title('cos(x)');

>> subplot(2,2,3);
>> plot(x,t);
>> title('tangent(x)');

>> subplot(2,2,4);
>> plot(x,ct);
>> title('cotangent(x)');                        %结果如图 6-5 所示
```

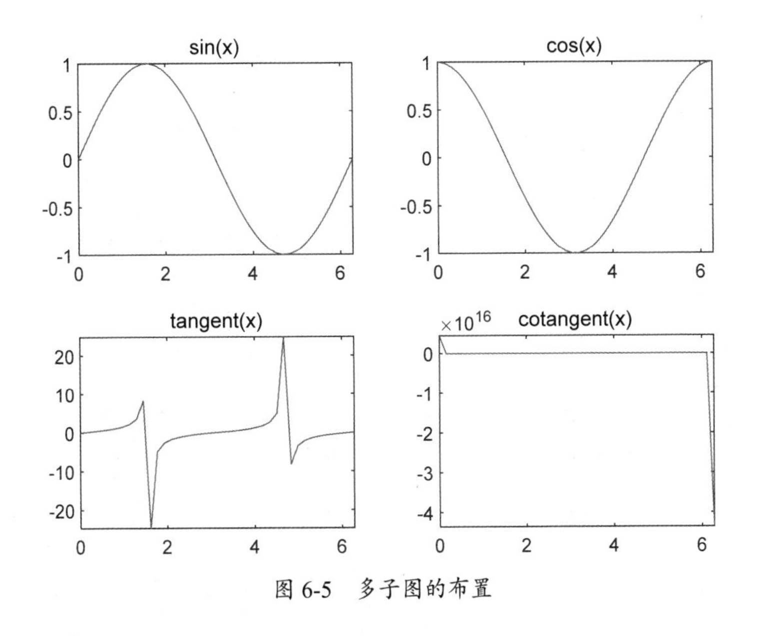

图 6-5　多子图的布置

6.1.3　fplot 二维绘图命令

在某些情况下，如果不知道某一个函数随自变量变化的趋势，此时利用 plot 命令绘图则有可能因为自变量的取值间隔不合理而使曲线图形不能反映自变量在某些区域内的函数值的变化情况。而 fplot 命令可以很好地解决这个问题，该命令通过内部的自适应算法来动态决定自变量的取值间隔，当函数值变化缓慢时，间隔取大一点；当函数值变化剧烈（函数的二阶导数很大）时，间隔取小一点。

fplot 命令的使用格式如下：

```
fplot(f)                    %在默认区间[-5,5]内（对于 x）绘制由函数 y=f(x)定义的曲线
fplot(f,xinterval)          %在指定区间[xmin,xmax]内绘图
fplot(funx,funy)            %在默认区间[-5,5]（对于 t）内绘制由 x=funx(t)和 y=funy(t)定义的曲线
fplot(funx,funy,tinterval)    %在指定区间[tmin,tmax]内绘图
fplot(___,LineSpec)   %指定线型、标记符号和线条颜色
fplot(___,Name,Value) %使用一个或多个名称-值对组参数指定线条属性
fplot(ax,___)
%将图形绘制到 ax 指定的坐标区中，而不是当前坐标区(gca)中。指定坐标区作为第一个输入参数
```

【例 6-6】①在指定区间内绘图；②绘制参数化曲线示例。

```
>> ff=@tan;
>> fplot(ff,[-3 6]);      %在指定区间内绘图，结果如图 6-6(a)所示

>> xt = @(t) cos(3*t);
>> yt = @(t) sin(2*t);
>> fplot(xt,yt)              %绘制参数化曲线 x=cos(3t)和 y=sin(2t),结果如图 6-6(b)所示
```

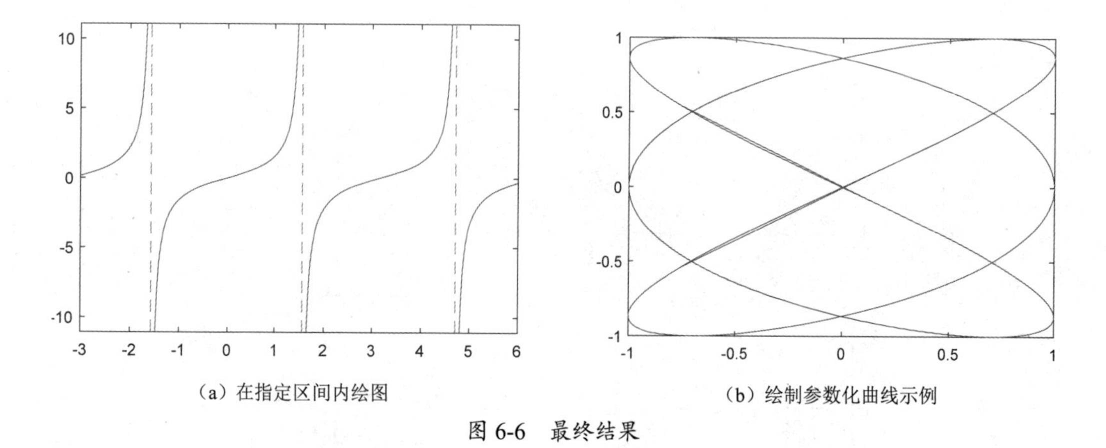

（a）在指定区间内绘图　　　（b）绘制参数化曲线示例

图 6-6　最终结果

6.1.4　ezplot 二维绘图命令

ezplot 命令也是用于绘制函数在某一自变量区域内的图形的命令。该命令的使用格式如下：

```
ezplot(f)  %绘制 f=f(x)在默认区域 2*pi<x<2.*pi 内的图形，f 为函数句柄、字符向量或字符串
ezplot(f,[min,max])        %绘制 f=f(x)在 min<x<max 区域内的图形
ezplot(f)                  %绘制 f(x,y)=0 在默认区域 2*pi<x<2.*pi,2*pi<y<2.*pi 内的图形
ezplot(f,[xmin,xmax,ymin,ymax]) %绘制 f(x,y)=0 在区域 xmin<x<xmax, ymin<y<ymax 内的图形
ezplot(f,[min,max])        %绘制 f(x,y)=0 在区域 min<x<maxa, min<y<max 内的图形
ezplot(x,y)                %绘制 x=x(t), y=y(t)在默认区域 0<t<2.*pi 内的图形
ezplot(x,y,[tmin,tmax]) %绘制 x=x(t), y=y(t)在区域 tmin<t<tmax 内的图形
ezplot(...,figure_handle) %在句柄为 figure_handle 的窗口中绘制给定函数在给定区域内的图形
ezplot(axes_handle,...) %在句柄为 axes_handle 的坐标系上绘制图形
h=ezplot(...)              %返回直线对象的句柄到 h 变量中
```

【例 6-7】绘制隐函数 $x^4 - y^6 = 0$ 的图形。

```
>> ezplot('x^4-y^6')
```

用 ezplot 命令绘制出来的图形如图 6-7 所示。

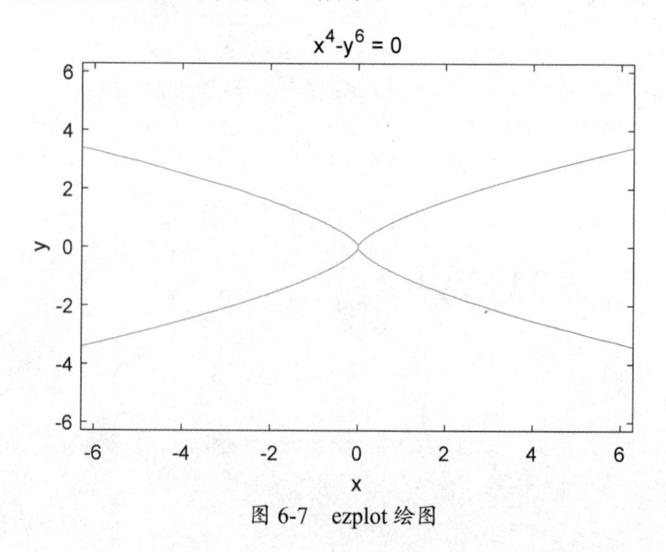

图 6-7　ezplot 绘图

6.2 三维图形的绘制

MATLAB 提供了多个函数用来绘制三维图形。最常用的三维绘图函数用来绘制三维曲线图、三维网格图和三维曲面图，相应的 MATLAB 命令分别为 plot3、mesh 和 surf。

6.2.1 plot3

plot3 是三维绘图的基本函数，其用法和 plot 函数的用法基本一样，只是在绘图时需要提供 3 个数据参数（一个数据组），其调用格式如下：

```
plot3(X,Y,Z)                       %绘制三维空间中的坐标，X、Y、Z 为向量或矩阵
plot3(X,Y,Z,LineSpec)              %使用 LineSpec 指定的线型、标记和颜色绘图
plot3(X1,Y1,Z1,...,Xn,Yn,Zn)       %在同一组坐标轴上绘制多组坐标
plot3(X1,Y1,Z1,LineSpec1,...,Xn,Yn,Zn,LineSpecn)
                                   %为每个 XYZ 三元组指定特定的线型、标记和颜色
```

说明：

（1）当 X、Y、Z 为长度相同的向量时，plot3 命令将绘得一条分别以向量 X1、Y1、Z1 为 x、y、z 轴坐标值的空间曲线。

（2）当 X、Y、Z 均为 $m\times n$ 的矩阵时，plot3 命令将绘得 m 条曲线。其中，第 i 条空间曲线分别以 X1、Y1、Z1 矩阵的第 i 列分量为 x、y、z 轴坐标值的空间曲线。

【例 6-8】 用 plot3 命令绘图示例。

```
>> t=0:pi/50:10*pi;
>> plot3(sin(t),cos(t),t)                  %绘制螺旋线，结果如图 6-8（a）所示

>> t=[0:pi/100:3*pi];
>> x=[t t];
>> y=[cos(t) cos(2*t)];
>> z=[(sin(t)).^2+(cos(t)).^2 (sin(t)).^2+(cos(t)).^2+1];
>> plot3(x,y,z)                            %绘制矩阵向量曲线，结果如图 6-8（b）所示

t=(0:0.02:2)*pi;
x=sin(t);y=sin(2*t);z=2*cos(t);
plot3(x,y,z,'b-',x,y,z,'bd')               %通过三维曲线图演示该曲线的参数方程
xlabel('x'),ylabel('y'),zlabel('z')        %结果如图 6-8（c）所示
```

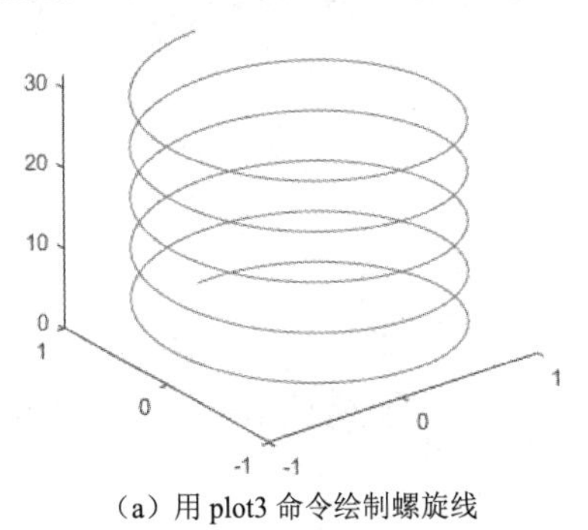

（a）用 plot3 命令绘制螺旋线

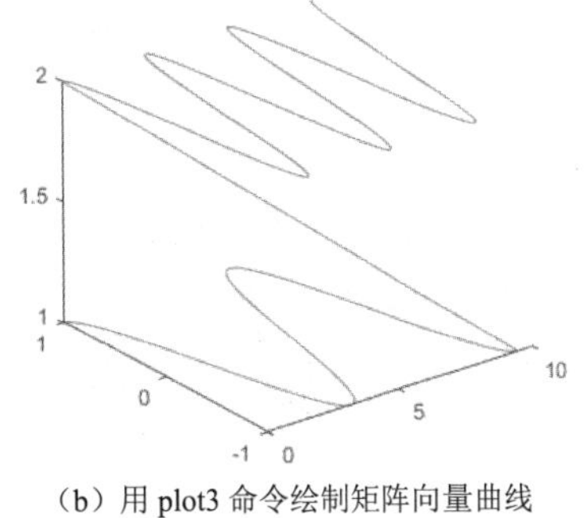

（b）用 plot3 命令绘制矩阵向量曲线

图 6-8 用 plot3 命令绘图示例

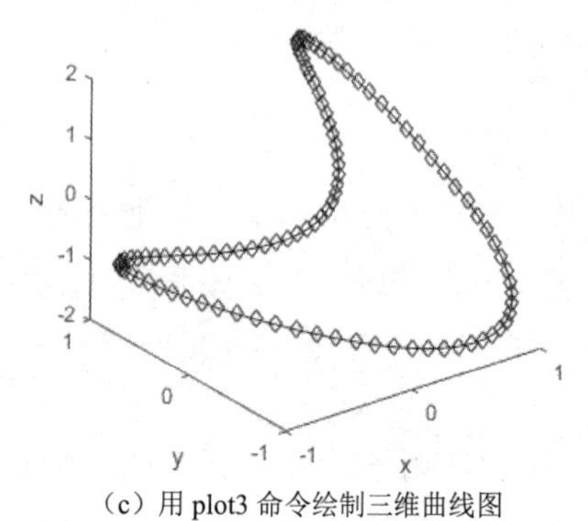

（c）用 plot3 命令绘制三维曲线图

图 6-8　用 plot3 命令绘图示例（续）

6.2.2　三维网格图和三维曲面图的绘制

1．三维网格图 mesh 命令

mesh 命令用于绘制三维网格图。MATLAB 用 *xy* 平面上的 *z* 坐标定义一个网格面。mesh 命令通过将相邻的点用直线连接而构成一个网格图，网格节点是 *z* 坐标中的数据点。mesh 命令的调用格式如下：

```
mesh(X,Y,Z)      %创建一个网格图，该网格图为三维曲面，有实色边颜色，无面颜色
%该函数将矩阵 Z 中的值绘制为由 X 和 Y 定义的平面中的网格上方的高度。边颜色因 Z 指定的高度而异
mesh(Z)          %创建一个网格图，并将 Z 中元素的列索引和行索引用作 x 坐标和 y 坐标
mesh(___,C)      %进一步指定边的颜色
```

说明：

C 用于定义颜色，如果没有定义 C，则 mesh(X,Y,Z)绘制的颜色随 Z 值（曲面高度）成比例变化。X 和 Y 必须均为向量，若 X 和 Y 的长度分别为 m 和 n，则 Z 必须为 m×n 的矩阵，即[m,n]=size(Z)，此时网格线的顶点为(X(j),Y(i),Z(i,j))；若参数中没有提供 X 和 Y，则将(i,j)作为 Z(i,j)的 X 和 Y。

【例 6-9】用 mesh 命令绘制三维网格图示例。

```
>> x=0:0.1:2*pi;
>> y=0:0.1:2*pi;
>> z=sin(x')*cos(2*y);
>> mesh(x,y,z)                              %绘制三维网格图，结果如图 6-9（a）所示

>> z=[0:0.1:10;2:0.1:12];
>> mesh(z)                                  %绘制三维网格图，结果如图 6-9（b）所示
```

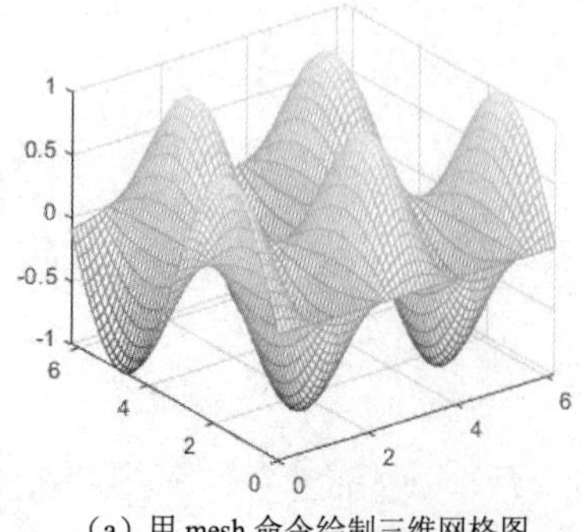

（a）用 mesh 命令绘制三维网格图

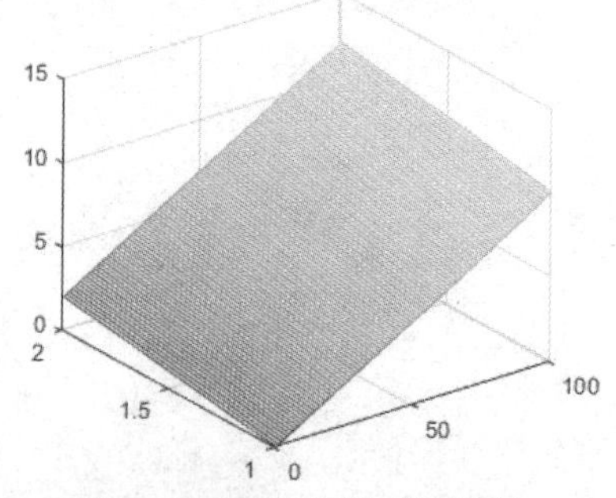

（b）　用 mesh(z)绘制三维网格图

图 6-9　用 mesh 命令绘制三维网格图示例

2. 三维曲面图 surf 命令

surf 命令的调用方式与 mesh 命令的调用方式类似，不同的是，mesh 函数绘制的图形是一个网格图，而 surf 命令绘制的是着色的三维曲面图。着色的方法是在得到相应的网格后，依据每个网格代表的节点的色值（由变量 C 控制）定义这一网格的颜色。surf 命令的调用方式如下：

```
surf(X,Y,Z)             %创建一个具有实色边和实色面的三维曲面
%该函数将矩阵 Z 中的值绘制为由 X 和 Y 定义的平面中的网格上方的高度。曲面的颜色根据 Z 指定的高度而异
surf(X,Y,Z,C)           %通过 C 指定曲面的颜色
surf(Z)                 %创建一个曲面图，并将 Z 中元素的列索引和行索引用作 x 坐标和 y 坐标
surf(Z,C)               %通过 C 指定曲面的颜色
surf(ax,___)            %将图形绘制到 ax 指定的坐标区中，该坐标区作为第一个输入参数
```

【例 6-10】 用 surf 命令绘制着色的三维曲面图。

```
>> x=0:0.2:2*pi;
>> y=0:0.2:2*pi;
>> z=sin(x')*cos(2*y);
>> surf(x,y,z)                                  %结果如图 6-10 所示
```

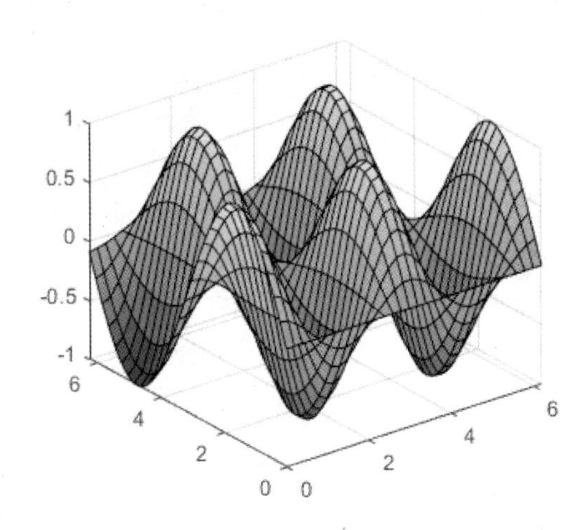

图 6-10　用 surf 命令绘制着色的三维曲面图

6.2.3　其他三维绘图命令

基本三维绘图命令还有一些对应改进命令，它们在基本三维绘图命令的基础上增加了一些特别的处理图形的功能。

1. meshgrid、meshc 和 meshz

meshgrid 命令的作用是将给定的区域按一定的方式划分成平面网格，该平面网格可以用来绘制三维曲面图，其调用方式如下：

```
[X,Y]=meshgrid(x,y)
```

其中，x 和 y 为给定的向量，用来定义网格划分区域（也可定义网格划分方法）；X 和 Y 是用来存储网格划分后的数据矩阵。

meshc 命令是在用 mesh 命令绘制的三维网格图中绘出等高线，meshz 命令是在 mesh 命

令的功能之上增加绘制边界面的功能，它们的调用方式与 mesh 命令的调用方式相同。

【例 6-11】利用 meshc、meshz 命令绘制三维网格图示例。

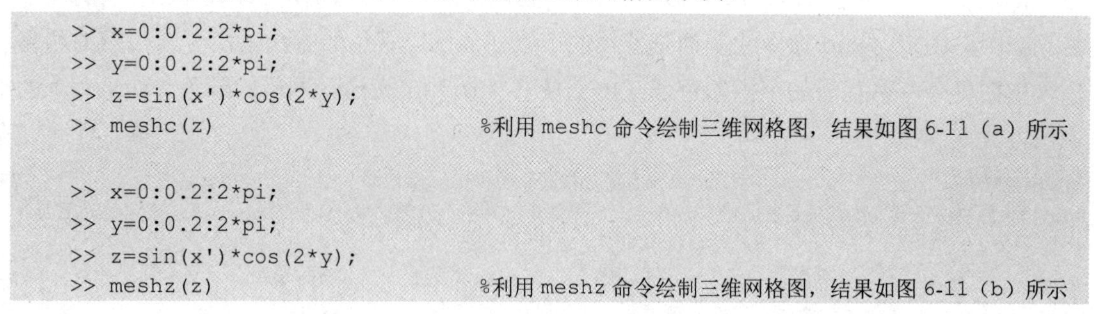

```
>> x=0:0.2:2*pi;
>> y=0:0.2:2*pi;
>> z=sin(x')*cos(2*y);
>> meshc(z)                    %利用 meshc 命令绘制三维网格图，结果如图 6-11（a）所示

>> x=0:0.2:2*pi;
>> y=0:0.2:2*pi;
>> z=sin(x')*cos(2*y);
>> meshz(z)                    %利用 meshz 命令绘制三维网格图，结果如图 6-11（b）所示
```

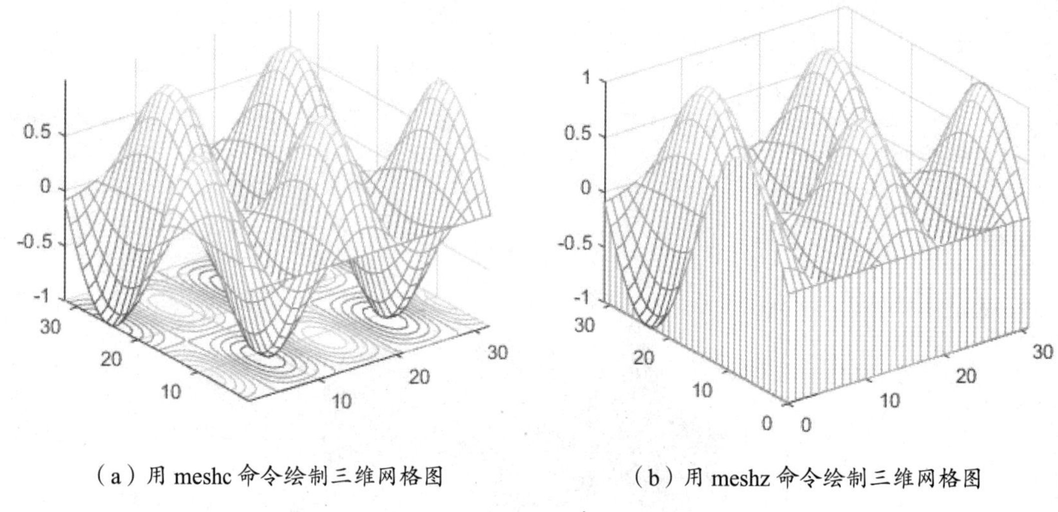

（a）用 meshc 命令绘制三维网格图　　（b）用 meshz 命令绘制三维网格图

图 6-11　利用 meshc、meshz 命令绘制三维网格图

2．surfc 和 surfl 命令

surf 有两个变体函数：一个是 surfc，它在绘图时还绘制了底层等高线图；另一个函数是 surfl，它在绘图时增加了光照效果。

surfc 命令的调用方式与 surf 命令的调用方式基本一致，用来绘制等高线三维曲面图。

surfl 命令用来绘制光照效果三维曲面图，也可用来绘制三维带光照模式的阴影图。surfl 命令的调用方式与 surf 命令的调用方式基本一致，但是它会受到光源的影响，图形的色泽取决于曲面的漫反射、镜面反射与环境光照模式。surfl 命令的主要调用方式如下：

```
surfl(Z)              %创建曲面，并将 Z 中元素的列索引和行索引作为 x 坐标和 y 坐标
surfl(X,Y,Z)          %创建一个带光源高光的三维曲面图，X、Y、Z 定义 x、y、z 的坐标
surfl(Z,S)            %参数 S 为一个三维向量[Sx,Sy,Sz]，用于指定光源的方向
surfl(X,Y,Z,S)        %同上
surfl(X,Y,Z,S,K)      %K 为反射常量
```

【例 6-12】绘制等高线及光照效果三维曲面图，然后用三维曲面图表现函数 $z=2x^2+2y^2$。

```
>> x=0:0.2:2*pi;
>> y=0:0.2:2*pi;
```

```
>> z=sin(x')*cos(2*y);
>> surfc(x,y,z)                          %绘制等高线三维曲面图，结果如图 6-12（a）所示

>> x=0:0.2:2*pi;
>> y=0:0.2:2*pi;
>> z=sin(x')*cos(2*y);
>> surfl(x,y,z)                          %绘制光照效果三维曲面图，结果如图 6-12（b）所示

>> x=-8:8;y=x;
>> [X,Y]=meshgrid(x,y);
>> Z=2*X.^2+2*Y.^2;
>> surfl(X,Y,Z);
>> xlabel('x'),ylabel('y'),zlabel('z') %绘制函数三维曲面图，结果如图 6-12（c）所示
```

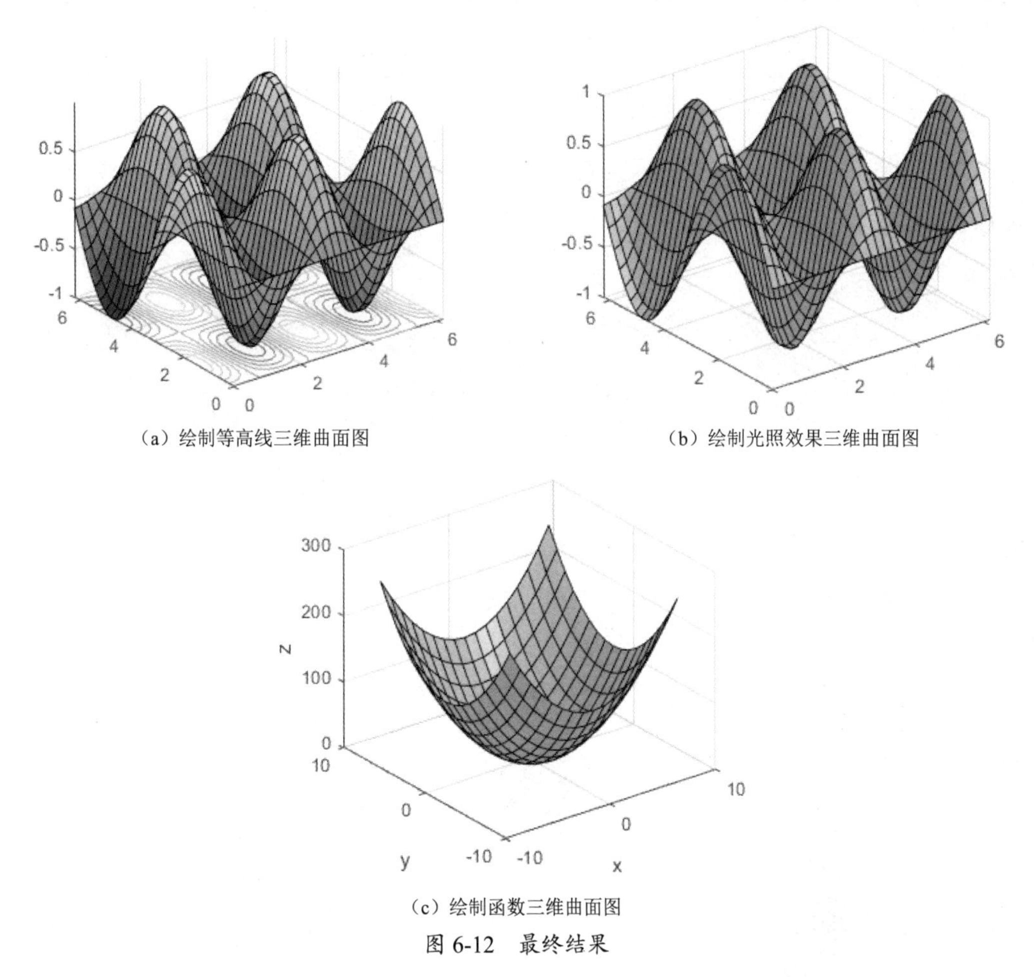

（a）绘制等高线三维曲面图　　（b）绘制光照效果三维曲面图

（c）绘制函数三维曲面图

图 6-12　最终结果

6.3　特殊图形的绘制

除了一些基本绘图函数，MATLAB 还提供了许多特殊绘图函数。下面介绍一些常见的特殊绘图函数。

6.3.1 二维特殊图形函数

常见的二维特殊图形函数如表 6-3 所示。

表 6-3 常见的二维特殊图形函数

函 数 名	说 明	函 数 名	说 明
pie	饼状图	barh	水平条形图
area	填充绘图	bar	垂直条形图
comet	彗星图	plotmatrix	分散矩阵绘制
errorbar	误差条图	hist/histogram	二维条形直方图
feather	矢量图	scatter	散射图
fill	多边形填充	stem	离散数据序列针状图
gplot	拓扑图	stairs	阶梯图
quiver	向量场	rose	极坐标系下的柱状图
contour	等高线图	—	—

下面介绍其中几个常用命令的使用方法。

1. pie 命令

pie 命令用于绘制饼状图，其调用格式如下：

```
pie(X)                    %使用 X 中的数据绘制饼状图。饼状图中的每个扇区代表 X 中的一个元素
pie(X,explode)            %指定扇区从饼状图偏移一定位置
                          %explode 是一个由与 X 对应的零值和非零值组成的向量或矩阵
                          %pie 命令仅将对应于 explode 中的非零元素的扇区偏移一定的位置
pie(X,labels)             %指定扇区的文本标签。X 必须是数值数据类型，标签数必须等于 X 中的元素数
pie(X,explode,labels)     %偏移扇区并指定文本标签。X 可以是数值或分类数据类型
                          %对于数值数据类型的 X，标签数必须等于 X 中的元素数
                          %对于分类数据类型的 X，标签数必须等于分类数
pie(ax,___)               %将图形绘制到 ax 指定的坐标区中，而不是当前坐标区(gca)中
                          %选项 ax 可以位于上述语法中的任何输入参数组合之前
```

【例 6-13】利用 pie 命令绘制饼状图。

```
>> x=[0.41 .20 .62 .51 .8];
>> pie(x)                                  %结果如图 6-13（a）所示

>> x=[0.41 .20 .62 .51 .8];
>> y=[0 0 0 1 0];
>> pie(x,y)                                %结果如图 6-13（b）所示
```

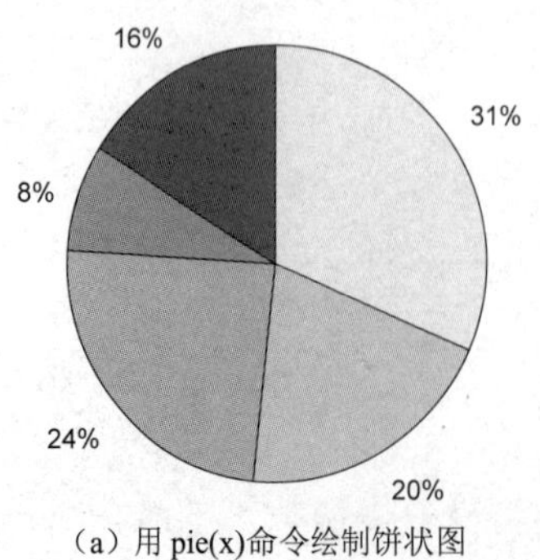

（a）用 pie(x)命令绘制饼状图

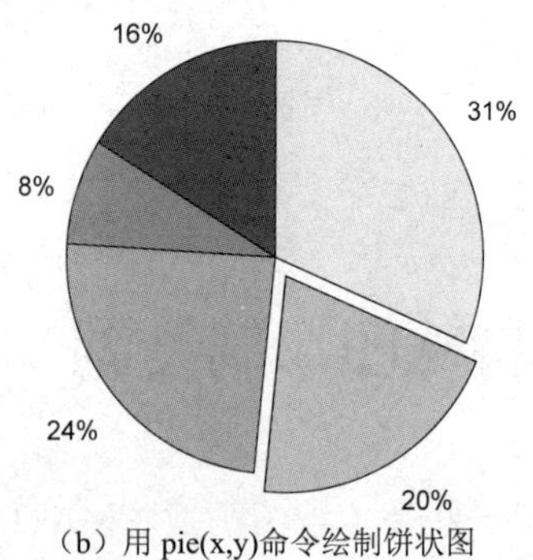

（b）用 pie(x,y)命令绘制饼状图

图 6-13 利用 pie 命令绘制饼状图

2. stairs 命令

stairs 命令用于绘制阶梯图，其调用格式为 stairs(x,y)，其中 x 为单增的向量。该命令用于在指定的横坐标 x 上画出 y 向量。

```
stairs(Y)                  %绘制 Y 中元素的阶梯图。如果 Y 为向量，则 stairs 绘制一条线条
                           %如果 Y 为矩阵，则 stairs 为每个矩阵列绘制一条线条
stairs(X,Y)                %在 Y 中由 X 指定的位置绘制元素
                           %输入的 X 和 Y 必须是相同大小的向量或矩阵
                           %另外，X 可以是行向量或列向量，Y 必须是包含 length(X) 行的矩阵
stairs(___,LineSpec)       %利用 LineSpec 指定线型、标记和颜色
```

【例 6-14】 绘制阶梯图。

```
>> X = linspace(0,4*pi,40);
>> Y = sin(X);
>> stairs(Y)      %创建在[0,4π]区间的 40 个均匀分布的值处计算的正弦阶梯图，如图 6-14 (a) 所示
>> stairs(X,Y)    %在指定的 x 值位置绘制单个数据序列阶梯图，如图 6-14 (b) 所示
```

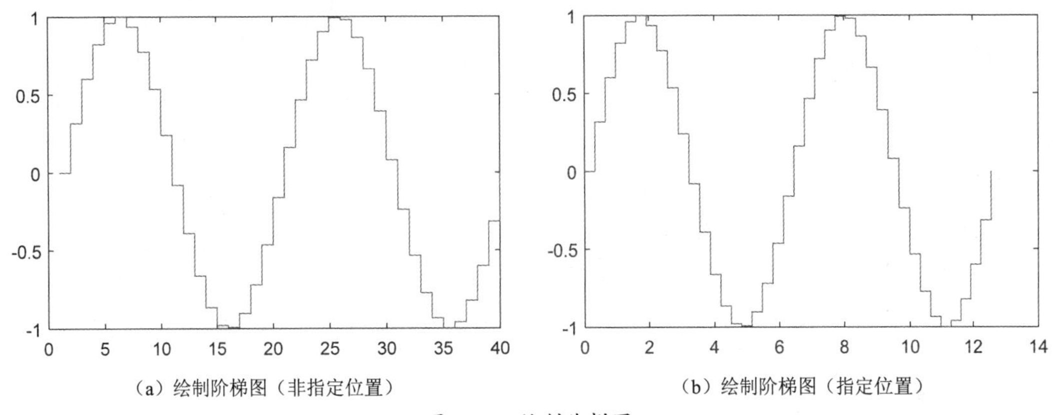

(a) 绘制阶梯图（非指定位置）　　(b) 绘制阶梯图（指定位置）

图 6-14　绘制阶梯图

3. bar 与 barh 命令

bar 命令用于绘制二维垂直条形图，用垂直条显示向量或矩阵中的值，调用格式如下：

```
bar(y)               %创建一个条形图，y 中的每个元素对应一个条形
                     %如果 y 是 m×n 的矩阵，则 bar 将创建每组包含 n 个条形的 m 个组
bar(x,y)             %在 x 指定的位置绘制条形图
bar(___,width)       %设置条形的相对宽度以控制组中各个条形的间隔。将 width 指定为标量值
bar(___,style)       %指定条形组的样式，包括'grouped'（默认）|'stacked'|'hist'|'histc'
bar(___,color)       %设置所有条形的颜色，包括'b'|'r'|'g'|'c'|'m'|'y'|'k'|'w'
```

barh 命令的用法与 bar 命令的用法完全相同，只是将绘制的条形图水平显示。

【例 6-15】 用 bar 命令绘制条形图。

```
>> x=-2.5:0.25:2.5;
>> y=2*exp(-x.*x);
>> bar(x,y,'b')              %绘制条形图，如图 6-15(a)所示
>> y = [2 2 3; 2 5 6; 2 8 9; 2 11 12];
>> bar(y)                    %显示 4 个条形组，每组包含 3 个条形，如图 6-15(b)所示
```

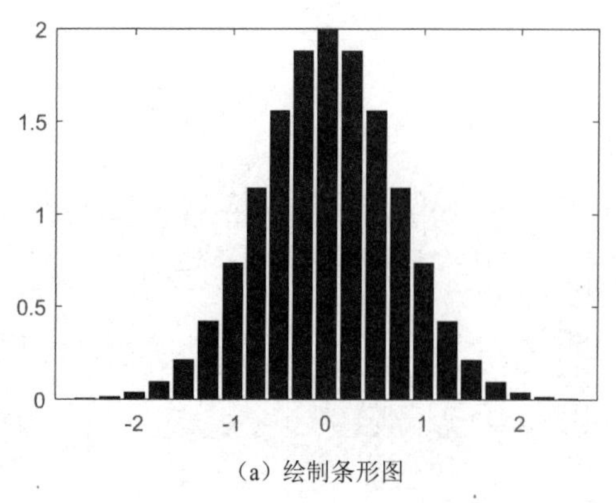

（a）绘制条形图

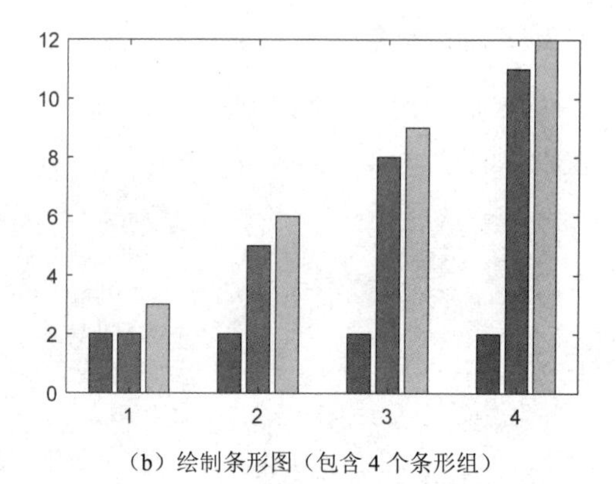

（b）绘制条形图（包含 4 个条形组）

图 6-15　用 bar 命令绘制条形图

【例 6-16】绘制条形图示例。

```
>> X=round(20*rand(3,4));
>> subplot(2,2,1)
>> bar(X,'group')
>> title('bargroup')
>> subplot(2,2,2)
>> barh(X,'stack')
>> title('barhstack')
>> subplot(2,2,3)
>> bar(X,'stack')
>> title('barstack')
>> subplot(2,2,4)
>> bar(X,1.2)
>> title('barwidth=1.2')                                %结果如图 6-16 所示
```

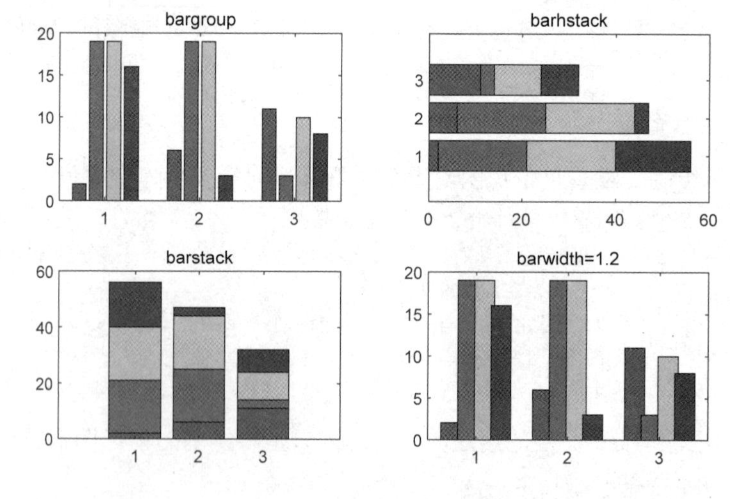

图 6-16　绘制条形图示例

4．hist/histogram 命令

hist/histogram 命令用于绘制二维条形直方图，可以显示出数据的分布情况。所有向量 y 中的元素或矩阵 y 的列向量中的元素都是根据它们的数值范围来分组的，将每组作为一个条形进行显示。

条形直方图中的横坐标轴反映了数据 y 中元素数值的范围，纵坐标轴显示出数据 y 中的元素落入该组的数目，其调用格式如下：

```
hist(y)                  %把向量 y 中的元素放入等距的 10 个条形中，且返回每个条形中的元素个数
                         %若 y 为矩阵，则该命令按列对 y 进行处理
hist(y,x)
%参量 x 为向量，把 y 中的元素放到 m (m=length(x)) 个由 x 中的元素指定的位置为中心的条形中
hist(y,nbins)            %参量 nbins 为标量，用于指定条形的数目
%[n,xout]=hist(...)返回向量 n 与包含频率计数与条形的位置向量 xout
%可以用命令 bar(xout,n)画出条形直方图
histogram(X)
%基于 X 使用自动分组划分算法创建条形直方图。每个矩形的高度就表示分组中的元素数量
histogram(X,nbins)  %使用标量 nbins 指定的分组数量
histogram(X,edges)  %将 X 划分到由向量 edges 指定边界的分组内
%每个分组都包含左边界，但不包含右边界，除同时包含两个边界的最后一个分组外
```

【例 6-17】用 hist/histogram 命令绘制条形直方图。

```
>> x=-2.5:0.25:2.5;
>> y=randn(5000,1);
>> hist(y,x)              %结果如图 6-17 (a) 所示

>> x = randn(1000,1);
>> nbins = 25;
>> histogram(x,nbins)%对分类为 25 个等距分组的 1000 个随机数绘制条形直方图，如图 6-17 (b) 所示
```

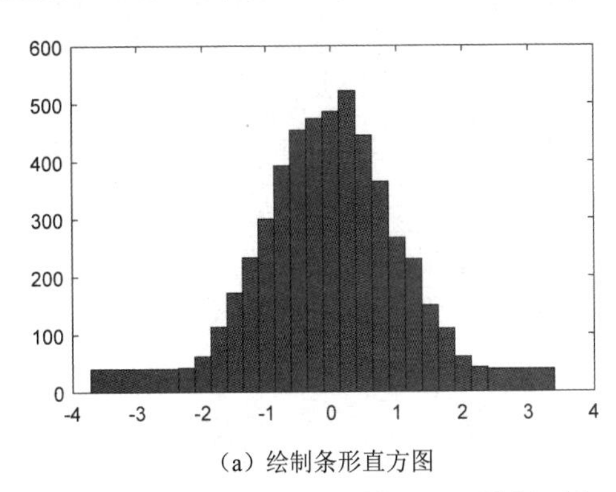

(a) 绘制条形直方图

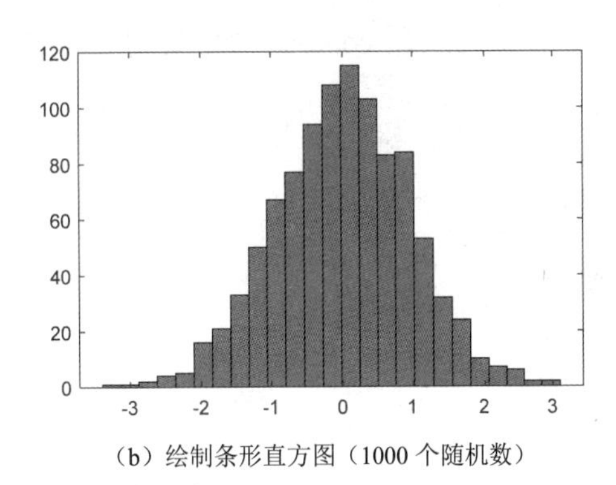

(b) 绘制条形直方图（1000 个随机数）

图 6-17　用 hist/histogram 命令绘制条形直方图

5. stem 命令

stem 命令用于绘制离散数据序列，其调用格式如下：

```
stem(Y)      %将数据序列 Y 绘制为从 x 轴的基线延伸的针状图。各个数据值由终止于每个针状图的圆指示
stem(X,Y)    %在 X 指定值的位置绘制数据序列 Y。输入的 X 和 Y 必须是大小相同的向量或矩阵
             %X 可以是行向量或列向量，Y 必须是包含 length(X)行的矩阵
```

【例 6-18】用 stem 命令绘制离散数据序列。

```
>> Y = linspace(-2*pi,2*pi,20);    %创建一个在[-2π,2π]区间内的 20 个离散数据值
>> stem(Y)                         %绘制离散数据序列针状图，结果如图 6-18 (a) 所示

>> X = linspace(0,2*pi,20);        %在[0,2π]区间内产生 20 个余弦数据值
>> Y = cos(X);
>> stem(X,Y)                       %绘制离散数据序列针状图，结果如图 6-18 (b) 所示
```

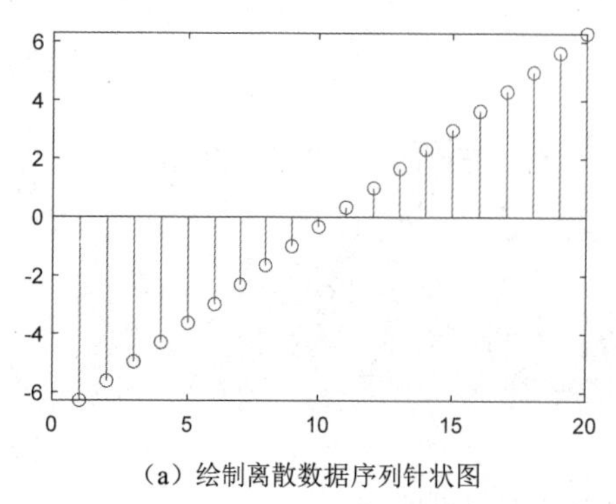

（a）绘制离散数据序列针状图

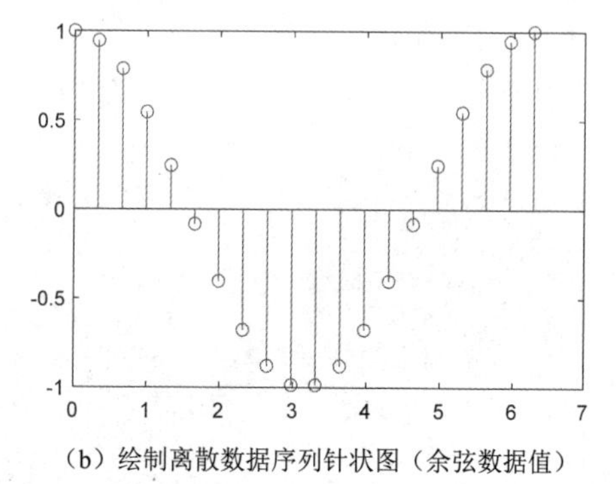

（b）绘制离散数据序列针状图（余弦数据值）

图 6-18　用 stem 命令绘制离散数据序列

6．contour 命令

contour 命令用于绘制等高线图，变量 Z 必须为一数值矩阵，其调用格式如下：

```
contour(Z)                %创建一个包含矩阵 Z 的等高线图，其中 Z 包含 XY 平面上的高度值
                          %Z 的列索引和行索引分别是平面中的 X 和 Y 坐标
contour(X,Y,Z)            %指定 Z 中各值的 X 和 Y 坐标
contour(___,levels)       %为等高线指定最后一个参数
%若将 levels 指定为标量 n，则在 n 个自动选择的层级（高度）上显示等高线
%若将 levels 指定为单调递增值的向量，则可以在某些特定高度上绘制等高线
%若将 levels 指定为二元素行向量[k k]，则表示在一个高度处(k)绘制等高线
contour(___,LineSpec)     %指定等高线的线型和颜色
```

【例 6-19】用 contour 命令绘制等高线。

```
>> [X,Y]=meshgrid(-2:.2:2,-2:.2:3);
>> Z=2*Y.*exp(-X.^2-Y.^2);
>> contour(X,Y,Z);                       %结果如图 6-19（a）所示

>> [X,Y,Z] = peaks;                      %调用 peaks 函数以创建 X、Y 和 Z
>> contour(X,Y,Z,20)                     %绘制 Z 的 20 条等高线，如图 6-19（b）所示
```

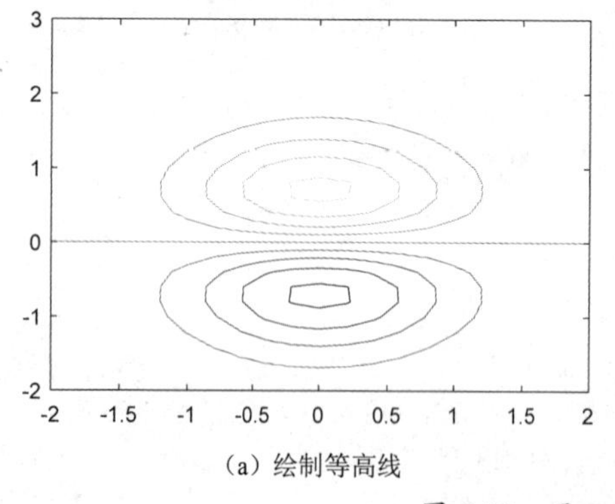

（a）绘制等高线

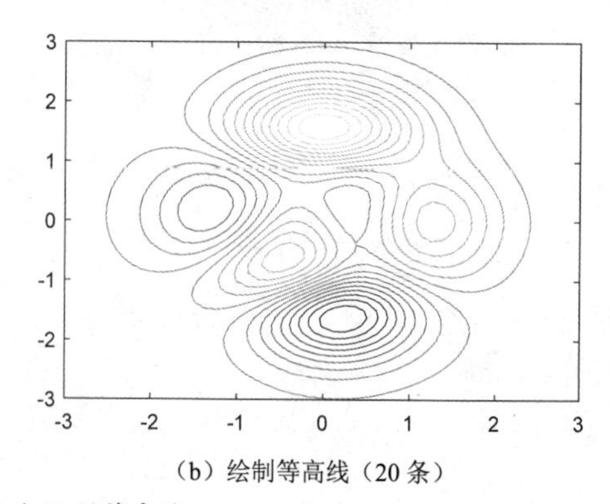

（b）绘制等高线（20 条）

图 6-19　用 contour 命令绘制等高线

7．quiver 命令

quiver 命令用于绘制矢量图，其调用格式如下：

```
quiver(u,v)           %在 xy 平面的等距点处绘制 u 和 v 指定的向量
quiver(x,y,u,v)       %在坐标(x,y)处用箭头图形绘制向量，(u,v)为相应点的速度分量
                      %x、y、u、v 必须大小相同
```

```
quiver(...,scale)      %该函数中的 scale 是用来控制看到的图中向量的长度的实数，默认值为 1
```

【例 6-20】用 quiver 命令绘制矢量图。

```
>> [X,Y]=meshgrid(-2:.2:2,-2:.2:3);
>> Z=2*Y.*exp(-X.^2-Y.^2);
>> [DX,DY]=gradient(Z,.2,.2);
>> contour(X,Y,Z)
>> hold on
>> quiver(X,Y,DX,DY)                              %结果如图 6-20 所示
```

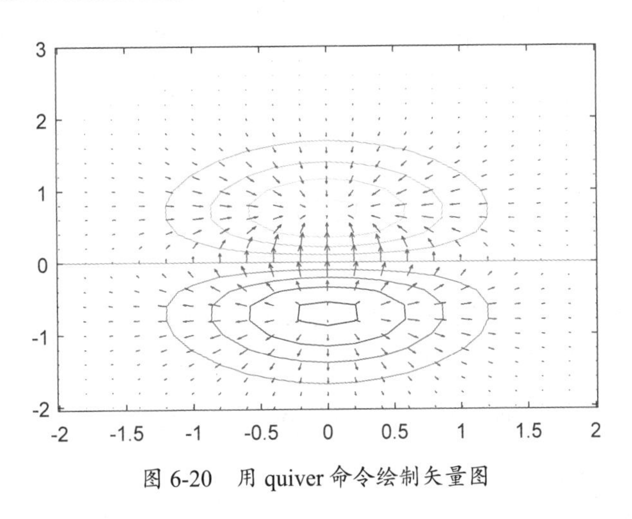

图 6-20　用 quiver 命令绘制矢量图

8. errorbar 命令

errorbar 命令用于沿曲线绘制含误差条的线图（误差条图）。误差条为数据的置信水平或沿着曲线的偏差。当命令输入参数为矩阵时，则按列画出误差条，其调用格式如下：

```
errorbar(y,err)              %创建 y 中的数据线图，并在每个数据点处绘制一个垂直误差条
                             %err 中的值确定数据点上方和下方的每个误差条的长度
errorbar(x,y,err)            %绘制 y 对 x 的图，并在每个数据点处绘制一个垂直误差条
errorbar(x,y,neg,pos)        %在每个数据点处绘制一个垂直误差条
                             %其中，neg 确定数据点下方的长度，pos 确定数据点上方的长度
errorbar(___,ornt)           %设置误差条的方向
                             %ornt 的默认值为 vertical，表示绘制垂直误差条
                             %当将 ornt 设置为 horizontal 时，表示绘制水平误差条
                             %当将 ornt 设置为 both 时，由水平和垂直误差条指定
errorbar(x,y,yneg,ypos,xneg,xpos) %绘制 y 对 x 的图，并同时绘制水平和垂直误差条
                                  %yneg 和 ypos 分别用来设置垂直误差条下部和上部的长度
                                  %xneg 和 xpos 分别用来设置水平误差条左侧和右侧的长度
errorbar(___,linespec)       %设置线型、标记和颜色
```

【例 6-21】绘制含误差条的线图。

```
2y²>> x=[0:0.1:4*pi];
>> y=2*cos(2*x);
>> e=[0:1/(length(x)-1):1];
>> errorbar(x,y,e)                               %结果如图 6-21 所示
```

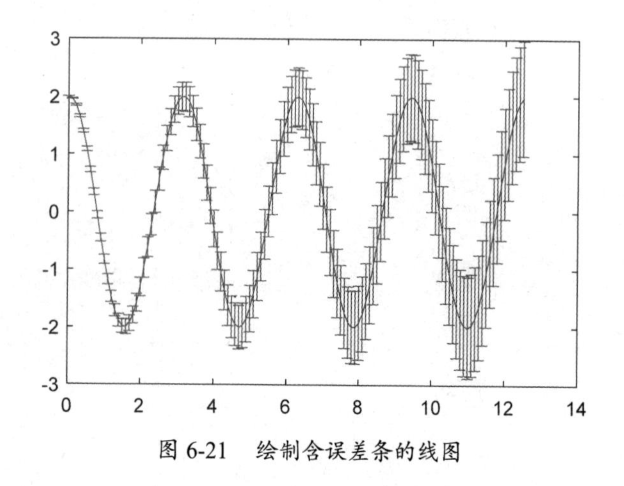

图 6-21　绘制含误差条的线图

9．comet 命令

comet 命令用于绘制二维彗星图。彗星图为彗星头（一个小圆圈）沿着数据点前进的动画，彗星体为跟在彗星头后面的痕迹，轨道为整个函数的实线，其调用格式如下：

```
comet(y)          %显示向量 y 的彗星图
comet(x,y)        %显示向量 y 对向量 x 的彗星图
comet(x,y,p)      %指定长度为 p*length(y)的彗星体，p 默认为 0.1
```

【例 6-22】绘制彗星图。

```
>> t=0:.01:4*pi;
>> x=sin(t).*(cos(2*t).^2);
>> y=cos(t).*(sin(2*t).^2);
>> comet(x,y);                                    %结果如图 6-22 所示
```

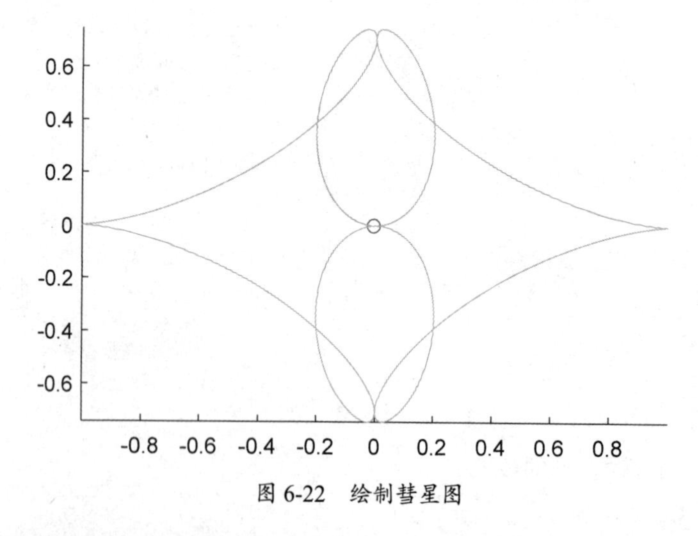

图 6-22　绘制彗星图

6.3.2　三维特殊图形函数

常见的三维特殊图形函数如表 6-4 所示。

表 6-4　常见的三维特殊图形函数

函数名	说明	函数名	说明
bar3	三维条形图	stem3	三维离散数据图
comet3	三维彗星轨迹图	trisurf	三角形表面图
ezgraph3	函数控制绘制三维图	trimesh	三角形网格图
pie3	三维饼状图	sphere	球面图
scatter3	三维散射图	cylinder	柱面图
quiver3	向量场	contour3	三维等高线

三维特殊图形函数实现的功能和调用方式与对应的二维特殊图形函数实现的功能和调用方式基本相同，下面介绍其中几个常用命令的使用方法。

1．cylinder 命令

cylinder 命令用于绘制圆柱图形，其调用格式如下：

```
[X,Y,Z]=cylinder
%该函数返回半径为 1、高度为 1 的圆柱体的三轴的坐标值，圆柱体的圆周有 20 个距离相同的点
[X,Y,Z]=cylinder(r)
%该函数返回半径为 r、高度为 1 的圆柱体的三轴的坐标值，圆柱体的圆周有 20 个距离相同的点
[X,Y,Z]=cylinder(r,n)
%该函数返回半径为 r、高度为 1 的圆柱体的三轴的坐标值，圆柱体的圆周有指定的 n 个距离相同的点
cylinder(...)   %该函数没有任何的输出参量，直接画出圆柱体
```

【例 6-23】 用 cylinder 命令绘制圆柱图形示例。

```
>> cylinder(3)                          %绘制圆柱图形，结果如图 6-23 (a) 所示
>> t=0:pi/10:4*pi;
>> [X,Y,Z]=cylinder(sin(2*t)+3);
>> surfc(X,Y,Z)                         %绘制圆柱图形，结果如图 6-23 (b) 所示
```

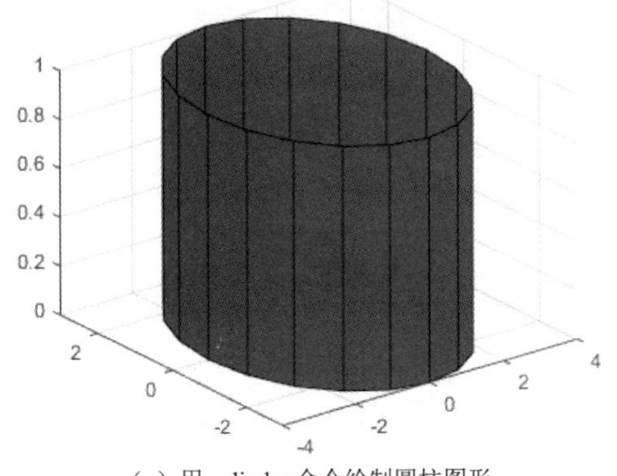

（a）用 cylinder 命令绘制圆柱图形

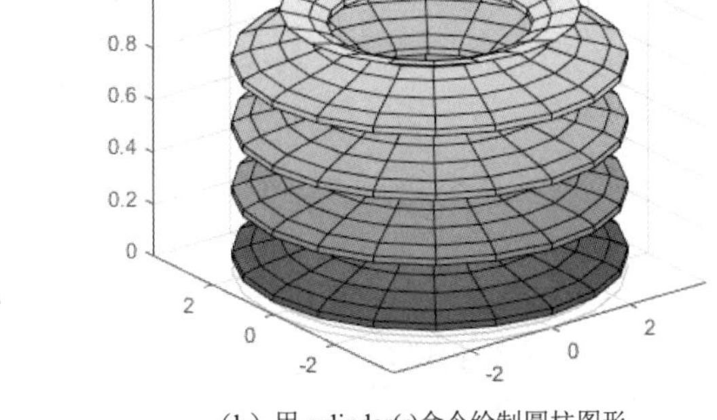

（b）用 cylinder(r)命令绘制圆柱图形

图 6-23　用 cylinder 命令绘制圆柱图形示例

2．sphere 命令

sphere 命令用于生成球体，其调用格式如下：

```
sphere                  %生成三维直角坐标系中的单位球体。该单位球体由 20*20 个面组成
sphere(n)               %在当前坐标系中画出有 n*n 个面的球体
[X,Y,Z]=sphere(...)     %返回 3 个阶数为(n+1)*(n+1)的直角坐标系中的坐标矩阵
%该命令没有画图，只返回矩阵。读者可以用命令 surf (x, y, z) 或 mesh (x, y, z) 画出球体
```

【例 6-24】用 sphere 命令绘制球体示例。

```
>> sphere                                    %绘制球体，结果如图 6-24（a）所示
>> [x,y,z]=sphere(40);                       %绘制球体，结果如图 6-24（b）所示
>> mesh(x,y,z)
```

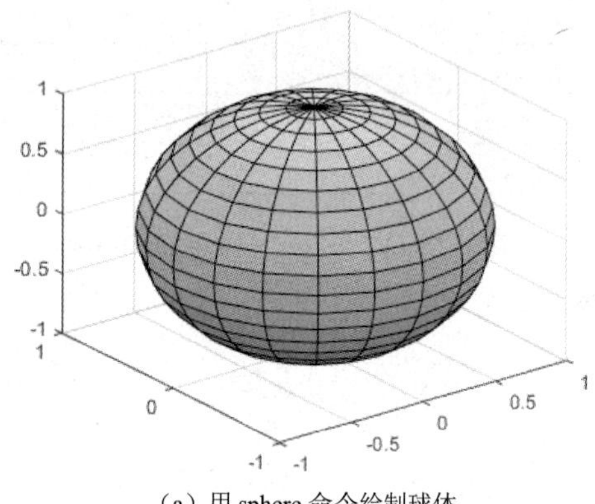

（a）用 sphere 命令绘制球体

（b）用 sphere(n)命令绘制球体

图 6-24　用 sphere 命令绘制球体示例

3．stem3 命令

stem3 命令用于绘制三维空间中的离散数据序列，其调用格式如下：

```
stem3(Z) %将 Z 中的各项绘制为针状图，这些针状图从 xy 平面开始延伸并在各项值处以圆圈终止
         %xy 平面中的针状线条位置是自动生成的
stem3(X,Y,Z) %将 Z 中的各项绘制为针状图，这些针状图从 xy 平面开始延伸
             %其中 X 和 Y 指定 xy 平面中的针状图位置
             %X、Y 和 Z 的输入必须是大小相同的向量或矩阵
stem3(___,'filled')%填充圆形
stem3(___,LineSpec)%指定线型、标记和颜色
```

【例 6-25】用 stem3 命令绘制三维离散数据序列。

```
>> x=0:1:4;
>> y=0:1:4;
>> z=3*rand(5);
>> stem3(x,y,z,'bo')             %绘制三维离散数据序列，结果如图 6-25（a）所示
>> z=rand(4);
>> stem3(z,'ro','filled')        %带填充的三维离散数据序列，结果如图 6-25（b）所示
```

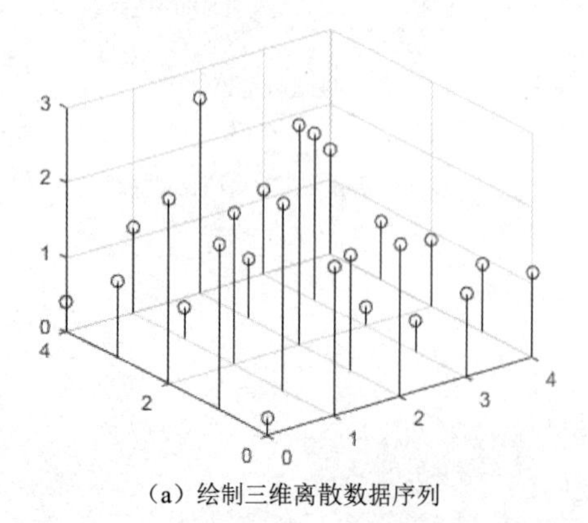

（a）绘制三维离散数据序列

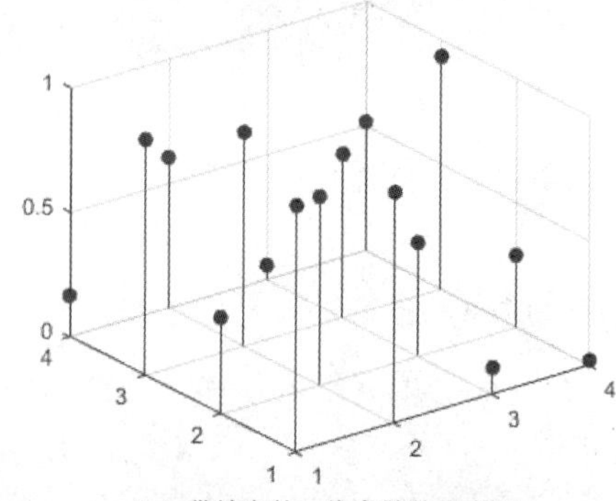

（b）带填充的三维离散数据序列

图 6-25　用 stem3 命令绘制三维离散数据序列

6.3.3　特殊坐标轴函数

在某些情况下，实际数据按指数规律变化，如果坐标轴刻度仍为线性刻度，那么指数变化就不能直观地从图形上体现出来，而且在进行数值比较过程中经常会遇到双纵坐标显示的要求。

为了解决这些问题，MATLAB 提供了相应的绘图函数，下面分别介绍几个常用命令。

1．semilogx 命令

当用 semilogx 命令绘制图形时，x 轴采用对数坐标，其调用方法如下：

```
semilogx(Y)   %该函数对 x 轴的刻度求常用对数（以 10 为底），而 y 轴为线性刻度
%若 Y 为实数向量或矩阵，则结合 Y 的列向量的下标与 Y 的列向量画出线条
%若 Y 为复数向量或矩阵，则 semilogx(Y)等价于 semilogx(real(Y),imag(Y))
%在 semilogx 的其他使用形式中，Y 的虚数部分将被忽略
semilogx(X1,Y1,X2,Y2...)
%该函数结合 Xn 和 Yn 画出线条，若其中只有 Xn 或 Yn 为矩阵，另外一个为向量
%其中，行向量的维数等于矩阵的列数，列向量的维数等于矩阵的行数
%则按向量的方向分解矩阵，再与向量结合，分别画出线条
semilogx(X1,Y1,LS1,X2,Y2,LS2,...)
%该函数按顺序取三参数 Xn，Yn，LSn 画线，参数 LSn 指定使用的线型、标记和颜色
%可以混合使用二参数和三参数形式，如 semilogx(X1,Y1,X2,Y2,LS2,X3,Y3)
```

【例 6-26】用 semilogx 命令绘制以 x 轴为对数的坐标图。

```
>> x=0:0.01:2*pi;
>> y=abs(100*sin(4*x))+1;
>> plot(x,y);           %用 plot 命令绘制图形，结果如图 6-26（a）所示
>> x=0:0.01:2*pi;
>> y=abs(100*sin(4*x))+1;
>> semilogx(x,y);       %用 semilogx 命令绘制以 x 轴为对数的坐标图，结果如图 6-26（b）所示
```

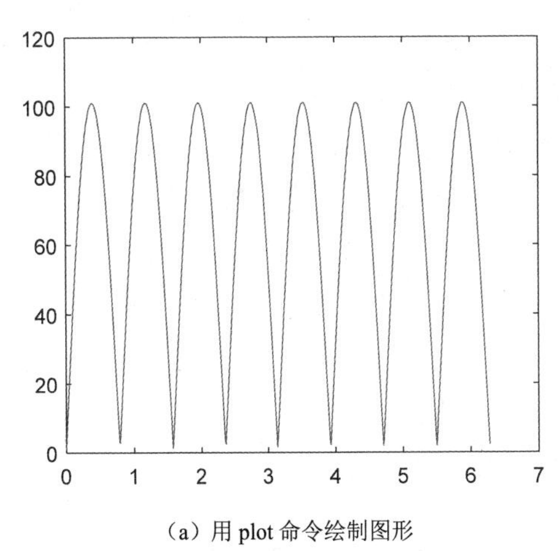

（a）用 plot 命令绘制图形

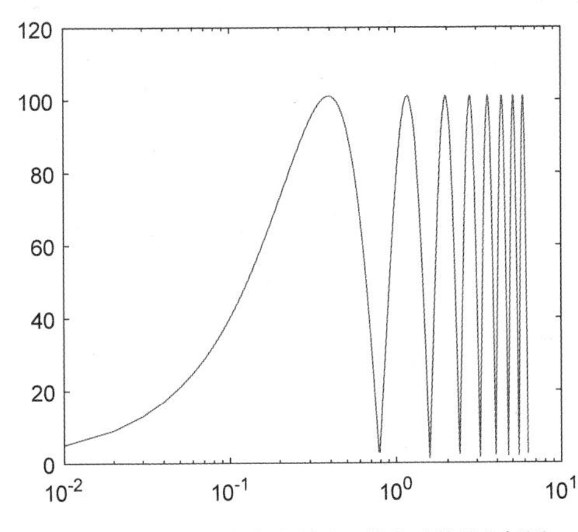

（b）用 semilogx 命令绘制以 x 轴为对数的坐标图

图 6-26　最终结果 1

2．semilogy 命令

在用 semilogy 命令绘制图形时，y 轴采用对数坐标，其调用格式与 semilogx 命令的调用格式基本相同。

【例 6-27】用 semilogy 命令绘制的以 y 轴为对数的坐标图。

```
>> x=0:0.1:4*pi;
>> y=abs(100*sin(2*x))+1;
>> plot(x,y)            %用 plot 命令绘制图形，结果如图 6-27（a）所示
>> x=0:0.1:4*pi;
>> y=abs(100*sin(2*x))+1;
>> semilogy(x,y);       %用 semilogy 命令绘制以 y 轴为对数的坐标图，结果如图 6-27（b）所示
```

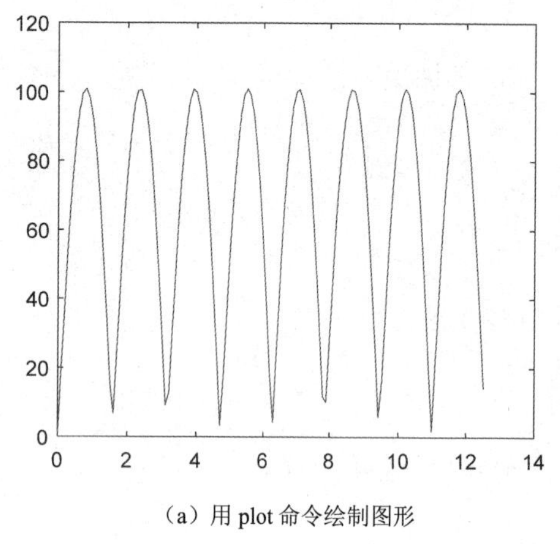

（a）用 plot 命令绘制图形

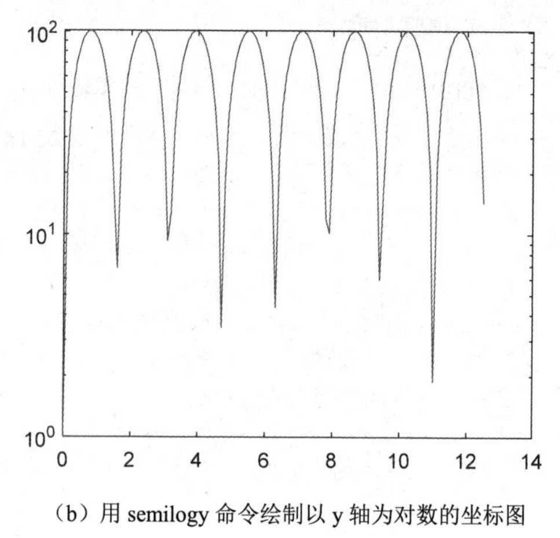

（b）用 semilogy 命令绘制以 y 轴为对数的坐标图

图 6-27　最终结果 2

3．loglog 命令

当用 loglog 绘制图形时，x 和 y 轴均采用对数坐标，其调用格式与 semilogx 命令的调用格式基本相同。

【例 6-28】用 loglog 命令绘制双对数坐标图。

```
>> x=0:0.1:2*pi;
>> y=abs(100*sin(3*x))+2;
>> plot(x,y)                  %用 plot 命令绘制图形，结果如图 6-28（a）所示
>> x=0:0.1:2*pi;
>> y=abs(100*sin(3*x))+2;
>> loglog(x,y)                %用 loglog 命令绘制双对数坐标图，结果如图 6-28（b）所示
```

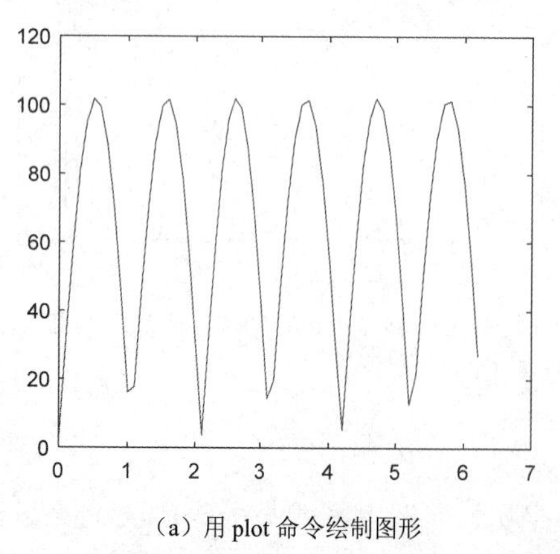

（a）用 plot 命令绘制图形

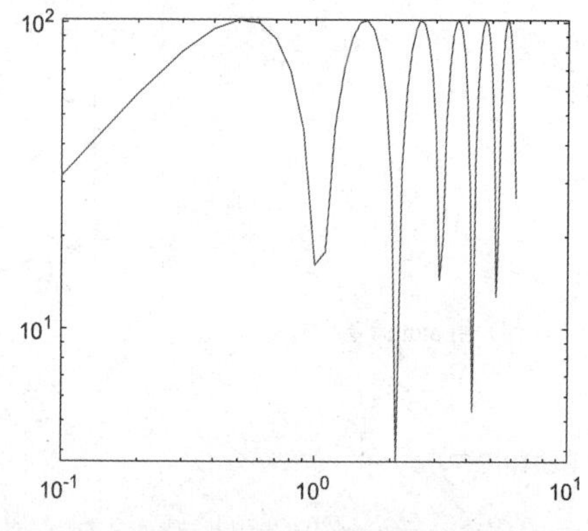

（b）用 loglog 命令绘制双对数坐标图

图 6-28　最终结果 3

4．plotyy / yyaxis 命令

plotyy/yyaxis 命令用于在双 y 轴坐标系中作图，其调用方法如下：

```
plotyy(X1,Y1,X2,Y2)
%绘制 Y1 对 X1 的图，在左侧显示 y 轴标签，并同时绘制 Y2 对 X2 的图，在右侧显示 y 轴标签
plotyy(X1,Y1,X2,Y2,'function')     %以指定的绘图函数方式绘制图形
%function 可以为 plot、semilogx、semilogy、stem 或 loglog 等
plotyy(X1,Y1,X2,Y2,'function1','function2')
%以 function1(X1,Y1)方式绘制左轴数据，以 function2(X2,Y2)方式绘制右轴数据
yyaxis left  %激活当前坐标区中与左侧 y 轴关联的一侧。后续图形命令的目标为左侧
%如果当前坐标区中没有两个 y 轴，则此命令将添加第二个 y 轴；如果没有坐标区，则此命令将首先创建坐标区
yyaxis right %激活当前坐标区中与右侧 y 轴关联的一侧。后续图形命令的目标为右侧
```

【例 6-29】用 plotyy 命令绘制同类型和不同类型双 y 轴图形。

```
>> x = 0:0.1:10;
>> y1 = 20*exp(-0.05*x).*sin(x);
>> y2 = 0.8*exp(-0.5*x).*sin(10*x);
>> plotyy(x,y1,x,y2)                     %绘制同类型双 y 轴图形，结果如图 6-29 (a) 所示
>> plotyy(x,y1,x,y2,'plot','stem')  %绘制不同类型双 y 轴图形，结果如图 6-29 (b) 所示
```

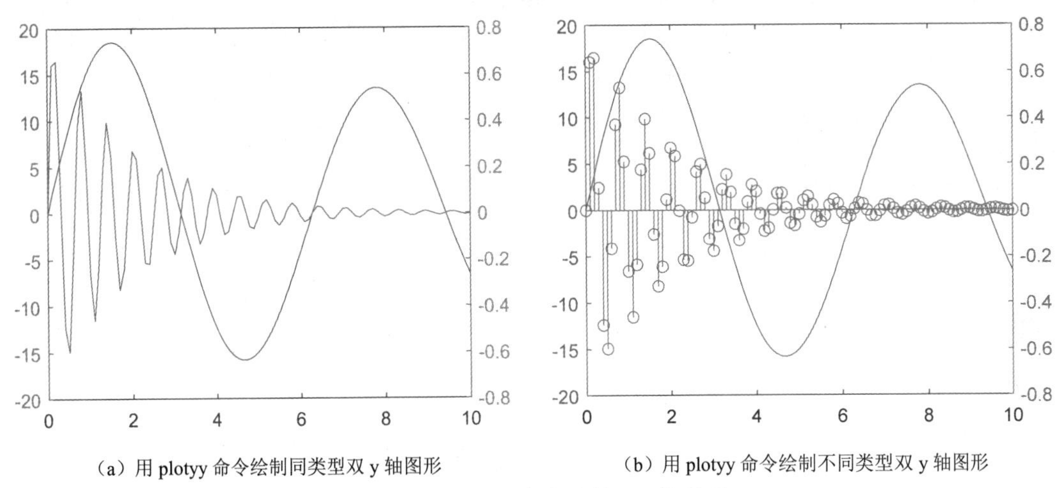

（a）用 plotyy 命令绘制同类型双 y 轴图形　　（b）用 plotyy 命令绘制不同类型双 y 轴图形

图 6-29　用 plotyy 命令绘制双 y 轴图形

【例 6-30】用 yyaxis 命令绘制同类型双 y 轴图形。

```
>> clf
>> x = linspace(0,10);
>> y = sin(3*x);
>> yyaxis left
>> plot(x,y)
>> z = sin(3*x).*exp(0.5*x);
>> yyaxis right
>> plot(x,z)
>> ylim([-150 150])                    %绘制同类型双 y 轴图形，结果如图 6-30 所示
```

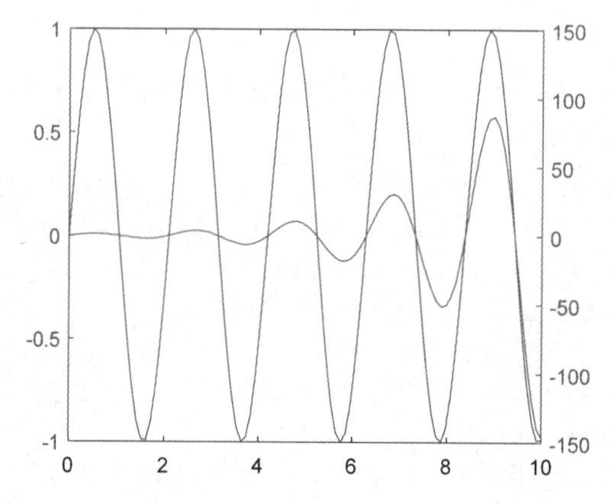

图 6-30　用 yyaxis 命令绘制同类型双 y 轴图形

5. polar 命令

polar 命令用于画极坐标图。它接受极坐标形式的函数 rho=f(θ)，在笛卡儿坐标系平面上画出该函数，且在平面上画出极坐标形式的格栅，其调用格式如下：

```
polar(theta,rho)              %创建角 theta 对半径 rho 的极坐标图
%theta 是从 x 轴到半径向量所夹的角（以弧度单位指定）；rho 是半径向量的长度（以数据空间单位指定）
polar(theta,rho,LineSpec)  %LineSpec 指定线型、绘图符号及极坐标图中绘制线条的颜色
```

【例 6-31】 用 polar 命令绘制极坐标图。

```
>> theta=0:0.01:2*pi;
>> rho=sin(2*theta).*cos(2*theta);
>> polar(theta,rho);                                    %结果如图 6-31 所示
```

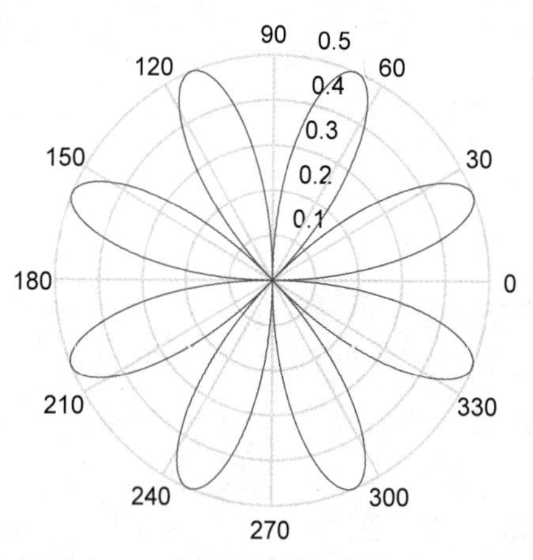

图 6-31　用 polar 命令绘制极坐标图

6.3.4　四维表现图（三维体切片平面）

对于三维图形，可以利用 z=z(x,y)的确定或不确定函数关系绘制图形，但此时自变量只有两个，是二维的。当自变量有 3 个时，定义域是整个三维空间，由于空间和思维局限性，计算机的屏幕上只能表现出 3 个空间变量。为此，MATLAB 通过颜色来表示存在于第四维空间的值，由函数 slice 实现，其调用格式如下：

```
slice(V,sx,sy,sz)
%显示三元函数 V=V(X,Y,Z)确定的超立体形在 x 轴、y 轴与 z 轴方向上的若干点（对应若干平面）的切片图
%各点的坐标由数量向量 sx、sy 与 sz 指定。其中 V 为三维数组（阶数为 m*n*p）
slice(X,Y,Z,V,sx,sy,sz)
%显示三元函数 V=V(X,Y,Z)确定的超立体形在 x 轴、y 轴与 z 轴方向上的若干点（对应若干平面）
%也就是说，若函数 V=V(X,Y,Z)中有一变量，如 X 取一定值 X0
%则函数 V=V(X0,Y,Z)变成一立体曲面（将该曲面通过颜色表示高度 V，从而显示于一平面）的切片图
%各点的坐标由数量向量 sx、sy 与 sz 指定
%参量 X、Y 与 Z 为三维数组，用于指定立方体 V 的坐标
%参量 X、Y 与 Z 必须有单调的、正交的间隔（如同用命令 meshgrid 生成的一样）
%每一点上的颜色由超立体 V 的三维内插值确定
slice(V,XI,YI,ZI)          %显示由参量矩阵 XI、YI 与 ZI 确定的超立体图形的切片图
%参量 XI、YI 与 ZI 定义了一个曲面，同时会在曲面的点上计算超立体 V 的值
%参量 XI、YI 与 ZI 必须为同型矩阵
slice(X,Y,Z,V,XI,YI,ZI)  %沿着由矩阵 XI、YI 与 ZI 定义的曲面画穿过超立体图形 V 的切片
slice(___,method)  %可以指定内插值的方法。method 可以是 linear、cubic、nearest 之一
%其中，linear 为使用三次线性内插值法（默认）；cubic 为使用三次立方内插值法；nearest 为使用最近点内插值法
slice(ax,___)              %在指定坐标区中绘图
```

【例 6-32】 在 $-2\leqslant x\leqslant 2$，$-2\leqslant y\leqslant 2$，$-2\leqslant z\leqslant 2$ 区域内绘制可视化函数。

```
>> [x,y,z]=meshgrid(-2:.1:2,-2:.4:2,-2:.4:2);
>> v=sqrt(x.^2+sin(y).^2+z.^2);
>> xslice=[-1.2,.8,2];yslice=2;zslice=[-2,0];
>> slice(x,y,z,v,xslice,yslice,zslice)    %用 slice 命令绘制出的切片图如图 6-32 所示
```

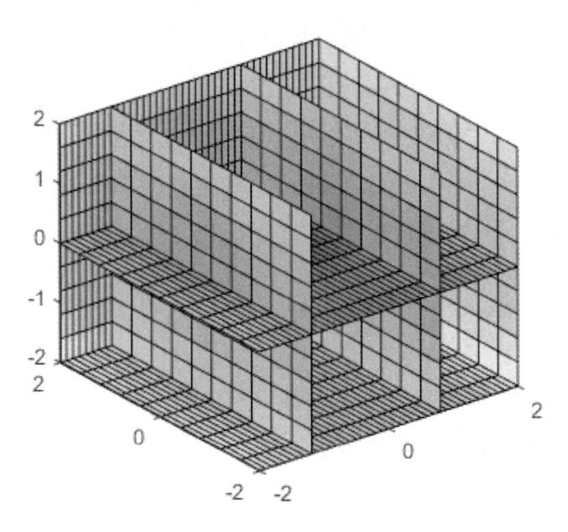

图 6-32　用 silice 命令绘制出的切片图

6.4　本章小结

本章主要介绍了 MATLAB 的图形化功能。它将计算的数据转化成图形，使得用户在观察数据方面更具有直观感受，并且操作简单。本章已经向读者介绍了诸多的绘图方法，并给出了相应的示例。通过运用这些绘图方法，用户可以直接获得视觉感受。

第 7 章

图形处理

第 6 章系统地阐述了 MATLAB 绘制曲线和曲面的基本技法与指令。本章将重点介绍图形的处理方法，通过本章的学习，可以对图形的线型、立面、色彩、光线、视角等属性进行控制，从而可把数据的内在特征表现得更加细腻完善。本章主要介绍图形的编辑与处理过程，并结合相应的示例展示如何运用 MATLAB 生成和运用标识；如何使用线型、色彩、数据点标记凸显不同数据的特征；如何利用着色、灯光照明、烘托表现高维函数的性状等。

学习目标

（1）熟练掌握标识的生成和运用方法。

（2）熟练掌握图形的光照控制。

（3）熟练掌握图形窗口的操作。

7.1　图形标识

在没有指定的情况下，系统在绘图时会自动为图形进行简单的标注。MATLAB 允许用户进行指定的图形标注，并提供了丰富的图形标注函数供用户选择使用。

7.1.1　坐标轴与图形标注

对坐标轴与图形进行标注的函数主要有 xlabel、ylabel、zlabel 和 title 等，它们的调用形式基本相同。以 xlable 为例，其调用格式如下：

```
xlabel(txt)                          %为当前坐标区或图的 x 轴添加标签或替换旧标签
xlabel(target,txt)                   %为指定的目标对象添加标签
xlabel(___,Name,Value)               %使用一个或多个名称-值对组参数修改标签外观
```

【例 7-1】实现对坐标轴和图形的标注，标注的效果如图 7-1 所示。

```
>> x=0:0.1*pi:3*pi;
>> y=2*cos(x);
>> plot(x,y)
>> xlabel('x(0-3\pi)','fontweight','bold');
>> ylabel('y(0-2)','fontweight','bold');
>> title('y=2*cos(x)','fontsize',12,'fontweight','bold','fontname','仿宋')
```

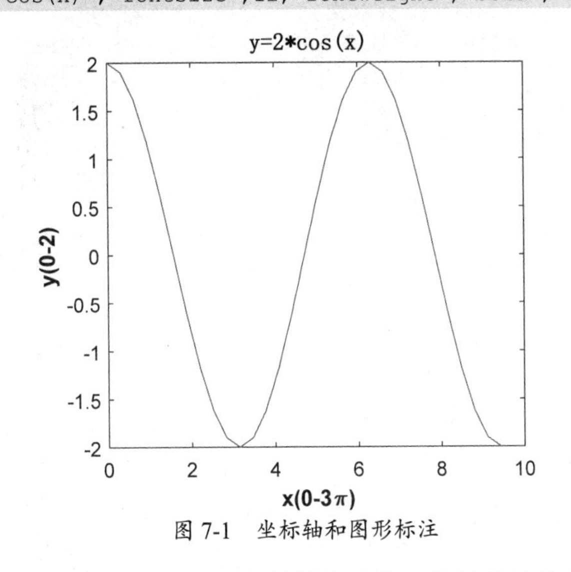

图 7-1　坐标轴和图形标注

MATLAB 还提供了特殊符号相应的字符转换功能。常见的转换字符如表 7-1 所示。

表 7-1　常见的转换字符

控制字符串	转换字符串	控制字符串	转换字符串
\alpha	α	\lambda	λ
\beta	β	\mu	μ
\gamma	γ	\xi	ξ
\delta	δ	\pi	π
\epsilon	ε	\omega	ω

续表

控制字符串	转换字符串	控制字符串	转换字符串
\zeta	ζ	\tau	τ
\eta	η	\sigma	∑
\theta	θ	\kappa	κ
\leftarrow	←	\uparrow	↑

用户还可以对文本标注文字进行显示控制，具体方式如表 7-2 所示。

表 7-2　MATLAB 中常见的文字显示控制

控制字符串	含　义	控制字符串	含　义
\bf	黑体	\fontname{fontname}	定义标注文字的字体
\it	斜体	\fontsize{fontsize}	定义标注文字的字体大小
\sl	透视	—	—
\rm	标准形式	—	—

7.1.2　图形的文本标注

在 MATLAB 中，可以使用 text 或 gtext 命令对图形进行文本标注。当使用 text 命令进行标注时，需要定义用于注释的文本字符串和放置注释的位置；当使用 gtext 命令进行标注时，可以使用鼠标选择标注文字放置的位置。两者的调用格式如下：

```
text(x,y,txt)          %使用由 txt 指定的文本，向当前坐标区中的一个或多个数据点添加文本
%当 x 和 y 为标量时，将文本说明添加到一个数据点处；当 x 和 y 为长度相同的向量时，将文本说明添加到多个数据点处
text(x,y,z,txt)        %在三维坐标中定位文本
text(___,Name,Value)   %使用一个或多个名称-值对组指定 txt 对象的属性
%例如，“'FontSize',14”将字体大小设置为 14 磅
%当将 Position 和 String 属性指定为名称-值对组时，无须指定 x、y、z 和 txt
gtext(str)             %使用鼠标选择位置并插入文本 str
                       %在所需位置单击或按任意键（Enter 键除外）完成文本的插入
gtext(str,Name,Value)  %使用一个或多个名称-值对组参数指定文本属性
```

在定义标注放置的位置时，可以通过函数的计算值确定，而且标注过程中还可以实时地调用返回值为字符串的函数，如 num2str 等，利用这些函数可以完成较复杂的文本标注。

【例 7-2】 用 text 及 gtext 命令标注的图形。

```
>> x=0:0.1*pi:3*pi;
>> y=2*cos(x);
>> plot(x,y)
>> text(pi/2,2*cos(pi/2),'\leftarrow2*cos(x)=0','FontSize',10)
>> text(5*pi/4,2*cos(5*pi/4),'\rightarrow2*cos(x)=-1.414','FontSize',10)
%结果如图 7-2（a）所示

>> x=0:0.1*pi:3*pi;
>> y=2*cos(x);
>> plot(x,y)
>> gtext('y=2*cos(x)','fontsize',10)
```

执行 gtext 命令后，当鼠标指针悬停在图窗窗口上时，鼠标指针变为十字准线，用鼠标选择标注的位置，确定位置后，执行的结果如图 7-2（b）所示。

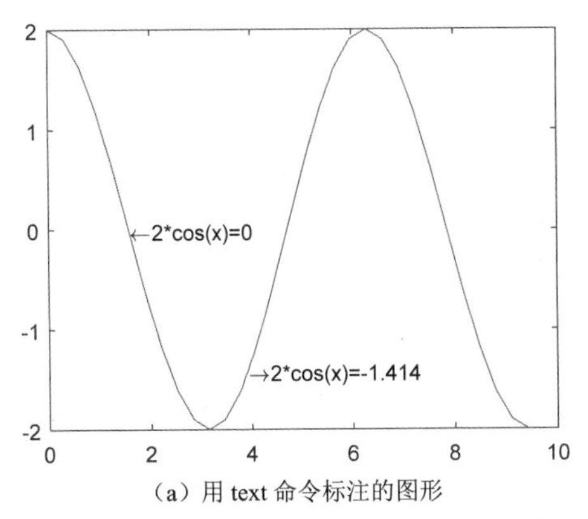

（a）用 text 命令标注的图形

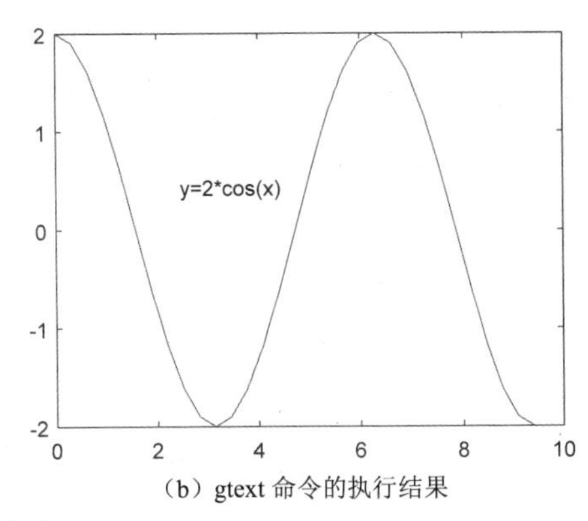

（b）gtext 命令的执行结果

图 7-2　最终结果

7.1.3　图例的标注

在对数值结果进行绘图时，经常会出现在一张图中绘制多条曲线的情况，这时可以使用 legend 命令为曲线添加图例以便区分它们。该命令能够对图形中的所有曲线进行自动标注，并以输入变量作为标注文本，其调用格式如下：

```
legend                              %为每个绘制的数据序列创建一个带有描述性标签的图例
                                    %对于标签，图例使用数据序列的 DisplayName 属性中的文本
                                    %如果 DisplayName 属性为空，则图例使用 dataN 形式的标签
legend(label1,...,labelN)           %设置图例标签。以字符向量或字符串列表形式指定标签
legend(labels)                      %使用字符向量元胞数组、字符串数组或字符矩阵设置标签
legend(subset,___)                  %在图例中仅包括 subset 中列出的数据序列的项
                                    %subset 以图形对象向量的形式指定
legend(target,___)      %使用第一个输入参数 target 指定的坐标区或图，而不是当前坐标区或图
legend(___,'Location',lcn)          %设置图例位置。在其他输入参数之后指定位置
legend(___,'Orientation',ornt)      %ornt 为 horizontal，并排显示图例项
                                    %ornt 的默认值为'vertical'，即垂直堆叠图例项
legend(___,Name,Value)              %使用一个或多个名称-值对组参数设置图例属性
%在设置属性时，必须使用元胞数组指定标签，如果不想指定标签，则属性需要包含一个空元胞数组
```

说明：

函数中的 Location 用于定义标注放置的位置。它可以是一个 1×4 的向量（[leftbottom width height]）或任意一个字符串。可以通过鼠标调整图例标注的位置。图例位置标注定义如表 7-3 所示。

表 7-3　图例位置标注定义

字　符　串	位　　置	字　符　串	位　　置
North	绘图区内的上中部	South	绘图区内的底部
East	绘图区内的右部	West	绘图区内的左中部
NorthEast	绘图区内的右上部	NorthWest	绘图区内的左上部
SouthEast	绘图区内的右下部	SouthWest	绘图区内的左下部
NorthOutside	绘图区外的上中部	SouthOutside	绘图区外的下部
EastOutside	绘图区外的右部	WestOutside	绘图区外的左部
NorthEastOutside	绘图区外的右上部	NorthWestOutside	绘图区外的左上部
SouthEastOutside	绘图区外的右下部	SouthWestOutside	绘图区外的左下部
Best	标注与图形的重叠最小处	BestOutside	绘图区外占用最小面积处

【例 7-3】利用 legend 命令进行图例标注。

```
>> x=0:pi/30:3*pi;
>> y1=sin(x);
>> y2=cos(x);
>> plot(x,y1,'k-',x,y2,'r.')
>> legend('sin','cos','Location','WestOutside');  %结果如图 7-3 所示
```

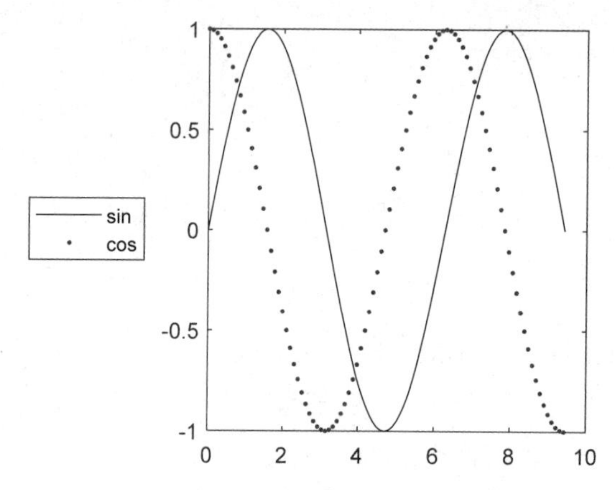

图 7-3　利用 legend 命令进行图例标注

7.2　图形控制

MATLAB 除了提供强大的绘图功能，还提供强大的图形控制功能。下面对这些相关的技术进行详细的介绍。

7.2.1　图形数据取点

当需要了解已作好的图形在某一自变量值下的函数值时，可以使用取点命令 ginput 方便地通过鼠标读取二维平面图中任一点的坐标值，其调用格式如下：

```
[x,y]=ginput(n)     %通过鼠标选择 n 个点，其坐标值保存在[x,y]中，通过 Enter 键结束取点
[x,y]=ginput        %取点的数目不受限制，其坐标值保存在[x,y]中，通过 Enter 键结束取点
[x,y,button]=ginput(...) %返回值 button 记录了在选取每个点时的相关信息
```

【例 7-4】利用 ginput 命令绘图。

```
>> x=0:0.1*pi:3*pi;
>> y=2*cos(x);
>> plot(x,y)
>> [m n]=ginput(1)
>> hold on
>> plot(m,n,'or')
>> text(m(1),n(1),['m(1)=',num2str(m(1)),'n(1)=',num2str(n(1))])
```

取点结束后，在 MATLAB 命令行窗口中会显示如下结果：

```
m =
    1.5981
```

```
n =
    0.3651
```

执行 ginput 命令后，当鼠标指针悬停在图窗窗口上时，鼠标指针变为十字准线，此时用鼠标选择标注的位置。确定位置后，单击以获取该点数据，结果如图 7-4 所示。

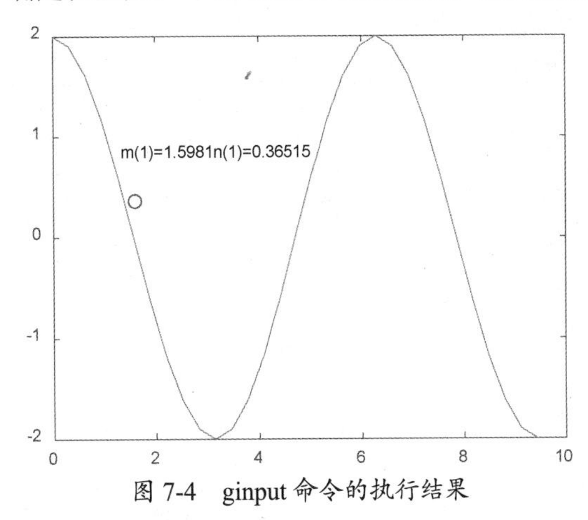

图 7-4　ginput 命令的执行结果

7.2.2　坐标轴控制

在 MATLAB 中，可以通过设置各种参数实现对坐标轴的控制。

1. 坐标轴特征控制函数 axis

axis 函数用于控制坐标轴的刻度范围及显示形式，其调用格式如下：

```
axis(limits)        %指定当前坐标区的范围。以包含 4 个、6 个或 8 个元素的向量形式指定范围
axis style          %使用预定义样式设置坐标范围和尺度
axis mode           %设置是否自动选择范围。将模式指定为 manual、auto 或半自动选项之一
axis ydirection
%当 ydirection 为 ij 时，表示将原点放在坐标区的左上角，y 值按从上到下的顺序逐渐增加
%当取默认值 xy 时，表示将原点放在左下角，y 值按从下到上的顺序逐渐增加
axis visibility     %当 visibility 为 off 时，关闭坐标区背景的显示，而坐标区中的绘图仍会显示
                    %当取默认值 on 时，显示坐标区背景
lim = axis          %返回当前坐标区的 x 轴和 y 轴的范围
%对于三维坐标区，还会返回 z 坐标的范围；对于极坐标区，返回 theta 轴和 r 坐标的范围
```

控制字符串可以是表 7-4 中的任一字符串。

表 7-4　axis 命令控制的字符串

参　数	字 符 串	说　明
limits	—	[xmin xmax ymin ymax]：将 x 坐标范围设置为从 xmin 到 xmax；将 y 坐标范围设置为从 ymin 到 ymax [xmin xmax ymin ymax zmin zmax]：将 z 坐标范围设置为从 zmin 到 zmax [xmin xmax ymin ymax zmin zmax cmin cmax]：设置颜色范围。cmin 对应颜色图中的第一种颜色的数据值。cmax 对应颜色图中的最后一种颜色的数据值
mode	auto	自动模式，使得坐标范围能容纳下所有的图形
	manual	以当前的坐标范围限定图形的绘制，此后再次使用 hold on 命令绘图时，保持坐标范围不变

续表

参　数	字 符 串	说　明
style	tight	将坐标范围限制在指定的数据范围内
	equal	将各坐标轴的刻度设置成相同的
	image	沿每个坐标区使用相同的数据单位长度，并使坐标区框紧密围绕数据
	square	使用相同长度的坐标轴线。相应调整数据单位之间的增量
	fill	设置坐标范围和 PlotBoxAspectRatio 属性以使坐标满足要求
	vis3d	使图形在旋转或拉伸过程中保持坐标轴的比例不变
	normal	解除对坐标轴的任何限制
visibility	on	默认值，恢复对坐标轴的一切设置
	off	取消对坐标轴的一切设置
ydirection	xy	默认方向。将坐标设置成直角坐标系
	ij	将坐标设置成矩阵形式，原点在左上角

【例 7-5】 使用 axis 命令设定坐标轴示例。

```
>> x=0:0.2:6;
>> plot(x,exp(x),'-bo')     %系统自动分配坐标轴，如图 7-5（a）所示

>> axis([0 4 0 80])          %使用 axis 命令设定坐标轴之后绘制的图形如图 7-5（b）所示
```

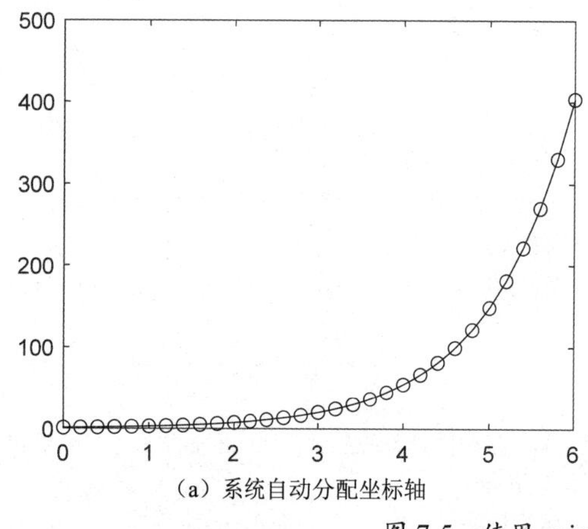

（a）系统自动分配坐标轴

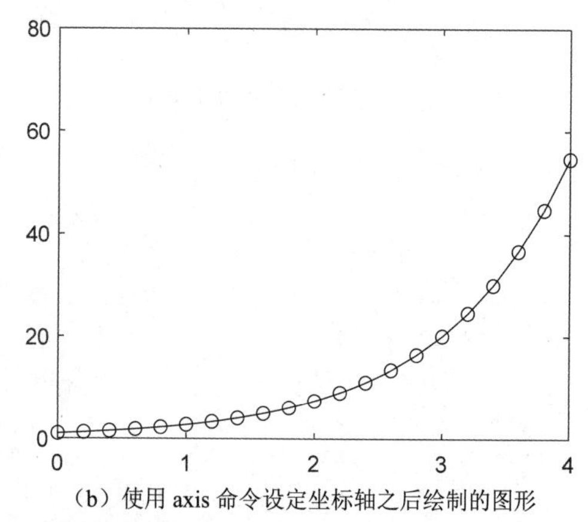

（b）使用 axis 命令设定坐标轴之后绘制的图形

图 7-5　使用 axis 命令设定坐标轴示例

2. 坐标轴网格控制函数 grid

grid 函数用于绘制坐标轴网格，其调用格式如下：

```
grid on                          %给当前坐标轴添加网格线
grid off                         %取消当前坐标轴的网格线
grid                             %在 grid on 命令和 grid off 命令之间切换
grid minor                       %设置网格线间的间距
```

【例 7-6】 使用 grid 函数添加/删除网格线。

```
>> x=0:0.1*pi:3*pi;
>> y=2*cos(x);
>> plot(x,y)
>> grid on                       %添加网格线，结果如图 7-6（a）所示
>> grid off                      %删除网格线，结果如图 7-6（b）所示
```

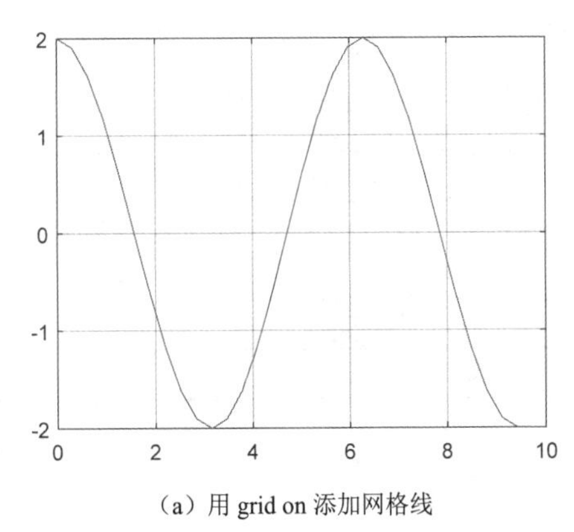

（a）用 grid on 添加网格线

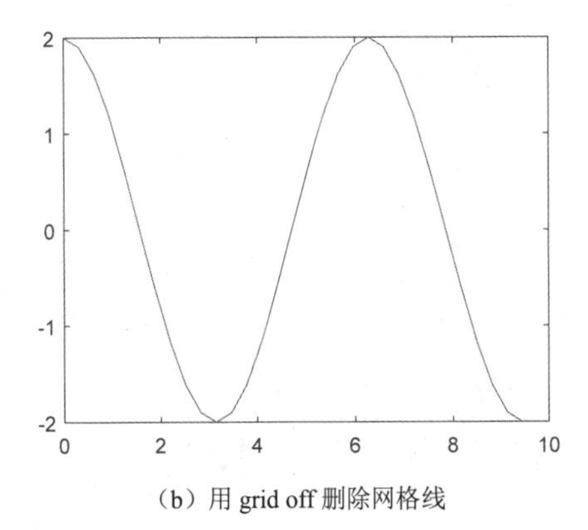

（b）用 grid off 删除网格线

图 7-6　使用 grid 函数添加/删除网格线

3．坐标轴封闭控制函数 box

box 函数用于在图形四周显示坐标，其调用格式如下：

```
box on                                  %在坐标区周围显示框轮廓
box off                                 %去除坐标区周围的框轮廓
box                                     %切换框轮廓的显示
```

【例 7-7】 坐标轴封闭控制示例。

```
>> x=0:0.1*pi:3*pi;
>> y=2*cos(x);
>> plot(x,y)
>> box off                              %将封闭的坐标轴打开，结果如图 7-7（a）所示
>> box on                               %将当前打开的坐标轴重新封闭，结果如图 7-7（b）所示
```

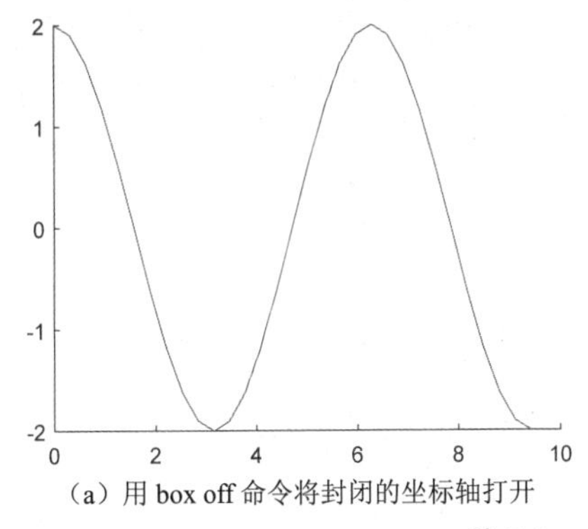

（a）用 box off 命令将封闭的坐标轴打开

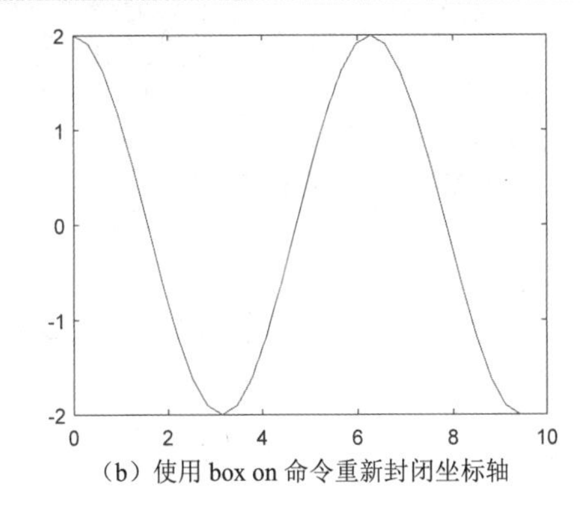

（b）使用 box on 命令重新封闭坐标轴

图 7-7　坐标轴封闭控制示例

4．坐标轴缩放控制函数 zoom

zoom 函数用于实现对二维图形的缩放，其调用格式如下：

```
zoom '控制字符串'
```

其中控制字符串可以是表 7-5 中的任一字符串。

表 7-5　zoom 函数的控制字符串

字　符　串	说　　明
空	在 zoom on 和 zoom off 之间切换
on	允许对坐标轴进行缩放

续表

字 符 串	说 明
off	禁止对坐标轴进行缩放
out	恢复到最初的坐标轴设置
reset	设置当前的坐标轴为最初值
xon	允许对 x 轴进行缩放
yon	允许对 y 轴进行缩放
(factor)	以 factor 作为缩放因子进行坐标轴的缩放

7.2.3 视角与透视控制

三维视图表现的是一个空间内的图形，因此，从不同的位置和角度观察图形，会有不同的效果，不同透明度的图形效果也不相同。MATLAB 提供对图形进行视角与透视控制的功能。

用于视角控制的函数主要有 view、viewmtx 和 rotate3d，用于透视控制的命令有 hidden。下面分别介绍它们的调用方法。

1. 视角控制命令 view

view 命令用于指定立体图形的观察点。观察者的位置决定了坐标轴的方向。用户可以用方位角（azimuth）和仰角（elevation），或者空间中的一点来确定观察点的位置，如图 7-8 所示。view 命令的调用格式如下：

```
view(az,el)      %为三维空间图形设置观察点的方位角。az 为方位角，el 为仰角
view([x,y,z])  %在笛卡儿坐标系中将视角设为沿向量[x,y,z]指向原点
view(2)          %设置默认的二维形式视点。其中，az=0, el=90，即从 z 轴上方观看所绘图形
view(3)          %设置默认的三维形式视点。其中，az=-37.5, el=30
view(T)
%根据转换矩阵 T 设置视点。其中 T 为 4*4 的矩阵，与用命令 viewmtx 生成的透视转换矩阵一样
[az,el]=view   %返回当前的方位角 az 与仰角 el
```

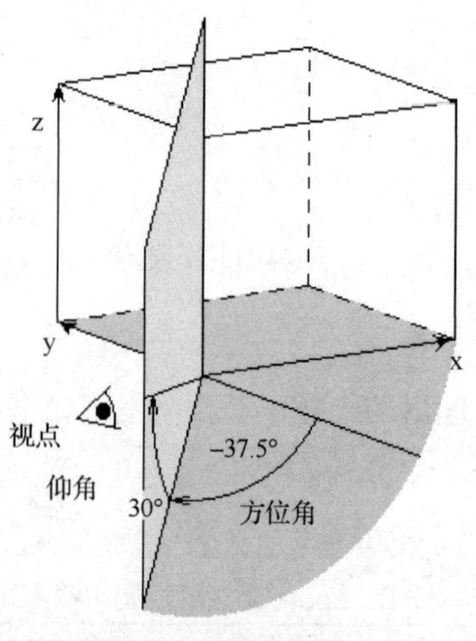

图 7-8 仰角和方位角示意图

说明：

方位角与仰角按下面的方法定义。

作一通过视点与 z 轴的平面，与 xy 平面有一交线，该交线与 y 轴反方向的夹角就是观察点的方位角 az，该夹角按逆时针方向（从 z 轴的方向观察）计算，单位为“°”。若角度为负值，则按顺时针方向计算。

在通过视点与 z 轴的平面上，用一直线连接视点与坐标原点，该直线与 xy 平面的夹角就是观察点的仰角 el。若仰角为负值，则将观察点转移到曲面下面。

【例 7-8】利用 view 命令设置视点，结果如图 7-9 所示。

```
>> X=0:0.1*pi:3*pi;Z=2*cos(X);Y=zeros(size(X));
>> subplot(2,2,1)
>> plot3(X,Y,Z,'r');grid;
>> xlabel('X-axis');ylabel('Y-axis');zlabel('Z-axis');
>> title('DefaultAz=-37.5,E1=30');
>> view(-37.5,30);
>> subplot(2,2,2)
>> plot3(X,Y,Z,'r');grid;
>> xlabel('X-axis');ylabel('Y-axis');zlabel('Z-axis');
>> title('Az=-37.5,E1=60')
>> view(-37.5,60)
>> subplot(2,2,3)
>> plot3(X,Y,Z,'b');grid;
>> xlabel('X-axis');ylabel('Y-axis');zlabel('Z-axis')
>> title('Az=60,E1=30')
>> view(60,30)
>> subplot(2,2,4)
>> plot3(X,Y,Z,'b');grid;
>> xlabel('X-axis');ylabel('Y-axis');zlabel('Z-axis')
>> title('Az=90,E1=0')
>> view(90,10)
```

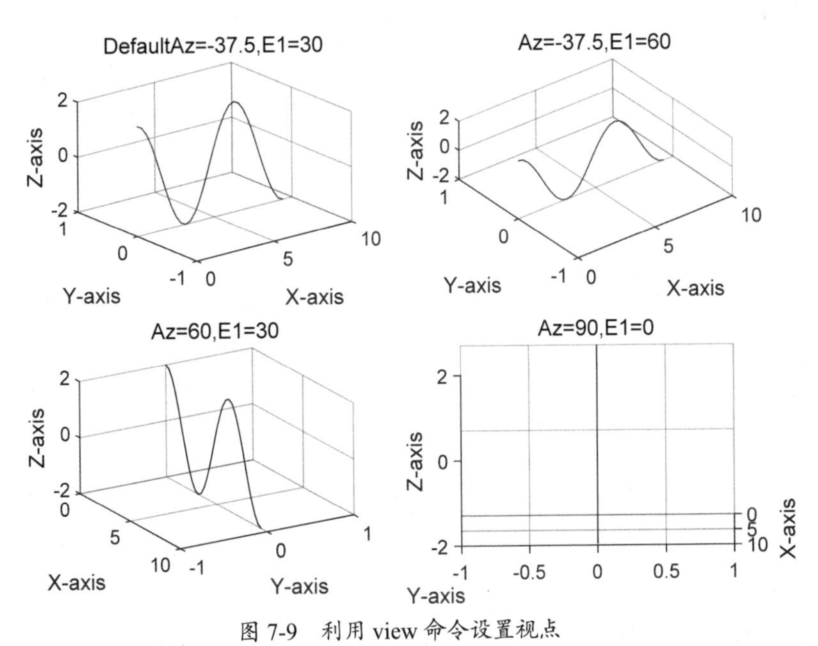

图 7-9　利用 view 命令设置视点

2．视角控制命令 viewmtx

viewmtx 命令用于视点转换矩阵。计算一个 4×4 的正交或透视转换矩阵，该矩阵将一四维的、齐次的向量转换到一个二维的视平面上，viewmtx 命令的调用格式如下：

```
T=viewmtx(az,el)%返回一个与视点的方位角 az 与仰角 el 对应的正交矩阵，不改变当前视点
T=viewmtx(az,el,phi)%返回一个透视转换矩阵
%参量 phi 是透视角，为标准化立方体的对象视角角度与透视扭曲程度
%phi 的取值如表 7-6 所示
T=viewmtx(az,el,phi,xc)
%返回以在标准化的图形立方体中的点 xc 为目标点的透视矩阵，目标点 xc 为视角的中心点
%可以用一个三维向量 xc=[xc,yc,zc]指定该中心点，每一分量都在区间[0,1]内，默认为 xc=[0 0 0]
```

表 7-6　phi 的取值

phi 的值	说　明
0°	正交投影
10°	类似于远距离投影
25°	类似于普通投影
60°	类似于广角投影

3．视角控制命令 rotate3d

rotate3d 命令为三维视角变化函数，它的使用将触发图形窗口的“rotate3d”选项，用户可以方便地用鼠标控制视角的变化，且视角的变化值也将实时地显示在图中。rotate3d 命令的调用格式如下：

```
rotate3d on                    %打开旋转模式并允许在当前图窗中的所有坐标区上使用旋转
rotate3d off                   %关闭旋转模式并禁止在当前图窗中进行交互式坐标区旋转
rotate3d                       %在当前图窗中切换交互坐标区旋转
```

【例 7-9】采用 rotate3d 视角控制命令显示示例。

```
>> a=peaks(30);
>> mesh(a);                    %默认的视角显示如图 7-10（a）所示
>> rotate3d on                 %按住鼠标左键，调节视角，得到的图形如图 7-10（b）所示
```

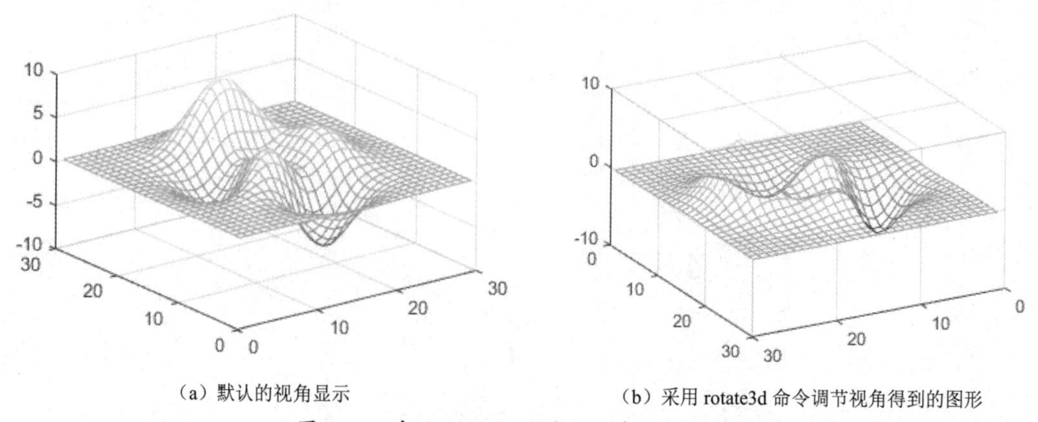

（a）默认的视角显示　　（b）采用 rotate3d 命令调节视角得到的图形

图 7-10　采用 rotate3d 视角控制命令显示示例

4．三维透视命令 hidden

在 MATLAB 中，当使用 mesh 等命令绘制网格曲面时，系统在默认情况下会隐藏重叠

在后面的网格，利用透视命令 hidden 可以看到被隐藏的部分。hidden 命令的调用格式如下：

```
hidden on          %默认状态，对当前网格图启用隐线消除模式，网格后面的线条会被前面的线条遮住
hidden off         %对当前网格图禁用隐线消除模式
hidden             %切换隐线消除状态
```

【例 7-10】 利用三维透视命令 hidden 绘制图形示例。

```
>> a=peaks(30);
>> mesh(a);
>> hidden off      %关闭三维透视功能，结果如图 7-11 所示
```

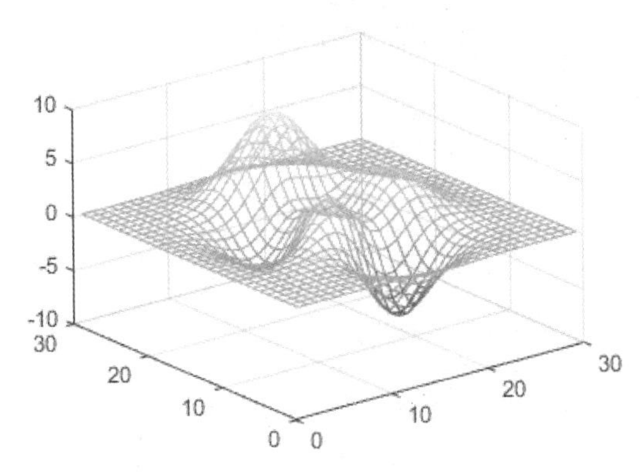

图 7-11　利用三维透视命令 hidden 绘制图形示例

可以使用 alpha 函数控制图形的透明度。在使用该函数时，增加光照函数，效果会更明显，光照函数会在后面进行详细介绍。alpha 函数的调用格式如下：

```
alpha(v)           %其中 v 为透明度参数，取值为 0≤v≤1，为 0 时完全透明，为 1 时不透明
```

7.2.4　图形色彩控制

图形的一个重要因素就是图形的颜色，丰富的颜色变化能让图形更具表现力。在 MATLAB 中，色图 colormap 是完成这方面工作的主要命令。

MATLAB 是采用颜色映像来处理图形颜色的，即 RGB 色系。计算机中的各种颜色都是通过三原色按不同比例调制出来的，三原色即红（Red）、绿（Green）、蓝（Blue）。

每种颜色的值表达为一个 1×3 的向量[RGB]，其中 R、G、B 值的大小分别代表这 3 种颜色的相对亮度，因此它们的取值均必须在[0,1]区间内。每种不同的颜色对应一个不同的向量。表 7-7 给出了典型的颜色配比方案。

表 7-7　典型的颜色配比方案

原　色			调得的颜色
红（R）	绿（G）	蓝（B）	
1	0	0	红色
1	0	1	洋红色
1	1	0	黄色
0	1	0	绿色
0	1	1	青色

续表

原　色			调得的颜色
红（R）	绿（G）	蓝（B）	
0	0	1	蓝色
0	0	0	黑色
1	1	1	白色
0.5	0.5	0.5	灰色

一般的线图函数（如 plot、plot3 等）不需要色图来控制其色彩显示，而对于面图函数（如 mesh、surf 等）则需要调用色图。色图设定命令为：

```
colormap([R, G, B])              %输入变量[R,G,B]为一个 3 列矩阵，行数不限，该矩阵称为色图
```

表 7-8 给出了几种典型的常用色图的名称及其生成函数。

表 7-8　几种典型的常用色图的名称及其生成函数

色图名称	生成函数
默认色图	default
红黄色图	autumn
蓝色调灰度色图	bone
青红浓淡色图	cool
线性灰度色图	gray
黑红黄白色图	hot
饱和色图	hsv
粉红色图	pink
光谱色图	prism
线性色图	lines

【例 7-11】使用 bone 命令绘制图形。

```
>> [x,y,z]=peaks(30);
>> surf(x,y,z);
>> colormap(bone(128))          %定义图形为蓝色调灰度色图，颜色定义了 128 种
%如果没有定义颜色的多少，那么色图的大小与当前色图的大小相同
```

执行上述代码，结果如图 7-12 所示。

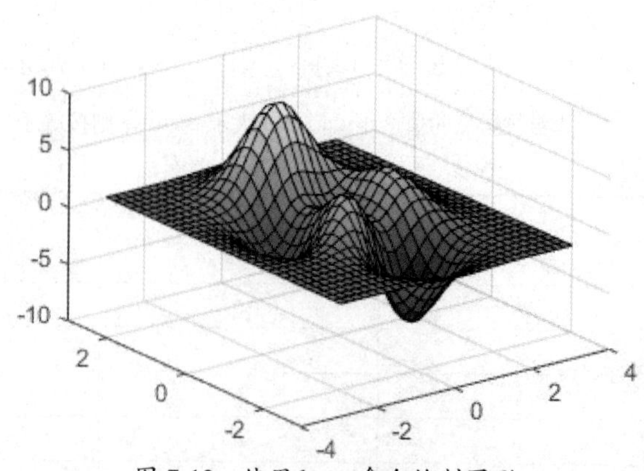

图 7-12　使用 bone 命令绘制图形

通过以下常用命令，也可以对色图进行控制。

1．shading 命令

shading 命令用于控制曲面图形的着色方式，其常见调用格式如下：

```
shading flat                    %平滑方式着色
shading faceted                 %以平面为着色单位，这是系统默认的着色方式
shading interp                  %以插值形式为图形的像点着色
```

【例 7-12】利用 shading 命令控制图形的着色方式，结果如图 7-13 所示。

```
>> x=-8:8;y=x;
>> [X,Y]=meshgrid(x,y);
>> Z=2*X.^2+2*Y.^2;
>> subplot(1,3,1),surf(Z),shading flat
>> title('FlatShading')
>> subplot(1,3,2),surf(Z),shading faceted
>> title('FacetedShading')
>> subplot(1,3,3),surf(Z),shading interp
>> title('InterpolatedShading')
```

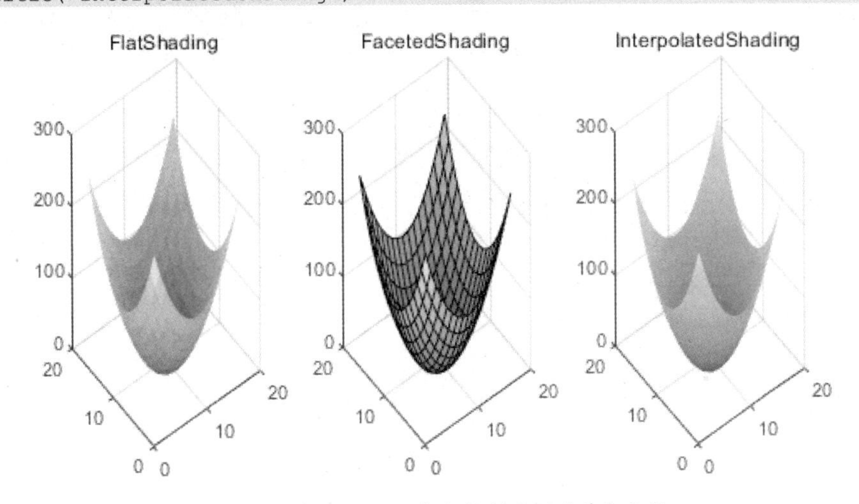

图 7-13　利用 shading 命令控制图形的着色方式

2．caxis 命令

caxis 命令用于控制数值与色彩间的对应关系及颜色的显示范围，其常见调用格式如下：

```
caxis([cmin cmax])    %在[cmin cmax]范围内与色图的色值相对应，并依此为图形着色
                      %若数据点的值小于 cmin 或大于 cmax，则按等于 cmin 或 cmax 进行着色
caxisauto             %自动计算出色值的范围
caxismanual           %按照当前的色值范围设置色图范围
caxis(caxis)          %与 caxismanual 实现相同的功能
v=caxis               %返回当前色图范围的最大值和最小值[cmin cmax]
```

【例 7-13】利用 caxis 命令绘制图形，结果如图 7-14 所示。

```
>> a=peaks(30);
>> surf(a)
>> caxis([-2 2])
```

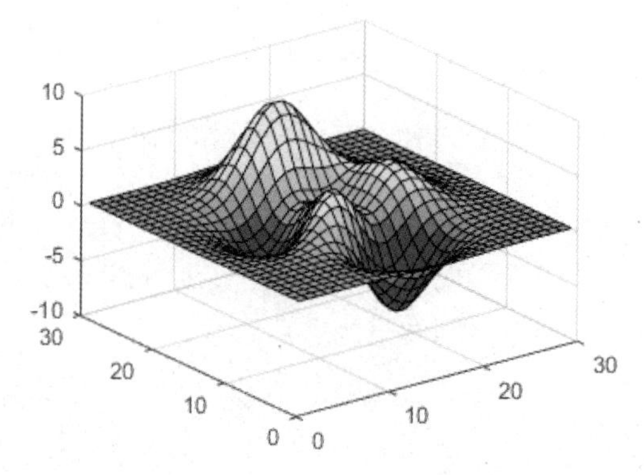

图 7-14　利用 caxis 命令绘制图形

3．brighten 命令

brighten 命令用于增亮或变暗色图，其常见调用格式如下：

```
brighten(beta)                  %增亮或变暗当前的色图
                                %若 0<beta<1，则增亮色图；若-1<beta<0，则变暗色图
                                %改变的色图将代替原来的色图，但本质上是相同的颜色
brighten(h,beta)                %对指定的句柄对象 h 中的子对象进行操作
newmap=brighten(beta)           %没有改变当前图形的亮度，而是返回变化后的色图给 newmap
newmap=brighten(cmap,beta)      %没有改变指定色图 cmap 的亮度，而是返回变化后的色图给 newmap
```

【例 7-14】利用函数 brighten 改变图色，结果如图 7-15 所示。

```
>> a=peaks(30);
>> surf(a)
>> brighten(-0.2)
```

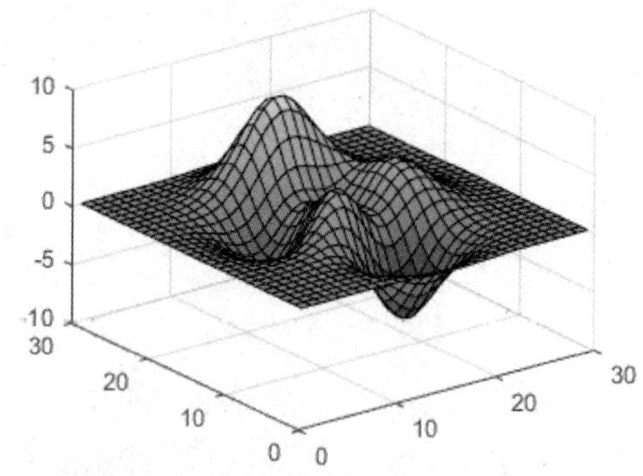

图 7-15　利用函数 brighten 改变图色

4．colorbar 命令

colorbar 命令用于显示能指定颜色刻度的颜色标尺，其常见调用格式如下：

```
colorbar            %更新最近生成的颜色标尺
                    %若当前坐标轴没有任何颜色标尺，则在右边显示一垂直的颜色标尺
colorbar('vert')    %增加一垂直的颜色标尺到当前的坐标轴中
colorbar('horiz')   %增加水平的颜色标尺到当前的坐标轴中
colorbar(h)         %用坐标轴 h 生成颜色标尺。若坐标轴的宽度大于高度，则颜色标尺是水平放置的
colorbar(...'peer',axes_handle)
%生成一与坐标轴 axes_handle 有关的颜色标尺，用来代替当前的坐标轴
```

【例 7-15】利用函数 colorbar 增加颜色标尺，结果如图 7-16 所示。

```
>> a=peaks(30);
>> surf(a)
>> colorbar
```

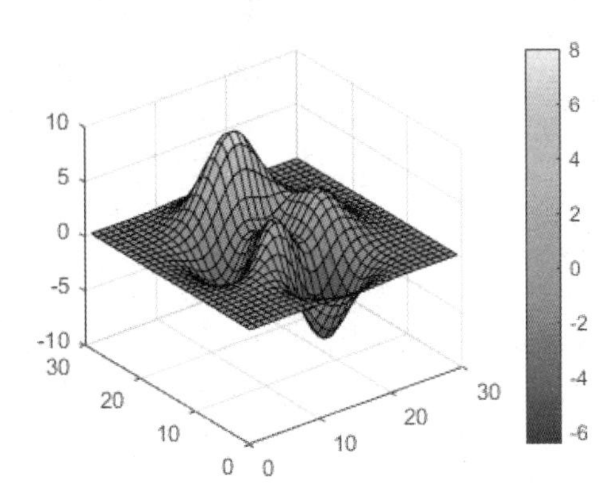

图 7-16　利用函数 colorbar 增加颜色标尺

5．colordef 命令

colordef 命令用于设置图形的背景颜色，其常见调用格式如下：

```
colordef white      %将图形背景颜色设置为白色
colordef black      %将图形背景颜色设置为黑色
colordef none       %将图形背景颜色和图形窗口颜色设置成 MATLAB 系统的默认颜色（默认为黑色）
```

【例 7-16】利用 colordef 命令设置图形背景颜色示例。

```
>> colordef white %将图形背景颜色设为白色，结果如图 7-17（a）所示
>> a=peaks(30);
>> surf(a)
>> colordef black %将图形背景颜色设为黑色，结果如图 7-17（b）所示
>> a=peaks(30);
>> surf(a)
```

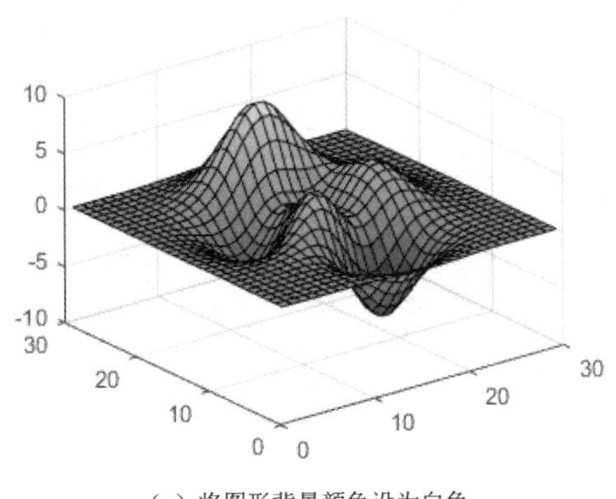

（a）将图形背景颜色设为白色

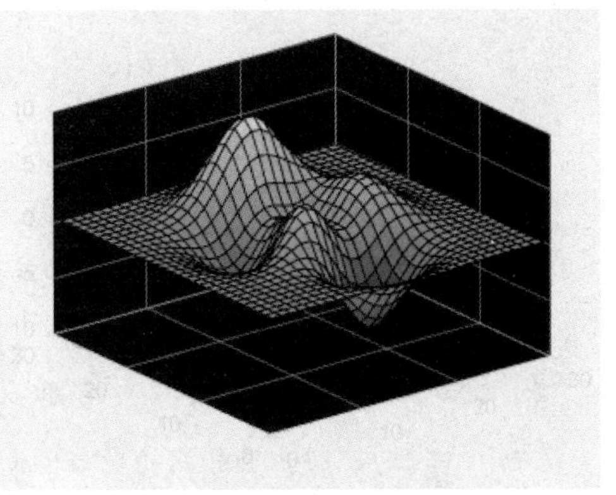

（b）将图形背景颜色设为黑色

图 7-17　利用 colordef 命令设置图形背景颜色示例

7.2.5　光照控制

光照是图形色彩强弱变化的方向，好的光效可以更好地在图形窗口中展现绘制对象的特

点，增强用户可视化分析数据的能力。MATLAB 提供了如表 7-9 所示的图形光照控制命令，下面介绍其中几个常用的。

表 7-9　图形光照控制命令

函 数 名	说　明	函 数 名	说　明
light	设置曲面光源	specular	镜面反射模式
surfl	绘制存在光源的三维曲面图	diffuse	漫反射模式
lighting	设置曲面光源模式	lightangle	球坐标系中的光源
material	设置图形表面对光照反映模式	—	—

1．light 命令

light 命令用于为当前图形建立光源，其主要的调用格式如下：

```
light('PropertyName',PropertyValue,...)
%PropertyName 是一些用于定义光源的颜色、位置和类型等的变量名
```

【例 7-17】利用 light 命令为图形设置光源。

```
>> a=peaks(30);
>> surf(a)
>> light('Position',[-1 0 0],'Style','infinite'); %结果如图 7-18 所示
```

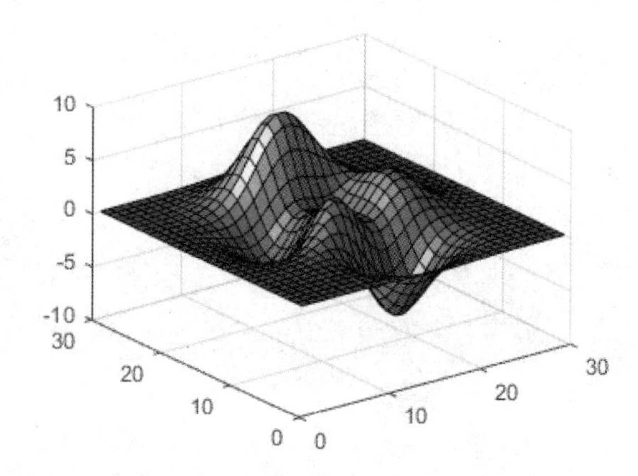

图 7-18　利用 light 命令为图形设置光源

2．lighting 命令

lighting 命令用于设置曲面光源模式，其调用格式如下：

```
lighting flat              %该模式为平面模式，以网格为光照的基本单元。这是系统默认的模式
lighting gouraud           %该模式为点模式，以像素为光照的基本单元
lighting phong             %以像素为光照的基本单元，并计算考虑各点的反射
lighting none              %关闭光源
```

【例 7-18】利用 lighting 命令设置曲面光源模式。

```
>> a=peaks(30);
>> subplot(2,2,1)
>> surf(a)
>> light('Position',[1 0 0],'Style','infinite');
>> title('Flat lighting')
>> lighting flat
```

```
>> subplot(2,2,2)
>> surf(a)
>> light('Position',[1 0 0],'Style','infinite');
>> title('gouraud lighting')
>> lighting gouraud
>> subplot(2,2,3)
>> surf(a)
>> light('Position',[1 0 0],'Style','infinite');
>> title('phong lighting')
>> lighting phong
>> subplot(2,2,4)
>> surf(a)
>> light('Position',[1 0 0],'Style','infinite');
>> title('none lighting')
>> lighting none                                    %结果如图 7-19 所示
```

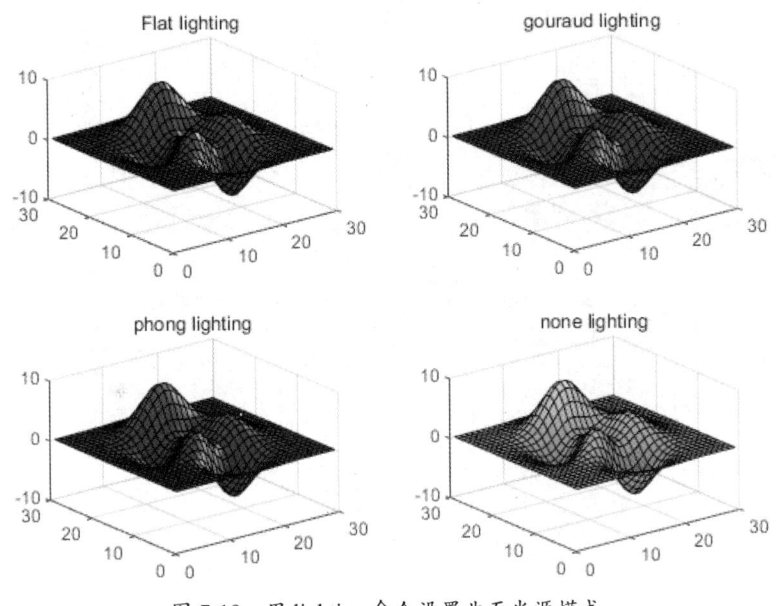

图 7-19　用 lighting 命令设置曲面光源模式

3．material 命令

material 命令用于设置图形表面对光照反映模式，其调用格式如下：

```
material shiny                  %使图形表面显示较光亮的色彩模式
material dull                   %使图形表面显示较暗的色彩模式
material metal                  %使图形表面呈现金属光泽的模式
material([ka kd ks])            %设置对象的环境反射/漫反射/镜面反射模式的强度
material([ka kd ks n])          %n 用于定义镜面反射的指数
material([ka kd ks n sc])       %sc 用于定义镜面反射的颜色
```

7.3　图形窗口的操作

前面介绍的绘图命令得到的图形都是在相同的图形窗口中绘制的，它们都具有相同的窗口菜单和工具栏。下面介绍如何利用窗口中的命令对图形和图形窗口的属性进行设置。

7.3.1 图形窗口的创建

创建图形窗口的命令是 figure，其调用方式如下：

```
figure              % 使用默认属性值创建一个新的图形窗口。生成的图形窗口为当前图形窗口
figure(Name,Value)    %使用一个或多个名称-值对组参数修改图形窗口的属性
figure(f)           %将 f 指定的图形窗口作为当前图形窗口，并将其显示在其他所有图形窗口的上面
get(h)              %该命令返回句柄值为 h 的图形窗口的参数名称及其当前值
set(h)              %该命令返回句柄值为 h 的图形窗口的参数名称及用户为这些参数设置的值
```

【例 7-19】创建并获取图形窗口的属性。

```
>> figure           %创建图形窗口，如图 7-20 所示
>> get(1)           %获取图形窗口属性
                 Alphamap: [1×64 double]
             BeingDeleted: off
               BusyAction: 'queue'
            ButtonDownFcn: ''
                 Children: [0×0 GraphicsPlaceholder]
                 Clipping: on
      %限于篇幅删去部分内容
     WindowScrollWheelFcn: ''
              WindowState: 'normal'
              WindowStyle: 'normal'
```

图 7-20 创建图形窗口

7.3.2 图形窗口的菜单操作

下面对图形窗口中各菜单下的主要命令进行简单介绍。

1. “文件”菜单

“新建”：用于创建一个脚本（M-File）、图形窗口（Figure）、模型（Simulink Model）、变量等。

“生成代码”：用于生成 M-函数文件。

“导入数据”：用于导入数据。

“保存工作区”：用于将图形窗口中的图形数据存储在二进制 mat 文件中，可以供其他的编程语言（如 C 语言等）调用。

“预设”：用于定义图形窗口的各种属性，包括字体、颜色等。

“导出设置”：用于打开“导出设置”对话框（见图 7-21），设置有关图形窗口的显示等方面的参数。

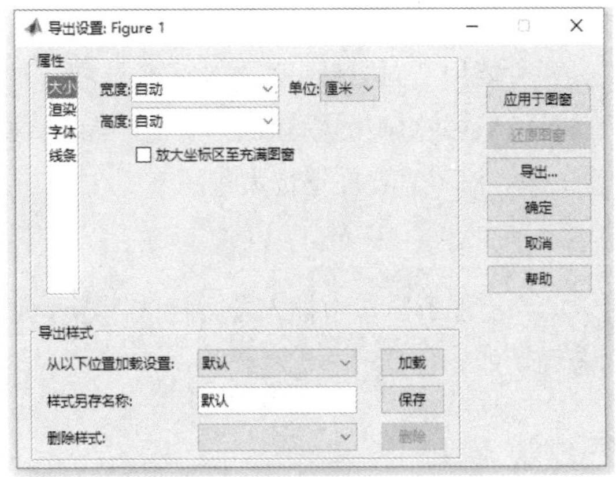

图 7-21　“导出设置”对话框

2.“编辑”菜单

“复制图窗”：用于复制图形。

“复制选项”：用于打开“预设项”对话框中的“复制选项”，设置图形复制的格式、图形背景颜色和图形大小等。

“图窗属性”：用于打开“属性检查器”窗口，并对图形窗口属性进行设置。

3.“查看”菜单

“查看”菜单的各选项主要用于打开各种工具栏和控制面板，该菜单中的所有选项被选中后，图形窗口如图 7-22 所示。

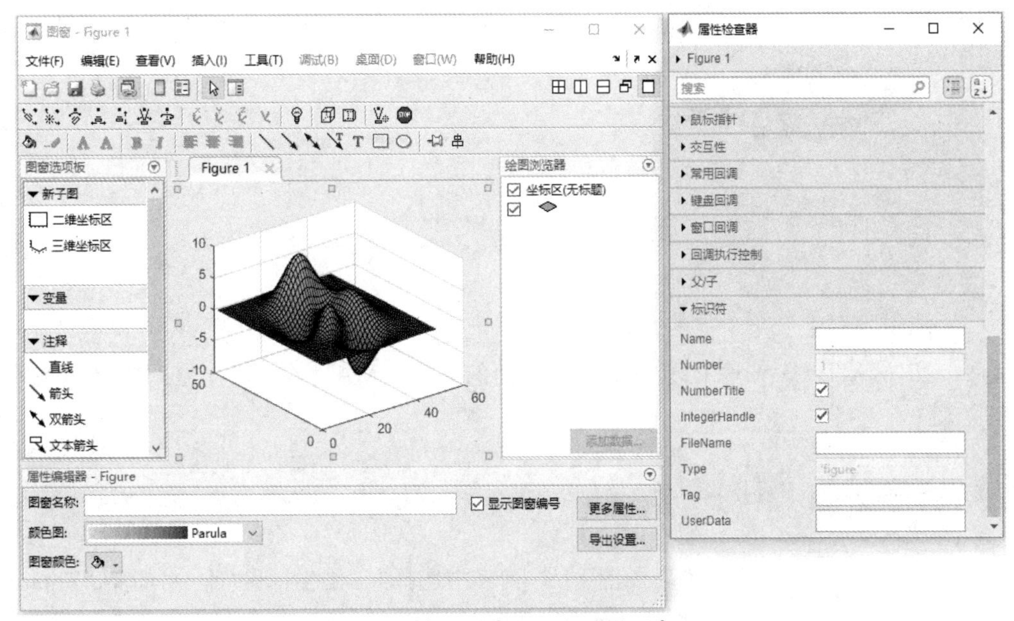

图 7-22　打开全部工具栏的图形窗口

（1）“图窗”工具栏主要用于对图形窗口进行各种处理，如打印、保存、插入图例和颜色栏等。

（2）“照相机”工具栏主要用于设置图形的视角和光照等，通过它可以实现从不同角度观察所绘三维图形的功能，并且可以为图形设置不同的光照情况。

（3）“绘图编辑”工具栏主要用于向图形中添加文本标注和各种标注图形等。

图形命令其实可以直接通过这些直观的图标工具实现，熟练掌握这些工具栏的应用，就可以完成大部分图形处理工作，而不需要去记忆大量的函数。

4．“插入”菜单

“插入”菜单主要用于向当前图形窗口中插入各种标注图形（如箭头、文字等），即实现“绘图编辑”工具栏中的各种功能。

5．“工具”菜单

对于“工具”菜单中的大部分选项实现的功能，使用前面介绍的几个工具栏的相关命令图标同样可以实现。

【例 7-20】 图形窗口操作示例。

（1）在 MATLAB 命令行窗口中输入以下命令：

```
>> surf(peaks)                                    %绘制三维图形，如图 7-23 所示
```

（2）在图形窗口中选择“生成代码”命令，将生成如图 7-24 所示的代码文件，保存该文件。

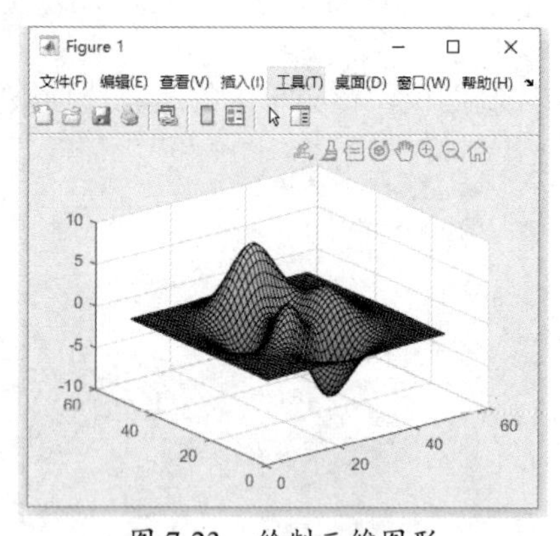

图 7-23　绘制三维图形

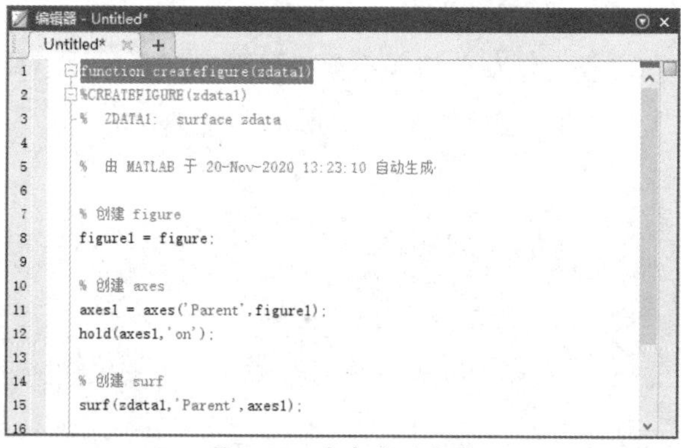

图 7-24　生成代码文件

（3）选中“查看”菜单中的所有选项。

（4）在 MATLAB 命令行窗口中执行下面的命令，MATLAB 工作空间中会出现两个变量 x 和 y：

```
>> clf                                    %清除图形窗口中的图形
>> x=[0:0.1*pi:2*pi];
>> y=2*cos(x)+1;
```

（5）在“图窗选项板”下的“新子图”下拉列表中选择“二维坐标区”命令，此时“Figure 1”窗口中会出现一空白二维图形窗口，如图 7-25 所示。

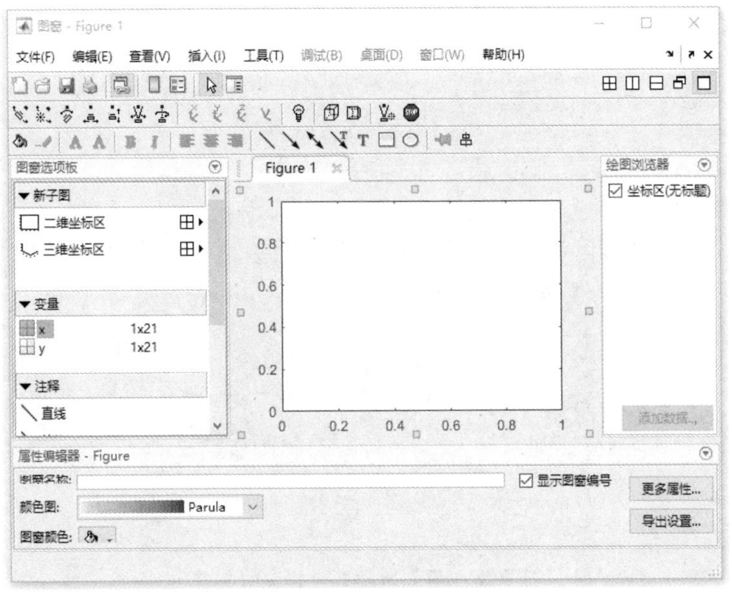

图 7-25　空白二维图形窗口

（6）选择“绘图浏览器”下的“坐标区(无标题)”复选框，然后单击“添加数据”按钮，打开“在坐标区上添加数据”对话框，在此对 X 数据源和 Y 数据源进行设置，如图 7-26 所示。单击“确定”按钮，就会绘制出图形，如图 7-27 所示。

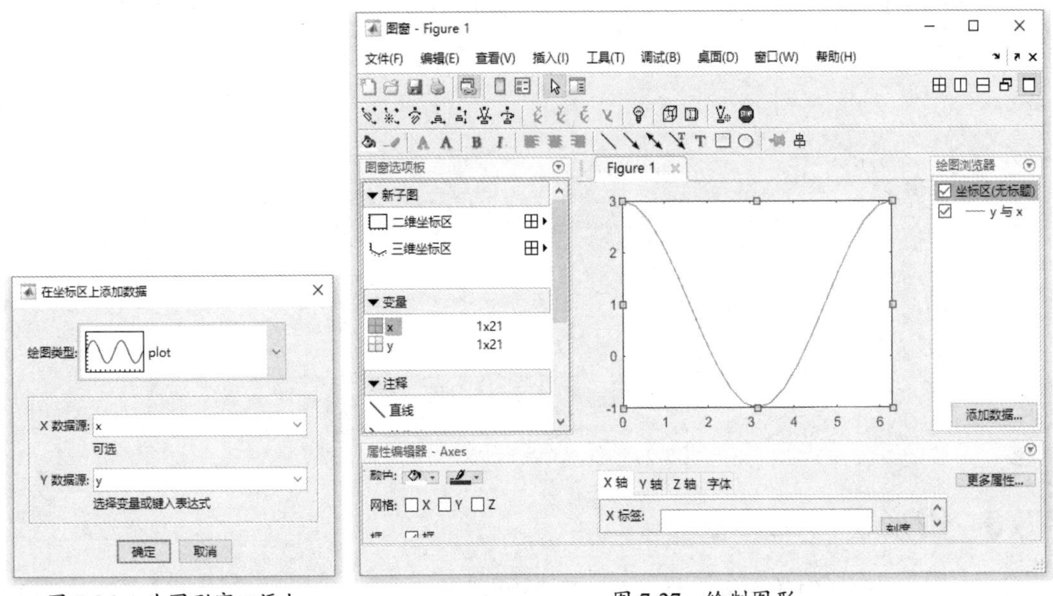

图 7-26　为图形窗口添加坐标轴和数据

图 7-27　绘制图形

（7）取消选择“查看”菜单中的“图窗选项板”“绘图浏览器”“属性编辑器”选项，执行“工具”菜单中的“基本拟合”命令，按图 7-28 进行相应的设置。图形窗口就会变成如图 7-29 所示的拟合曲线和拟合误差曲线。

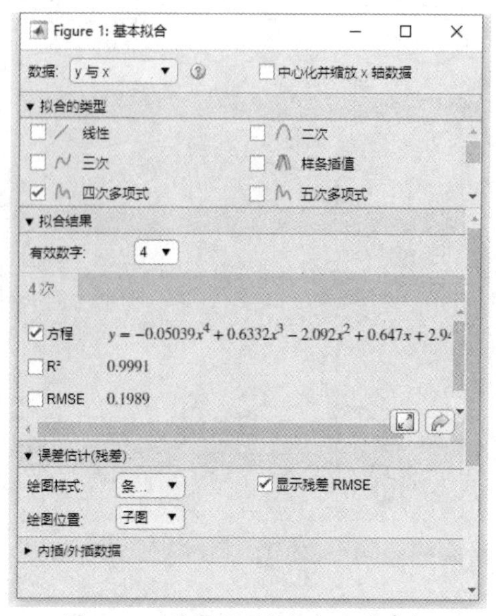

图 7-28 设置图形数据拟合的参数

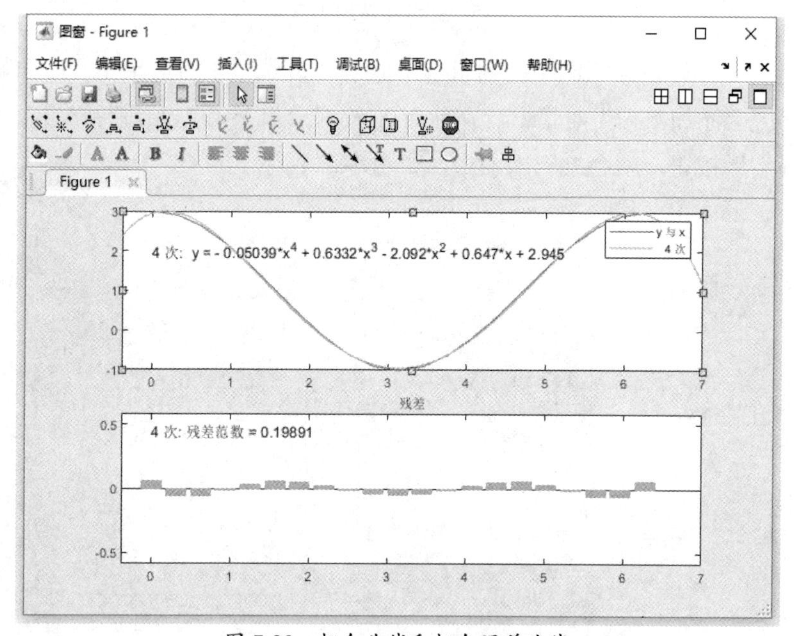

图 7-29 拟合曲线和拟合误差曲线

7.3.3 图形窗口工具栏

图形窗口工具栏中的主要工具说明如表 7-10 所示。

表 7-10 图形窗口工具栏中的主要工具说明

工具栏图标	说　明	工具栏图标	说　明
“图窗”工具栏			
	新建一个图形窗口		打开图形窗口文件（后缀为.fig）
	保存图形窗口文件		打印图形
	插入颜色条		插入图例

续表

工具栏图标	说　明	工具栏图标	说　明
	“照相机”工具栏		
	设置环形视角		设置光照相关属性
	倾斜视角		在水平方向设置视角
	前后移动视角		设置视角大小
	水平移动视角		以 X 方向为标准设置环形视角
	以 Y 方向为标准设置环形视角		以 Z 方向为标准设置环形视角
	选择是否打开光照		重置图形的视角和光照
	停止光照和视角的移动	—	—
	“绘图编辑”工具栏		
	设置绘图颜色		边界颜色
	插入直线		插入单箭头
	插入双箭头		插入文本箭头
	插入文本框		插入方框
	插入椭圆		为图形上的点添加 pin
	对齐	—	—

【例 7-21】 图形窗口工具栏应用示例。

在命令行窗口中执行如下命令：

```
>> clear
>> x=[0:0.1*pi:2*pi];
>> y1=2*cos(x)+1;
>> plot(y1)
>> hold on
>> y2=0.2*x;
>> plot(y2)
```

选中图形窗口中“查看”菜单的前三项，图形窗口如图 7-30 所示；为图形添加单箭头，结果如图 7-31 所示。

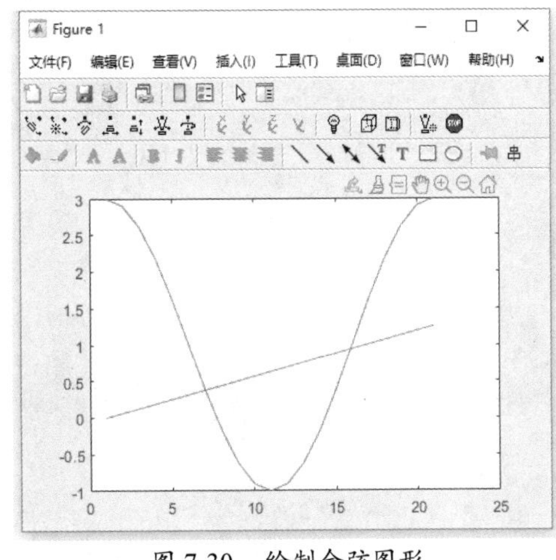

图 7-30　绘制余弦图形

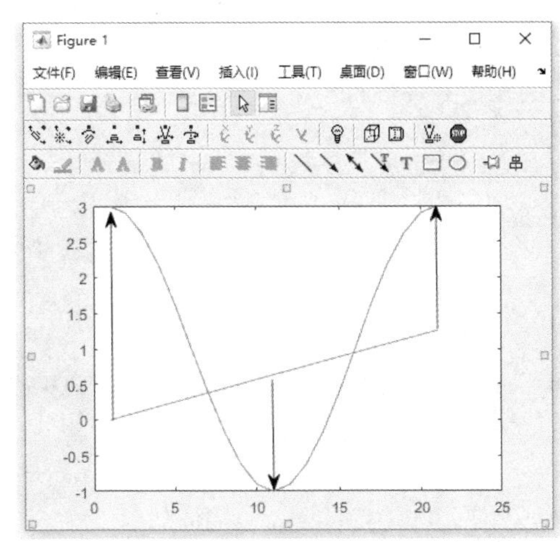

图 7-31　添加单箭头

7.3.4 图形的打印与输出

图形绘制完成后，经常需要将图形打印出来或以图片形式放在其他文档中保存，或者在其他图片处理软件中做进一步处理。MATLAB 为用户提供了 3 种不同的方式以输出当前的图形。

（1）通过图形窗口的命令菜单或工具栏中的打印选项来输出。

（2）使用 MATLAB 提供的内置打印引擎或系统的打印服务来实现。

（3）可以以其他的图形格式存储图形，然后通过专业的图形处理软件对其进行处理和打印。

利用菜单或工具栏实现打印非常简单，这也是最常用的一种方式，在这里不做介绍。下面简单介绍实现打印的函数 print 的基本调用格式：

```
print(filename,formattype)  %使用 formattype 指定的文件格式将当前图形窗口保存到文件中
                            %如果该文件不包括扩展名，则 print 会自动选择扩展名
print(filename,formattype,formatoptions) %指定可用于某些格式的其他选项
print                       %将当前图形窗口输出到默认打印机中
print(printer)
%指定打印机。将打印机指定为字符向量或字符串，包含以-P 开头的打印机名称
print(driver)               %指定驱动程序。如果打印的输出为黑白色或彩色，则需要使用该选项
print(printer,driver)       %指定打印机和驱动程序
print('-clipboard',clipboardformat)
%使用 clipboardformat 指定的格式将当前图形窗口复制到剪切板中
%可以将复制的图形窗口粘贴到其他应用程序中
```

7.4 本章小结

本章是第 6 章的延续，主要介绍了 MATLAB 的图形处理与编辑，对图形窗口的操作也进行了较为详细的介绍。通过本章的学习，可以使读者尽快掌握图形的标识、图形的控制、MATLAB 图形窗口的操作等。本章内容对于读者撰写科技论文、科技报告等会有很大的帮助。

第 8 章

程序设计

MATLAB 作为一种广泛应用于科学计算领域的工具语言，可以像 C 语言、FORTRAN 语言等计算机高级语言一样进行程序设计，编写扩展名为.m 的 M 文件，可以实现各种复杂的运算。MATLAB 提供了文件编辑器和编译器，可以帮助用户进行程序开发。MATLAB 本身自带的许多函数就是 M 文件函数，用户也可以利用 M 文件生成和扩充自己的函数库。

学习目标

（1）掌握 M 文件的两种格式的特点。

（2）熟悉 MATLAB 的语法规则。

（3）掌握 MATLAB 的程序调试方法。

（4）掌握编程的设计思想。

8.1 M 文件

M 文件有函数和脚本两种格式。两者的相同之处在于它们都是以.m 作为扩展名的文本文件，不进入命令行窗口，而是由文本编辑器来创建外部文本文件。但是两者在语法和使用上略有区别，下面分别介绍这两种格式。

8.1.1 函数

所谓 M 文件，简单来说就是用户首先把要实现的命令写在一个以.m 作为扩展名的文件中，然后由 MATLAB 系统进行解读，最后运行出结果。

由此可见，MATLAB 具有强大的可开发性和可扩展性。另外，由于 MATLAB 是由 C 语言开发而成的，因此，M 文件的语法规则与 C 语言的语法规则几乎一样，简单易学。

MATLAB 中许多常用的函数（如 sqrt、inv 和 abs 等）都是函数式 M 文件。在使用时，MATLAB 获取传递给它的变量，利用操作系统所给的输入，运算得到要求的结果并返回这些结果。

函数文件类似于一个黑箱，由函数执行的命令及由这些命令创建的中间变量都是隐含的；运算过程中的中间变量都是局部变量（除特别声明外），且被存放在函数本身的工作空间内，不会和 MATLAB 基本工作空间（Baseworkspace）的变量相互覆盖。

【例 8-1】 函数结构示例。

在编辑器中创建一个名为 functiona.m 的 M 文件，其内容如下：

```
function f=functiona(v)
f=sin(v);
```

在命令行窗口中输入以下命令：

```
>> type functiona.m                              %显示函数内容
function f=functiona(v)
f=sin(v);
>> v=pi;
>> f=functiona(v)
f=
     0
```

function 函数的第一行为函数定义行，以 function 语句作为引导，定义了函数名称（functiona）、输入自变量（v）和输出自变量（f）；函数执行完毕返回运行结果。

提示：

需要注意的是，函数名和文件名必须相同。在调用该函数时，需要指定变量的值，类似于 C 语言的形式参数。

function 为关键词，说明此 M 文件为函数，第二行为函数主体，规范函数的运算过程，并指出输出自变量的值。

在函数定义行下可以添加注解，以%开头，即函数的在线帮助信息。在 MATLAB 的命令行窗口中输入“help 函数主文件名”，即可看到这些帮助信息。需要注意的是，在线帮助信息和 M 函数定义行之间可以有空行，但是在线帮助信息的各行之间不应有空行。

8.1.2　脚本

脚本是一个扩展名为.m 的文件，其中包含了 MATLAB 的各种命令。它与批处理文件很类似，在 MATLAB 命令行窗口中直接输入此文件的主文件名，MATLAB 可逐一执行此文件内的所有命令，这与在命令行窗口中逐行输入这些命令一样。

脚本式 M 文件运行生成的所有变量都是全局变量，运行脚本后，生成的所有变量都驻留在 MATLAB 基本工作空间内，只要用户不使用 clear 命令加以清除，且 MATLAB 指令窗口不关闭，这些变量将一直保存。基本工作空间随 MATLAB 的启动而生成，在关闭 MATLAB 软件时，该基本工作空间被删除。

【例 8-2】 脚本示例。

在编辑器中创建一个脚本式 M 文件 foot.m，并保存在当前目录下，内容如下：

```
% foot.m
% 求 A*X=b，其中 A=[-1 2 1;3 8 1;-1 3 7]，b=[5.7;4;7]
A=[-1 2 1;3 8 1;-1 3 7];
b=[5.7;4;7];
X=A\b
```

在命令行窗口中输入以下命令：

```
>> type foot.m                                  %利用 type 命令显示脚本内容
% foot.m
% 求 A*X=b，其中 A=[-1 2 1;3 8 1;-1 3 7]，b=[5.7;4;7]
A=[-1 2 1;3 8 1;-1 3 7];
b=[5.7;4;7];
X=A\b
```

下面对 M 文件必须遵循的规则及两种格式的异同做简要介绍。

- 函数名必须与文件名相同。
- 脚本式 M 文件没有输入参数或输出参数；函数式 M 文件有输入参数和输出参数。
- 函数可以有零个或多个输入和输出变量。函数 nargin 和 nargout 可以查看输入和输出变量的个数。在运行时，可以按少于 M 文件中规定的输入和输出变量的个数进行函数调用，但不能多于这个标称值。
- 假设在函数文件中发生了对某脚本文件的调用，那么该脚本文件运行生成的所有变量都存放于该函数工作空间中，而不是存放在基本工作空间中。
- 从运行上看，与脚本文件不同的是，函数文件在被调用时，MATLAB 会专门为它开辟一个临时工作空间，称为函数工作空间（Function Workspace），用来存放中间变量，当执行完函数文件的最后一条命令或遇到 return 时，就结束该函数文件的运行。同时，该函数工作空间及其中所有的中间变量将被清除。函数工作空间相对于基本空间来说是临时的、独立的，在 MATLAB 运行期间，可以产生任意多个函数工作空间。

- 在 M 文件中（包括脚本和函数），到第一个非注释行为止的注释行是帮助文本，当需要帮助时，返回该文本，通常用来说明文件的功能和用法。
- 函数式 M 文件中的所有变量除特殊声明外都是局部变量，而脚本式 M 文件中的变量都是全局变量。

> 提示：
>
> 变量的命名可以包括字母、数字和下画线，但必须以字母开头，并且在 M 文件设计中是区分大小写的。变量的长度不能超过系统函数 namelengthmax 规定的值。

通常，M 文件是文本文件，因此可使用一般的文本编辑器编辑 M 文件，存储时以文本模式存储。MATLAB 内部自带了 M 文件编辑器与编译器，选择“主页”→“文件”→“新建”→“脚本”命令，即可打开 M 文件编辑器，如图 8-1 所示，此时主界面中多了“编辑器”选项卡。

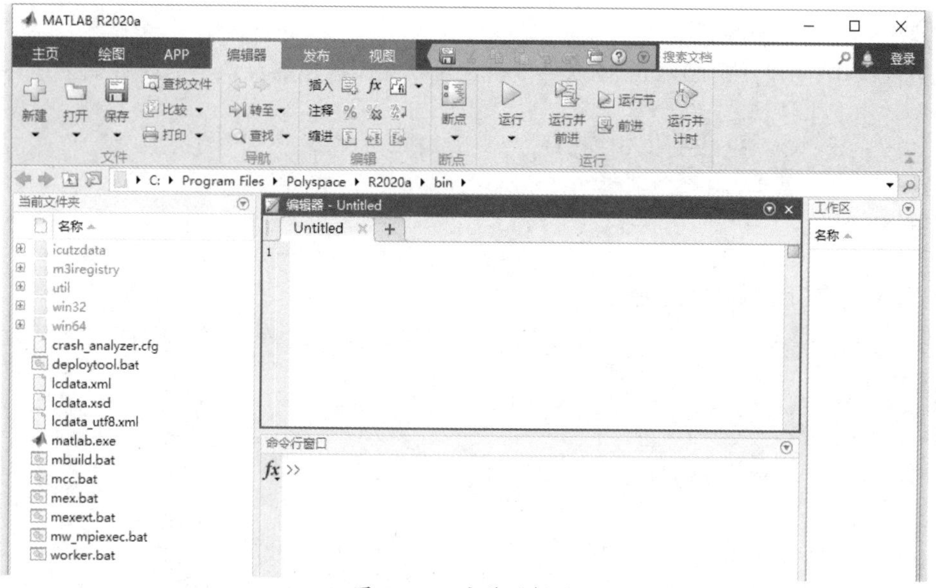

图 8-1　M 文件编辑器

编辑器是一个集编辑与调试两种功能于一体的工具环境。在进行代码编辑时，通过它可以用不同的颜色来显示注解、关键词、字符串和一般程序代码，使用非常方便。在书写完 M 文件后，也可以像一般的程序设计语言一样，对 M 文件进行调试、运行。

8.2　语法规则

MATLAB 的主要功能虽然是数值运算，但是它也是一个完整的程序语言，有各种语句格式和语法规则，下面进行详细介绍。

8.2.1　程序设计中的变量

前面已经介绍过变量的概念，下面介绍在程序设计中用到的变量。

与 C 语言不同，MATLAB 中的变量无须事先定义。MATLAB 中的变量有自己的命名规则，即必须以字母开头，之后可以是任意字母、数字或下画线；但是要注意不能有空格，且变量名区分大小写。MATLAB 还包括一些特殊的变量，如表 8-1 所示。

表 8-1　MATLAB 中的特殊变量

变量名称	变量含义	变量名称	变量含义
ans	MATLAB 中默认的变量	i(j)	复数中的虚数单位
pi	圆周率	nargin	所用函数的输入变量数目
eps	计算机中的最小数	nargout	所用函数的输出变量数目
inf	无穷大	realmin	最小可用正实数
NaN	不定值，如 0/0	realmax	最大可用正实数

程序设计中定义的变量有局部变量和全局变量两种类型。每个函数在运行时，均占用单独的一块内存，此工作空间独立于 MATLAB 的基本工作空间和其他函数工作空间。

因此，不同工作空间的变量完全独立，不会相互影响，这些变量称为局部变量。有时为了减少变量的传递次数，可使用全局变量，它是通过 global 指令定义的，其格式为：

```
global var1 var2;
```

通过上述指令，可以使 MATLAB 允许几个不同的函数工作空间及基本工作空间共享同一个变量。每个希望共享全局变量的函数或 MATLAB 基本工作空间必须逐个对具体变量加以专门定义，没有采用 global 指令定义的函数或基本工作空间将无权使用全局变量。

如果某个函数的运行使得全局变量发生了变化，则其他函数工作空间及基本工作空间内的同名变量会随之变化。只要与全局变量相联系的工作空间有一个存在，全局变量就存在。

在使用全局变量时，需要注意以下几个问题。

- 在使用全局变量之前必须首先定义，建议将定义放在函数体的首行位置。
- 虽然对全局变量的名称并没有特别的限制，但是为了提高程序的可读性，建议采用大写字符命名全局变量。
- 全局变量会损坏函数的独立性，使程序的书写和维护变得困难，尤其在大型程序中，不利于模块化，这里不推荐使用。

【例 8-3】全局变量的使用。

在编辑器中创建一个函数 exga，并保存在当前目录下，内容如下：

```
function z=exga(y)
global X                                    %在函数 exga(y)中声明了一个全局变量
z=X*y;
```

在命令行窗口中输入以下命令：

```
>> global X                                 %在基本工作空间中进行全局变量 X 的声明
>> X=3
>> z=exga(2)
z=
    6
>> whos global%查看工作空间中的全局变量
  Name      Size            Bytes  Class     Attributes
   X         1x1              8  double      global
```

8.2.2 编程方法

前面介绍的 MATLAB 程序都十分简单，包括一系列的 MATLAB 语句，这些语句按照固定的顺序一句接一句地被执行，将这样的程序称为顺序结构程序。它首先读取输入，然后运算得到所需结果，最后打印输出结果并退出。

对于要多次重复运算程序的某些部分，若按顺序结构编写，则程序会变得极其复杂，甚至无法编写。此时采用控制顺序结构可以解决这个难题。

控制顺序结构有两大类：选择结构，用于选择执行特定的语句；循环结构，用于重复执行特定部分的代码。随着选择和循环的介绍，程序将渐渐地变得复杂，但对于解决问题来说，将会变得简单。

为了避免在编程过程中出现大量的错误，下面介绍正规的编程步骤，即自上而下的编程方法。具体步骤如下。

（1）清晰地陈述要解决的问题。

（2）定义程序所需的输入量和程序产生的输出量。

（3）确定设计程序时采用的算法。

（4）把算法转化为代码。

（5）检测 MATLAB 程序。

8.2.3 顺序语句

顺序语句就是顺序执行程序的各条语句，批处理文件就是典型的顺序语句文件，这种语句不需要任何特殊的流控制。

【例 8-4】顺序语句示例。

```
a=3                                          %定义变量 a
b=5                                          %定义变量 b
c=a*b
```

8.2.4 循环语句

循环语句一般用于有规律的重复计算。被重复执行的语句称为循环体，控制循环语句走向的语句称为循环条件。MATLAB 中有 for 循环和 while 循环两种循环语句。

格式 1：

```
for i=array
    commands
end
```

【例 8-5】循环语句示例。

```
for i=1:3
   y(i)=cos(i)
end
```

运行结果如下：

```
y=
    0.5403
y=
    0.5403-0.4161
y=
    0.5403-0.4161-0.9900
```

【例 8-6】 使用双循环语句示例。

```
for i=1:3
    for j=1:2
        a(i,j)=i+j;
    end
end
```

运行结果如下：

```
>> a
a=
    2    3
    3    4
    4    5
```

格式 2：

```
while expressure                                  %判断表达式是否成立
    commands;
end
```

while 循环的次数是不固定的，只要表达式的值为真，循环体就会被执行。通常，表达式给出的是一个标量值，但也可以是数组或矩阵，如果是后者，则要求所有的元素都必须为真。

【例 8-7】 求 1+2+3+…+n>20 的 n 值。

在编辑器中创建一个名为 exgb.m 的 M 文件，其内容如下：

```
sum=0;
n=0;
while sum<=20
   n=n+1;
   sum=sum+n;
end
```

运行结果如下：

```
>> disp(sprintf('\n1+2+…+n>20 最小的 n 值=%3.0f, 其和=%5.0f',n,sum))
1+2+…+n>20 最小的 n 值=6, 其和=21
```

8.2.5　条件语句

在程序中，如果需要根据一定的条件执行不同的操作，就需要用到条件语句，MATLAB 中有 if-else-end 和 switch-case-otherwise 两种条件语句。

格式 1：

```
if expressions1;
   commands1;
```

```
elseif expressions2;
   commands2;
elseif expressions3;
   commands3;
else
   commands4;
end
```

【例 8-8】设函数 $f(x)=\begin{cases}x+1, & x\leqslant 0\\ 2x+1, & 0\leqslant x\leqslant 1\\ x^2+2x, & 1\leqslant x\leqslant 2\end{cases}$，画出 $f(x)$对 x 的图。

在编辑器中创建一个名为 exgc.m 的 M 文件，其内容如下：

```
x=linspace(-1,2,100);
for i=1:length(x)
   if x(i)<=0
      y(i)=x(i)+1;
   elseif x(i)<=1
      y(i)=2*x(i)+1;
   else
      y(i)=x(i)^2+2*x(i);
   end
end
>> plot(x,y)
```

执行上述代码，结果如图 8-2 所示。

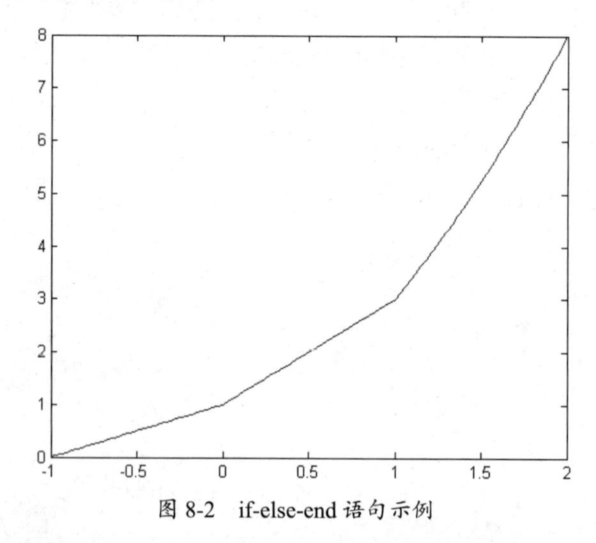

图 8-2　if-else-end 语句示例

格式 2：

```
switch expression
case value1
    statements1;
case value2
    statements2;
…
case valuen
    statementsn;
```

```
otherwise
    statements;
end
```

此语句的功能与 C 语言中的条件语句的功能是相同的，它通常用于条件较多且较单一的情况，类似于一个数控的多路开关。

expression 是一个标量或字符串，将 expression 的值依次和各个 case 指令后面的检测值进行比较，当比较结果为真时，MATLAB 执行相应 case 后面的一组命令，然后跳出该 switch 结构。如果所有的比较结果都为假，则执行 otherwise 后面的命令。当然，otherwise 指令也可以不存在。

8.2.6　其他流程控制语句

在许多程序设计中，会碰到需要提前终止循环、跳出子程序、显示出错信息等情况。因此，还需要其他的流程控制语句来实现这些功能，这些流程控制语句主要有 continue、break、return、echo、error 等。

（1）continue。

continue 的作用是结束本次循环，即跳过循环体中尚未执行的语句，接着进行下一次是否执行循环的判断。

【例 8-9】continue 应用示例。

在编辑器中创建一个名为 exgd.m 的 M 文件，其内容如下：

```
fid=fopen('magic.m','r');
count=0;
while feof(fid)
   line=fgetl(fid);
   if isempty(line)|strncmp(line,'%',1)
      continue
   end
   count=count+1;
end
```

结果显示：

```
>> disp(sprintf('%d lines',count));
0 lines
```

（2）break。

break 的作用是终止本次循环，跳出最内层循环，即不必等到循环结束，而是根据条件退出循环。它的用法和 continue 的用法类似，常常和 if 语句合用以强制终止循环。

提示：

需要注意的是，当 break 命令碰到空行时，将退出 while 循环。

（3）return。

return 可使正在运行的函数正常退出，并返回调用它的函数继续运行，经常用于函数的末尾以正常结束函数的运行。当然，也可用在某条件满足时强行结束执行该函数。

（4）echo。

通常，在执行 M 文件时，在命令行窗口中是看不到执行过程的，但在特殊情况下，如需要进行演示，要求 M 文件的每条命令都要显示出来，此时可以用 echo 命令实现这样的操作。

对于脚本式 M 文件和函数式 M 文件，echo 命令有所不同。对于脚本式 M 文件，echo 命令可以用以下方式实现：

```
echo on                          %显示其后所有执行的命令文件的指令
echo off                         %不显示其后所有执行的命令文件的指令
echo                             %在上述两种情况之间切换
```

对于函数式 M 文件，echo 命令可以用以下方式实现：

```
echo filename on                 %使 filename 指定的 M 文件的执行命令显示出来
echo filename off                %使 filename 指定的 M 文件的执行命令不显示
echo on all                      %显示其后的所有 M 文件的执行指令
echo off all                     %不显示其后的所有 M 文件的执行指令
```

（5）error。

error 用来指示出错信息并终止当前函数的运行。

（6）keyboard。

keyboard 被放置在 M 文件中，用于停止文件的执行并将控制权交给键盘。通过在命令提示符前显示 K 来表示一种特殊状态。在 M 文件中使用该命令，对程序的调试和在程序运行中修改变量都很方便。

如果在 test 主程序的某个位置加入 keyboard 命令，则在执行这条语句时，MATLAB 的命令行窗口中将显示如下代码：

```
>> test
K>>
```

（7）pause。

pause 用于暂时中止程序的运行，等待用户按任意键继续程序的运行。该命令在程序的调试过程中和当用户需要查询中间结果时使用很方便。该命令的语法格式如下：

```
pause                            %停止 M 文件的执行，按任意键继续执行
pause(n)                         %中止执行程序 n（单位为 s）后继续，n 是任意实数
pause on                         %允许后续的 pause 命令中止程序的运行
pause off                        %禁止后续的 pause 命令中止程序的运行
```

8.3 程序调试

对于编程者来说，程序运行时出现错误在所难免，因此，掌握程序调试的方法和技巧对提高工作效率是很重要的。程序调试有直接调试法和工具调试法两种。

8.3.1 直接调试法

通常情况下，错误可分为两种：语法错误和逻辑错误。

语法错误一般是指变量名与函数名的误写、标点符号的缺漏、end 的漏写等，对于这类错误，MATLAB 在运行时一般都能发现，系统会终止执行并报错，用户很容易发现并改正。

逻辑错误可能是程序本身的算法问题，也可能是用户对 MATLAB 的指令使用不当而导致最终获得的结果与预期值偏离。这种错误发生在运行过程中，影响因素比较多，而这时函数的工作空间已被删除，调试起来比较困难。

MATLAB 本身的运算能力较强，指令系统比较简单，因此，程序一般都显得比较简洁，对于简单的程序，采用直接调试法往往还是很有效的。通常采取的措施如下。

（1）通过分析，将重点怀疑语句后的分号删掉，将结果显示出来，然后与预期值进行比较。

（2）当单独调试一个函数时，将第一行的函数声明注释掉，并定义输入变量的值，然后以脚本方式执行此 M 文件，这样就可保存原来的中间变量了，从而可以对这些结果进行分析，找出错误。

（3）可以在适当的位置添加输出变量值的语句。

（4）在程序的适当位置添加 keyboard 指令。当 MATLAB 执行至此处时将暂停，并显示 K>>提示符，用户可以查看或改变各个工作空间中存放的变量，在提示符后键入 return 指令，可以继续执行原文件。

提示：

对于文件规模大、相互调用关系复杂的程序，采用直接调试法是很困难的，这时可以借助 MATLAB 的专门工具调试器进行调试，即工具调试法。

8.3.2　工具调试法

MATLAB 自身包括调试程序的工具（利用这些工具可以提高编程效率），包括一些命令行形式的调试函数和图形界面命令。

1. 以命令行为主的程序调试

以命令行为主的程序调试手段具有通用性，适用于各种不同的平台，它主要应用 MATLAB 提供的调试命令。在命令行窗口中输入 help debug，可以看到一个对这些命令的简单描述，下面分别进行介绍。

设置断点是程序调试中最重要的部分，可以利用它指定程序代码的断点，使得 MATLAB 在断点前停止执行，从而可以检查各个局部变量的值。

在打开的 M 文件窗口中设置断点的情况如图 8-3 所示。例如，在第 12 行设置了一个断点，执行 M 文件，此时，在窗口中将出现一个绿色（实际软件中的颜色）箭头，表示程序运行在此处停止，如图 8-4 所示。

程序停止执行后，MATLAB 进入调试模式，命令行中出现 K>>的提示符，代表此时可以接受键盘输入。

```
leapyear.m
4 -   for year=2000:2010                 %定义循环区间
5 -       sign=1;
6 -       a = rem(year,100);             %求year除以100后的剩余数
7 -       b = rem(year,4);               %求year除以4后的剩余数
8 -       c = rem(year,400);             %求year除以400后的剩余数
9 ●      if a==0                        %以下根据a、b、c是否为0对标志变量sign进行处理
10 -          signsign=sign-1;
11 -      end
12 ●      if b==0
13 -          signsign=sign+1;
14 -      end
15 ●      if c==0
16 -          signsign=sign+1;
17 -      end
18 ●      if sign==1
19 -          fprintf('%4d \n',year)
UTF-8    leapyear    行 11  列 8
```

图 8-3　在打开的 M 文件窗口中设置断点的情况

```
leapyear.m
4 -   for year=2000:2010                 %定义循环区间
5 -       sign=1;
6 -       a = rem(year,100);             %求year除以100后的剩余数
7 -       b = rem(year,4);               %求year除以4后的剩余数
8 -       c = rem(year,400);             %求year除以400后的剩余数
9 ●      if a==0                        %以下根据a、b、c是否为0对标志变量sign进行处理
10 -          signsign=sign-1;
11 -      end
12 ●⇨     if b==0
13 -          signsign=sign+1;
14 -      end
15 ●      if c==0
16 -          signsign=sign+1;
17 -      end
18 ●      if sign==1
19 -          fprintf('%4d \n',year)
UTF-8    leapyear    行 12  列 5
```

图 8-4　文件执行情况图示

2．以图形界面为主的程序调试

MATLAB 自带的 M 文件编辑器也是程序的编译器，用户可以在编辑完程序后直接对其进行调试，更加方便和直观。新建一个 M 文件后，即可打开 M 文件编辑器，在“编辑器”选项卡的“运行”选项组及“断点”选项组中可以看到各种调试命令，如图 8-5 所示。

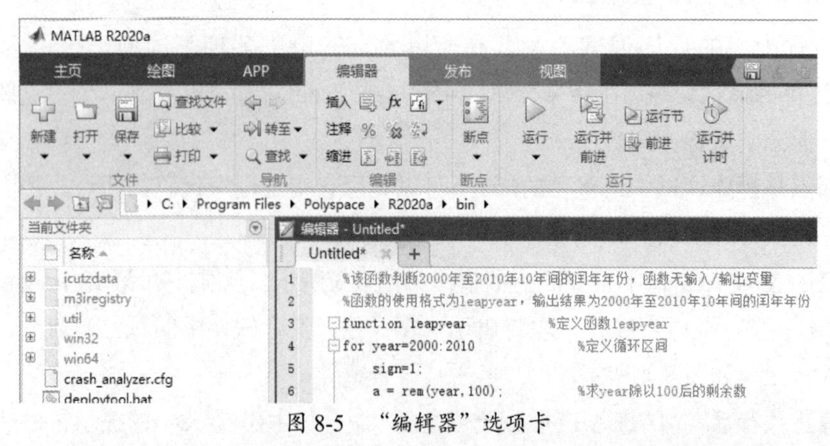

图 8-5　“编辑器”选项卡

程序停止执行后，MATLAB 进入调试模式，命令行中出现 K>>的提示符，此时的调试

界面如图 8-6 所示，“运行”选项组变为“调试”选项组。

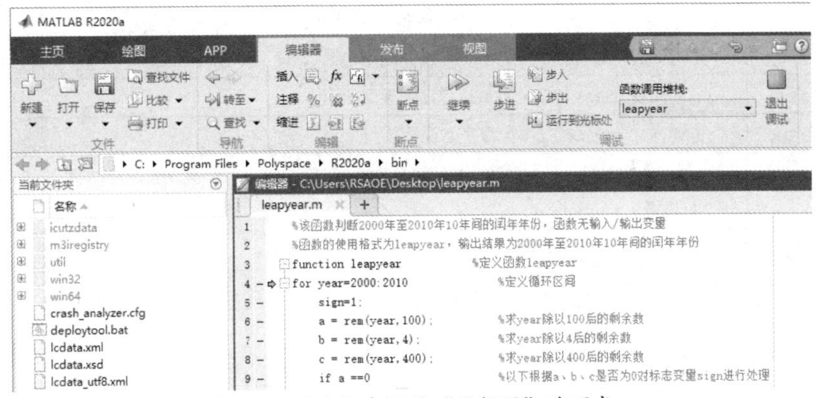

图 8-6　调试状态下的“编辑器”选项卡

“调试”选项组中的命令含义如下。

- 步进：单步执行，与调试命令中的 dbstep 相对应。
- 步入：深入被调函数，与调试命令中的 dbstep in 相对应。
- 步出：跳出被调函数，与调试命令中的 dbstep out 相对应。
- 继续：连续执行，与调试命令中的 dbcont 相对应。
- 运行到光标处：运行到光标所在的行。
- 退出调试：退出调试模式，与 dbquit 相对应。

“断点”选项组的“断点”下拉菜单中的命令含义如下。

- 全部清除：清除所有断点，与 dbclear all 相对应。
- 设置/清除：设置或清除断点，与 dbstop 和 dbclear 相对应。
- 启用/禁用：允许或禁止断点的功用。
- 设置条件：设置或修改条件断点，选择此选项时，会打开如图 8-7 所示的对话框，要求对断点的条件做出设置，设置前光标在哪一行，设置的断点就在这一行前。

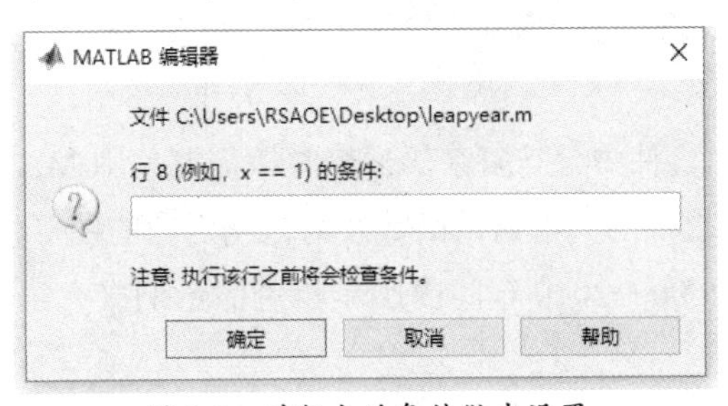

图 8-7　对断点的条件做出设置

只有当文件进入调试状态时，上述命令才会全部处于激活状态。在调试过程中，可以通过改变函数的内容来观察和操作不同工作空间中的量，类似于调试命令中的 dbdown 和 dbup。

8.3.3　程序调试命令

MATLAB 提供了一系列程序调试命令，利用这些命令，可以在调试过程中设置、清除和列出断点，逐行运行 M 文件，在不同的工作区检查变量，跟踪和控制程序的运行，帮助寻找和发现错误。所有的程序调试命令都是以字母 db 开头的，如表 8-2 所示。

表 8-2 程序调试命令

命 令	功 能
dbstop in fname	在 M 文件 fname 的第一可执行程序上设置断点
dbstop at r in fname	在 M 文件 fname 的第 r 行程序上设置断点
dbstop if v	当遇到条件 v 时，停止运行程序。当发生错误时，条件 v 可以是 error；当发生 NaN 或 inf 时，条件 v 也可以是 naninf/infnan
dstop if warning	如果有警告，则停止运行程序
dbclear at r in fname	清除文件 fname 的第 r 行的断点
dbclear all in fname	清除文件 fname 中的所有断点
dbclear all	清除所有 M 文件中的所有断点
dbclear in fname	清除文件 fname 第一可执行程序上的所有断点
dbclear if v	清除第 v 行由 dbstop if v 设置的断点
dbstatus fname	在文件 fname 中列出所有的断点
Mdbstatus	显示存放在 dbstatus 中用分号隔开的行数信息
dbstep	运行 M 文件的下一行程序
dbstep n	执行下 n 行程序，然后停止
dbstep in	在下一个调用函数的第一可执行程序处停止运行
dbcont	执行所有行程序，直至遇到下一个断点或到达文件尾
dbquit	退出调试模式

在进行程序调试时，要调用带有一个断点的函数。当 MATLAB 进入调试模式时，提示符为 K>>。最重要的区别在于现在程序能访问函数的局部变量，但不能访问 MATLAB 工作区中的变量。对于具体的调试技术，请读者在调试程序的过程中逐渐体会。

8.3.4 程序剖析

对于简单的 MATLAB 程序中出现的语法错误，可以采用直接调试法，即直接运行该 M 文件，MATLAB 将直接找出语法错误的类型和出现的位置，根据 MATLAB 的反馈信息对语法错误进行修改。

当 M 文件很大或 M 文件中含有复杂的嵌套时，需要使用 MATLAB 调试器对程序进行调试，即使用 MATLAB 提供的大量调试函数及与之相对应的图形化工具进行调试。

下面通过一个判断 2000—2010 年间的闰年年份的示例来介绍 MATLAB 调试器的使用方法。

【例 8-10】编写一个判断 2000—2010 年间的闰年年份的程序并调试。

（1）创建一个名为 leapyear.m 的 M 函数文件，并输入如下函数代码程序：

```
%该函数用于判断 2000—2010 年间的闰年年份，函数无输入/输出变量
%函数的使用格式为 leapyear，输出结果为 2000—2010 年间的闰年年份
function leapyear                          %定义函数 leapyear
for year=2000:2010                         %定义循环区间
    sign=1;
    a = rem(year,100);                     %求 year 除以 100 后的剩余数
```

```
    b = rem(year,4);              %求 year 除以 4 后的剩余数
    c = rem(year,400);            %求 year 除以 400 后的剩余数
    if a =0                       %根据 a、b、c 是否为 0 对标志变量 sign 进行处理
       signsign=sign-1;
    end
    if b=0
       signsign=sign+1;
    end
    if c=0
       signsign=sign+1;
    end
    if sign=1
       fprintf('%4d \n',year)
    end
end
```

（2）运行以上 M 程序，此时 MATLAB 命令行窗口会给出如下错误提示：

```
>> leapyear
错误: 文件: leapyear.m 行: 9 列: 10
'=' 运算符的使用不正确。要为变量赋值，请使用 '='。要比较值是否相等，请使用 '=='。
```

由错误提示可知，在程序的第 9 行存在语法错误，检测可知，在 if 选择判断语句中，用户将“==”写成了“=”。因此，将“=”改成“==”，同时更改第 13、16、19 行中的“=”为“==”。

（3）程序修改并保存完成后，可直接运行修正后的程序，程序运行结果为：

```
leapyear
2000
2001
2002
2003
2004
2005
2006
2007
2008
2009
2010
```

显然，2000—2010 年间不可能每年都是闰年，由此判断程序存在运行错误。

（4）分析原因。可能由于在处理年号是否是 100 的倍数时，变量 sign 存在逻辑错误。

（5）断点设置。断点为 MATLAB 程序执行时人为设置的中断点，程序运行至断点时便自动停止运行，等待下一步操作。设置断点只需单击程序左侧的“-”，使得“-”变成红色的圆点（当存在语法错误时，圆点颜色为灰色），如图 8-8 所示。

应该在可能存在逻辑错误或需要显示相关代码执行数据附近设置断点，如本例中的第 9、12、15、18 行。如果用户需要去除断点，则可以再次单击红色圆点，也可以单击工具栏中的工具去除所有断点。

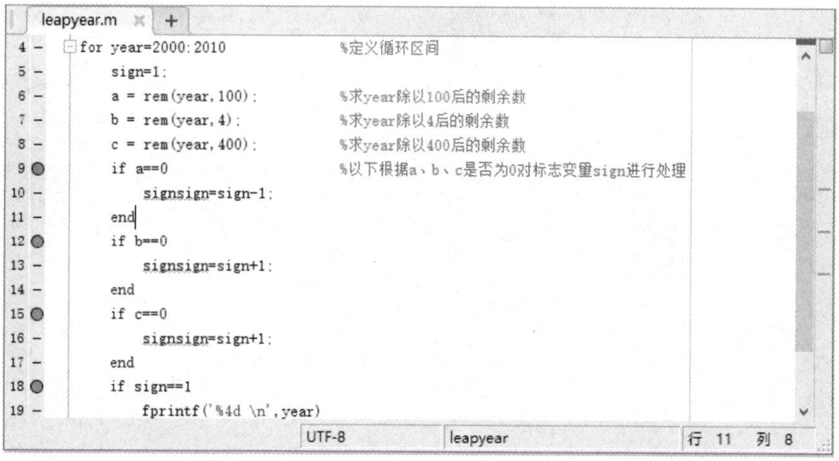

```
leapyear.m
4 -   for year=2000:2010                 %定义循环区间
5 -       sign=1;
6 -       a = rem(year,100);             %求year除以100后的剩余数
7 -       b = rem(year,4);               %求year除以4后的剩余数
8 -       c = rem(year,400);             %求year除以400后的剩余数
9 ●     if a==0                        %以下根据a、b、c是否为0对标志变量sign进行处理
10 -           signsign=sign-1;
11 -      end
12 ●     if b==0
13 -           signsign=sign+1;
14 -      end
15 ●     if c==0
16 -           signsign=sign+1;
17 -      end
18 ●     if sign==1
19 -           fprintf('%4d \n',year)
UTF-8    leapyear    行 11  列 8
```

图 8-8　断点标记

（6）运行程序。单击“编辑器”选项卡的“运行”选项组中的“运行”按钮▷，执行程序，这时其他调试按钮将被激活。当程序运行至第一个断点时，会暂停，在断点右侧会出现向右指向的绿色箭头，如图 8-9 所示。

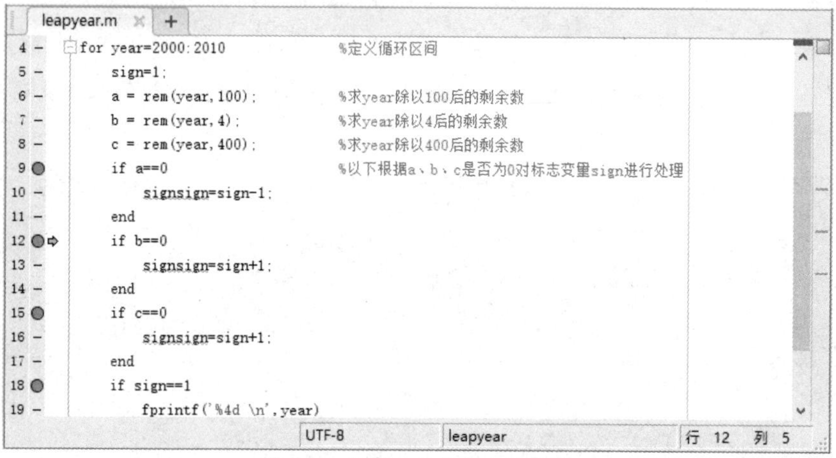

```
leapyear.m
4 -   for year=2000:2010                 %定义循环区间
5 -       sign=1;
6 -       a = rem(year,100);             %求year除以100后的剩余数
7 -       b = rem(year,4);               %求year除以4后的剩余数
8 -       c = rem(year,400);             %求year除以400后的剩余数
9 ●     if a==0                        %以下根据a、b、c是否为0对标志变量sign进行处理
10 -           signsign=sign-1;
11 -      end
12 ●⇨    if b==0
13 -           signsign=sign+1;
14 -      end
15 ●     if c==0
16 -           signsign=sign+1;
17 -      end
18 ●     if sign==1
19 -           fprintf('%4d \n',year)
UTF-8    leapyear    行 12  列 5
```

图 8-9　程序运行至断点处暂停

当进行程序调试运行时，在 MATLAB 的命令行窗口中将显示如下内容：

```
>> leapyear
K>>
```

此时可以输入一些调试指令，可以更加方便地查看程序调试的相关中间变量。

（7）单步调试。可以通过单击“编辑器”选项卡的“调试”选项组中的按钮，进行单步执行，此时程序将一步一步按照需求向下执行，如图 8-10 所示，在按 F10 键后，程序从第 12 行运行到第 13 行。

（8）查看中间变量。可以将鼠标指针停留在某个变量上，MATLAB 会自动显示该变量的当前值，如图 8-11 所示；也可以在 MATLAB 的工作区中直接查看所有中间变量的当前值，如图 8-12 所示。

```
leapyear.m
4 -  for year=2000:2010                %定义循环区间
5 -      sign=1;
6 -      a = rem(year,100);            %求year除以100后的剩余数
7 -      b = rem(year,4);              %求year除以4后的剩余数
8 -      c = rem(year,400);            %求year除以400后的剩余数
9        if a==0                       %以下根据a、b、c是否为0对标志变量sign进行处理
10 -         signsign=sign-1;
11 -     end
12       if b==0
13 -         signsign=sign+1;
14 -     end
15       if c==0
16 -         signsign=sign+1;
17 -     end
18       if sign==1
19 -         fprintf('%4d \n',year)
UTF-8    leapyear    行 8    列 51
```

图 8-10　程序单步执行

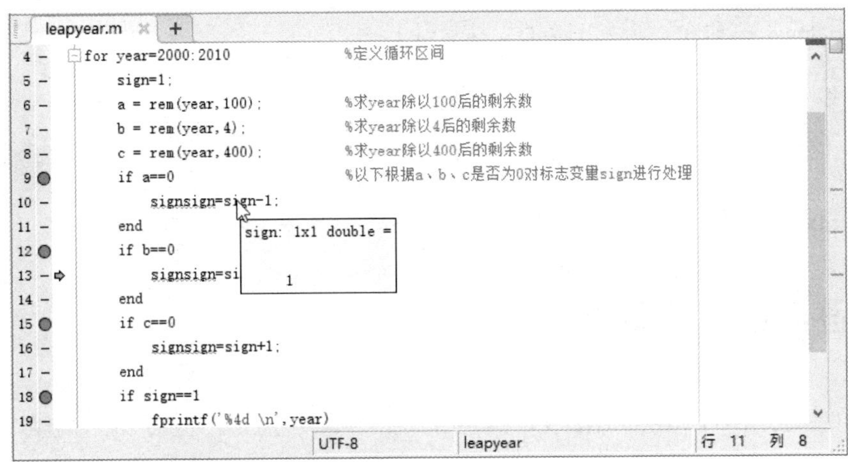

图 8-11　用鼠标指针停留方法查看中间变量的当前值

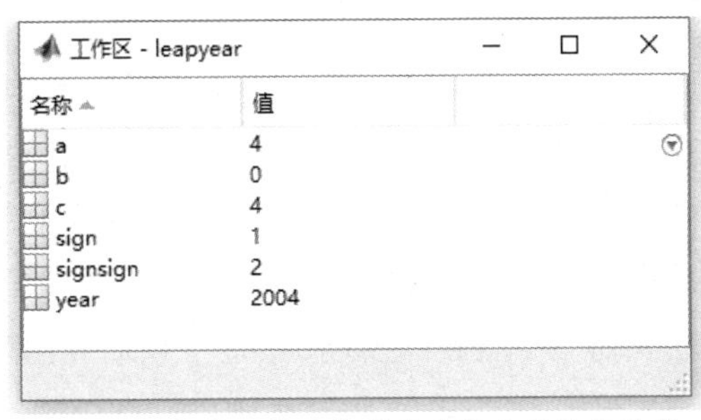

图 8-12　查看工作区中所有中间变量的当前值

（9）修正代码。通过查看中间变量可知，在任何情况下，sign 的值都是 1，此时调整代码程序如下：

```
%程序为判断 2000—2010 年间的闰年年份，函数无输入/输出变量
%函数的使用格式为 leapyear，输出结果为 2000—2010 年间的闰年年份
function leapyear                    %定义函数 leapyear
for year=2000:2010                   %定义循环区间
    sign=0;
    a = rem(year,100);               %求 year 除以 100 后的剩余数
    b = rem(year,4);                 %求 year 除以 4 后的剩余数
```

```
    c = rem(year,400);                    %求 year 除以 400 后的剩余数
    if a==0                               %根据 a、b、c 是否为 0 对标志变量 sign 进行处理
        sign=sign+1;
    end
    if b==0
        sign=sign+1;
    end
    if c==0
        sign=sign-1;
    end
    if sign==1
        fprintf('%4d \n',year)
    end
end
```

单击“编辑器”选项卡的“断点”选项组的“断点”下拉菜单中的按钮，执行“运行”选项组中的命令，得到的运行结果如下：

```
>> leapyear
2000
2004
2008
```

分析发现，结果正确，程序调试结束。

8.4 程序设计与实现

前面介绍了 MATLAB 的语法规则和使用方法，本节将通过一个示例来具体讲述如何用 MATLAB 解决实际问题。

8.4.1 建立数学模型

一切客观存在的事物及其运动状态统称为实体或对象，对实体特征及变化规律的近似描述或抽象就是模型，用模型描述实体的过程称为建模或模型化。

数学模型是系统的某种特征的本质的数学表达式，即用数学式子（如函数式、代数方程、微分方程、积分方程、差分方程等）描述（表达、模拟）所研究的客观对象或系统在某一方面的存在规律。

下面对建立数学模型的一般方法进行介绍。

一个理想的数学模型必须既能反映系统的全部主要特征，在数学上又易于处理。也就是说，它必须满足以下两点。

（1）可靠性：在允许的误差值围内，它能反映出该系统的有关特性的内在联系。

（2）适用性：它必须易于数学处理和计算。复杂模型的求解是困难的，复杂模型也会因简化不当而将一些非本质的东西带入模型，使得模型不能真正反映系统的本质。因此，模型既要精确，又要简单。

建立模型的方法大致有两种：实验归纳法和理论分析法。最小二乘法就是典型的实验归

纳法。由理论分析法建立数学模型的步骤如下。

（1）对系统进行仔细的观察分析，根据问题的性质和精度要求，做出合理性假设、简化，抽象出系统的物理模型。

（2）在上述基础上确定输入/输出变量和模型参数，建立数学模型。一般来说，在不降低精度的条件下，模型变量的数目越少越好。通常可以这样处理来减少变量的数量：将相似变量归结为一个变量；将对输出影响小的变量视为常数。

（3）检验和修正所得模型。检验模型的手段是将模型计算结果与实验结果做对比，在修正模型时，可从以下几方面考虑模型的缺陷：模型含有无关或关系不大的变量；模型遗漏了重要的有关变量；模型参数不准确；数学模型的结构形式有错；模型反映系统的精度不够。

8.4.2　代码编写

数学模型建立后，需要考虑 MATLAB 程序的实现。下面根据算例来介绍代码的实现。

【例 8-11】 利用矩阵除法求线性方程组 $\begin{cases} 5x_1+6x_2=1 \\ x_1+5x_2+6x_3=0 \\ x_2+5x_3+6x_4=0 \\ x_3+5x_4+6x_5=0 \\ x_4+5x_5=1 \end{cases}$ 的特解。

（1）确定实现方案。这是一个事先已经建立好的数学模型，共有 5 个未知元。求解一个线性方程组的解，需要用到 MATLAB 求解运算符“\”，即 X=A\B。

（2）书写代码。在新建的 M 文件中编写如下代码，并保存为 linerequ.m：

```
A=[5  6  0  0  0
    1  5  6  0  0
    0  1  5  6  0
    0  0  1  5  6
    0  0  0  1  5];
B=[1 0 0 0 1]';
R_A=rank(A)                                     %求秩
X=A\B                                           %求解
```

（3）运行。在 MATLAB 命令行窗口中输入 linerequ，运行后的结果如下：

```
>> linerequ
R_A=
    5
X=
    2.2662
    -1.7218
    1.0571
    -0.5940
    0.3188
```

这就是方程组的解。

8.5 本章小结

本章向读者展示了 MATLAB 的基本语法规则、M 文件的编写及程序调试等；分别介绍了顺序语句、循环语句、条件语句、流程控制语句；结合调试案例，对 MATLAB 程序的调试进行了详细的讲解。另外，本章最后还通过一个简单的算例介绍了编程的设计与实现。希望读者在自己的专业领域中不断地摸索编程技术并用好 MATLAB 软件。

第 9 章

数值计算

数值计算在工程领域和理论方面有着非常重要的作用，许多工科专业都要学习并掌握数值计算方法。MATLAB 是以矩阵为基础描述语言的软件，其数值计算功能相当强大。本章将介绍几种常见的数值计算方法（以应用为主），使广大读者能够利用 MATLAB 解决实际当中遇到的复杂数学问题。

学习目标

（1）掌握求解线性方程组的常用命令。

（2）掌握曲线拟合和数值积分的常用命令。

（3）掌握常微分方程（组）的数值求解方法及常用命令。

（4）掌握基本数据统计量对应的常用命令。

9.1 线性方程组的解法

在科学研究和工程技术提出的计算问题中，经常会遇到线性方程组的求解问题。例如，计算插值函数与拟合函数、构造求解微分方程的差分格式、解非线性方程组等，都包含了解线性方程组问题。因此，线性方程组的解法在数值计算中占有重要的地位。

9.1.1 解线性方程组的直接法

在许多实际工程问题的计算中，往往直接或间接的涉及解线性方程组的问题。首先看以下线性方程组的一般形式。

设有以下 n 阶线性方程组

$$\boldsymbol{Ax}=\boldsymbol{b}$$

其中，$\boldsymbol{A}=\begin{bmatrix} a_{11} & a_{12} & \cdots & a_{1n} \\ a_{21} & a_{22} & \cdots & a_{2n} \\ & \cdots & \cdots & \\ a_{n1} & a_{n2} & \cdots & a_{nn} \end{bmatrix}$，$\boldsymbol{x}=\begin{bmatrix} x_1 \\ x_2 \\ \vdots \\ x_n \end{bmatrix}$，$\boldsymbol{b}=\begin{bmatrix} b_1 \\ b_2 \\ \vdots \\ b_n \end{bmatrix}$

解线性方程组的方法大致可分为两类：直接法和迭代法。直接法是指假设计算过程中不产生舍入误差，经过有限次运算可求得方程组的精确解的方法，主要用于解低阶稠密矩阵。

迭代法是从解的某个近似值出发，通过构造一个无穷序列去逼近精确解的方法。一般地，迭代法在有限计算步骤内得不到方程的精确解，主要用于解大型稀疏矩阵。

1．高斯（Gauss）消元法

不难想象，如果线性方程组的系数矩阵为三角形矩阵，则该方程组极易求解，如线性方程组：

$$\begin{aligned} 4x_1-x_2+2x_3+3x_4&=20 \\ -2x_2+7x_3-4x_4&=-7 \\ 6x_3+5x_4&=4 \\ 3x_4&=6 \end{aligned}$$

对于此线性方程组，可以首先通过第四个方程求出 x_4；其次将 x_4 带入第三个方程，求出 x_3；然后将 x_4 和 x_3 代入第二个方程，求出 x_2；最后将 x_4、x_3 和 x_2 带入第一个方程，求出 x_1。具体求解过程如下：

$$x_4=\frac{6}{3}=2$$

$$x_3=\frac{4-5\times 2}{6}=-1$$

$$x_2=\frac{-7-7\times(-1)+4\times 2}{-2}=-4$$

$$x_1=\frac{20+1\times(-4)-2\times(-3)-3\times 2}{4}=3$$

解线性方程组的大多数直接法就是先将线性方程组变形成等价的三角形方程组，然后进行求解的方法。三角形方程组既可以是上三角形，又可以是下三角形。

这种化线性方程组为等价的三角形方程组的方法有多种，由此可导出不同的直接法，其中 Gauss 消元法是最基本的一种方法。

Gauss 消元法的基本思想是：先逐次消去变量，将方程组化成同解的上三角形方程组，此过程称为消元过程；然后按方程的相反顺序求解上三角形方程组，得到原方程组的解，此过程称为回代过程。这种方法称为 Gauss 消元法，它由消元过程和回代过程构成。

计算经验表明，全主元素法的精度优于列主元素法的精度，这是由于全主元素法在全体系数中选主元，故它对控制舍入误差十分有效。但全主元素法在计算过程中需要同时进行行与列的互换，因而程序比较复杂，计算时间较长。

列主元素法的精度虽稍低于全主元素法的精度，但其计算简单，工作量大为减少，且计算经验与理论分析均表明，它与全主元素法具有同样良好的数值稳定性，故列主元素法是求解中小型稠密线性方程组的最好方法之一。

2. 直接三角分解法

对于任意一个 n 阶方阵 $\boldsymbol{A}$，若 $\boldsymbol{A}$ 的顺序主子式 $A_i(i = 1,2,\cdots,n-1)$均不为零，则矩阵 $\boldsymbol{A}$ 可以唯一表示成一个单位下三角矩阵 $\boldsymbol{L}$ 和一个上三角矩阵 $\boldsymbol{U}$ 的乘积，这称为 LU 分解，即

$$\boldsymbol{A}=\boldsymbol{L}\boldsymbol{U}$$

其中，

$$\boldsymbol{L}=\begin{bmatrix} 1 & 0 & 0 & \cdots & & 0 \\ l_{21} & 1 & 0 & \cdots & & 0 \\ l_{31} & l_{32} & 1 & \cdots & & 0 \\ \vdots & \vdots & \vdots & \ddots & & \vdots \\ & & & & 1 & \\ l_{n1} & l_{n2} & l_{n3} & & l_{nn-1} & 1 \end{bmatrix},\quad \boldsymbol{U}=\begin{bmatrix} u_{11} & u_{12} & u_{13} & \cdots & u_{1n} \\ & u_{22} & u_{23} & \cdots & u_{2n} \\ & & u_{33} & & \\ & & & \ddots & u_{nn} \end{bmatrix}$$

当对系数矩阵进行三角分解后，求解方程组 $\boldsymbol{Ax}=\boldsymbol{b}$ 的问题就变得十分容易，它等价于求解两个三角形方程组 $\boldsymbol{Ly}=\boldsymbol{b}$ 和 $\boldsymbol{Ux}=\boldsymbol{y}$。因此，解线性方程组问题可转化为矩阵的三角分解问题。

3. 解三对角方程组的追赶法

在数值计算中，如三次样条插值或用差分方法解常微分方程边值问题，常常会遇到求解以下形式方程组的问题：

$$\begin{cases} b_1x_1 + c_1x_1 = d_1 \\ a_2x_1 + b_2x_2 + c_2x_3 = d_2 \\ a_3x_2 + b_3x_3 + c_3x_4 = d_3 \\ \qquad\cdots \qquad\qquad \cdots \\ a_{n-1}x_{n-2} + b_{n-1}x_{n-1} + c_{n-1}x_n = d_{n-1} \\ a_nx_{n-1} + b_nx_n = d_n \end{cases}$$

如果用矩阵形式简记为 $\boldsymbol{Ax}=\boldsymbol{d}$，其中

$$A=\begin{bmatrix} b_1 & c_1 & & & & O \\ a_2 & b_2 & c_2 & & & \\ & a_3 & b_3 & c_3 & & \\ & & \ddots & \ddots & \ddots & \\ & O & & \ddots & b_{n-1} & c_{n-1} \\ & & & & a_n & b_n \end{bmatrix}$$

这是一种特殊的稀疏矩阵。它的非零元素集中分布在主对角线及其相邻两条次对角线上，称为三对角矩阵。对应的方程组称为三对角方程组。当 Gauss 消元法用于求解三对角方程组时，过程可以大大简化。

若矩阵可唯一分解为如下形式：

$$A=LU=\begin{bmatrix} 1 & & & & & \\ l_2 & 1 & & & O & \\ & l_3 & 1 & & & \\ & & \ddots & \ddots & & \\ & O & & l_{n-1} & 1 & \\ & & & & l_n & 1 \end{bmatrix}\begin{bmatrix} u_1 & c_1 & & & & \\ & u_2 & c_2 & & & \\ & & u_3 & c_3 & & \\ & & & \ddots & \ddots & \\ & & & & u_{n-1} & c_{n-1} \\ & & & & & u_n \end{bmatrix}$$

当 $u_i \neq 0(i=1,2,\cdots,n-1)$ 时，则有

$$\begin{cases} u_1 = b_1 \\ l_i = a_i / u_{i-1} \qquad (i=2,3,\cdots,n) \\ u_i = b_i - c_{i-1} l_i \end{cases}$$

按上述过程求解三对角方程组称为追赶法。

可以证明，当系数矩阵为严格对角占优时，此方法具有良好的数值稳定性。

9.1.2 解线性方程组的迭代法

直接法比较适用于求解小型方程组。对于高阶方程组，即使系数矩阵是稀疏的，在运算时也很难保持稀疏，因而此时有存储量大、程序复杂等不足。

而迭代法则能保持矩阵的稀疏性，具有计算简单、编制程序容易的优点，且在许多情况下收敛较快，故能有效地求解一些高阶方程组。

迭代法的基本思想是构造一串收敛到解的序列，即建立一种从已有近似解计算新的近似解的规则。由不同的计算规则得到不同的迭代法，常用迭代过程的一般形式为 $\boldsymbol{x}^{k+1} = \boldsymbol{M}\boldsymbol{x}^k + g(k=0,1,2,\cdots)$，$\boldsymbol{M}$ 为迭代矩阵。

1. 雅可比（Jacobi）迭代法

因为方程组

$$\begin{cases} a_{11}x_1 + a_{12}x_2 + \cdots + a_{1n}x_n = b_1 \\ a_{21}x_1 + a_{22}x_2 + \cdots + a_{2n}x_n = b_2 \\ \qquad \cdots \\ a_{n1}x_1 + a_{n2}x_2 + \cdots + a_{nn}x_n = b_{n1} \end{cases}$$

的系数矩阵 $\boldsymbol{A}$ 非奇异，所以不妨设 $a_{ii} \neq 0(i=1,2,\cdots,n)$，将上式变形为

$$\begin{cases} x_1 = \qquad b_{12}x_2 + b_{13}x_3 + \cdots + b_{1n}x_n + g_1 \\ x_2 = b_{21}x_1 \qquad + b_{23}x_3 + \cdots + b_{2n}x_n + g_2 \\ \qquad \cdots \\ x_n = b_{n1}x_1 + b_{n2}x_2 + b_{n3}x_3 + \cdots + b_{nn-1}x_n + g_n \end{cases}$$

其中，$b_{ij} = -\dfrac{a_{ij}}{a_{ii}}(i \neq j，i,j=1,2,\cdots,n)$，$g_i = \dfrac{b_i}{a_{ii}}(i=1,2,\cdots,n)$，若记

$$\boldsymbol{B} = \begin{bmatrix} 0 & b_{12} & b_{13} & \cdots & b_{1n-1} & b_{1n} \\ b_{21} & 0 & b_{23} & \cdots & b_{2n-1} & b_{2n} \\ \vdots & \vdots & \vdots & \ddots & \vdots & \vdots \\ b_{n1} & b_{n2} & b_{n3} & \cdots & b_{nn-1} & 0 \end{bmatrix} \qquad \boldsymbol{g} = \begin{bmatrix} g_1 \\ g_2 \\ \vdots \\ g_n \end{bmatrix}$$

则方程组可简记为 $\boldsymbol{x} = \boldsymbol{Bx} + \boldsymbol{g}$，其迭代格式为 $\boldsymbol{x}^{k+1} = \boldsymbol{Bx}^k + \boldsymbol{g}(k=0,1,2,\cdots)$，此即 Jacobi 迭代法，又称简单迭代法。

2．高斯-赛德尔（Gauss-Seidel）迭代法

迭代公式用方程组表示为

$$\begin{cases} x_1^{k+1} = \qquad b_{12}x_2^k + b_{13}x_3^k + \cdots + b_{1n}x_n^k + g_1 \\ x_2^{k+1} = b_{21}x_1^k \qquad + b_{23}x_3^k + \cdots + b_{2n}x_n^k + g_2 \\ \qquad \cdots \\ x_n^{k+1} = b_{n1}x_1^k + b_{n2}x_2^k + b_{n3}x_3^k + \cdots + b_{nn-1}x_n^k + g_n \end{cases}$$

因此，在 Jacobi 迭代法的计算过程中，要同时保留两个近似解向量，即 $\boldsymbol{x}^k$ 和 $\boldsymbol{x}^{k+1}$。如果把迭代公式改写成以下形式：

$$\begin{cases} x_1^{k+1} = \qquad b_{12}x_2^k + b_{13}x_3^k + \cdots + b_{1n}x_n^k + g_1 \\ x_2^{k+1} = b_{21}x_1^{k+1} \qquad + b_{23}x_3^k + \cdots + b_{2n}x_n^k + g_2 \\ \qquad \cdots \\ x_n^{k+1} = b_{n1}x_1^{k+1} + b_{n2}x_2^{k+1} + b_{n3}x_3^{k+1} + \cdots + b_{nn-1}x_n^{k+1} + g_n \end{cases}$$

则每计算出新的近似解的一个分量 x_i^{k+1}，在计算下一个分量 x_{i+1}^{k+1} 时，用新分量 x_i^{k+1} 代替老分量 x_i^k 进行计算，此即 Gauss-Seidel 迭代法。

3．松弛法

为了加速迭代过程的收敛，通过引入参数，可以在 Gauss-Seidel 迭代法的基础上得到一种新的迭代法。记 $\Delta\boldsymbol{x} = (\Delta x_1, \Delta x_2, \cdots, \Delta x_{\mathrm{n}})^{\mathrm{T}} = \boldsymbol{x}^{k+1} - \boldsymbol{x}^k$，其中 $\boldsymbol{x}^{k+1}$ 由上述公式计算出，于是有

$$\begin{aligned} \Delta x_i &= \sum_{j=1}^{i-1} b_{ij}x_j^{k+1} + \sum_{j=i+1}^{n} b_{ij}x_j^k + g_i - x_i^k \\ &= \frac{1}{a_{ii}}(b_i - \sum_{j=1}^{i-1} a_{ij}x_j^{k+1} - \sum_{j=i+1}^{n} a_{ij}x_j^k) - x_i^k \quad (i=1,2,\cdots,n) \end{aligned}$$

把 $\Delta\boldsymbol{x}$ 看作 Gauss-Seidel 迭代的修正项，即第 k 次近似解 $\boldsymbol{x}^k$ 以此项修正后得到新的近似解 $\boldsymbol{x}^{k+1} = \boldsymbol{x}^k + \Delta\boldsymbol{x}$。松弛法是将 $\Delta\boldsymbol{x}$ 乘以一个参数因子 ω 作为修正项而得到新的近似解，其具

体公式为 $\boldsymbol{x}^{k+1}=\boldsymbol{x}^{k}+\omega\cdot\Delta\boldsymbol{x}$，即

$$\begin{aligned}x_i^{k+1}&=x_i^k+\omega\cdot\Delta x_i\\&=(1-\omega)x_i^k+\frac{\omega}{a_{ii}}\left(b_i-\sum_{j=1}^{i-1}a_{ij}x_j^{k+1}-\sum_{j=i+1}^{n}a_{ij}x_j^k\right)\quad(i=1,2,\cdots,n)\end{aligned}$$

9.1.3 利用 MATLAB 求解线性方程组

前面介绍了如何求线性方程组的基本数值方法，下面介绍相关线性方程组的 MATLAB 命令，用来计算矩阵的行列式、逆和矩阵的秩，如表 9-1 所示。

表 9-1 矩阵函数

函 数	功 能
rank(A)	求 A 的秩，即 A 中线性无关的行数和列数
det(A)	求 A 的行列式
inv(A)	求 A 的逆矩阵。如果 A 是奇异矩阵或近似奇异矩阵，则会给出一个错误信息
pinv(A)	求 A 的伪逆。如果 A 是 $m\times n$ 的矩阵，则伪逆的大小为 $n\times m$。对于非奇异矩阵 A 来说，有 pinv(A)=inv(A)
trace(A)	求 A 的迹，即对角线元素之和

在 MATLAB 中，用运算符\求解线性系统，这个运算符的功能很强大，而且具有智能性。使用中掌握计算过程是有价值的，MATLAB 中有几个专门这样的命令。

令 A 是 $n\times m$ 的矩阵，b 和 x 是有 n 个元素的列向量，B 和 X 是 n 行 p 列的矩阵。MATLAB 命令如下：

```
x=A\b                                   %求解系统 Ax=b
X=A\B                                   %求解系统 AX=B，其中 B=(b1 b2...bp)
```

如果 A 是一个奇异矩阵或近似奇异矩阵，则会给出一个错误信息。

1. 直接解法

【例 9-1】求方程组 $\begin{cases}x_1+3x_2-3x_3-x_4=1\\3x_1-6x_2-3x_3+4x_4=4\\x_1+5x_2-9x_3-8x_4=0\end{cases}$ 的一个特解。

解：

在命令行窗口中输入如下命令：

```
>> A=[1 3 -3 -1; 3 -6 -3 4; 1 5 -9 -8];
>> B=[1  4  0]';
>> X=A\B
X =                                     %一个特解近似值
        0
        0
  -0.5333
   0.6000
```

2. 逆矩阵法

对于线性方程组 AX=b，只要矩阵 A 是非奇异的，则可以通过矩阵 A 的逆矩阵求解，即 $X=A^{-1}b$，MATLAB 命令为（二选一）：

```
x=A^-1*b
x=inv(A)*b
```

【例 9-2】 求方程组 $\begin{cases} x_1 + 2x_2 = -1 \\ 3x_1 + 4x_2 = -1 \end{cases}$ 的解。

解：

在命令行窗口中输入如下命令：

```
>> A=[1 2; 3 4]; b=[-1; -1];
>> x=A^-1*b                                          % 也可采用 x=inv(A)*b
x=
    1.0000
    -1.0000
```

如果矩阵 A 是奇异的，则：

```
>> A=[1 2;2 4];b=[-1;-1];
>> x=A^-1*b
警告：矩阵为奇异工作精度。
x=
    -Inf
    -Inf
```

3．利用矩阵的 LU 分解求解

LU 分解可把任意方阵分解为下三角矩阵的基本变换形式（行交换）和上三角矩阵的乘积。即 A=LU，L 为下三角阵、U 为上三角阵。

根据以上分析，AX=b 变成 LUX=b，因此，X=U\(L\b)，这样可以大大加快运算速度。MATLAB 命令如下：

```
[L,U]=lu(A)
```

【例 9-3】 求方程组 $\begin{cases} 4x_1 + 2x_2 - x_3 = 2 \\ 3x_1 - x + 2x_3 = 10 \\ 11x_1 + 3x_2 + x_3 = 8 \end{cases}$ 的一个特解。

解：

$$A = \begin{pmatrix} 4 & 2 & -1 \\ 3 & -1 & 2 \\ 11 & 3 & 0 \end{pmatrix}，B = [2, 10, 8]'$$

```
>> A=[4 2 -1; 3 -1 2; 11 3 1];
>> B=[2 10 8]';
>> D=det(A)
>> [L,U]=lu(A)
>> X=U\(L\B)
```

显示结果如下：

```
D =
  -10.0000
L =
    0.3636   -0.5000    1.0000
    0.2727    1.0000         0
```

```
   1.0000         0         0
U =
  11.0000    3.0000    1.0000
        0   -1.8182    1.7273
        0         0   -0.5000
X =
   4.0000
 -10.0000
  -6.0000
```

4. 求线性方程组的其他解法

对于求解三对角线性方程组的追赶法和迭代法，在 MATLAB 中没有对应的算法，若需要采用这些方法，则需要编写相应的算法程序。

【例 9-4】利用 Jacobi 迭代法及 Gauss-Seidel 迭代法求方程组$\begin{cases}3x_1+x_2-x_3=6\\4x_1+8x+x_3=-20\\3x_1+x_2+6x_3=15\end{cases}$的解。

（1）Jacobi 迭代法。

编写 Jacobi 迭代程序，并保存为 jacobi.m：

```
function jacobi(A,B,P,delta,max1)
%A-系数矩阵；B-常数项；P-初始值；delta-允许误差；max1-最大迭代次数
N=length(B);
for k=1:max1
    for j=1:N
        X(j)=(B(j)-A(j,[1:j-1,j+1:N])*P([1:j-1,j+1:N]))/A(j,j);
    end
    err=abs(norm(X'-P));
    relerr=err/(norm(X)+eps);
    P=X';
    k;P';
    if (err<delta)|(relerr<delta)
        break
    end
end
X=X'
```

在 MATLAB 命令行窗口中运行以下代码：

```
>> A=[3 1 -1;4 8 1;3 1 6];
>> B=[6 -20 15]';
>> x0=[1 2 1]';                                    %设定初始值
>> jacobi (A,B,x0, 1e-5,50);
```

经过 10 次迭代，可以得到收敛解为：

```
X=
    3.9786
   -4.6500
    1.2857
```

（2）Gauss-Seidel 迭代法。

保存源程序文件为 gseid.m：

```
function X=gseid(A,B,P,delta,max1)
%A-系数矩阵；B-常数项；P-初始值；delta-允许误差；max1-最大迭代次数
N=length(B);
%X=zeros(N,1)
for k=1:max1
    for j=1:N
        if j==1
            X(1)=(B(1)-A(1,2:N)*P(2:N))/A(1,1);
        elseif j==N
            X(N)=(B(N)-A(N,1:N-1)*(X(1:N-1))')/A(N,N);
        else
            X(j)=(B(j)-A(j,1:j-1)*X(1:j-1)-A(j,j+1:N)*P(j+1:N))/A(j,j);
        end
    end
    err=abs(norm(X'-P));
    relerr=err/(norm(X)+eps);
    P=X';
    k;P';
    if (err<delta)|(relerr<delta)
        break
    end
end
X=X'
```

在 MATLAB 命令行窗口中运行以下代码：

```
>> A=[3 1 -1;4 8 1;3 1 6];
>> B=[6 -20 15]';
>> x0=[1 2 1]';                              %设定初始值
>> gseid (A,B,x0, 1e-5,60);
```

经过 8 次迭代，可以得到收敛解为：

```
X=
    3.9786
   -4.6500
    1.2857
```

9.2 数值逼近方法

数值逼近是进行近似计算的理论基础，广泛应用于函数计算、数据的处理与分析、微分方程和积分方程的数值求解等方面。本节介绍数值逼近方法的基本内容，包括插值、曲线拟合、数值积分。

9.2.1 插值

在工程问题的计算中，常常会遇到许多以表格形式给定的函数，如方根表、对数表、三角函数表等各种数学用表、实验数据记录表等。这些表格函数没有直接给出未列点处的函数值，也不便于进行微分和积分等计算。

在工程计算中，常常需要寻找与给定表格函数相适应的近似解析表达式，以便于求定未列点处的函数值，以及进行微分和积分等计算。这些问题都可通过构造与给定表格函数相适应的近似函数来解决，这就是所谓的插值问题。

为给定表格函数构造相适应的近似解析表达式的可用函数类型很多。例如，可用代数多项式，也可用三角多项式或有理函数，甚至可用定义区间$[a,b]$上的任意光滑函数或分段光滑函数等。由于代数多项式形式简单、计算简便，而且易于微分和积分，因此它是最基本、最常用的插值函数类型。本节仅介绍代数多项式插值法，简称代数插值法或多项式插值法。

1．拉格朗日插值

拉格朗日插值多项式是一族插值的基本公式，即n次插值多项式，它是代数插值中最基本且最常用的一类公式。

一般地，当$n=1$时，需要两个节点x_0和x_1，以构造 1 个一次（线性）插值多项式，它有两个线性插值基函数，且

$$y=P_1(x)=\sum_{k=0}^{1}y_kL_k(x)$$

其中

$$L_k(x)=\frac{x-x_j}{x_k-x_j},\qquad k,j=0,1$$

当$n=2$时，需要 3 个节点x_0、x_1和x_2，以构造 1 个二次（抛物线性）插值多项式，它有 3 个二次插值基函数，且

$$y=P_2(x)=\sum_{k=0}^{2}y_kL_k(x)$$

其中

$$L_k(x)=\prod_{\substack{j=0\\j\neq k}}^{2}\frac{x-x_j}{x_k-x_j}，\ k=0,1,2$$

对于一般情况，需要$n+1$个节点x_0，x_1，x_2，…，x_n，以构造 1 个n次插值多项式，它有$n+1$个n次插值基函数，且

$$y=P_n(x)=\sum_{k=0}^{n}y_kL_k(x)$$

其中

$$L_k(x)=\prod_{\substack{j=0\\j\neq k}}^{n}\frac{x-x_j}{x_k-x_j}=\frac{(x-x_0)\cdots(x-x_{k-1})(x-x_{k+1})\cdots(x-x_n)}{(x_k-x_0)\cdots(x_k-x_{k-1})(x_k-x_{k+1})\cdots(x_k-x_n)}$$

n次插值基函数的特征为

$$L_k(x_i)=\prod_{\substack{j=0\\j\neq k}}^{n}\frac{x_i-x_j}{x_k-x_j}=\begin{cases}1,\ i=k\\0,\ i\neq k\end{cases}，\ i,k=0,1,2,\cdots,n$$

因此，n次插值多项式为

$$P_n(x)=\sum_{k=0}^{n}\left[y_k\prod_{\substack{j=0\\j\neq k}}^{n}\frac{x-x_j}{x_k-x_j}\right]\begin{cases}=f(x_k),\quad x=x_k\\\approx f(x),\quad x\neq x_k\end{cases}，\ k=0,1,2,\cdots,n$$

上式称为拉格朗日插值多项式，它由$n+1$个n次插值基函数线性组合而成。由于该多项式通过$n+1$个几何点(x_0,y_0)，(x_1,y_1)，(x_2,y_2)，…，(x_n,y_n)，故它是唯一的。

2．分段低次插值

分段低次插值主要用于计算被插值点处的函数值。只要节点选择适宜，便可保证计算结果的精度。

分段线性插值也称折线插值。将区间$[a_0,a_n]$分为若干小区间$[a_{i-1},a_i](i=1,2,\cdots,n)$，在每个小区间上应用线性插值多项式，可写成以下形式：

$$y=P_i(x)=b_{i-1}\frac{x-a_i}{a_{i-1}-a_i}+b_i\frac{x-a_{i-1}}{a_i-a_{i-1}}，\ i=1,2,\cdots,n$$

根据插值多项式的余项，可知

$$|R_1(x)|=\max_{a_{i-1}\leqslant x\leqslant a_i}|f''(x)||(x-a_{i-1})(x-a_i)|/2$$

故应选取最靠近插值点x的两个节点a_{i-1}和a_i，即$a_{i-1}\leqslant x\leqslant a_i(i=0,1,2,\cdots,n)$。若节点按序排列，即$a_0<a_1<a_2<\cdots<a_n$，则寻找$a_{i-1}$和$a_i$的具体做法如下。

将插值点x与节点$a_i(i=0,1,2,\cdots,n)$从小至大逐个进行比较，当$x\leqslant a_{i0}$时，取$i=i_0$。这实际上是在确定数组a_i的下标，即要求

$$i=\begin{cases}1, & x\leqslant a_0\\ k, & a_{k-1}<x\leqslant a_k，\ k=1,2,\cdots,n\\ n, & x>a_n\end{cases}$$

当$x\leqslant a_0$时，取$i=1$，即选用a_0和a_1作为节点来计算y值，这是外推计算，求取区间$[a_0,a_n]$之外的插值点x处的函数值。当$a_{k-1}<x\leqslant a_k(k=1,2,\cdots,n)$时，取$i=k$，即选用$a_{i-1}$和$a_i$作为节点来计算$y$值，这是内插计算。当$x>a_n$时，取$i=n$，即选用$a_{n-1}$和$a_n$作为节点来计算$y$值，这也是外推计算。

分段线性插值的几何意义就是用折线$y=P_i(x)(i=1,2,\cdots,n)$代替曲线$y=f(x)$，仅当$n\to\infty$时两者才能吻合。线性插值的精度较低，在一般情况下不常用。根据拉格朗日插值多项式的性质，适当提高插值多项式的次数可提高插值计算的精度。例如，二次插值多项式的精度高于线性插值多项式的精度。

最后，值得指出的是，分段低次插值虽然有效地克服了高次插值计算不稳定及端点附近计算精度差等缺点，但它只能保证曲线的连续性，而不能使曲线光滑。由几何意义可知，在各个小区间的分点处，曲线只连续而不光滑，满足不了工程计算的某些要求，如微分计算等。因而工程上常常采用样条函数插值。

3．三次样条插值

工程上经常要求通过平面中的$n+1$个已知点作一条连接光滑的曲线。例如，船体放样与机翼设计均要求曲线不但连续而且处处光滑。

由上述讨论可知，拉格朗日高次插值多项式虽然可保证插值曲线光滑，但计算不稳定，可能出现龙格现象；分段低次插值虽然计算稳定，但在分段衔接处不能保证曲线的光滑性。

对于此类既要求稳定，又要求曲线光滑，即要求具有连续的二阶导数的插值问题。应用样条函数插值可满足这些要求，因此样条函数插值在工程上得到了广泛的应用。在化工辅助计算机设计中，将试验结果或计算结果离散点连接成一条光滑的曲线，用的就是样条曲线。

在工程上进行放样时，描图员常用富有弹性的细长木条作为样条。把它用压铁固定在样点上，在其他地方让它自由弯曲，然后画下长条的曲线，称为样条曲线。

该曲线可以看作由一段一段的三次多项式曲线拼凑而成的，在拼接处，不但函数自身是连续的，而且它的一阶和二阶导数也是连续的。对描图员描出的样条曲线进行数学模拟得出的函数叫作样条插值函数，最常用的是三次样条插值函数。

MATLAB 中有几个函数可以用不同的方法来进行数据插值，如表 9-2 所示。

表 9-2　插值命令集

函　　数	功　　能
interp1(x,y,xx)	返回一个长度和向量 xx 相同的向量 f(xx)。函数 f 由向量 x 和 y 定义，形式为 y=f(x)，用线性插值的方法计算 y 值。为了得到正确的结果，向量 x 必须按升序或降序排列。
interp1(x,y,xx)	返回一个相应向量的矩阵 F(xx)，同上。矩阵 Y 的每列是一个关于 x 的函数，对于每个这样的函数，xx 的值都通过插值得到。矩阵 F(xx)的行数和向量 xx 的长度相同，列数和矩阵 Y 的列数相同
interp1(x,y,xx,'method')	进行一维插值，字符串 method 规定不同的插值方法，可用的方法有： linear，线性插值 nearest，最邻近插值 spline，三次样条插值，也叫外推法 cubic，三次插值，要求 x 的值等距离 所有插值方法均要求 x 是单调的
interp1q(x,y,xx)	和 interp1 相同，但是对于非均匀空间的数据插值，其速度更快
interp2(X,Y,Z,Xx,Yy)	进行矩阵 Xx 和 Yy 的二维插值，并由 X、Y 和 Z 描述的函数 Z=f(X,Y)内的插值决定。如果 X、Y 和 Z 中的任何一个是向量，则它的元素被认为应用于相应的行和列
interp2(X,Y,Z,Xx,Yy,'method')	进行二维插值，字符串 method 规定了不同的插值方法，可用的方法有： linear，线性插值 nearest，最邻近插值 spline，三次样条插值 cubic，三次插值
VV=interp3(X,Y,Z,V,XX,YY,ZZ, 'method')	进行由 X、Y 和 Z 描述的函数 V 的插值，XX、YY 和 ZZ 是插值点。字符串 method 规定了不同的插值方法，可用的方法有： nearest，使用最邻近点的值 linear，使用 8 个最邻近点进行线性插值 spline，三次样条插值 cubic，使用 64 个最邻近点进行三次插值
VV=interpn(X1,X2,X3，...,V,Y1,Y2,Y3,...,'method')	和 interp3 相同，但是 V 和 VV 可以是多维数组。如果 X1，X2，X3，... 是等距离的，则使用星号*（如'*cubic'）可以加快计算速度
Interpft(y,n)	快速傅里叶变换插值，返回一个长度为 n 且从 y 计算得到的向量。要求 y 的值是等距离的，结果在与 y 相同的区间内计算

续表

函　数	功　能
griddata(x,y,z,Xx,Yy,'method')	返回大小相同的矩阵 Xx 和 Yy，它们表示一个网格，由函数 z=f(x,y)的插值得到。向量 x、y 和 z 包含的是三维空间的坐标。字符串 method 规定了不同的插值方法，可用的方法如下： linear，基于三角的线性插值 nearest，最邻近插值 cubic，基于三角的三次插值
[X1,X2,X3,...]=ndgrid(x1,x2,x3,...)	变换由向量 x1，x2，x3，...给出的域。对于矩阵 X1，X2，X3，...来说，可以用作多变量函数的估计值和多维插值。矩阵 Xn 的第 n 维和向量 xn 的元素相同
[X1X2,...]=ndgrid(x)	等同于[X1,X2,...]=ndgrid(x,x,x,...)

除了上述插值函数，MATLAB 还有一个专门进行样条插值的样条工具箱。

【例 9-5】 在区间[0, 2π]中给出函数 $\cos(x^2)$ 的 40 个函数值，利用一维数据差值求 0、π/4 、π/2 点的值，并验证。

```
>> x=linspace(0,2*pi,40);
>> y=cos(x.^2);
>> values=interp1(x,y,[0  pi/2  3])              %用 interp1 计算中间点的函数值
values=
   1.0000   -0.7677   -0.8200
>> correct=cos([0 pi/2 3].^2)                    %与用 cos 计算得到的正确结果进行比较
correct =
   1.0000   -0.7812   -0.9111
```

【例 9-6】 利用命令 griddata 在三维空间内建立任意数据点外的函数。

首先生成值随机分布在 0～1 的 3 个具有 20 个元素的向量，建立一个网格以计算内部曲面，然后用命令 griddata 对这些点之间的曲面进行插值。

```
x=rand(20,1);                          %生成有 20 个元素的向量，它们的值随机分布在 0～1 内
y=rand(20,1);
z=rand(20,1);
stps=0:0.02:1;                         %向量 A 的值在[0,1]区间
[X,Y]=meshgrid(stps);                  %生成一个[0,1]×[0,1]坐标网格
Z1=griddata(x,y,z,X,Y);                %线性插值
Z2=griddata(x,y,z,X,Y,'cubic');        %三次插值
Z3=griddata(x,y,z,X,Y,'nearest');      %最邻近插值
Z4=griddata(x,y,z,X,Y,'v4');           %MATLAB 中的插值方法
subplot(2,2,1);                        %画第一个子图
mesh(X,Y,Z1);                          %画曲面网格
hold on                                %保持当前图形
plot3(x,y,z,'o');                      %画出数据点
hold off                               %释放图形
subplot(2,2,2);                        %画第二个子图
mesh(X,Y,Z2);                          %画曲面网格
hold on                                %保持当前图形
plot3(x,y,z,'o');                      %画出数据点
hold off                               %释放图形
subplot(2,2,3);                        %画第三个子图
mesh(X,Y,Z3);                          %画曲面网格
```

```
hold on;
plot3(x,y,z,'o');                        %画出数据点
hold off
subplot(2,2,4);                          %画第四个子图
mesh(X,Y,Z4);                            %画曲面网格
hold on
plot3(x,y,z,'o');                        %画出数据点
hold off
```

执行上述代码，结果如图 9-1 所示，反映出了不同的插值方法之间的区别。图 9-1（a）用的是 linear，图（b）用的是 cubic，图（c）用的是 nearest，图（d）用的是 v4。

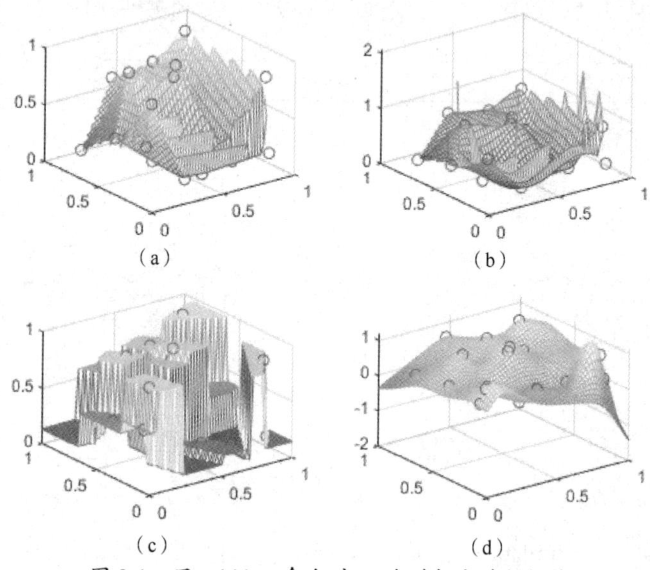

图 9-1　用 griddata 命令对 20 个随机点进行插值

9.2.2　曲线拟合

在科学技术及生产实践中，常常需要寻找某些参量之间的定量关系式，即由已知数据确定经验或半经验的数学模型，以便分析预测。

当这些参量之间的数学关系式不能从理论上导出或理论公式过于复杂时，常用的方法是将观测到的离散数据标记在平面图上（这只是对一个变量的情况而言的），然后描成一条光滑的曲线（也包括直线或对数坐标下的直线等）。

为了进一步分析，常常希望将曲线用一个简单的数学表达式加以描述，这就是曲线拟合，或者称经验建模。所谓曲线拟合，就是函数逼近（包括连续函数和离散函数，后者是主要的），其方法（包括逼近手段和逼近优/劣的判据）有多种。下面主要介绍线性最小二乘法。

对于多变量离散函数 $(y_j, x_{ij})(i=1,2,\cdots,p;\ j=1,2,\cdots,m)$，常常利用线性最小二乘法将其拟合为线性多元函数，即

$$\boldsymbol{Y}=\boldsymbol{BF}(\boldsymbol{X})$$

其中，$\boldsymbol{Y}=\boldsymbol{y}$ 为因变量，只有一个；$\boldsymbol{X}=[x_1,x_2,\cdots,x_p]^{\mathrm{T}}$ 为自变量，共 p 个；$\boldsymbol{B}=[b_1,b_2,\cdots,b_n]^{\mathrm{T}}$ 为待定系数，共 n 个；$\boldsymbol{F}=[f_1,f_2,\cdots,f_n]^{\mathrm{T}}$ 为 $\boldsymbol{X}$ 的函数关系式，共 n 个。

将上式写为标量形式：

$$y=\sum_{k=1}^{n}b_k f_k(x_1,x_2,\cdots,x_p)=b_1 f_1(x_1,x_2,\cdots,x_p)+\cdots+b_n f_n(x_1,x_2,\cdots,x_p)$$

可以看出，待定系数 $\boldsymbol{B}$ 在线的多元函数式中处于与 y 呈线性关系的位置，因此称上式为线性多元函数，对这类函数进行的最小二乘法拟合称为线性最小二乘法。

应当特别指出的是，在线性多元函数中，$\boldsymbol{F}(\boldsymbol{X})=[f_1(x_1,x_2,\cdots,x_p),\cdots,f_n(x_1,x_2,\cdots,x_p)]$ 不一定是线性的，而且往往是非线性的。

在 MATLAB 中，最小二乘拟合用函数 polyfit 对一组数据进行定阶数的多项式拟合，其基本用法为：

```
p=polyfit(x,y,n)            %用最小二乘法对输入的数据 x 和 y 用 n 阶多项式进行逼近
                            %函数返回多项式的系数，是一个长度为 n+1 的向量，包含多项式的系数
[p,s]=polyfit(x,y,n)
%函数不仅返回多项式的系数向量 p，还返回用函数 polyval 获得的误差分析报告，并保存在结构体变量 s 中
```

在多项式拟合中，如果 n 的值为 1，就相当于用最小二乘法进行直线拟合。

【例 9-7】 某实验中测得的一组数据如下。已知 x 和 y 呈线性关系，即 $y=kx+b$，求系数 k 和 b。

x 为 1,2,3,4,5，y 为 1.2,1.8,2.4,3.9,4.5。

```
>> x=[1 2 3 4 5];
>> y=[1.2 1.8 2.4 3.9 4.5];
>> [p,s]=polyfit(x,y,1)
>> y1=polyval(p,x);
>> plot(x,y1);
>> hold on;
>> plot(x,y,'b*');
p =
    0.8700    0.1500
s =
  包含以下字段的 struct:
        R: [2×2 double]
       df: 3
    normr: 0.4930
```

执行上述代码，结果如图 9-2 所示。

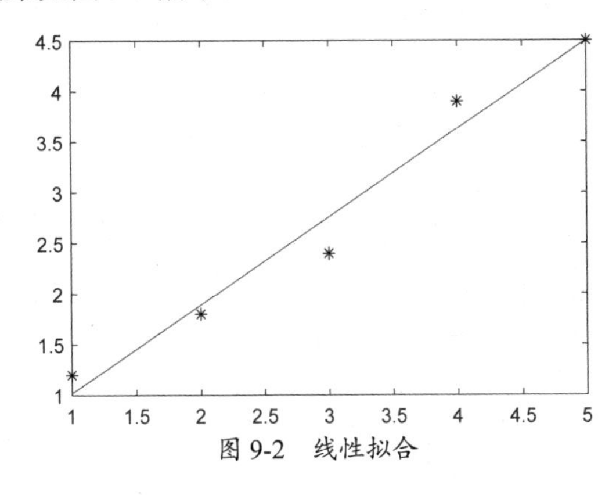

图 9-2　线性拟合

【例 9-8】在[−2,2]区间上对函数 $f(x)=\dfrac{1}{1+2x^2}$ 分别进行 4 次和 10 次的多项式拟合。

```
>> x=-2:0.2:2;
>> y=1./(1+2*x.^2);
>> p4=polyfit(x,y,4)
>> p10=polyfit(x,y,10)                          %用向量x和y中元素拟合不同次数的多项式
>> xcurve=-2:0.02:2;
>> p4curve=polyval(p4,xcurve);                  %计算在这些x点处的多项式值
>> p10curve=polyval(p10,xcurve);
>> plot(xcurve,p4curve,'r--',xcurve,p10curve,'b-.',x,y,'k*');
>> legend('L4(x)','L10(x)','精确值');
p4 =
    0.0906   -0.0000   -0.5296    0.0000    0.8464
p10 =
  列 1 至 7
   -0.0131    0.0000    0.1504   -0.0000   -0.6569    0.0000    1.3813
  列 8 至 11
   -0.0000   -1.5183    0.0000    0.9826
```

执行上述代码，结果如图 9-3 所示。通过拟合结果可以看出，次数越高的多项式的精度越好。10 次多项式拟合曲线基本经过所有的点。

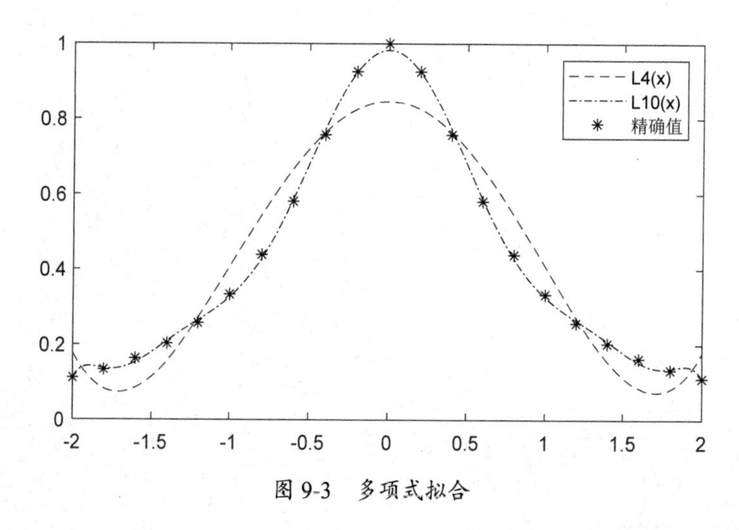

图 9-3　多项式拟合

【例 9-9】用 8 阶多项式逼近函数 sin(2*x*)。在此例中，用[0,2]区间上的数据生成多项式，而在[0,6]区间上画图。

```
>> x=0:0.2:2;
>> y=sin(2*x);
>> p=polyfit(x,y,8)                             %用x和y在[0,2]区间上拟合
>> x1=0:0.2:6;
>> y1=polyval(p,x1);
>> y2=sin(x1);
>> plot(x1,y1,'k*',x1,y2,'k-')                  %在[0,6]区间上画图
>> legend('polyfit','sin(x)');
p=
   0.0052  -0.0325   0.0004   0.2767  -0.0123  -1.3268  -0.0016   2.0001  -0.0000
```

执行上述代码，结果如图 9-4 所示。

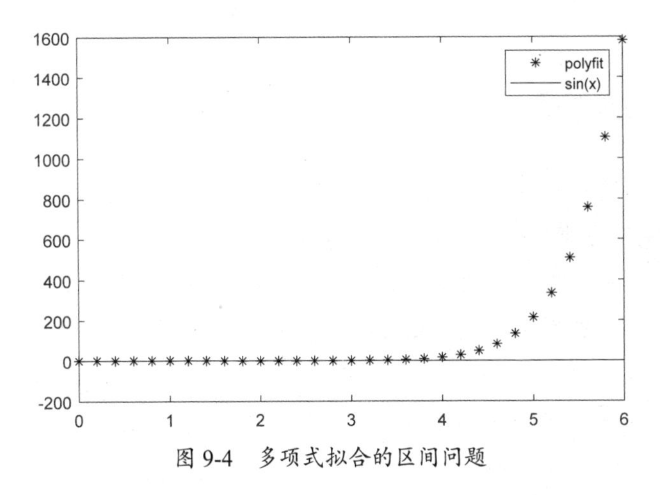

图 9-4　多项式拟合的区间问题

由图 9-4 可知，多项式在区间[0,3]上与函数 sin(2x)符合得比较好，在区间以内的 4 处，也没问题，但是，在离拟合区间比较远的地方，如 5 以后，差别就明显了。因而在拟合区间以外，用拟合所得的多项式求某处的函数值不一定能得到正确的结果。

9.2.3　数值积分

考虑定积分 $\int_a^b f(x)\mathrm{d}x$ 。将区间 $[a,b]$ n 等分，步长 $h=(b-a)/n$ ，取等距节点，即

$$x_k = a + kh \quad (k = 0,1,\cdots,n)$$

利用这些节点作 $f(x)$ 的 n 次拉格朗日插值多项式：

$$L_n(x) = \sum_{k=0}^{n} l_k(x) f(x_k)$$

其中，$l_k(x)$ 是拉格朗日基函数，均为 n 次多项式。以 $L_n(x)$ 代替 $f(x)$ 计算定积分，得到的求积公式称为牛顿-柯特斯（Newton-Cotes）公式：

$$\int_a^b f(x)\mathrm{d}x \approx I_n(f) = \sum_{k=0}^{n} A_k f(x_k)$$

其中，A_k 为系数：

$$A_k = \int_a^b l_k(x)\mathrm{d}x \quad (k = 0,1,\cdots,n)$$

当 $n=1$ 时，拉格朗日插值是一条直线，这时求积节点为 $x_0 = a$、$x_1 = b$ ，令 $h = b - a$ ，由系数公式确定求积系数 $A_0 = A_1 = h/2$ ，得到的求积公式称为梯形公式：

$$I_1(f) = \frac{h}{2}(f(a) + f(b))$$

可以验证，梯形公式仅具有一次代数精度，并且它的余项为

$$R_1(f) = -\frac{h^3}{12} f''(\eta),\quad \eta \in (\mathrm{a,b})$$

当 $n=2$ 时，拉格朗日插值是抛物线，这时求积节点为 $x_0 = a$、$x_1 = (a+b)/2$、$x_2 = b$ ，令 $h = (b-a)/2$ ，确定系数 $A_0 = A_2 = h/3$, $A_1 = 4h/3$ ，得到的求积公式称为辛普森（Simpson）

公式：

$$I_2(f)=\frac{h}{3}\left(f(a)+4f\left(\frac{a+b}{2}\right)+f(b)\right)$$

易证得辛普森公式具有三次代数精度，且它的余项为

$$R_2(f)=-\frac{h^5}{90}f^{(4)}(\eta),\quad \eta\in(\mathrm{a,b})$$

类似地，$n=4$ 时得到的求积公式称为柯特斯公式。

梯形公式和辛普森公式是牛顿-柯特斯公式中最简单的两种情形。虽然 $n=2$ 时的辛普森公式的精度高于 $n=1$ 时的梯形公式的精度，但并非 n 越大，牛顿-柯特斯公式的精度就越高，这是由高阶多项式插值的数值不稳定性造成的。

MATLAB 分别提供了一元函数的数值积分和二元函数重积分的数值计算，这里主要介绍一元函数的数值积分，方法如下。

（1）梯形法数值积分：trapz。

（2）自适应辛普森积分法：quad、quadl、quad8。

1．梯形法数值积分

梯形法数值积分采用的 trapz 命令有以下几种格式：

```
T=trapz(Y)          %用等距梯形法近似计算 Y 的积分
                    %若 Y 是一向量，则 trapz(Y)为 Y 的积分
                    %若 Y 是一矩阵，则 trapz(Y)为 Y 的每一列的积分
                    %若 Y 是一多维阵列，则 trapz(Y)沿着 Y 的第一个非单元集的方向进行计算
T=trapz(X,Y)        %用梯形法计算 Y 在 X 点上的积分
                    %若 X 为一列向量、Y 为矩阵，且 size(Y,1)= length(X)
                    %则 trapz(X,Y)通过 Y 的第一个非单元集方向进行计算
T=trapz(…,dim)      %沿着 dim 指定的方向对 Y 进行积分
                    %若参量中包含 X，则应有 length(X)=size(Y,dim)
```

【例 9-10】 求定积分 $\int_{-1}^{1}\frac{1}{1+2x^2}\mathrm{d}x$ 。

```
>> X=-1:.1:1;
>> Y=1./(1+2*X.^2);
>> T=trapz(X,Y)
T=
   1.3503
```

2．自适应辛普森积分法

MATLAB 中自适应辛普森积分法采用的几种命令及格式如下：

```
q=quad(fun,a,b)
%近似地从 a 到 b 计算函数 fun 的数值积分，误差为 1.0e-6
%若给 fun 输入向量 x，则应返回向量 y，即 fun 是一单值函数
q=quad(fun,a,b,tol)
%用指定的绝对误差 tol 代替默认误差。tol 越大，函数计算的次数越少，速度越快，但结果精度变低
q=quad(fun,a,b,tol,trace,p1,p2,…)
%将可选参数 p1，p2，…传递给函数 fun(x,p1,p2,…)，再进行数值积分
%若 tol=[]或 trace=[]，则用默认值进行计算
```

```
q=integral(fun,xmin,xmax)
%使用全局自适应积分和默认误差容限在 xmin 和 xmax 间以数值形式对函数 fun 求积分
q=integral(fun,xmin,xmax,Name,Value)  %指定具有一个或多个(Name,Value)对组参数的其他选项
```

【例 9-11】求定积分 $\int_0^2 \frac{x^2}{x^3 - x^2 + 3}\mathrm{d}x$ 。

```
>> fun=inline('x.^2./(x.^3-x.^2+3)');
>> Q1=quad(fun,0,2)
>> Q2=quadl(fun,0,2)
Q1=
     0.6275
Q2=
     0.6275
```

【例 9-12】分别采用梯形法和自适应辛普森积分法求 $\int_0^{\pi/2} \cos(x)\mathrm{d}x$ 。

（1）将(0,π/2)10 等分，步长为π/20，按梯形法计算，利用 trapz(x)函数进行积分。trapz(x)函数的功能是输入数组 x，输出为按梯形公式计算的 x 的积分。这是 MATLAB 中常用的数值积分方法。

在命令行窗口中输入如下命令：

```
>> m=pi/20;
>> x=0:m:pi/2;
>> y=sin(x);
>> z=trapz(y)*m
z=
     0.9979
```

（2）自适应辛普森积分法：使用 quad('fun',a,b)函数。它将计算以 fun 命名的函数在区间(a,b)上的积分，自动选择步长，相对误差为 1E−3。

在命令行窗口中输入以下命令：

```
>> z=quad('cos',0,pi/2)
z=
     1
```

注意：

上面两种方法得出的结果不同，这是由于所选方法各自产生的误差不同造成的。

【例 9-13】求函数 $f(x)=\mathrm{e}^{-x^2}(\ln x)^2$ 的广义积分 $\int_0^{+\infty} f(x)\mathrm{d}z$ 。

```
>> fun = @(x) exp(-x.^2).*log(x).^2;          %创建函数
>> q = integral(fun,0,Inf)                    %求积分
q =
    1.9475
```

9.3　常微分方程（组）的数值求解

许多实际问题的数学模型是微分方程或微分方程组的定解问题，如物体运动、电路振荡、化学反应及生物群体的变化等。下面介绍常微分方程（组）的数值解法。

9.3.1 常微分方程初值问题的离散化

能用解析方法求出精确解的微分方程为数不多，而且有的方程即使有解析解，也可能由于表达式非常复杂而不易计算。因此，有必要研究微分方程的数值解法。

本节主要讨论一阶常微分方程的初值问题，其一般形式为

$$\begin{cases} \dfrac{\mathrm{d}y}{\mathrm{d}x} = f(x,y) \quad a \leqslant x \leqslant b \\ y(a) = y_0 \end{cases}$$

所谓数值解法，就是求上述问题的解 $y(x)$在若干点 $a = x_0 < x_1 < x_2 < \cdots < x_N = b$ 处的近似值 $y_n (n = 1,2,\cdots,N)$ 的方法，y_n 称为数值解，$h_n = x_{n+1} - x_n$ 为从 x_n 到 x_{n+1} 的步长。要建立数值解法，首先要将微分方程离散化，一般采用以下几种方法。

1．用差商近似导数进行离散化

若用向前差商 $\dfrac{y(x_{n+1}) - y(x_n)}{h}$ 代替 $y'(x_n)$ 代入微分方程，则

$$\frac{y(x_{n+1}) - y(x_n)}{h} \approx f(x_n, y(x_n)) \ (n = 0,1,\cdots)$$

化简得 $y(x_{n+1}) \approx y(x_n) + hf(x_n, y(x_n))$ 。

如果用 $y(x_n)$ 的近似值 y_n 代入上式等号的右端，所得结果作为 $y(x_{n+1})$ 的近似值，记为 y_{n+1}，则有 $y_{n+1} = y_n + hf(x_n, y_n) \ (n = 0,1,\cdots)$ 。

这样，常微分方程的近似解可通过下述问题求解：

$$\begin{cases} y_{n+1} = y_n + hf(x_n, y_n) \ (n = 0,1,\cdots) \\ y_0 = y(a) \end{cases}$$

这是个离散化问题，称为差分方程初值问题。不同的差商近似得到不同的公式。

2．用数值积分方法进行离散化

将一般的解表达成积分形式，用数值积分方法离散化。例如，对微分方程两端积分，得

$$y(x_{n+1}) - y(x_n) = \int_{x_n}^{x_{n+1}} f(x, y(x))\mathrm{d}x \ (n = 0,1,\cdots)$$

用 y_{n+1}和y_n 分别代替 $y(x_{n+1})$和$y(x_n)$，对上式右端积分采用取左端点的矩形公式，即

$$\int_{x_n}^{x_{n+1}} f(x, y(x))\mathrm{d}x \approx hf(x_n, y_n)$$

则由上式得

$$y_{n+1} - y_n \approx hf(x_n, y_n)$$

于是问题一般式的近似解可由以下公式求出：

$$\begin{cases} y_{n+1} = y_n + hf(x_n, y_n) \ (n = 0,1,\cdots) \\ y_0 = y(a) \end{cases}$$

注意：

完全类似地，对右端积分采用取右端点的矩形公式或其他数值积分方法，可得到不同的计算公式。

3．用 Taylor 多项式进行离散化

将函数 $y(x)$在 x_n 处展开，取一次 Taylor 多项式近似，得

$$y(x_{n+1}) = y(x_n + h) \approx y(x_n) + hy'(x_n) = y(x_n) + hf(x_n, y(x_n))$$

再将 $y(x_n)$ 的近似值 y_n 代入上式右端，所得结果作为 $y(x_{n+1})$ 的近似值 y_{n+1}，得到离散化的计算公式为 $y_{n+1} = y_n + hf(x_n, y_n)$。

说明：

Taylor 展开法不仅可以得到求数值解的公式，还容易估计截断误差。因此下面介绍的方法主要采用此法。

9.3.2 常微分方程初值问题

1．欧拉（Euler）方法

Euler 方法就是用差分方程初值问题的解近似微分方程初值问题的解，即依次算出 $y(x_n)$ 的近似值 y_n $(n = 1, 2, \cdots)$。

如果在微分方程离散化时，用向后差商代替导数，即 $y'(x_{n+1}) \approx \dfrac{y(x_{n+1}) - y(x_n)}{h}$，则得计算公式：

$$\begin{cases} y_{n+1} = y_n + hf(x_{n+1}, y_{n+1}) \\ y_0 = y(a) \end{cases}$$

用这组公式求解问题一般式的数值解称为向后 Euler 方法。向后 Euler 方法与 Euler 方法在形式上相似，但在实际计算时复杂得多。Euler 公式是显式的，可直接求解。向后 Euler 公式的右端含有 y_{n+1}，因此是隐式公式，一般要用迭代法求解，迭代公式通常为

$$\begin{cases} y_{n+1}^0 = y_n + hf(x_n, y_n) \\ y_{n+1}^{k+1} = y_n + hf(x_{n+1}, y_{n+1}^k) \quad (k = 0, 1, 2, \cdots) \end{cases}$$

注意：

如果用中心差商代替导数，则可导出 Euler 两步公式。

最后要说明的是，Euler 公式为一阶方法。

2．梯形公式

当利用数值积分方法将微分方程离散化时，若用梯形公式计算右端积分，即

$$\int_{x_n}^{x_{n+1}} f(x, y(x))\mathrm{d}x \approx \frac{h}{2}[f(x_n, y(x_n)) + f(x_{n+1}, y(x_{n+1}))]$$

并用 y_n 和 y_{n+1} 分别代替 $y(x_n)$ 和 $y(x_{n+1})$，则得计算公式：

$$y_{n+1} = y_n + \frac{h}{2}[f(x_n, y_n) + f(x_{n+1}, y_{n+1})]$$

这就是求解初值问题一般式的梯形公式。

截断误差为 $R_{n+1} = y(x_{n+1}) - y_{n+1} = -\dfrac{h^3}{12}y''(\xi)$，故它为二阶方法。

梯形公式也是隐式公式，一般需要用迭代法求解，迭代公式为

$$\begin{cases} y_{n+1}^{0} = y_n + hf(x_n, y_n) \\ y_{n+1}^{k+1} = y_n + \dfrac{h}{2}[f(x_n, y_n) + f(x_{n+1}, y_{n+1}^{k})] \quad (k = 0,1,2,\cdots) \end{cases}$$

说明：

在用上式求解时，若每步只迭代一次，则导出另一种方法——改进的 Euler 方法。

3．改进的 Euler 方法

在按上式计算一般式的数值解时，若每步只迭代一次，相当于将 Euler 公式与梯形公式相结合：先用 Euler 公式求出 y_{n+1} 的一个初步近似值 $\overline{y}_{n+1}$，称为预测值；然后用梯形公式校正以求得近似值 y_{n+1}，即

$$\begin{cases} \overline{y}_{n+1} = y_n + hf(x_n, y_n) & \text{预测} \\ y_{n+1} == y_n + \dfrac{h}{2}[f(x_n, y_n) + f(x_{n+1}, \overline{y}_{n+1})] & \text{校正} \end{cases}$$

上式称为由 Euler 公式和梯形公式得到的预测一校正系统，也叫改进的 Euler 方法。为便于程序设计，通常将上式改写成如下形式：

$$\begin{cases} y_p = y_n + hf(x_n, y_n) \\ y_q = y_n + hf(x_n + h, y_p) \\ y_{n+1} = (y_p + y_q)/2 \end{cases}$$

4．龙格-库塔（R-K）法

若用 p 阶 Taylor 多项式近似函数，即

$$y_{n+1} = y(x_n) + hy'(x_n) + \frac{h^2}{2!}y''(x_n) + \cdots + \frac{h^p}{p!}y^{(p)}(x_n)$$

其中

$$y' = f(x, y)\text{，}\quad y'' = f_x'\ (x, y) + f_y'\ (x, y)f(x, y)\text{，}\ \cdots$$

则局部截断误差应为 p 阶 Taylor 余项 $O(h^{p+1})$。由此得到启示：可以通过提高 Taylor 多项式的次数来提高算法的阶数，以得到高精度的数值方法。

若将 Euler 公式与改进的 Euler 公式分别写成以下形式：

$$\begin{cases} y_{n+1} = y_n + hK_1 \\ K_1 = f(x_n, y_n) \end{cases} \quad \text{（Euler 公式）}$$

$$\begin{cases} y_{n+1} = y_n + h\left(\dfrac{1}{2}K_1 + \dfrac{1}{2}K_2\right) \\ K_1 = f(x_n, y_n) \\ K_2 = f(x_n + h, y_n + hK_1) \end{cases} \quad \text{（改进的 Euler 公式）}$$

则这两组公式都是采用函数 $f(x,y)$ 在某些点上的值的线性组合来计算 $y(x_{n+1})$ 的近似值 y_{n+1} 的。Euler 公式每步计算一次 $f(x,y)$ 的值，它是 $y(x_{n+1})$ 在 x_n 处的一阶 Taylor 多项式，因而是一阶方法。

改进的 Euler 公式每次需要计算两次 $f(x,y)$ 的值，它在 (x_n, y_n) 处的 Taylor 展开式与

$y(x_{n+1})$ 在 x_n 处的 Taylor 展开式的前三项完全相同，故是二阶方法。

于是，可以考虑用函数 $f(x,y)$ 在若干点上的函数值的线性组合构造近似公式，在构造时，要求近似公式在 (x_n,y_n) 处的 Taylor 展开式与 $y(x)$ 在 x_n 处的一阶 Taylor 展开式的前几项重合，从而使近似公式达到所需的阶数。这样既避免了计算函数 $f(x,y)$ 的偏导数，又提高了方法的精度，这就是 R-K 法的基本思想。

一般地，R-K 法的近似公式为

$$\begin{cases} y_{n+1} = y_n + h\sum_{i=1}^{p} c_i K_i \\ K_1 = f(x_n, y_n) \\ K_i = f\left(x_n + a_i h, y_n + h\sum_{j=1}^{i-1} b_{ij} K_j\right) \qquad (i = 2,3,\cdots,p) \end{cases}$$

其中，a_i、b_{ij}、c_i 都是参数，确定它们的原则是使近似公式在 (x_n,y_n) 处的 Taylor 展开式与 $y(x)$ 在 x_n 处的一阶 Taylor 展开式的前几项尽可能多得重合，这样就可以使近似公式有尽可能高的精度。

以 $p=2$ 为例，近似公式为

$$\begin{cases} y_{n+1} = y_n + h(c_1K_1 + c_2K_2) \\ K_1 = f(x_n, y_n) \\ K_2 = f(x_n + a_2h, y_n + hb_{21}K_1) \end{cases}$$

类似地，对 $p=3$ 和 $p=4$ 的情形，通过更复杂的计算，可以导出三阶和四阶 R-K 公式，其中最常用的三阶和四阶 R-K 公式为

$$\begin{cases} y_{n+1} = y_n + \frac{h}{6}(K_1 + 4K_2 + K_3) \\ K_1 = f(x_n, y_n) \\ K_2 = f(x_n + \frac{h}{2}, y_n + \frac{h}{2}K_1) \\ K_3 = f(x_n + h, y_n + hK_1 + 2hK_2) \end{cases}$$

$$\begin{cases} y_{n+1} = y_n + \frac{h}{6}(K_1 + 2K_2 + 2K_3 + K_4) \\ K_1 = f(x_n, y_n) \\ K_2 = f(x_n + \frac{h}{2}, y_n + \frac{h}{2}K_1) \\ K_3 = f(x_n + \frac{h}{2}, y_n + \frac{h}{2}K_2) \\ K_4 = f(x_n + h, y_n + hK_3) \end{cases}$$

5．常微分方程（组）初值问题的 MATLAB 求解

在 MATLAB 中，用于求解常微分方程初值问题的函数如表 9-3 所示。

表 9-3　用于求解常微分方程初值问题的函数

函　　数	求解问题类型	方　　法
ode45	求解非刚性微分方程-中阶方法	R-K
ode23	求解非刚性微分方程-低阶方法	R-K
ode113	求解非刚性微分方程-变阶方法	PECE
ode15s	求解刚性微分方程和 DAE-变阶方法	NDFs(BDFs)
ode23s	求解刚性微分方程-低阶方法	Rosenbrock
ode23t	求解中等刚性的 ODE 和 DAE-梯形法则	Trapezoidalrule
ode23tb	求解刚性微分方程-梯形法则+后向差分公式	TR-BDF2
ode15i	求解全隐式微分方程-变阶方法	BDFs

微分方程数值求解的调用格式为：

```
[X,Y]=odeN('odex',[t0,tf],y0,tol,trace)
```

其中，odeN 可以是表 9-3 中的任意一个命令；输入参变量 odex 是定义 f(x,y)的函数文件名，该函数文件必须以 y′=f(x,y)为输出，以 x、y 为输入参变量，次序不能颠倒。

变量 t0 和 tf 分别是积分的初值和终值；变量 y0 是初始状态列向量；变量 tol 控制解的精度，默认值在 ode23 中为 tol=1E−3，在 ode45 中为 tol=1E−6；变量 trace 决定求解的中间结果是否显示，默认值为 trace=0，表示不显示中间结果。

【例 9-14】 求方程 $y''+y'(y''^2+1)-y=0$ 在从 x=0 到 x=30 各节点上的数值解。已知初值为 $y(0)=1$， $y'(0)=-1$， $y''(0)=0$ 。

（1）化为标准方程。

将微分方程的导数降阶，即令 $y_1=y$， $y_2=y'$， $y_3=y''$，则原方程变为

$$\begin{cases} y_1'=y_2 \\ y_2'=y_3 \\ y_3'=y_2(1+y_3^2)-y_1 \end{cases}$$

其初值条件为

$$\begin{cases} y_1(0)=1 \\ y_2(0)=-1 \\ y_3(0)=0 \end{cases}$$

（2）定义微分方程。在 M 文件编辑器中编辑函数文件，并存储为 odex2.m：

```
function dy=odex2(x,y)
dy=[y(2);y(3);y(2)*(1+y(3)^2)-y(1)];
```

（3）求解并绘图。

```
>> [X,Y]=ode45('odex2',[0,30],[1;-1;0])                    %调用 ode45 命令求解
>> plot(X,Y(:,1),'r-',X,Y(:,2),'k:',X,Y(:,3),'b--')  %绘图并观察变化趋势
>> xlabel('timeX');
>> ylabel('solutionY');
>> legend('Y1','Y2','Y3');
```

执行上述代码，结果如图 9-5 所示，可以发现，Y1 与 Y2 的线重合。

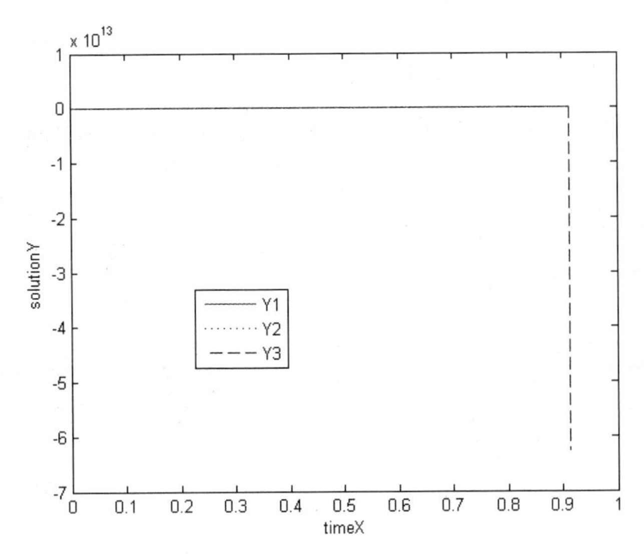

图 9-5　微分方程初值问题 1

【例 9-15】解微分方程组$\begin{cases} y_1' = -y_2 y_3 \\ y_2' = y_1 y_3 \\ y_3' = 2y_1 y_2 \end{cases}$，其初值条件为$\begin{cases} y_1(0) = 1 \\ y_2(0) = 0 \\ y_3(0) = 1 \end{cases}$。

（1）定义微分方程。在 M 文件编辑器中编辑函数文件，并存储为 rigid.m：

```
function dy=rigid(t,y)
dy=zeros(3,1);%acolumnvector
dy(1)=-y(2)*y(3);
dy(2)=y(1)*y(3);
dy(3)=2*y(1)*y(2);
```

（2）求解并绘图。

```
>> options = odeset('RelTol',1e-4,'AbsTol',[1e-4 1e-4 1e-5]);
>> [t,Y] = ode45(@rigid,[0 12],[1 0 1],options);  %调用 ode45 命令求解
>> plot(t,Y(:,1),'-',t,Y(:,2),'-.',t,Y(:,3),'.')  %绘图并观察变化趋势
```

执行上述代码，结果如图 9-6 所示。

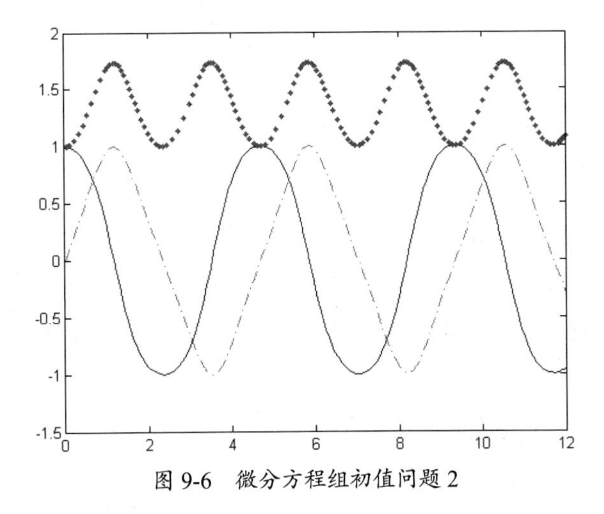

图 9-6　微分方程组初值问题 2

【例 9-16】解微分方程组 $\begin{cases} y_1' = y_2 \\ y_2' = 900(1-y_1^2)y_2 - y_1 \end{cases}$，其初值条件为 $\begin{cases} y_1(0) = 0 \\ y_2(0) = 0 \end{cases}$。

（1）定义微分方程。在 M 文件编辑器中编辑函数文件，并命名，将其保存在 vdp.m 中：

```
function dy=vdp(t,y)
dy=zeros(2,1);%a column vector
dy(1)=-y(2);
dy(2)=900*(1-y(1)^2)*y(2)-y(1);
```

（2）求解并绘图。

```
>> [t,Y] = ode15s(@vdp,[0 300],[2 0]);          %调用 ode15s 命令求解
>> plot(T,Y(:,1),'-o')                          %绘图并观察变化趋势
```

执行上述代码，结果如图 9-7 所示。

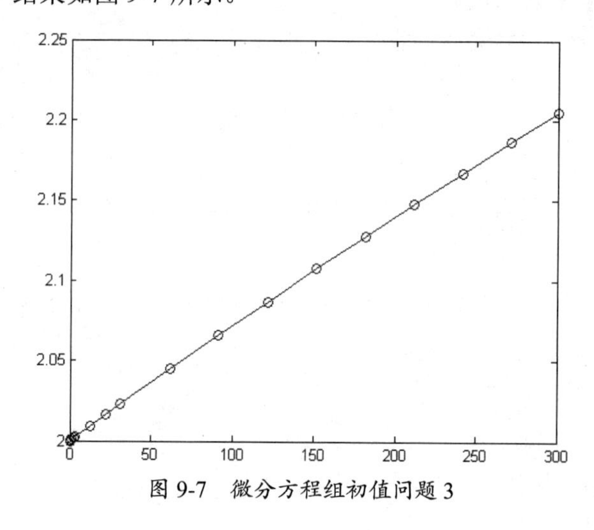

图 9-7　微分方程组初值问题 3

9.4　数据分析和多项式

MATLAB 中的数据分析和多项式是用户经常会遇到的一类数学分析方法问题，特别是数据分析在当今科学与技术领域里有着举足轻重的作用。多项式的求解方法在 MATLAB 中也非常常见。

9.4.1　基本数据分析函数

在 MATLAB 中，一维统计数据可以用行向量或列向量表示，不管输入数据是行向量还是列向量，运算都是对整个向量进行的；二维统计数据可以采用多个向量来表示，也可以采用二维矩阵来表示。在对二维矩阵进行运算时，运算总是按列进行的。

这两条约定不仅适用于本节提到的函数，还适用于 MATLAB 各个工具箱中的函数。下面对基本数据分析函数进行介绍。

MATLAB 提供的基本数据分析函数的功能和调用格式如表 9-4 所示。

表 9-4　MATLAB 提供的基本数据分析函数的功能和调用格式

函 数 名	功 能 描 述	基本调用格式	
max	求最大值	C=max(A)	如果 A 是向量，则返回向量中的最大值；如果 A 是矩阵，则返回一个包含各列最大值的行向量
		C=max(A,B)	返回矩阵 A 和 B 中较大的元素，矩阵 A、B 必须具有相同的大小
		C=max(A,[],dim)	返回 dim 维上的最大值[C,I]=max(...)，多返回最大值的下标
min	求最小值	与求最大值函数 max 的调用格式一致	
mean	求平均值	M=mean(A)	如果 A 是向量，则返回向量 A 的平均值；如果 A 是矩阵，则返回含有各列平均值的行向量
		M=mean(A,dim)	返回 dim 维上的平均值
median	求中间值	与求平均值函数 mean 的调用格式一致	
std	求标准方差	s=std(A)	如果 A 是向量，则返回向量的标准方差；如果 A 是矩阵，则返回含有各列标准方差的行向量
		s=std(A,flag)	用 flag 选择标准方差的定义式
		s=std(A,flag,dim)	返回 dim 维上的标准方差
var	方差（标准方差的平反）	var(A)	如果 A 是向量，则返回向量的方差；如果 A 是矩阵，则返回含有各列方差的行向量
		var(A,1)	返回第二种定义的方差
		var(A,w)	利用 w 作为权重计算方差
		var(A,w,dim)	返回 dim 维上的方差
sort	数据排序	B=sort(A)	如果 A 是向量，则升序排列向量；如果 A 是矩阵，则升序排列各列
		B=sort(A,dim)	升序排列矩阵 A 的 dim 维
		B=sort(...,mode)	用 mode 选择排序方式：ascend 为升序，descend 为降序
		[B,IX]=sort(...)	多返回数据 B 在原来矩阵中的下标 IX
sortrows	对矩阵的行排序	B=sortrows(A)	升序排序矩阵 A 的行
		B=sortrows(A,column)	以 column 列数据作为标准，升序排序矩阵 A 的行
		[B,index]=sortrows(A)	多返回数据 B 在原来矩阵 A 中的下标 index
sum	求元素之和	B=sum(A)	如果 A 是向量，则返回向量 A 的各元素之和；如果 A 是矩阵，则返回含有各列元素之和的行向量
		B=sum(A,dim)	求 dim 维上的矩阵元素之和
		B=sum(A,'double')	返回数据类型指定为双精度浮点数
		B=sum(A,’native’)	返回数据类型指定为与矩阵 A 的数据类型相同
prod	求元素的连乘积	B=prod(A)	如果 A 是向量，则返回向量 A 的各元素的连乘积；如果 A 是矩阵，则返回含有各列元素连乘积的行向量
		B=prod(A,dim)	返回 dim 维上的矩阵元素连乘积
hist	画直方图	n=hist(Y)	在 10 个等间距的区间内统计矩阵 Y 属于该区间的元素个数
		n=hist(Y,x)	在 x 指定的区间内统计矩阵 Y 属于该区间的元素个数
		n=hist(Y,nbins)	用 nbins 个等间距的区间统计矩阵 Y 属于该区间的元素个数
		hist(...)	直接画出直方图
histc	直方图统计	n=histc(x,edges)	计算在 edges 区间内向量 x 属于该区间的元素个数
		n=histc(x,edges,dim)	在 dim 维上统计 x 出现的次数

续表

函 数 名	功 能 描 述	基本调用格式	
trapz	梯形数值积分（等间距）	Z=trapz(Y)	返回 Y 的梯形数值积分
		Z=trapz(X,Y)	计算以 X 为自变量时 Y 的梯形数值积分
		Z=trapz(...,dim)	在 dim 维上计算梯形数值积分
cumsum	矩阵的累加	B=cumsum(A)	如果 A 是向量，则计算向量 A 的累加和；如果 A 是矩阵，则计算矩阵 A 在列方向上的累加和
		B=cumsum(A,dim)	在 dim 维上计算矩阵 A 的累加和
cumprod	矩阵的累积	与函数 cumsum 的调用格式相同	
cumtrapz	梯形积分累积	与函数 trapz 的调用格式相同	

1. 最大值、最小值、平均值、中间值、元素求和

【例 9-17】求随机矩阵的最大值、最小值、平均值。

```
>> x=1:10;
>> y=randn(1,10);                                    %创建 10 个随机数 y
>> hold on;
>> plot(x,y);
>> [y_max,I_max]=max(y);
>> plot(x(I_max),y_max,'*');
>> [y_min,I_min]=min(y);
>> plot(x(I_min),y_min,'o');
>> y_mean=mean(y);
>> plot(x,y_mean*ones(1,length(x)),':');
>> legend('数据','最大值','最小值','平均值');
```

由上述语句得到的结果如图 9-8 所示。

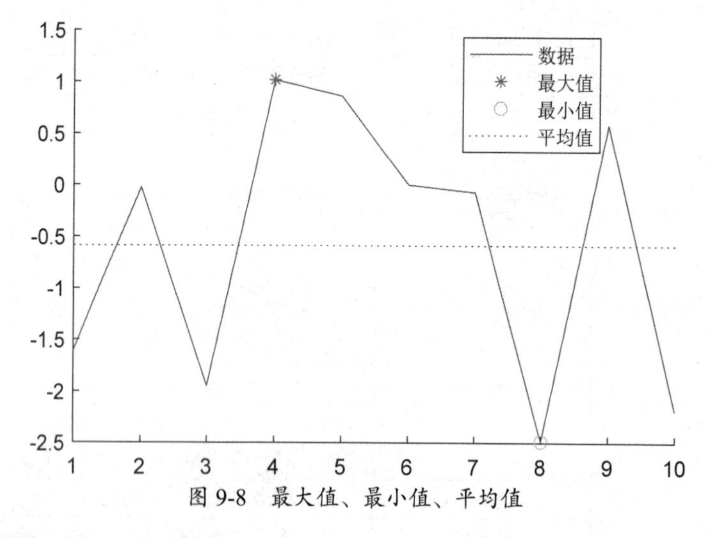

图 9-8　最大值、最小值、平均值

2. 标准方差和方差

向量 $\boldsymbol{x}$ 的标准方差有如下两种定义：

$$s=\left[\frac{1}{N-1}\sum_{k=1}^{N}(X_k-\overline{X})^2\right]^{\frac{1}{2}}$$

$$s=\left[\frac{1}{N}\sum_{k=1}^{N}(X_k-\overline{X})^2\right]^{\frac{1}{2}}$$

其中，$\overline{X}=\sum_{k=1}^{N}X_k$，$N$ 是向量 $\boldsymbol{x}$ 的长度。

在 MATLAB 中，默认使用第一种定义式计算数据的标准方差。如果要使用第二种定义式计算标准方差，则可以使用函数调用格式 std(A,1)。

方差是标准方差的平反。对应标准方差，方差也有两种定义。同样，在 MATLAB 中，默认使用第一种定义式计算数据的方差。如果要使用第二种定义式计算方差，则可以使用函数调用格式 var(A,1)。

【例 9-18】比较两个一维随机变量的标准方差与方差。

```
>> x1=rand(1,200);
>> x2=5*x1;
>> std_x1=std(x1);
>> var_x1=var(x1);
>> std_x2=std(x2);
>> var_x2=var(x2);
>> disp(['x2 的标准方差与 x1 的标准方差之比=' num2str(std_x2/std_x1)]);
>> disp(['x2 的方差与 x1 的方差之比=' num2str(var_x2/var_x1)]);
x2 的标准方差与 x1 的标准方差之比=5
x2 的方差与 x1 的方差之比=25
```

3．元素排序

MATLAB 可以对实数、复数和字符串进行排序。当对复数矩阵进行排序时，先按复数的模进行排序，如果模相等，则按其在区间 $[-\pi,\pi]$ 上的相角进行排序。在 MATLAB 中，实现排序的函数为 sort。

【例 9-19】对复数矩阵进行排序。

```
>> a = [0 -13i 1 i -i -3i 3 -3];
>> b = sort(a)
b =
  列 1 至 4
   0.0000 + 0.0000i   0.0000 - 1.0000i   1.0000 + 0.0000i   0.0000 + 1.0000i
  列 5 至 8
   0.0000 - 3.0000i   3.0000 + 0.0000i  -3.0000 + 0.0000i   0.0000 -13.0000i
```

9.4.2 多项式函数

1．多项式表示法

MATLAB 采用行向量表示多项式，将多项式的系数按降幂次序存放在行向量中。多项式 $\boldsymbol{P}(x)=a_0x^n+a_1x^{n-1}+\ldots+a_{n-1}x+a_n$ 的系数行向量 $\boldsymbol{P}=[a_0a_1\ldots a_n]$，注意顺序必须是从高次幂到低次幂。多项式中缺少的幂次要用“0”补齐。

以下语句说明函数 poly2str 的用法：

```
>> poly2sym([1 -2 0 8 0 6 -8 ])
ans=
    x^6-2*x^5+8*x^3+6*x-8
```

2. 多项式求值

在 MATLAB 中，使用函数 polyval 计算多项式的值，其调用方式如下：

```
y=polyval(p,x)
```

其中，p 为行向量形式的多项式；x 为代入多项式的值，它可以是标量、向量和矩阵。如果 x 是向量或矩阵，那么该函数将对向量或矩阵中的每个元素计算多项式的值，并返回给 y。

MATLAB 不但可以计算矩阵元素的多项式值，而且可以把整个矩阵代入多项式作为自变量进行计算。计算矩阵多项式值的函数是 polyvalm，其调用方式如下：

```
Y=polyvalm(p,X)  %把矩阵 X 代入多项式 p 中进行计算，矩阵 X 必须是方阵
```

【例 9-20】求多项式的值和矩阵多项式的值，请注意这两者的区别，具体代码如下：

```
>> % polyval_example.m                          %求多项式 x^2+3x+6 的值
>> p1=[1 3 6];
>> A=[10 -1];
>> A1=[1 0;
>> 0 1];
>> p1_A=polyval(p1,A)                           %求多项式的值
>> p1_Am=polyvalm(p1,A1)                        %求矩阵多项式的值
p1_A =
   136     4
p1_Am =
    10     0
     0    10
```

说明：

MATLAB 提供了一些处理多项式的基本函数，如求多项式的值、根和微分等。另外，MATLAB 还提供了一些高级函数，用于处理多项式，如曲线拟合和多项式的部分分式表示等。

用于处理多项式的函数保存在 MATLAB 工具箱的 polyfun 子目录下，如表 9-5 所示。由于篇幅所限，这里不再一一介绍。

表 9-5 用于处理多项式的函数

函 数 名	功 能 描 述	函 数 名	功 能 描 述
poly	求多项式的系数	polyvarm	求矩阵多项式的值
polyeig	求多项式特征值问题	conv	多项式乘法
polyfit	多项式曲线拟合	deconv	多项式除法
residue	部分分式展开	polyint	求多项式的积分
roots	求多项式的根	polyder	求多项式的一阶导数
polyvar	求多项式的值	—	—

9.5　本章小结

本章主要介绍了有关数值计算方面的基本内容和 MATLAB 的实现功能，无论是高阶线性方程组，还是多项式插值、数值积分、曲线拟合、常微分方程的数值解法，一直都是工程技术人员感兴趣的地方。MATLAB 很好地将数学理论和解法融为一体，可以帮助用户轻松地解决数值计算方面的问题。读者在学完本章后，可以轻松地解决工程实践中遇到的数值计算方面的问题。

第 10 章

符号计算

本章主要阐述 MATLAB 的符号计算功能。在 MATLAB 中，符号计算是以数值计算的补充身份出现的，它的指令、结果的图形化显示、程序的编写都是十分完整和便捷的。本章分别介绍符号运算入门、符号对象的创建和使用、符号表达式的操作、符号微积分与积分及其变换、符号矩阵的计算、符号方程求解、可视化数学分析界面。

学习目标

（1）熟练掌握符号运算的 sym、syms 函数。

（2）熟练掌握符号运算中常用的基本函数（如 solve、dsolve、diff 和 int 等）。

（3）熟练掌握符号微积分、矩阵计算及方程的求解问题。

（4）熟练掌握可视化数学分析界面的使用方法。

（5）掌握 Maple 接口的使用方法。

10.1　符号运算入门

MATLAB 数值运算的对象是数值数组，而 MATLAB 符号运算的对象则是非数值的符号对象。下面列举一些实例来具体说明 MATLAB 的符号计算的强大功能。

10.1.1　求方程的根

在 MATLAB 中，利用函数 solve 求解线性方程组的解析解或精确解，得到的结果为符号变量，可以通过 vpa 函数得出任意位数的数值解。函数 solve 的调用方式如下：

```
solve(eq)
solve(eq, var)                                    %eq 代表方程，var 表示变量
solve(eq1, eq1, eq2, …, eqn)
solve(eq1, eq1, eq2, …, eqn, var1, var2, …, varn)
```

对于一元二次方程一般式 $ax^2+bx+c=0$ 来说，要求解其根，就必须根据一元二次方程求根公式，即

$$x_{1,2}=\frac{-b\pm\sqrt{b^2-4ac}}{2a}$$

得到方程的根。这就是一个求一元二次方程根的符号计算问题。

MATLAB 命令操作如下：

```
>> syms a b c x
>> solve(a*x^2+b*x+c==0)
ans=
      -(b + (b^2 - 4*a*c)^(1/2))/(2*a)
      -(b - (b^2 - 4*a*c)^(1/2))/(2*a)
```

上述代码的最终结果与一元二次方程求根公式得出的结果相符合。

【例 10-1】求一元二次方程 $x^2+x+1=0$ 的根。

```
>> syms x
>> solve(x^2+x+1==0)
ans=
     - (3^(1/2)*1i)/2 - 1/2
       (3^(1/2)*1i)/2 - 1/2
```

10.1.2　求函数的导数

利用 diff 函数可以求 $f(x)$ 的导数 $\frac{\mathrm{d}}{\mathrm{d}x}f(x)$。函数 diff 的调用方式如下：

```
Y = diff(X)         %计算沿大小不等于 1 的第一个数组维度的 X 相邻元素之间的差分
Y = diff(X,n)       %通过递归，应用 diff(X) 运算符，n 次计算第 n 个差分
                    %在实际操作中，diff(X,2) 与 diff(diff(X)) 相同
Y = diff(X,n,dim)   %沿 dim 指定的维计算第 n 个差分。dim 是一个正整数标量
```

【例 10-2】求导数 $\frac{\mathrm{d}}{\mathrm{d}x}\sin(2x)$。

根据求导公式 $\frac{\mathrm{d}}{\mathrm{d}x}\sin(2x)=2\cos 2x$ 求解，MATLAB 命令操作如下：

```
>> x=sym('x');
>> diff(sin(2*x))
ans=
    2*cos(2*x)
```

【例 10-3】计算定积分 $\int_a^b x\mathrm{d}x$。

根据求定积分公式 $\int_a^b x\mathrm{d}x=\frac{x^2}{2}\Big|_a^b=\frac{b^2-a^2}{2}$ 求解，MATLAB 命令操作如下：

```
>> syms x a b;
>> int(x,a,b)
ans=
    b^2/2-a^2/2
```

10.1.3 求解微分方程

【例 10-4】求解一阶微分方程 $\frac{\mathrm{d}y}{\mathrm{d}x}=3y+1$。

```
>> syms y(t) t;
>> eqn = diff(y,t) == 3*y+1;
>> dsolve(eqn)
ans=
    (C1*exp(3*t))/3-1/3
```

从以上几个算例可以看到，MATLAB 符号运算的对象全部是文字符号。符号运算基本上覆盖了初等数学及高等数学中的绝大部分内容，而且这些运算都可以用 MATLAB 函数实现。

10.2 符号对象的创建和使用

本节介绍如何借助 MATLAB 的符号数学工具箱创建和使用符号变量、符号表达式、符号矩阵，以及 MATLAB 的默认符号变量及其设置方法。

10.2.1 创建符号对象和表达式

sym 类是符号数学工具箱中定义的一种新的数据类型。sym 类的实例就是符号对象。符号对象是一种数据结构，是用于存储代表符号的字符串。在符号数学工具箱中，用符号对象表示符号变量、符号表达式和符号矩阵。

在一个 MATLAB 程序中，可以使用 sym、syms 函数规定和创建符号常量、符号变量、符号函数、符号表达式；利用 class 函数，可以测试建立的操作对象为何种操作对象类型，以及是否为符号对象类型。

（1）函数 sym。

函数 sym 可以用于创建一个符号变量 x，其类型为 sym 类型。此时，函数 sym 的调用格式如下：

```
x=sym('x')                  %创建符号变量x
x=sym('x','real')           %real表示x是实数
x=sym('x','positive')       %positive表示x是正数
x=sym('x','clear')          %clear表示清除所有以前对变量x的设置，确保它既不是实数又不是正数
```

由A建立一个符号对象S，其类型为sym类型。如果A（不带单引号）是一个数字、数值矩阵或数值表达式，则输出是由数值对象转换成的符号对象；如果A（带单引号）是一个字符串，则输出是由字符串转换成的符号对象。函数sym的调用格式如下：

```
S=sym(A)                    %创建符号矩阵A
S=sym('A',[m n])            %创建m行n列的符号矩阵A
S=sym('A',n)                %创建n行n列的符号矩阵A
S=sym(A,'real')
S=sym(A,'positive')
S=sym(A,'clear')
S=sym(A,flag)               %flag为转换的符号对象应该符合的格式
```

如果被转换的对象为数值对象，则flag可以有如下选择。

- d—最接近的十进制浮点精确表示。
- e—带（数值计算时）估计误差的有理表示。
- f—十六进制浮点表示。
- r—当为默认设置时，最接近有理表示的形式。

（2）函数syms。

函数syms用于同时创建多个符号对象，其中flag、real、clear和positive的含义同上，其调用格式为：

```
syms arg1 arg2...
syms arg1 arg2...real
syms arg1 arg2...clear
syms arg1 arg2...positive
```

（3）函数class。

class函数用于检测对象数据的类型，其调用格式为：

```
str=class(object)
obj=class(s,'class_name')
obj=class(s,'class_name',parent1,parent2,...)
obj=class(struct([]),'class_name',parent1,parent2,...)
obj_struct=class(struct_array,'class_name',parent_array)
```

下面分别系统地介绍上述3个函数的综合使用方法。

1. 符号常量的创建与检测

创建一个符号常量可以利用sym函数。这就建立了一个符号常量，即使看上去它是一个数值量，但它确实已经成为一个符号对象。如果想对创建的数据类型进行验证，就可以用class函数对其进行检测。

【例10-5】对数值2创建符号常量并检测其相应的数据类型。MATLAB命令操作如下：

```
>> a=2;
>> b='2';
>> c=sym(2);
>> d=sym('2');
>> classa=class(a)
>> classb=class(b)
>> classc=class(c)
>> classd=class(d)
classa=
    'double'
classb=
    'char'
classc=
    'sym'
classd=
    'sym'
```

提示：

double 为双精度类型、char 为字符型、sym 为符号型。其中，b 将双精度类型转化为了字符型，而在使用 sym 函数时，无论输入参数是哪种类型，输出值的类型均为符号型。

2．符号变量的创建与检测

在 MATLAB 符号运算中，符号变量是内容可变的符号对象。符号变量通常是指一个或几个特定的字符，而不是指符号表达式，但可以将一个符号表达式赋值给一个符号变量。符号变量名称的命名规则与 MATLAB 数值变量名称的命名规则相同。

- 变量名可以由英文字母、数字和下画线组成。
- 变量名应以英文字母开头。
- 组成变量名的字母不大于 31 个。
- 英文字母区分大小写。

【例 10-6】 用函数 sym 和 syms 建立符号变量 a。

```
>> a=sym('a');
>> classa=class(a)
classa=
    'sym'
>> syms a;
>> classa=class(a)
classa=
    'sym'
```

从上面的两种实现方法可以看出，sym 和 syms 是等价的。但是如果符号变量较多，则建议使用 syms 函数，因为这样可以减少命令行数。读者不妨自己动手实现分别用 sym 和 syms 函数创建符号变量 a1、a2、a3、a4，体会哪个函数更简洁、方便。

3．符号表达式、符号函数、符号方程及符号矩阵

在 MATLAB 符号运算中，符号表达式是由符号常量、符号变量、符号函数运算符及专用函数连接起来的符号对象。在 MATLAB 中，同样采用函数 sym 或 syms 建立符号表达式。

【例10-7】用函数 sym 与 syms 建立符号函数 f1 与符号方程 e1。

```
>> syms x y z a b c;
>> f1=x^2+y^2+z^2+1
>> e1=sym(a*x^2+b*x+c)
f1=
   x^2+y^2+z^2+1
e1=
   a*x^2+b*x+c
```

【例10-8】用函数 sym 建立符号矩阵 m1。

```
>> syms a b c d e f;
>> m1 = sym([a b c;d e f])
m1=
    [a, b, c]
    [d, e, f]
```

从上面的例子可以看出，创建符号表达式、符号函数、符号方程及符号矩阵可以利用 sym 函数。这种直接产生的表达式将数值型抽象成符号型，使得表达式更加灵活。

10.2.2　符号对象的基本运算

在 MATLAB 中，符号计算表达式的运算符在形状、名称、使用方法上，都与数值计算中的运算符和基本函数几乎完全相同。

下面就符号计算中的运算符和基本函数做一些简单归纳。

1. 基本运算符

基本运算符“+”“-”“*”“\”“/”“^”分别实现矩阵的加、减、乘、左除、右除和求幂运算。

基本运算符“.*”“./”“.\”“.^”分别实现元素对元素的数组的乘、左除、右除和求幂运算。

基本运算符“'”“.'”分别实现矩阵的共轭转置和非共轭转置运算。

2. 关系运算符

关系运算符“==”和“~=”分别对运算符两边的对象进行“相等”和“不相等”的比较。当事实为“真”时，返回结果 1；否则，返回结果 0。

3. 三角函数、双曲函数及其反函数

三角函数（如除 atan2 之外的 sin、cos 等）、双曲函数（如 cosh）及它们的反函数（如 asin、acosh）无论在数值计算还是在符号计算中，使用方法都相同。

4. 指数函数

sqrt、exp 和 expm 函数在数值计算与符号计算中的使用方法完全相同。

5. 复数函数

复数函数涉及复数的共轭（conj）、实部（real）、虚部（imag）和模（abs）的求解函数，

在符号计算与数值计算中的使用方法相同。

6. 矩阵代数指令

在符号运算中，MATLAB 提供的常用矩阵代数指令有 diag、triu、tril、inv、det、rank、rref、null、colspace、poly、expm、eig 等。

10.3 符号表达式的操作

符号计算所得的结果比较烦琐，非常不直观。为此，MATLAB 专门提供了对符号计算结果进行简化和替换的函数，如同类项合并、符号表达式的展开、因式分解、符号表达式的化简等。同时，MATLAB 提供了符号计算功能，以满足相应精度的计算要求。

10.3.1 符号表达式的替换

符号运算工具箱中提供了 subexpr 和 subs 两个函数，用于实现符号对象的替换。在 MATLAB 中，可以通过符号替换使表达式的输出形式简化，从而得到比较简单的表达式。

1. 函数 subexpr

函数 subexpr 将表达式中重复出现的字符串用变量代替，它的调用格式如下：

```
[Y,SIGMA]=subexpr(S,SIGMA)
%指定用变量 SIGMA 的值（必须为符号对象）代替符号表达式（可以是矩阵）中重复出现的字符串
%替换后的结果由 Y 返回，被替换的字符串由 SIGMA 返回
[Y,SIGMA]=subexpr(S,'SIGMA')
%第二个输入参数是字符或字符串，用来替换符号表达式中重复出现的字符串
```

【例 10-9】 函数 subexpr 应用示例。

```
>> syms a x;
>> s=solve(x^2+a*x+2==0)                          %得到后面的结果比较复杂
s=
   - a/2 - (a^2 - 8)^(1/2)/2
     (a^2 - 8)^(1/2)/2 - a/2
>> r=subexpr(s)                                   %用字符串代替相同部分
sigma=
      (a^3/27+1)^(1/2)-1
sigma =
     (a^2 - 8)^(1/2)/2
r =
    - a/2 - sigma
     sigma - a/2
```

2. 函数 subs

函数 subs 可以用指定符号替换符号表达式中的某一特定符号，其调用格式如下：

```
R=subs(S)              %用工作空间中的变量值替代符号表达式 S 中的所有符号变量
                       %如果没有指定某符号变量的值，则返回值中该符号变量不被替换
R=subs(S,New)          %用新符号变量 New 替代原来符号表达式 S 中的默认变量
                       %确定默认变量的规则与函数 findsym 的规则相同
```

```
R=subs(S,Old,New)   %用新符号变量 New 替代原来符号表达式 S 中的变量 Old
%当 New 是数值形式的符号时，实际上用数值代替原来的符号来计算表达式的值，只是所得结果仍然是字符串形式
```

【例 10-10】 替换函数 subs 应用示例。

```
>> syms a b t;
>> subs(a+b,a,1)                                    %简单替换，将 a+b 中的 a 替换为 1
ans=
    b+1
>> subs(exp(a*t),'a',-magic(2))                     %用矩阵替换符号变量
ans=
    [   exp(-t), exp(-3*t)]
    [ exp(-4*t), exp(-2*t)]
```

为了使符号表达式比较美观，符号数学工具箱提供了一个名为 pretty 的函数。

【例 10-11】 使用 pretty 函数进行显示。

```
>> syms a x
>> s=solve(x^2+x+a)
s=
    -(1-4*a)^(1/2)/2-1/2
     (1-4*a)^(1/2)/2-1/2
>> pretty(s)
/   sqrt(1 - 4 a)   1 \
| - ------------- - - |
|         2         2 |
|                     |
|  sqrt(1 - 4 a)   1  |
|  ------------- - -  |
\        2         2 /
```

10.3.2 精度计算

在特殊情况下，如果希望计算结果足够精确，就可以牺牲计算时间和存储空间，用符号计算获得足够高的计算精度。

一般符号计算的结果都是字符串，特别是一些符号计算结果从形式上来看是数值，但从变量类型上来说，它们仍然是字符串。要从精确解中获得任意精度的解，并改变默认精度，把任意精度符号解变成"真正的"数值解，就需要用到 MATLAB 提供的如下几个函数：

```
digits(d)    %调用该函数后的近似解的精度变成 d 位有效数字
             %d 的默认值是 32，当参数为空时，得到当前采用的数值计算的精度
vpa(A,d)     %求符号解 A 的近似解，该近似解的有效位数由参数 d 指定
             %如果不指定 d，则按照一个 digits(d)指令设置的有效位数输出
double(A)    %把符号矩阵或任意精度表示的矩阵 A 转换成双精度矩阵
```

【例 10-12】 演示上述 3 个函数的输出结果。

```
>> A=[3.100 1.300 5.500;4.970 4.400 1;9.000 2.90 4.61];
>> S=sym(A)
S=
     [   31/10,  13/10,    11/2]
     [ 497/100,   22/5,       1]
     [       9,  29/10, 461/100]
```

```
>> digits(6)                                          %转换成有效位数为 6 的任意精度的矩阵
>> vpa(S)
ans=
     [  3.1, 1.3,  5.5]
     [ 4.97, 4.4,  1.0]
     [  9.0, 2.9, 4.61]
>> double(S)                                          %转换成双精度型矩阵
ans =
    3.1000    1.3000    5.5000
    4.9700    4.4000    1.0000
    9.0000    2.9000    4.6100
```

符号计算的一个特点是计算过程中不会出现舍入误差，因此可以得到任意精度的数值解。

10.3.3 符号表达式的化简

MATLAB 符号工具箱中提供了 collect、expand、horner、factor、simplify 函数以实现符号表达式的化简。下面分别介绍这些函数。

1．函数 collect

collect 函数实现的功能为将符号表达式中的同类项合并，其具体调用格式有以下两种：

```
R=collect(S)
%将表达式 S 中的相同次幂的项合并。其中，S 可以是表达式，也可以是符号矩阵
R=collect(S,v)
%将表达式 S 中具有 v 次幂的项进行合并。如果 v 没有指定，则默认将含有 x 的相同次幂的项进行合并
```

【例 10-13】利用 collect 函数合并 f 中 x 的同类项。

```
>> syms x t
>> f=(x-1)^3*(x-2)^2*(x-3);
>> collect(f)
ans=
     x^6-10*x^5+40*x^4-82*x^3+91*x^2-52*x+12
```

2．函数 expand

expand 函数实现的功能为将表达式展开。它的调用格式为：

```
R=expand(S)
```

上述命令将表达式 S 中的各项进行展开，如果 S 包含函数，则利用恒等变形将它写成相应的和的形式。该函数多用于求解多项式、三角函数、指数函数和对数函数。

【例 10-14】展开函数 expand 应用示例。

```
>> syms x y;
>> h=cos(x+y);
>> expand(h)                                          %将三角函数展开
ans=
     cos(x)*cos(y)-sin(x)*sin(y)
>> f=(x^2+x+y+1)^3;
>> expand(f)                                          %将多项式展开
ans=
```

```
        x^6+ 3*x^5+ 3*x^4*y+ 6*x^4+ 6*x^3*y+ 7*x^3+ 3*x^2*y^2+ 9*x^2*y+ 6*x^2+
3*x*y^2+ 6*x*y+ 3*x+y^3+ 3*y^2 + 3*y+ 1
    >> f=exp(x+y+2);
    >> expand(f)                                        %指数函数的展开
    ans=
        exp(2)*exp(x)*exp(y)
```

3．函数 horner

horner 函数用来将符号表达式转换成嵌套形式，其调用格式为：

```
R=horner(S)            %S 是符号多项式矩阵，将其中每个多项式都转换成它们的嵌套形式
```

【例 10-15】将多项式转换成嵌套形式。

```
>> syms x y;
>> f=x^3+x^2+x;
>> horner(f)
ans=
    x*(x*(x+1)+1)
```

4．函数 factor

factor 函数用来将符号多项式进行因式分解，其调用格式为：

```
f=factor(n)     %返回包含 n 的质因数的行向量，向量 f 与 n 具有相同的数据类型
f=factor(X)
%如果 X 是一个多项式，系数是有理数，那么该函数将把 X 表示成系数为有理数的低阶多项式相乘的形式
%如果 X 不能分解成有理多项式乘积的形式，则返回 X 本身
```

【例 10-16】①求某数的质因数；②对多项式进行因式分解。

```
>> f = factor(369)                                 %求 369 的质因数
f =
    3     3    41
>> syms x y n;
>> f=2*x^2-7*x*y-5*x-22*y^2 +35*y-3;
>> factor(f)                                       %对多项式进行因式分解
ans =
    [ 2*x - 11*y + 1, x + 2*y - 3]
```

5．函数 simplify

simplify 函数根据一定的规则对表达式进行简化，其调用格式为：

```
R=simplify(A)
```

该函数是一个强有力的具有普遍意义的工具。它应用于包含和式、方根、分数的乘方、指数函数、对数函数、三角函数、Bessel 函数及超越函数等的表达式，并利用 Maple 化简规则对表达式进行简化。其中，A 可以是符号表达式矩阵。

【例 10-17】化简$(x^2-x-2)/(x+1)$。

```
>> S=sym((x^2-x-2)/(x+1));
>> simplify(S)
ans=
    x-2
```

10.4 符号微积分及其变换

微积分是整个高等数学的重要组成部分，符号数学工具箱提供了一些常用的函数以支持具有重要基础意义的微积分运算，涉及的方面主要包括微分、求极限、积分、级数求和及积分变换等。下面具体介绍符号运算在微积分及积分变换中的使用方法。

10.4.1 符号表达式的微分运算

1. diff 函数

函数 diff 的调用格式有 3 种，它们的形式和作用分别如下：

```
diff(S)            %对符号表达式或符号矩阵 S 求取微分
diff(S,n)          %将 S 中的默认变量进行 n 阶微分运算
                   %其中默认变量可以用 findsym 函数确定，参数 n 必须是正整数
diff(S,n,dim)      %对符号表达式或矩阵 S 沿 dim 指定的维进行 n 阶微分运算，dim 是一个正整数标量
```

要进行微分运算，首先要建立一个符号表达式，然后取相应的微分，具体例子如下。

【例 10-18】求 $\frac{\mathrm{d}}{\mathrm{d}x}\sin x$ 和 $\frac{\mathrm{d}^2}{\mathrm{d}x^2}(\sin x)$。

```
>> syms a x
>> f=sin(x);
>> df=diff(f)
df=
    cos(x)
>> df=diff(f,2)
df=
    -sin(x)
```

【例 10-19】求 $\frac{\mathrm{d}}{\mathrm{d}x}\begin{bmatrix} a & t \\ t\cos x & \ln x \end{bmatrix}$ 和 $\frac{\mathrm{d}^2}{\mathrm{d}x\mathrm{d}t}\begin{bmatrix} a & t \\ t\cos x & \ln x \end{bmatrix}$。

```
>>  syms a t x;
>> f=[a,t;t*cos(x),log(x)];
>> df=diff(f)
df=
     [    0,      0 ]
     [-t*sin(x), 1/x]
>> dfdxdt=diff(diff(f,x),t)
dfdxdt=
     [      0,   0]
     [-sin(x),   0]
```

2. jacobian 函数

设 $\boldsymbol{F}(x_1,x_2,\dots,x_n)=\begin{pmatrix} f_1(x_1,x_2,\dots,x_n) \\ f_2(x_1,x_2,\dots,x_n) \\ \vdots \\ f_n(x_1,x_2,\dots,x_n) \end{pmatrix}$，其 Jacobian 矩阵的数学表达示为

$$
\boldsymbol{J}=\begin{pmatrix} \frac{\partial f_1}{\partial x_1} & \cdots & \frac{\partial f_1}{\partial x_n} \\ \frac{\partial f_2}{\partial x_1} & & \frac{\partial f_1}{\partial x_n} \\ & \cdots & \\ \frac{\partial f_1}{\partial x_1} & \cdots & \frac{\partial f_1}{\partial x_n} \end{pmatrix}
$$

可见，求多元函数矩阵的 jacobian 函数的本质还是求取微分。

函数 jacobian 的调用格式如下：

```
R=jacobian(w,v)  %w 是一个符号列向量，v 是指定进行变换的变量组成的行向量
```

【例 10-20】 求 $f(x_1,x_2)=\begin{bmatrix} e^{x_1} \\ \sin(x_2) \\ \cos(x_1) \end{bmatrix}$ 的 Jacobian 矩阵。

```
>> syms x1 x2;
>> f=[exp(x1);sin(x2);cos(x1)];
>> v=[x1 x2];
>> fjac=jacobian(f,v)
fjac=
    [  exp(x1),       0]
    [        0, cos(x2)]
    [ -sin(x1),       0]
```

提示：

jacobian 函数的第一个参数必须是列向量，第二个参数必须是行向量。

3. 符号表达式的极限

经典的微积分是建立在极限的基础上的，求微积分的基本思想是当自变量趋近某个值时，求函数值的变化，利用的是逼近思想。

在 MATLAB 中，用函数 limit 求表达式的极限。函数 limit 的调用格式如下：

```
limit(F,x,a) %求当 x→a 时符号表达式 F 的极限
limit(F,a)    %F 采用默认自变量（可由函数 findsym 求得），求 F 的自变量趋近于 a 时的极限值
limit(F)      %F 采用默认自变量，并以 a=0 作为自变量的趋近值，求 F 的极限值
limit(F,x,a,'right') %或 limit(F,x,a,'left')
%分别求 F 的左极限和右极限，即自变量从左边或右边趋近于 a 时的函数极限值
```

【例 10-21】 求极限 $\lim\limits_{x\to 0}\frac{x+1}{x^3}$、$\lim\limits_{x\to 0^-}\frac{x+1}{x^3}$ 和 $\lim\limits_{x\to 0^+}\frac{x+1}{x^3}$。

```
>> limit((x+1)/x^3,x,0)
ans=
    NaN
>> limit((x+1)/x^3,x,0,'left')
ans=
    -Inf
>> limit((x+1)/x^3,x,0,'right')
ans=
    Inf
```

10.4.2 符号表达式的级数与积分

微分与积分在数学中是一对互逆的运算。在高等数学中，求解积分的基本步骤是分割、求和并近似取极限。求积分的过程就是累积求和的过程。在介绍符号积分之前，需要先了解级数求和的 MATLAB 指令。

1. 级数求和

函数 symsum 用于对符号表达式进行求和。该函数的调用格式如下：

```
r=symsum(s,a,b)                    %求符号表达式 s 中的默认变量从 a 变到 b 时的有限和
r=symsum(s,v,a,b)                  %求符号表达式 s 中的变量 v 从 a 变到 b 时的有限和
```

【例 10-22】求 $\sum_{k=1}^{10} k^2$ 。

```
>> syms k;
>> r=symsum(k^2,1,10)
r=
    385
```

2. Taylor 级数

在高等数学中，Taylor 级数主要利用已知函数的不同阶导数的组合近似地逼近函数。在 MATLAB 中，taylor 函数用来求符号表达式的 Taylor 级数展开式。该函数的调用格式如下：

```
r=taylor(f)  %返回符号表达式 f 在变量等于 0 处做 5 阶 Taylor 展开时的展开式，其变量采用默认变量
r=taylor(f,n,v)
%返回符号表达式 f 的 n-1 阶麦克劳林级数（在 v=0 处做 Taylor 展开）展开式，f 以符号标量 v 作为自变量
r=taylor(f,n,v,a)      %返回符号表达式 f 在 v=a 处做 n-1 阶 Taylor 展开的展开式
```

【例 10-23】计算函数 sin$x$ 在 x=0 处的 5 阶 Taylor 展开式。

```
>> syms x;
>> f=sin(x);
>> t=taylor(f)
t=
x^5/120-x^3/6+x
```

3. 符号积分

符号数学工具箱中提供了函数 int，用来求符号表达式的积分，其调用格式如下：

```
R=int(S)              %用默认变量求符号表达式 S 的不定积分值，默认变量可用函数 findsym 确定
R=int(S,v)            %用符号标量 v 作为变量求符号表达式 S 的不定积分值
R=int(S,a,b)          %符号表达式采用默认变量，该函数用来求默认变量从 a 变到 b 时的符号表达式
R=int(S,v,a,b)        %求当 v 从 a 变到 b 时符号表达式 S 的定积分值，S 采用符号标量 v 作为变量
```

求 S 的定积分值：如果 S 是符号矩阵，那么积分将对各个元素分别进行，而且每个元素的变量也可以独立地由函数 findsym 确定，a 和 b 可以是符号或数值标量。

【例 10-24】求积分 $\int \sin x \mathrm{d}x$ 和 $\int_0^{\pi} \sin x \mathrm{d}x$ 。

```
>> syms x;
>> int(sin(x))
ans=
```

```
    -cos(x)
>> int(sin(x),0,pi)
ans=
    2
```

下面举一个符号积分的综合例子。

【例 10-25】求二重积分 $\int_x^y\int_x^{x^2}(x^2+y^2)\mathrm{d}y\mathrm{d}x$ 。

```
>> syms x y;
>> int(int(x^2+y^2,x,x^2),x,y)
ans=
    - x^7/21 + x^4/12 - (x^3*y^2)/3 + (x^2*y^2)/2 + y^7/21 + y^5/3 - (7*y^4)/12
```

10.4.3 符号积分变换

变换的主要目的是把较复杂的运算转化为比较简单的运算，是数学上经常采用的一种手段。所谓积分变换，就是通过积分运算，把一类函数变换成另一类函数。下面介绍 Fourier 变换、Laplace 变换与 Z 变换。

1．Fourier 变换及其反变换

时域中的 $f(t)$与它在频域中的 Fourier 变换 $F(\omega)$之间存在如下关系：

$$F(w)=\int_{-\infty}^{\infty}f(t)\mathrm{e}^{\mathrm{i}wt}\mathrm{d}t$$

$$f(t)=\int_{-\infty}^{\infty}F(w)\mathrm{e}^{\mathrm{i}wt}\mathrm{d}w$$

由计算机完成这种变换的途径有两种：一种是直接调用指令 fourier 和 ifourier；另一种是根据上面的定义，利用积分指令 int 实现。下面只介绍 fourier 和 ifourier 函数的使用方法：

```
Fw=fourier(ft,t,w)        %求时域函数 ft 的 Fourier 变换 Fw
                          %ft 是以 t 为自变量的时域函数，Fw 是以圆频率 w 为自变量的频域函数
ft=ifourier(Fw,w,t)       %求频域函数 Fw 的 Fourier 反变换
                          %ft 是以 t 为自变量的时域函数，Fw 是以圆频率 w 为自变量的频域函数
```

【例 10-26】求单位阶跃函数 $f(t)=\begin{cases}1 & t\geqslant 0\\ 0 & t<0\end{cases}$ 的 Fourier 变换及其反变换。

```
>> syms t w
>> ut=sym(heaviside(t));                         %heaviside 为单位阶跃函数
>> UT=fourier(ut,t,w)
UT=
    pi*dirac(w) - 1i/w
>> Ut=ifourier(UT,w,t)
Ut=
    (pi + pi*sign(t))/(2*pi)
```

2．Laplace 变换及其反变换

Laplace 变换及其反变换的定义为

$$F(s)=\int_0^{\infty}f(t)\mathrm{e}^{-st}\mathrm{d}t$$

$$f(t)=\frac{1}{2\pi\mathrm{i}}\int_{c-j\infty}^{c+i\infty}F(s)\mathrm{e}^{st}\mathrm{d}s$$

与 Fourier 变换相似，Laplace 变换及其反变换的实现也有两种途径：一种是直接调用指令 laplace 和 ilaplace；另一种是根据上面的定义，利用积分指令 int 实现。比较而言，直接使用 laplace 和 ilaplace 指令实现较为简洁。具体使用方法如下：

```
Fs=laplace(ft,t,s)     %求时域函数 ft 的 Laplace 变换 Fs
                       %ft 是以 t 为自变量的时域函数，Fs 是以复频率 s 为自变量的频域函数
ft=ilaplace(Fs,s,t)    %求频域函数 Fs 的 Laplace 反变换 ft
                       %ft 是以 t 为自变量的时域函数，Fs 是以复频率 s 为自变量的频域函数
```

【例 10-27】 求 $\begin{bmatrix} \delta(t-a) & u(t-b) \\ \mathrm{e}^{-t}\sin bt & \cos t \end{bmatrix}$ 的 Laplace 变换及其反变换。

```
>> syms t s;
>> syms a b positive;
>> Mt=[dirac(t-a),heaviside(t-b);exp(-t)*sin(b*t),cos(t)];
%dirac 和 heaviside 分别为单位脉冲函数和单位阶跃函数
>> MS=laplace(Mt,t,s)
MS =
     [          exp(-a*s), exp(-b*s)/s]
     [ b/((s + 1)^2 + b^2), s/(s^2 + 1)]
>> ft = ilaplace(MS,s,t)  %
ft =
     [    dirac(a - t), heaviside(t - b)]
     [ exp(-t)*sin(b*t),          cos(t)]
```

3. Z 变换及其反变换

一个序列的 Z 变换及其反变换定义为

$$F(z)=\sum_{n=0}^{\infty} f(n)z^{-n}$$

$$f(n)=Z^{-1}\{F(z)\}$$

涉及 Z 反变换的具体计算的方法，最常见的有 3 种，分别是幂级数展开法、部分分式展开法和围线积分法。MATLAB 的符号数学工具箱中采用围线积分法设计了求取 Z 反变换的 iztrans 指令。具体的命令格式如下：

```
FZ=ztrans(fn,n,z)      %求时域函数 fn 的 Z 变换 FZ
                       %fn 是以 n 为自变量的时域序列，FZ 是以复频率 z 为自变量的频域函数
fn=iztrans(FZ,z,n)     %求频域函数 FZ 的 Z 反变换 fn
                       %fn 是以 n 为自变量的时域序列，FZ 是以复频率 z 为自变量的频域函数
```

【例 10-28】 求函数 $f(t)=\dfrac{1}{a-b}[\mathrm{e}^{-bt}-\mathrm{e}^{-at}]$ 的 Z 变换及其反变换。

```
>> clear, clc
>> syms  a b t z n
>> f=1/(a-b)*(exp(-(b*t))-exp(-a*t));
>> Fz=ztrans(f)
>> FZ=iztrans(Fz,z,n)
Fz =
    z/((z - exp(-b))*(a - b)) - z/((z - exp(-a))*(a - b))
FZ =
    -(exp(-a)*(exp(-a)^n*exp(a)-exp(a)*kroneckerDelta(n,0)))/(a-b)-(exp(-b)*
(exp(b)*kroneckerDelta(n,0)-exp(-b)^n*exp(b)))/(a-b)
```

10.5　符号矩阵的计算

符号运算规则的很多方面在形式上与数值计算的规则都是相同的。这给 MATLAB 用户带来了极大的方便。符号对象的矩阵运算在形式上与数值计算中的矩阵运算十分相似。

10.5.1　代数基本运算

如果两个对象都是符号矩阵，则其加减法运算必须大小相等。当然，符号矩阵也可以和符号标量进行加减运算，运算按照数组运算法则进行。

在 MATLAB 中，符号对象的代数运算和双精度运算从形式上看是一样的。由于 MATLAB 采用了符号的重载，所以用于双精度数运算的运算符同样可以用于符号对象。

【例 10-29】 符号矩阵的加减运算。

```
>> syms a b c d
>> A=sym([a b;c d]);                          %定义符号矩阵
>> B=sym([2*a b;c 2*d]);                      %定义符号矩阵
>> A+B
ans=
      [3*a,   2*b]
      [2*c,   3*d]
```

10.5.2　线性代数运算

在下面的例子中，首先生成一个希尔伯特矩阵（数值型），然后将它转换成符号矩阵，并对它进行各种线性代数运算。读者可以从中体会符号对象的线性代数运算的特点。

【例 10-30】 线性代数运算实例。

```
>> H = hilb(6)    %生成六阶希尔伯特数值矩阵
>> H = sym(H)     %将数值矩阵转换成符号矩阵
>> inv(H)         %求符号矩阵的逆矩阵
>> det(H)
H =
    1.0000    0.5000    0.3333    0.2500    0.2000    0.1667
    0.5000    0.3333    0.2500    0.2000    0.1667    0.1429
    0.3333    0.2500    0.2000    0.1667    0.1429    0.1250
    0.2500    0.2000    0.1667    0.1429    0.1250    0.1111
    0.2000    0.1667    0.1429    0.1250    0.1111    0.1000
    0.1667    0.1429    0.1250    0.1111    0.1000    0.0909
H =
      [   1, 1/2, 1/3, 1/4,  1/5,  1/6]
      [ 1/2, 1/3, 1/4, 1/5,  1/6,  1/7]
      [ 1/3, 1/4, 1/5, 1/6,  1/7,  1/8]
      [ 1/4, 1/5, 1/6, 1/7,  1/8,  1/9]
      [ 1/5, 1/6, 1/7, 1/8,  1/9, 1/10]
      [ 1/6, 1/7, 1/8, 1/9, 1/10, 1/11]
ans =
```

```
        [    36,    -630,     3360,    -7560,     7560,    -2772]
        [  -630,   14700,   -88200,   211680,  -220500,    83160]
        [  3360,  -88200,   564480, -1411200,  1512000,  -582120]
        [ -7560,  211680, -1411200,  3628800, -3969000,  1552320]
        [  7560, -220500,  1512000, -3969000,  4410000, -1746360]
        [ -2772,   83160,  -582120,  1552320, -1746360,   698544]
ans =
      1/186313420339200000
```

10.5.3 特征值分解

在线性代数中，求矩阵的特征值与特征向量极为常见。因此，为了方便读者深入学习和掌握有关计算的指令，在 MATLAB 中，分别采用下面的函数来求符号方阵的特征值和特征向量：

```
E=eig(A)                        %求符号方阵 A 的符号特征值 E
[v,E]=eig(A)                    %返回方阵 A 的符号特征值 E 和相应的特征向量 v
```

与它们对应的任意精度计算的指令是 E=eig(vpa(A))和[v,E]=eig(vpa(A))。

【例 10-31】求上例中矩阵 H 的特征值和特征向量。

```
>> H=hilb(6);               %生成六阶希尔伯特数值矩阵
>> H=sym(H);                %将数值矩阵转换成符号矩阵
>> inv(H);                  %求符号矩阵的逆矩阵
>> det(H);
>> [v,E]=eig(H)             %v 的每一列是 H 的一个特征向量，相应的 E 的对角线元素就是 H 的特征值
v =
[ -0.00459561, 0.0242735, -0.115089,  0.478009, -1.65781, 4.12641]
[    0.131097, -0.391477,  0.907816,  -1.38764, 0.569423, 2.42544]
[   -0.886135,   1.31604, -0.990374, -0.460236, 0.987036, 1.76894]
[     2.30283, -0.966152, -0.771318,  0.264266,  1.06478, 1.40356]
[    -2.53974, -0.961713, 0.0869902,  0.721443,  1.04719, 1.16792]
[         1.0,       1.0,       1.0,       1.0,      1.0,     1.0]
E =
[ 1.0828e-7,            0,           0,         0,        0,      0]
[         0, 0.0000125708,           0,         0,        0,      0]
[         0,            0, 0.000615748,         0,        0,      0]
[         0,            0,           0, 0.0163215,        0,      0]
[         0,            0,           0,         0, 0.242361,      0]
[         0,            0,           0,         0,        0, 1.6189]
```

10.5.4 约当标准型

在线性代数中，对矩阵约当标准型（Jordan Canonical Form）进行求解是相当复杂的。MATLAB 提供了函数 jordan，用来求矩阵的约当标准型，它的调用格式如下：

```
J=jordan(A)                 %计算矩阵 A 的约当标准型。其中 A 可以是数值矩阵或符号矩阵
[V,J]=jordan(A)             %除了计算矩阵 A 的约旦标准型 J，还返回相应的变换矩阵 V
```

【例 10-32】计算矩阵的约当标准型。

```
>> A = sym([1 2 -3 ;1 2  5;2 4 -5 ]); %定义矩阵
>> [V,J]=jordan(A)
```

```
V =
      [ -2,       30^(1/2)/58 + 14/29,       14/29 - 30^(1/2)/58]
      [  1, 22/29 - (15*30^(1/2))/58, (15*30^(1/2))/58 + 22/29]
      [  0,                        1,                        1]
J =
      [ 0,              0,          0]
      [ 0, - 30^(1/2) - 1,          0]
      [ 0,              0, 30^(1/2) - 1]
```

函数 jordan 对矩阵元素值的极微小变化均特别敏感，这使得采用数值方法计算约当标准型非常困难，矩阵 A 的值必须精确地知道它的元素是整数或有理式。该函数不支持对于任意精度矩阵求其约当标准型。

10.5.5　奇异值分解

由于符号计算产生的公式一般都太长、太复杂，而且没有太大的用处。因此，在符号数学工具箱中，只有任意精度矩阵的奇异值分解才是可行的。用于对符号矩阵 A 进行奇异值分解的函数是 svd，其调用格式如下：

```
S=svd(A)                    %给出符号矩阵奇异值对角矩阵，其计算精度由函数 digits 指定
[U,S,V]=svd(A)              %输出参数 U 和 V 是两个正交矩阵，它们满足关系式 A=USV'
```

【例 10-33】求矩阵 A 的奇异值分解。

```
>> X=rand(6,6)        %: rand (m,n) 函数生成 m 行 n 列的随机矩阵，本例随机生成 6 行 6 列的矩阵
X=
    0.2126    0.0133    0.1017    0.0464    0.7772    0.2940
    0.8949    0.8972    0.9954    0.5054    0.9051    0.7463
    0.0715    0.1967    0.3321    0.7614    0.5338    0.0103
    0.2425    0.0934    0.2973    0.6311    0.1092    0.0484
    0.0538    0.3074    0.0620    0.0899    0.8258    0.6679
    0.4417    0.4561    0.2982    0.0809    0.3381    0.6035
>> digits(30)         %指定输出精度
>> S=svd(vpa(X))
S=
   2.66034902864123661238732612816
  0.963338003504831533216889483795
  0.785938940130201088022339503925
  0.329512536789879461900089658237
  0.213359511818732329819019103495
 0.0351206674404792076222091274956
```

10.6　符号方程求解

方程在数学的漫长探索、深化过程中有着非常重要的历史背景。从最初的消元法到数值计算中的牛顿迭代法、高斯消元法，一直到微分方程的求解理论，MATLAB 为符号方程的求解提供了强有力的支持。

10.6.1 代数方程的求解

符号方程根据其中涉及的运算类别，可以分为代数方程和微分方程。其中，代数方程只涉及符号对象的代数运算，相对比较简单，它还可以细分为线性方程和非线性方程。线性方程往往可以很容易地求得所有解；但是对于非线性方程来说，经常容易丢掉一些解，这时就必须绘制函数图形，通过图形判断方程解的个数。

这里所讲的一般代数方程，求解函数是 solve。若方程组不存在符号解且无其他自由参数，则 solve 将给出数值解。该指令的使用格式包括以下几种：

```
g=solve(eq)
%求解方程 eq=0，自变量采用默认变量，可以通过函数 findsym 确定，eq 可以是符号表达式或不带符号的字符串
g=solve(eq,var)
%求解方程 eq=0，自变量由参数 var 指定。返回值 g 是由方程的所有解构成的列向量
g=solve(eq1,eq2,…,eqn)
%求解由符号表达式或不带符号的字符串 eq1，eq2，…，eqn 组成的方程组
%其中的自变量为整个方程组的默认变量，即将函数 findsym 作用于整个方程组时返回的变量
g=solve(eq1,eq2,…,eqn,var1,var2,…,varn)
%求解由符号表达式或不带等号的字符串 eq1，eq2，…，eqn 组成的方程组
%其自变量由输入参数 var1，var2，…，varn 指定
```

说明：

对于有与方程数目相同的输出参数的情况，方程组的解将分别赋给每个输出参数，并按照字母表的顺序进行排列；对于只有一个输出参数的方程组，方程组的解将以结构矩阵的形式赋给输出参数。

【例 10-34】 求线性方程组 $\begin{cases} d+\dfrac{n}{4}+\dfrac{p}{6}=q \\ n+d+q-p=1 \\ q+d-\dfrac{n}{2}=p \\ q+p-n-d=2 \end{cases}$ 的解。

```
>> A=sym([1 1/4 1/6 -1;1 1 -1 1;1 -1/2 -1 1;-1 -1 1 1]);
>> b=sym([0;1;0;2]);
>> X1=A\b
X1=
    41/42
    2/3
    15/7
    3/2
```

【例 10-35】 求方程组 $\begin{cases} uy+vx+2w=0 \\ x+y-w=0 \end{cases}$ 关于 x 和 y 的解。

```
>> syms x y u v w
>> S=solve(u*y+v*x+2*w==0,y+x-w==0,x,y);
>> disp('S.y'),disp(S.y),disp('S.x'),disp(S.x)
S.y
   -(2*w + v*w)/(u - v)
S.x
    (2*w + u*w)/(u - v)
```

10.6.2 微分方程的求解

微分方程的求解稍微复杂一些，它按照自变量的个数，可以分为常微分方程和偏微分方程。偏微分方程的求解在数学上相当复杂，而且理论体系也繁杂，用机器求解往往不能找到通行的方法，也很难求出其精确解。想深入了解其解法请参看有关偏微分方程数值解法的相关参考书，主要包括有限差分法（一阶、中心）、有限元法和有限体积法等。这里主要介绍用 MATLAB 求解常微分方程。

从数值计算角度看，与初值问题求解相比，微分方程边值问题的求解显得复杂和困难。对于求解实际问题的科研人员来说，此时，不妨通过符号计算指令进行求解。

因为对于符号计算来说，不论是初值问题，还是边值问题，其求解微分方程的指令形式都相同，且相当简单。当然，符号计算可能花费较多的计算机资源，也可能得不到简单的解析解或封闭形式的解，甚至无法求解。因此，没有万能的微分方程的一般解法，但求解微分方程的符号法和数值法有很好的互补作用。

函数 dsolve 用来求常微分方程的符号解，其调用方式如下：

```
r=dsolve('eq1,eq2,…','cond1,cond2,…','v')
%求由 eq1, eq2, …指定的常微分方程的符号解
%常微分方程以变量 v 作为自变量，参数 cond1, cond2, …用于指定方程的边界条件或初始条件
%如果不指定 v，那么将默认 t 为自变量
r=dsolve('eq1','eq2',…,'cond1','cond2',…,'v')
%求由 eq1, eq2, …指定的常微分方程的符号解
%这些常微分方程都以 v 为自变量。这些单独输入的方程的最大允许个数为 12
```

微分方程的初始条件或边界条件都以变量 v 为自变量，其形式为 y(a)= b 或 Dy(a)= b，其中，y 是微分方程的因变量，a 和 b 是常数。如果指定的初始条件和边界条件比方程中的因变量的个数少，那么所得的解中将包含积分常数 *C*1、*C*2 等。

函数 dsolve 的输出结果与函数 solve 的输出结果类似，既可以用和因变量个数相同数目的输出参数分别接收每个变量的解，又可以把方程的解写入一个结构数组中。

【例 10-36】求 $\frac{\mathrm{d}x}{\mathrm{d}t}=2y$，$\frac{\mathrm{d}y}{\mathrm{d}t}=3x$ 的解。

```
>> S=dsolve('Dx=2*y,Dy=3*x');
>> disp([blanks(12),'x',blanks(21),'y']),disp([S.x,S.y])
  x                    y
[(6^(1/2)*C1*exp(6^(1/2)*t))/3-(6^(1/2)*C2*exp(-6^(1/2)*t))/3,
C1*exp(6^(1/2)*t)+C2*exp(-6^(1/2)*t)]
```

【例 10-37】求边值问题 $\frac{\mathrm{d}f}{\mathrm{d}x}=2f+3g$，$\frac{\mathrm{d}g}{\mathrm{d}x}=f+g$，$f(0)=1$，$g(0)=0$ 的解。

```
>> S=dsolve('Df=2*f+3*g,Dg=f+g','f(0)=1,g(0)=0')
S=
  包含以下字段的 struct:
    g: [1×1 sym]
    f: [1×1 sym]
>> sf=S.f,sg=S.g
```

```
    sf =
        (13^(1/2)*exp(-(t*(13^(1/2) - 3))/2)*(13^(1/2)/2 - 1/2))/13 + (13^(1/2)*exp
((t*(13^(1/2) + 3))/2)*(13^(1/2)/2 + 1/2))/13
    sg =
        (13^(1/2)*exp((t*(13^(1/2) + 3))/2))/13 - (13^(1/2)*exp(-(t*(13^(1/2) - 3))/
2))/13
```

10.7 可视化数学分析窗口

MATLAB 为符号函数可视化提供了一组简便易用的指令，下面简单介绍两个进行数学分析的可视化窗口，即图示化符号函数计算器和 Taylor 级数逼近分析器。

10.7.1 图示化符号函数计算器

对于习惯使用计算器或只想进行一些简单的符号运算与图形处理的用户，MATLAB 提供的图示化符号函数计算器是一个较好的选择。该计算器的功能虽简单，但操作方便、可视性强。

图示化符号函数计算器由两个图形窗口（“f”和“g”）与一个函数运算控制窗口（“funtool”）组成，如图 10-1 所示。在任何时候，两个图形窗口只有一个处于激活状态。函数运算控制窗口中的任何操作都只能对被激活的图形窗口起作用，即被激活的函数图像可随函数运算控制窗口的操作而做相应的变化。

（1）函数运算控制窗口中的第一排按键只对“f”图形窗口起作用，如求导、积分、简化、提取分子和分母、计算 1/f 及求反函数。

（2）函数运算控制窗口中的第二排按键处理函数 f 和常数 a 之间的加、减、乘、除等运算。

（3）函数运算控制窗口中的第三排的前 4 个按键对两个函数 f 和 g 进行算术运算，第五个按键用来求复合函数，第六个按键的功能是把 f 函数传递给 g 函数，最后一个按键 swap 实现 f 和 g 的互换。

（4）函数运算控制窗口中的第四排按键用于对计算器自身进行操作，函数运算控制窗口有一张函数列表 fxlist，这 7 个按键的功能如下。

- Insert：把当前激活窗口的函数写入列表。
- Cycle：依次循环显示 fxlist 中的函数。
- Delete：从 fxlist 列表中删除激活窗口的函数。
- Reset：使计算器恢复到初始调用状态。
- Help：获得关于界面的在线提示说明。
- Demo：自动演示。
- Close：退出。

在 MALTAB 命令行窗口中执行 funtool 命令，就会弹出上述 3 个窗口，利用该计算器即可进行符号函数运算。

```
>> funtool
```

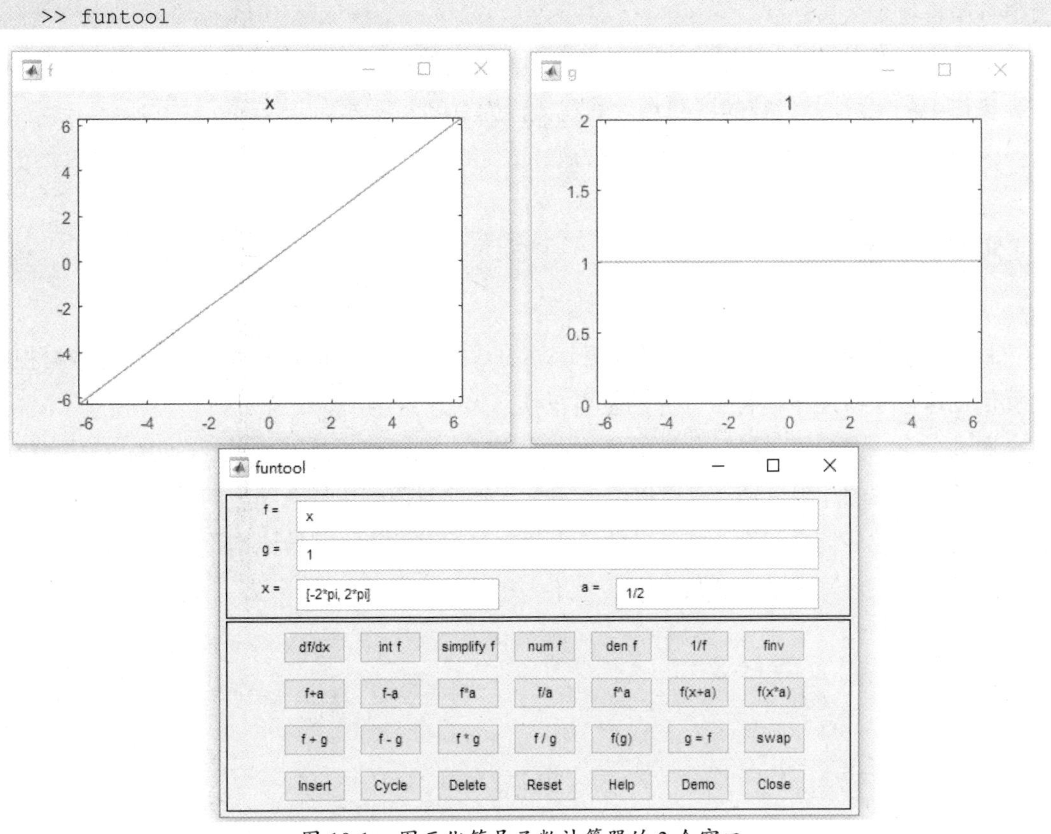

图 10-1　图示化符号函数计算器的 3 个窗口

10.7.2　Taylor 级数逼近分析器

在 MATLAB 命令行窗口中运行以下指令，将引出如图 10-2 所示的 Taylor 逼近分析器窗口。该窗口用于观察函数 f(x)在给定区间上被 N 阶 Taylor 多项式 $T_N(x)$逼近的情况。

```
>> taylortool
```

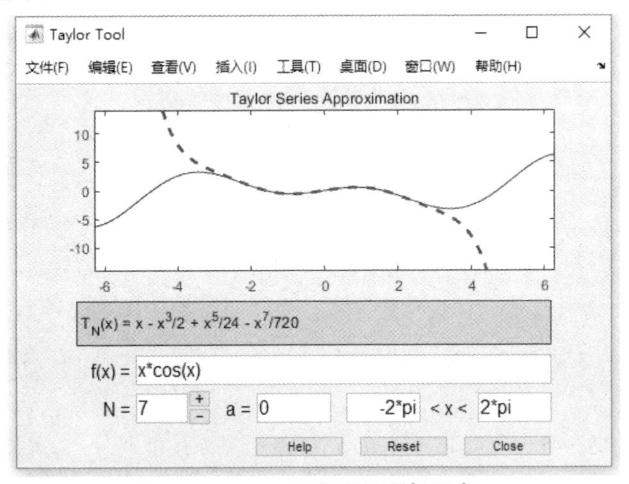

图 10-2　Taylor 级数逼近分析器窗口

函数 f(x)的输入方式有两种：一种是直接由指令 taylortool 引入；另一种是在窗口的“f(x)”数值框中直接输入表达式。

窗口中的“N”被默认地设置为 7，可以用其右侧的按键改变阶次，也可以直接输入阶次。

窗口中的“a”是级数的展开点，其默认值为 0。

函数的观察区被默认地设置为(-2π,2π)。

10.8 本章小结

本章主要介绍了 MATLAB 有关符号运算的基础内容，读者通过本章的学习并根据相应的算例，可以系统地掌握符号计算的基本操作。

通过学习，不难发现符号计算的优点：①计算以推理解析的方式进行，实际上得到的解是真实的、可靠的；②符号计算可以给出完全正确的封闭解或任意精度的数值解；③符号计算指令的调用比较简单，不必把过多的精力放在编写算法上。符号计算的不足之处在于计算所需的时间较长且结果的形式较繁杂。

第 11 章

句柄图形

MATLAB 中的句柄图形是对底层图形函数集合的总称，它实际上完成生成图形的工作。本章介绍 MATLAB 的句柄图形体系、图形对象的操作、默认属性值和 factory 属性及打印位置、句柄的使用方法、句柄图形的应用举例，可以帮助读者由表及里、由浅入深地系统掌握句柄图形体系、图形对象、属性和操作方法。

通过本章的学习，可以使读者更深入地理解高层绘图指令，从而可绘制出更精细、更生动、更个性的图形。另外，还可使读者能够利用低层图形指令和图形对象属性开发专用绘图函数。

学习目标

（1）熟练掌握 get、set 函数。

（2）熟练掌握图形对象的操作方法。

（3）熟练掌握设置用户属性默认值的方法。

（4）熟练掌握句柄的使用方法。

11.1 句柄图形体系

句柄图形（Handle Graphics）是一种面向对象的绘图系统。MATLAB 图形系统建立在图形对象的等级系统之上，每个图形对象都有一个独立的名字，这个名字叫作句柄。每个图形对象都有它的属性，因此可以通过修改它的属性来修改物体的行为。

11.1.1 图形系统

由图形命令产生的东西都是图形对象。例如，图形中的每条曲线、坐标轴和字符串，都是独立的对象。所有的图形对象均按子对象和父对象的形式进行管理，如图 11-1 所示。当一个子对象被创建时，它可能继承了父对象的许多属性。

在 MATLAB 中，最高层次的图形对象为根对象，可以通过它对整个计算机屏幕进行控制。当启动 MATLAB 时，根对象会被自动创建，它一直存在，直到关闭 MATLAB。与根对象相关的属性是应用于所用 MATLAB 窗口的默认属性。

在根对象下，有多个图形框架窗口对象或只有图像。每个图像在用于显示图像数据的计算机屏幕上都有一个独立的窗口，每个图像也都有它独立的属性。与图像相关的属性有颜色、图片底色、纸张大小、纸张排列方向、指针类型等。

每个坐标系对象都可能包括曲线对象、文本对象、贴片对象等其他所需的图形对象。

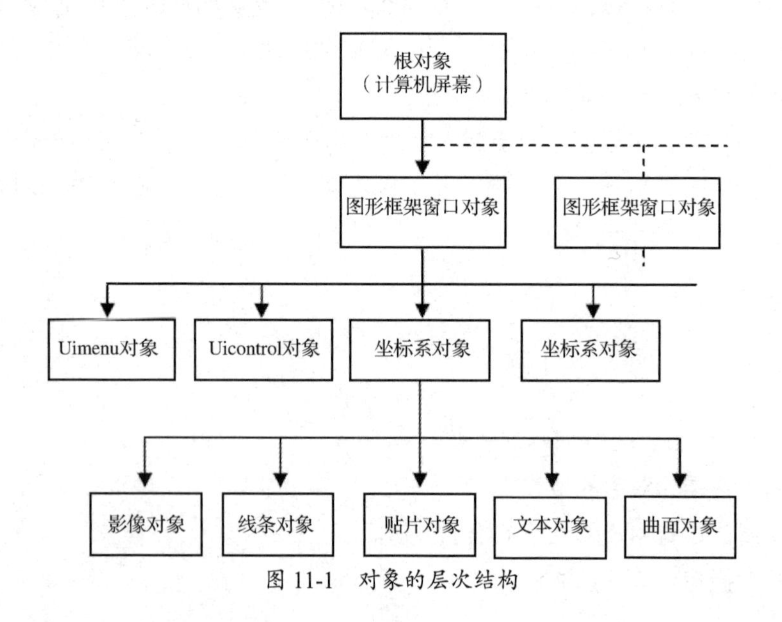

图 11-1　对象的层次结构

11.1.2 句柄图形的概念

下面介绍图形对象、句柄和句柄图形的结构的基本概念。

1. 图形对象

MATLAB 把用于数据可视化界面制作的基本绘图要素称为句柄图形对象（Handle Graphics Object）。构成 MATLAB 句柄图形体系的图形对象如图 11-2 所示。每个图形对象都可以被独立地操作。

在 MATLAB 中生成的每个具体图形，都由若干个不同对象构成，每个具体图形不必包含全部对象，但每个图形必须具备根和图形窗口。

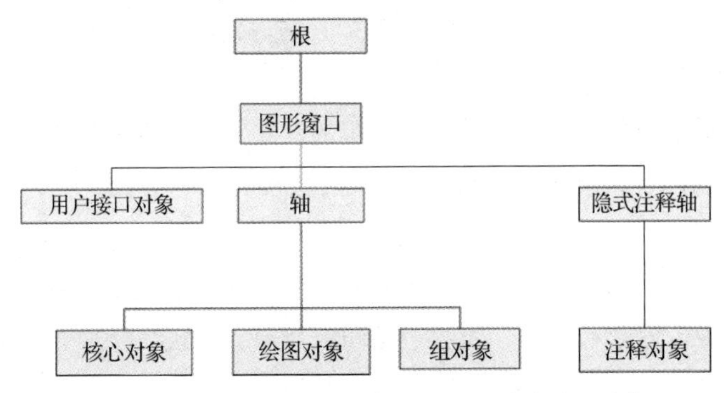

图 11-2　构成 MATLAB 句柄图形体系的图形对象

2. 句柄

每个图形对象都有一个独一无二的名字，这个名字叫作句柄。句柄是 MATLAB 中一个独一无二的整数或实数，用于指定对象的身份。用于创建一个图形对象的任意命令都会自动返回一个句柄。

【例 11-1】 句柄示例。

```
>> Hndl=figure                                      %结果如图 11-3 所示
Hndl =
  Figure (1) - 属性:
      Number: 1
        Name: ''
       Color: [0.9400 0.9400 0.9400]
    Position: [680 558 560 420]
       Units: 'pixels'
  显示 所有属性
```

图 11-3　句柄设置

创建一个新的图像，并返回这个图像的句柄到变量 Hnd1 中。根对象的句柄一般为 0，图形对象的句柄一般是一个小的正整数，如 1，2，3，…而其他的图形对象为任意的浮点数。

可以利用 MATLAB 函数得到图形、坐标系和其他对象的句柄。例如，函数 gcf 返回当前图形窗口的句柄；函数 gca 返回当前图形窗口中的当前坐标系对象的句柄；函数 gco 返回当前选择对象的句柄。

为了方便，存储句柄的变量名要在小写字母后面加个 H。这样就可以与普通变量（所有的小写变量、大写变量、全局变量）区分开了。

3．句柄图形的结构

在句柄图形体系中，各图形对象并不是平等的，处于结构最高层的图形对象是根，它是所有其他图形对象的“父”，图形对象是根对象的直接“子”对象。理论上，一个根拥有的独立图形窗口数量不限。

图形窗口有 3 种不同类型的子对象，即用户接口对象、轴及隐式注释轴。其中，轴有 3 种不同类别的子对象，即核心对象、绘图对象和组对象；隐式注释轴有一个子对象，即注释对象。

11.1.3　对象属性及其检测和变更

通过修改图形对象的属性可以控制对象的外观、行为等许多特征。属性不但包括对象的一般信息，而且包括特殊类型对象的独一无二的信息。例如，可以从任意给出的 figure 对象中获得窗口中最后一次输入的标识符、指针的位置及最近一次选择的菜单项等。

MATLAB 将所有图形信息组织在一个层次表中，并将这些信息存储在相应的属性中。例如，root 属性表包括当前图形窗口的句柄和当前的指针位置；figure 属性包括其子对象的类型列表，同时实时跟踪窗口中发生的事件；axes 属性包括有关其子对象对图形窗口映射表的使用方式及 plot 函数使用的颜色命令。

用户不但可以查询当前任意对象的任意属性值，而且可以指定大多数属性的值（某些属性为 MATLAB 控制的只读属性）。属性值仅对对象的特定实例起作用，即修改属性值不会对同类对象、不同实例的属性产生影响。

用户可以通过设置属性的默认值来影响所有此后创建的对象的属性。如果用户既没有定义默认值，又没有在创建对象时指定属性值，那么 MATLAB 将使用系统默认值。每个对象创建函数的参考入口都提供了一个与图形对象有关的属性来完整列表。

有些属性是所有图形对象都具备的，如类型（Type）、被选状态（Selected）、是否可见（Visible）、创建回调函数（CreateFcn）、销毁回调函数（DeleteFcn）。而有些属性则是某种对象独有的，如线条对象的线性属性等，这些独有的属性将在介绍属性设置方法时进行具体介绍。

在不引起混淆的前提下，编程时允许使用属性名的缩写。但是，在编写 M 文件时，最好不要使用缩写，以防将来 MATLAB 系统扩展时出现属性重名现象。

set 函数可以指定已存在对象的属性值，如果该属性值有一个取值范围集，则这个函数还能够将该属性所有可能的取值列举出来。set 函数的基本语法格式如下：

```
set(object_handle,'PropertyName','NewPropertyValue')
```

其中，参数 object_handle 为对象句柄；PropertyName 是该对象的属性名；NewPropertyValue 是该对象新的属性值。

【例 11-2】对比设置前后的图形颜色。

```
>> plot(peaks)                                %结果如图 11-4 (a) 所示
>> set(findobj('Type','line'),'Color','k')    %结果如图 11-4 (b) 所示
```

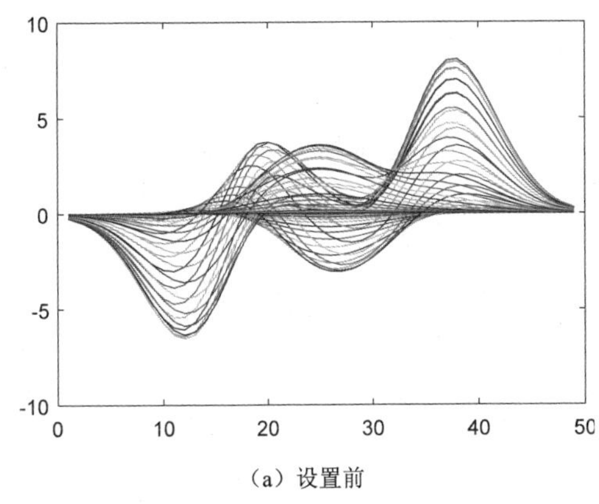

（a）设置前

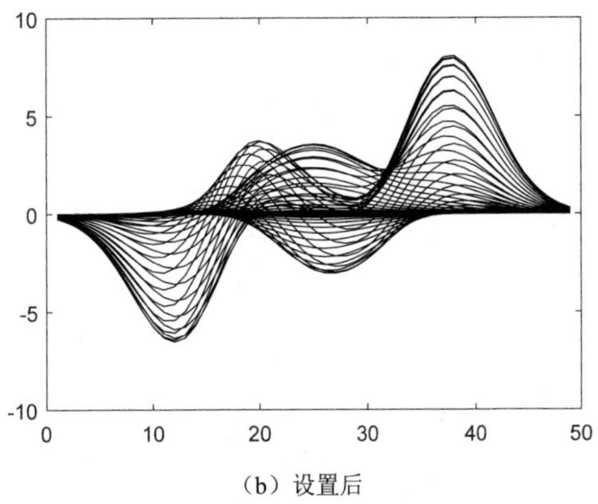

（b）设置后

图 11-4　对比图 1

如果希望查询指定对象的当前属性值，则可以使用 get 函数，其基本语法格式如下：

```
returned_value=get(object_handle,'PropertyName');
```

其中，参数 object_handle 为对象句柄；PropertyName 是该对象的属性名。

函数 get 和 set 对程序员来说非常有用，因为它们可以被直接插入 MATLAB 程序中，并根据用户的输入来修改图像。

【例 11-3】获取线宽的默认值。

```
>> get(0,'DefaultLineLineWidth')
ans=
   0.5000
```

【例 11-4】画出函数 $y(x)=x^3$ 在[-1,1]区间上的图像设置前后的对比图。

```
>> x=-1:0.1:1;
>> y=x.^3;
>> Hndl=plot(x,y);                            %如图 11-5 (a) 所示
```

这个曲线的句柄被存储在变量 Hndl 内，可以利用它检测和修改这条曲线的属性。函数 get(0)用于在一个结构中返回这条曲线的所有属性，每个属性名都为结构的一个元素。

```
>> result=get(0)
result =
  包含以下字段的 struct:

          CurrentFigure: [1×1 Figure]
```

```
                Units: 'pixels'
          ScreenDepth: 32
       PointerLocation: [487 186]
        CallbackObject: [0×0 GraphicsPlaceholder]
    FixedWidthFontName: 'SimHei'
     ShowHiddenHandles: off
   ScreenPixelsPerInch: 96
      MonitorPositions: [1 1 1920 1080]
            ScreenSize: [1 1 1920 1080]
              Children: [2×1 Figure]
                Parent: [0×0 GraphicsPlaceholder]
      HandleVisibility: 'on'
                  Type: 'root'
                   Tag: ''
              UserData: []
>> set(findobj('Type','line'),'LineStyle','--')    %结果如图 11-5 (b) 所示
```

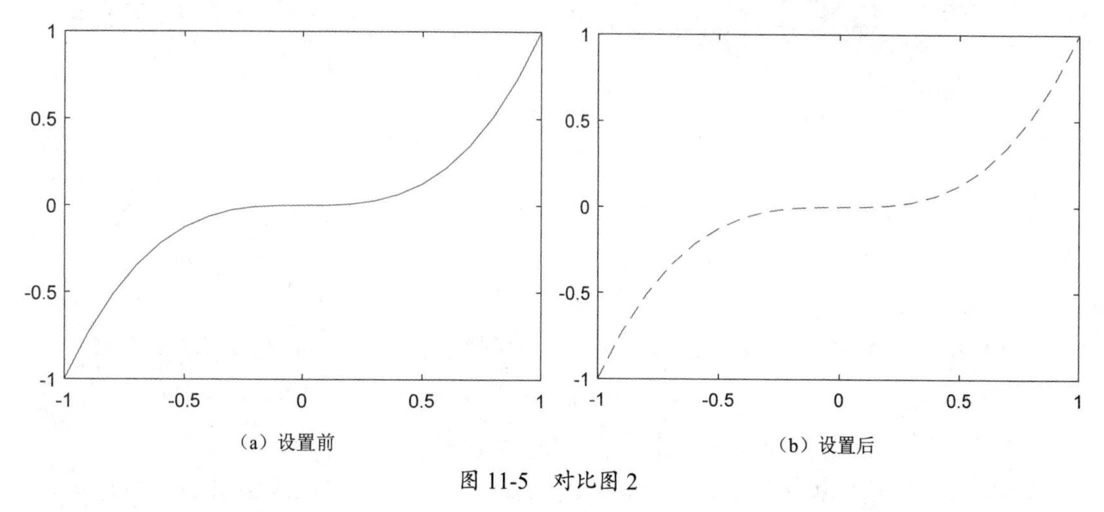

(a) 设置前　　　　(b) 设置后

图 11-5　对比图 2

MALAB 提供了属性编辑器以帮助用户更容易地改变 MATLAB 对象的属性。启动属性编辑器的命令为：

```
propedit(HandleList);                                %用于编辑列出的句柄的属性
propedit;                                            %用于编辑当前图像的属性
```

【例 11-5】创建函数 $y(x)=x^3$ 在[−1,1]区间上的图像并打开属性编辑器，间接修改曲线的属性。

```
>> figure(1);
>> x=-1:0.1:1;
>> y=x.^3;
>> Hndl=plot(x,y);
>> propedit(Hndl);                                   %调用属性编辑器，如图 11-6 所示
```

通过属性编辑器可以改变对象的属性，本例讨论的曲线对象包括数据（Date）、类型（Style）、和信息（Info）等。其中，数据允许用户选择和修改所要显示的数据，包括 X 数据源、Y 数据源和 Z 数据源的属性；类型用来设置线条和标记属性；信息用来设置曲线对象的其他信息。

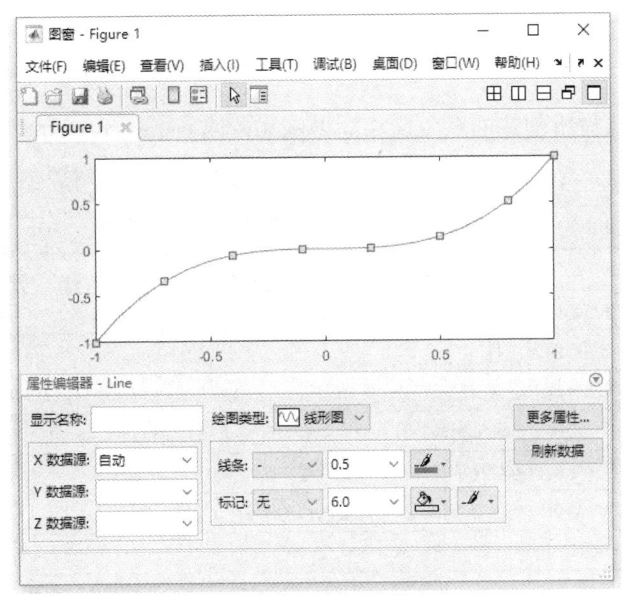

图 11-6　调用属性编辑器

将“Line”中的直线设置为虚线，选择“线条”下拉列表中的虚线，结果如图 11-7 所示。

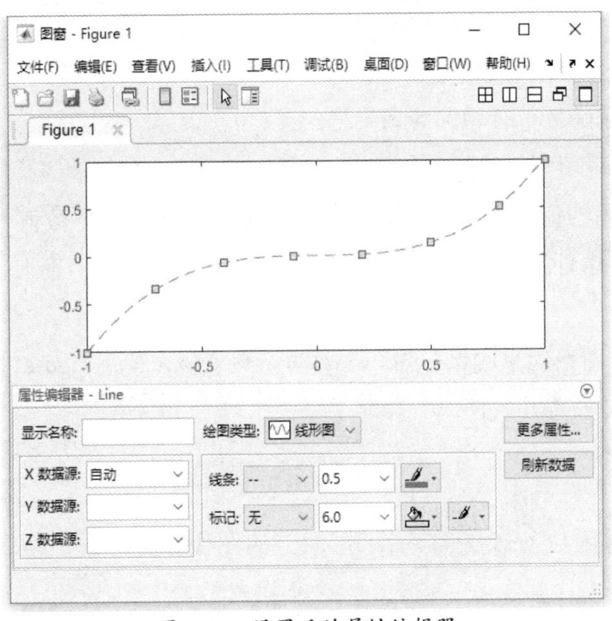

图 11-7　设置后的属性编辑器

11.2　图形对象的操作

典型的图形通常包括许多种相关的图形对象，由这些图形对象共同生成有具体含义的图形或图片。每种类型的图形对象都有一个相对应的对象创建函数（除 root 对象外），这个对象创建函数使用户能够创建该对象的一个实例。

11.2.1 创建图形对象

对象创建函数名与所创建的对象名相同。例如，函数 text 将创建一个 text 对象；figure 函数将创建一个 figure 对象。表 11-1 列出了 MATLAB 中所有的对象创建函数。

表 11-1 MATLAB 中所有的对象创建函数

函 数 名	对 象 描 述
axes	标度和定向 axes 子对象 image、light 等的矩阵坐标系统
figure	显示图形的窗口
image	使用颜色映射表索引或 RGB 值的二维图片。数据可以是 8 位，也可以是双精度类型
light	位于坐标轴中，能够影响补片和曲面的有方向光源
line	由顺序链接坐标数据的直线段构成的线条
patch	将矩阵的每一列理解为由一个多边形构成的小面
rectangle	矩形或椭圆形的二维填充区域
surface	由矩阵数据（理解为高度）定义的矩形创建而成的曲面
text	位于坐标轴系统中的字符串
uicontextmenu	与其他图形对象相关的用户文本菜单
uicontrol	可编程用户接口空间，如按钮、滚动条和列表框等
uimenu	在图形窗口顶端出现的菜单

所有的对象创建函数都有相同的调用格式：

```
返回句柄=创建函数名（'属性名',属性值,…）
```

使用属性名和属性值参数对可以为任意的对象属性指定一个数值（除只读类型属性以外）。函数将返回创建对象的句柄，在这之后便可以使用这个句柄查询或修改所创建对象的属性值了。

【例 11-6】 创建图形对象实例：对一个数学函数求值，使用 figure、axes 和 surface 函数创建 3 个图形对象并设置其属性。

```
>> clear,clc,clf
>> [x,y] = meshgrid([-4:.4:4]);          %设置 x 和 y 的值
>> z = x^2.*exp(-x-y); %生成 z 的值
>> %创建图形对象
>> fh = figure('Position',[350 275 400 300],'Color','w');
>> ah = axes('Color',[.8 .8 .8],'XTick',[-4 -2 0 2 4],...
>> 'YTick',[-4 -2 0 2 4]);
>> sh = surface('XData',x,'YData',y,'ZData',z,...
>> 'FaceColor',get(ah,'Color')+.1,...
>> 'EdgeColor','k','Marker','o',...
>> 'MarkerFaceColor',[.5 1 .85]);        %结果如图 11-8 (a) 所示
>> view(3)                               %通过 view 命令改变视角，结果如图 11-8 (b) 所示
```

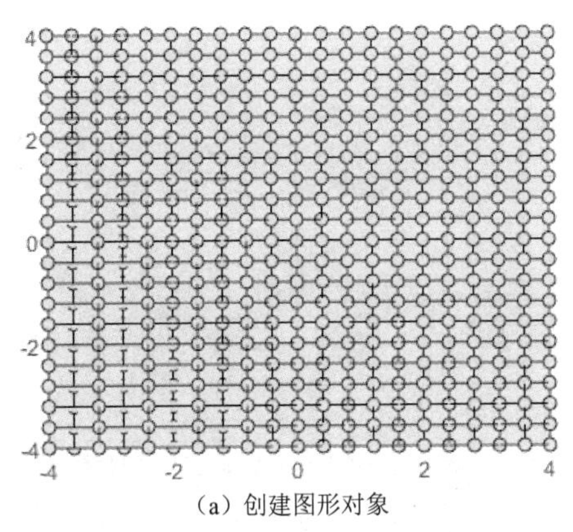

(a) 创建图形对象

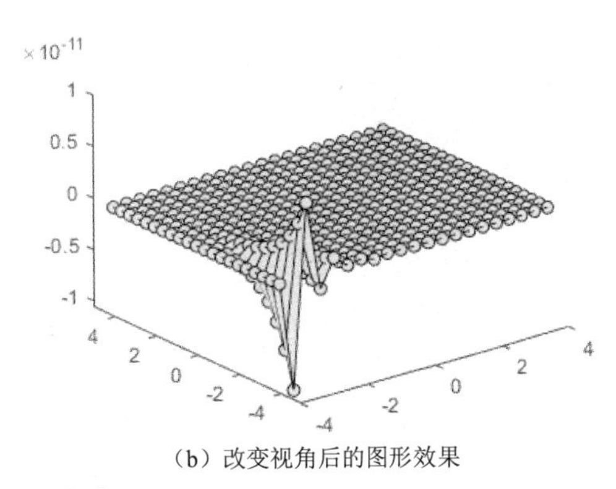

(b) 改变视角后的图形效果

图 11-8 创建图形对象实例

11.2.2 查找对象

每个新的图形对象在从被创建开始就有它自己的句柄，句柄可以由对象创建函数返回（有时存在不能访问的情况）。MATLAB 提供了 gcf、gca、gco 及 findobj 四个函数，用来帮助用户寻找对象的句柄。函数 gcf、gca 与 gco 的基本语法格式如下：

```
ax=gca                  %返回当前图形中当前坐标系的句柄
%如果图形不存在或当前图形中无坐标系，那么函数 gca 将创建一个坐标系，并返回它的句柄
fig=gcf
%返回当前图形的句柄。如果图形不存在，则函数 gcf 将创建一个图形窗口并返回它的句柄
H_obj=gco;              %返回当前图形中当前对象的句柄，其中 H_obj 是一个对象的句柄
H_obj=gco(H_fig);       %返回一指定图形中当前对象的句柄，其中 H_fig 是一个图形的句柄
```

当前对象是指单击的最后一个对象，该对象可以是除了根对象的任意图形对象。确定一个对象的句柄后，可以通过检测其 Type 属性来查看句柄对象的类型：

```
H_obj=gco;
type=get(H_obj,'Type')
```

查找任意一个 MATLAB 对象的最简单的方法是用 findobj 函数，其基本语法格式如下：

```
Hndls =findobj                                     %返回根对象及其所有子级的句柄
Hndls =findobj('PropertyName',PropertyValue,...)
%返回属性 PropertyName 的值为 PropertyValue 的所有图形对象的句柄
%可以指定多个属性-值对组，在这种情况下，findobj 函数将仅返回具有所有指定值的对象
```

findobj 命令起始于根对象并搜索所有的对象，找出含有指定属性、指定值的对象。因为 findobj 函数需要对整个对象结构进行搜索，所以速度比较慢。而采用限定搜索对象的数目功能能够加快函数运行的速度，其基本语法格式如下：

```
Hndls=findobj(SrchHndls,'PropertyName1',value1,...)
%只有数组 SrchHndls 和它的子数组中的句柄才在搜索范围内
```

【例 11-7】选择图形对象。

```
% 脚本文件:select_object.m
% 目的：选择图形对象
% 定义变量:details—对象细节；H1—sin 线的句柄；H2—cos 线的句柄；Handle—当前对象句柄
% k—等待按钮的结果；type—对象类型；x—独立变量
% y1—sin(x/2);y2—cos(2x);yn—Yes/No
```

```
% 计算 sin(x/2) 和 cos(2x)
x=-3*pi:pi/10:3*pi;
y1=sin(x/2);
y2=cos(2*x);
H1=plot(x,y1);                                     %绘制函数 sin(x/2) 的图形
set(H1,'LineWidth',2);
hold on;
H2=plot(x,y2);                                     %绘制函数 cos(2x) 的图形
set(H2,'LineWidth',2,'LineStyle',':','Color','r');
title('\bfPlotofsin\itx/2\rm\bfandcos2\itx');
xlabel('\bf\itx');
ylabel('\bfsin\itx/2\rm\bfandcos2\itx');
legend('sinx/2','cos2x');
hold off;
k=waitforbuttonpress;
while k==0                                         %while 循环
    Handle=gco;                                    %获取句柄
    type=get(Handle,'Type');                       %获取函数类型
    disp(['Objecttype=' type '.']);                %显示类型
    yn=input('Do you want to display details?(y/n)','s');
    if yn=='y'
        details=get(Handle);
        disp(details);
    end
    k=waitforbuttonpress;                          %检测
end
```

程序运行后，得到的结果如图 11-9 所示。

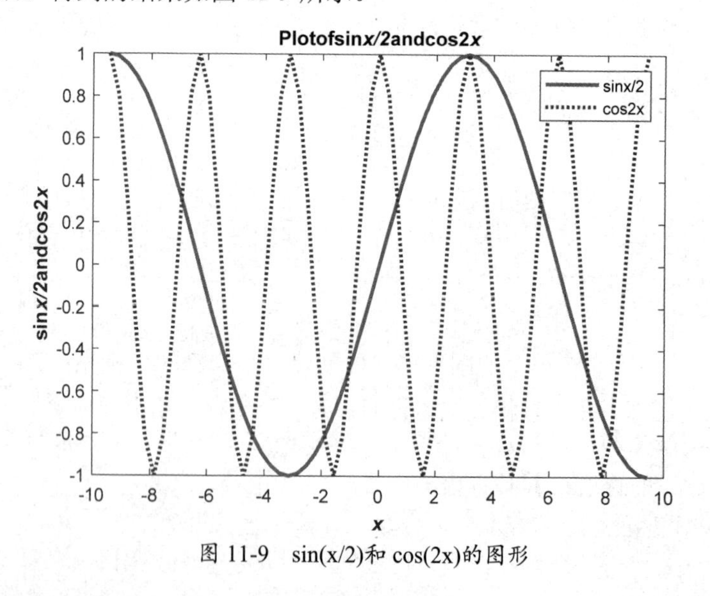

图 11-9　sin(x/2)和 cos(2x)的图形

11.2.3　图形对象的位置

一个图形对象的位置由一个 4 元素行向量指定，这个向量为[left bottom width height]，其中，left 指图形对象的左边界；bottom 指图形对象的底边界；width 指图形对象的宽度；height 指图形对象的高度。它的这些位置值的单位可以用对象的 Units 属性指定。

【例 11-8】得到当前图像的位置和单位。

```
>> get(gcf,'Position')
ans=
   680   558   560   420
>> get(gcf,'Units')
ans=
    'pixels'
```

单位(Units)属性的默认值为像素(pixels)，但也可以为英尺(inches)、公分(centimeters)、点（points)、归一化坐标（normalixed coordinates)。像素代表屏幕像素，即在屏幕上可表示出来的最小的对象。

归一化坐标在 0 到 1 内。在归一化坐标中，屏幕的左下角坐标为[0,0]、右上角坐标为[1.0,1.0]。如果对象的位置采用归一化坐标系描述，那么在不同分辨率的屏幕上，对象的相对位置是固定的。

【例 11-9】创建了一个图形对象，并把它放置在屏幕的上部而不用考虑屏幕的大小。

```
>> H=figure(1)
>> set(H,'units','normalized','position',[0 .5 .5 .45])
```

提示：

采用归一化坐标可以把对象放置在窗口的特定位置而无须考虑屏幕的大小。

11.2.4 文本对象的位置

与其他对象不同，文本对象有一个位置属性，包含两个或三个元素。这些元素为坐标系对象中文本对象的 x、y 和 z 轴，并且都显示在坐标轴上。

放置在某一特定点的文本对象的位置可由这个对象的 HorizontalAlignment 和 VerticalAlignment 属性控制。HorizontalAlignment 的属性值可以是 Left、Center 或 Right。VerticalAlignment 的属性值可以为 Top、Cap、Middle、Baseline 或 Bottom。文本对象的大小由字体大小和字符数决定，因此没有高度和宽度值与之相连。

【例 11-10】设置一个图形内对象的位置。

文本对象的位置与坐标系的位置相关。为了说明如何在一图形窗口中设置文本对象的位置，将编写一个程序，用来在单个的图形窗口内创建两个交叠的坐标系：第一个坐标系用来显示函数 sin(x/2)的图形，并带有相关文本说明；第二个坐标系用来显示函数 cos(2x)的图形，并在坐标系的左下角有相关的文本说明。

用图形函数创建一个空图形窗口，然后用两个 axes 函数在图形窗口中创建两个坐标系。函数 axes 的位置可以用相对于图形窗口的归一化单位指定，因此，第一个坐标系起始于(0.05,0.05)，位于图形窗口的左下角；第二个坐标系起始于(0.45,0.45)，位于图形窗口的右上角。每个坐标系都有合适的函数来作图。

第一个坐标系中的文本对象的位置为(0,0)，它是曲线上的一点。若选择 HorizontalAlignment 的属性值为 right，那么点(0,0)在文本字符串的右边。因此，在最终的图形中，文本就会显示在位置点的左边。第二个坐标系中的文本对象的位置为(7.5,0.9)，位于坐标轴的左下方。这个字符串选择 HorizontalAlignment 属性的默认值 left，点(7.5,0.9)在文本字符串的右边。因此，在最终的图形中，文本就会显示在位置点的右边。

```
% 脚本文件名为 position_object.m
% 定义变量：H1-sin 句柄，H2-sosine 句柄，Ha1-第一个轴的句柄，Ha2-第二个轴的句柄
% x-独立变量，y1-sin(x/2)，y2-cos(2x)
% 计算 sin(x/2)和 cos(2x)
x = -2*pi:pi/10:2*pi;
y1 = sin(x/2);
y2 = cos(2*x);
figure;                                              % 新建空的图形窗口
% 创建轴并画 sin(x/2)
Ha1 = axes('Position',[.05 .05 .5 .5]);
H1 = plot(x, y1);
set(H1,'LineWidth',2);
title('\bfPlot of sin \itx/2');
xlabel('\bf\itx');
ylabel('\bfsin \itx/2');
axis([-8 8 -1 1]);
% 创建轴并画 cos(2x)
Ha2 = axes('Position',[.45 .45 .5 .5]);
H2 = plot(x, y1);
set(H2,'LineWidth',2,'Color','r','LineStyle','--');
title('\bfPlot of cos \it2x');
xlabel('\bf\itx');
%ylabel('\bfcos \it2x');
axis([-8 8 -1 1]);
% 创建文本
axes(Ha1);
text(0.0,0.0,'min(x)\rightarrow','HorizontalAlignment','right');
% 创建拐角
axes(Ha2);
text(-7.5,-0.9,'Text string 2');
```

执行程序，结果如图 11-10 所示。

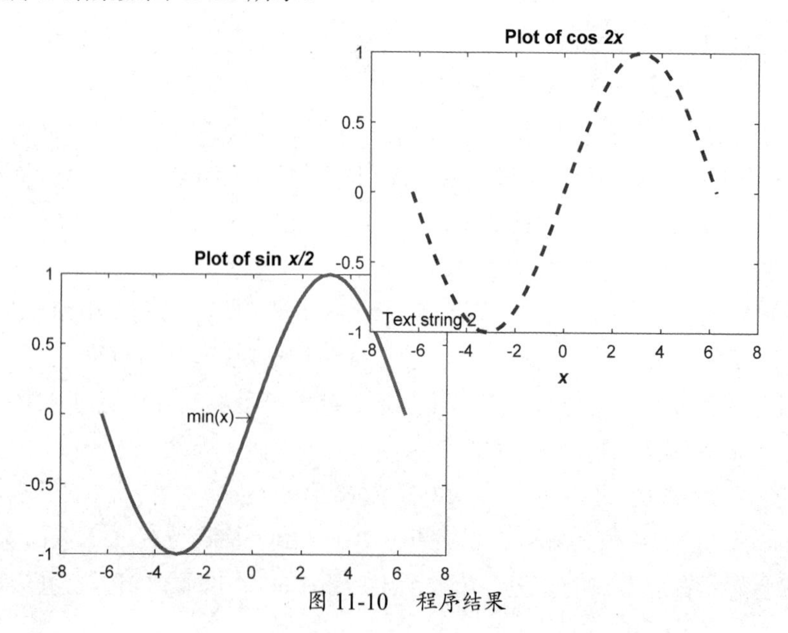

图 11-10 程序结果

11.3　属性默认值和 factory 属性及打印位置

11.3.1　设置属性默认值

如果没有指定属性值，那么 MATLAB 将使用系统默认值为所有对象定义属性值。通过以下语句可以获得所有属性的系统默认值：

```
a=get(0,'Factory');
```

get 函数将返回一个结构体数组，该数组的域名由对象类型和属性名联合构成，域值是域名标识的对象和属性的系统默认值，如下面的示例代码：

```
UimenuSelectionHighlight:'on'
```

标识 Uimenu 对象的 SelectionHighlight 属性的系统默认值为 on。可以使用以下语句获得单个属性的系统默认值：

```
get(0,'FactoryObjectTypePropertyName')
```

例如，下面的示例代码：

```
get(0,'FactoryTextFontName')
```

对于所有对象的属性，MATLAB 都对应有一个默认的属性值。在进行绘图或其他需要了解图像属性值的工作时，MATLAB 将从当前对象开始，在继承表中始终向上搜索，直到找到用户定义的默认值或系统，因此总能找到合适的属性值。

可以看出，用户定义的默认值越靠近继承表的 root 对象，MATLAB 的搜索范围越广。

如果在 root 级定义 line 对象的默认值，那么 MATLAB 将对所有的 line 对象使用这个默认值。

如果仅在 axes 级定义 line 对象的默认值，那么 MATLAB 将对该级 line 对象使用这个默认值。

如果在多级中定义对象的默认值，那么与该对象距离最近的父对象级中定义的默认值将被使用，因为该默认值是 MATLAB 最先找到的默认值。

这里需要注意的是，默认值的设置仅对那些设置完成后创建的对象有效，已存在的图形对象不会发生变化。在指定默认值时，首先要创建一个以 Default 开头，然后紧跟对象类型，最后是对象属性的字符串。

例如，如果希望在当前的图形窗口级指定 line 对象的 LineWidth（线的宽度）属性为 1.5 点宽，则可以使用以下语句：

```
set(gcf,'DefaultLineLineWidth',1.5)
```

字符串 DefaultLineLineWidth 将指明该属性是 line 对象的 LineWidth 属性。定义图形窗口的颜色可以使用字符串 DefaultFigureColor。这里需要注意的是，仅在 root 级指定图形窗口的属性才是有意义的。

```
get(gcf,'default')
```

使用参数 default 可以将一个属性设置为 MATLAB 第一个搜索到的默认值。

【例 11-11】 产生一个绿色的曲面 EdgeColor 属性（边缘属性）。

```
set(0,'DefaultSurfaceEdgeColor','k')
h=surface(peaks);
set(gcf,'DefaultSurfaceEdgeColor','g')
set(h,'EdgeColor','default')                    %结果如图 11-11 所示
```

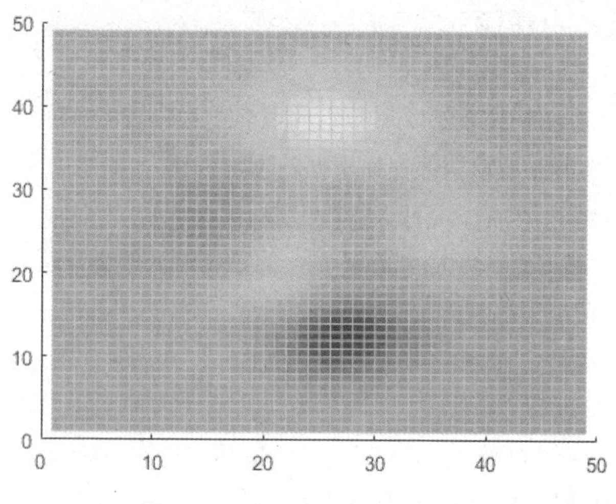

图 11-11　设置图形属性的默认值

在 figure 级存在一个该属性的默认值，MATLAB 将第一个找到这个默认值，于是用它来替换 root 级定义的默认值。当指定某个属性的属性值为 remove 时，将会删除用户定义的默认值：

```
set(0,'DefaultSurfaceEdgeColor','remove')
```

以上语句将 root 级定义的曲面 EdgeColor 默认值删除。

指定一个属性取值为 factory，则该属性将采用系统默认的属性值。例如，以下语句将曲面的 EdgeColor 属性设置为系统默认属性值颜色——黑色，而设置的默认值将被忽略：

```
set(gcf,'DefaultSurfaceEdgeColor','g')
h=surface(peaks);
set(h,'EdgeColor','factory')
```

plot 函数在显示多个图形时，将循环使用由坐标轴的 ColorOrder 属性定义的颜色。如果为坐标轴的 LineStyleOrder 属性定义多个属性值，那么 MATLAB 将在每次颜色循环后改变线型的宽度。另外，用户还可以通过定义属性默认值，使 plot 函数使用不同的线型创建图形。

【例 11-12】 创建一个白底色图形窗口，然后在 root 级为坐标轴对象设置默认值。

```
>> whitebg('w')
>> set(0,'DefaultAxesColorOrder',[0 0 0],...  %设置默认值
>> 'DefaultAxesLineStyleOrder','--|--|:|-.')
>> Z=peaks;plot(1:49,Z(4:7,:))                 %运行结果如图 11-12 所示
```

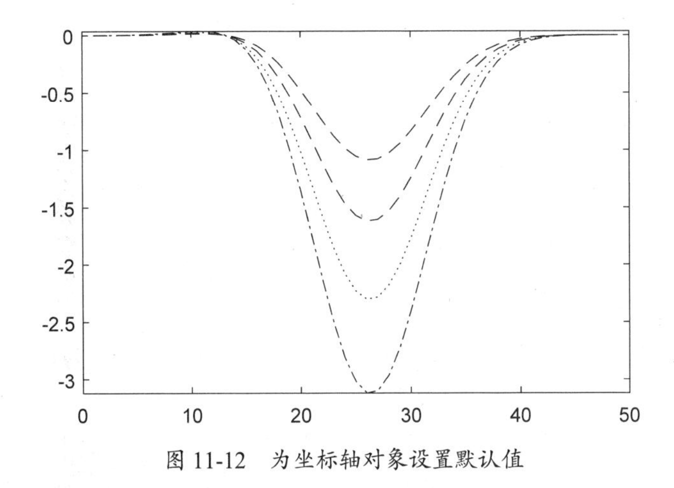

图 11-12　为坐标轴对象设置默认值

用户无论何时要调用 plot 函数，该函数都将采用同一种颜色绘制所有数据，这是因为坐标轴的 ColorOrder 属性仅包括一种颜色。但是函数将循环使用 LineStyleOrder 定义的不同线型。

【例 11-13】在继承表的多级上设置默认值。

在一个图形窗口中创建两个坐标轴，分别在 figure 级和 axes 级设置坐标轴的颜色、线型等属性的默认值，示例代码如下：

```
t=-4*pi:pi:4*pi;
s=sin(t/2);
c=cos(2*t);
figh=figure('Position',[30 100 800 350],'DefaultAxesColor',[.8 .8 .8]);
axh1=subplot(2,1,1);
grid on
set(axh1,'DefaultLineLineStyle','-.')
line('XData',t,'YData',s)
line('XData',t,'YData',c)
text('Position',[3 .4],'String','Sine')
text('Position',[2 -.3],'String','Cosine','HorizontalAlignment','right')
axh2=subplot(2,1,2);
grid on
set(axh2,'DefaultTextRotation',100)
line('XData',t,'YData',s)
line('XData',t,'YData',c)
text('Position',[3 .4],'String','Sine')
text('Position',[2 -.3],'String','Cosine','HorizontalAlignment','right')
```

此时，不同的子图形使用相同的 text 和 line 函数会得到不同的显示结果，如图 11-13 所示。

由于默认的坐标轴颜色（Color）属性是在 figure 级设置的，所以 MATLAB 使用相同的灰色背景颜色创建坐标轴。图 11-13（a）中的点画线是默认线型，在该图中每次调用 line 函数都使用这种线型；而在图 11-13（b）中，没有定义默认线型，因此 MATLAB 使用系统默认属性值——实线型。在图 11-13（b）中，给文本的 Rotation 属性定义为 100°，因此该图中所有的文本都使用这种旋转角度；而在图 11-13（a）中，给文本使用固有默认值，因此不旋转文本。

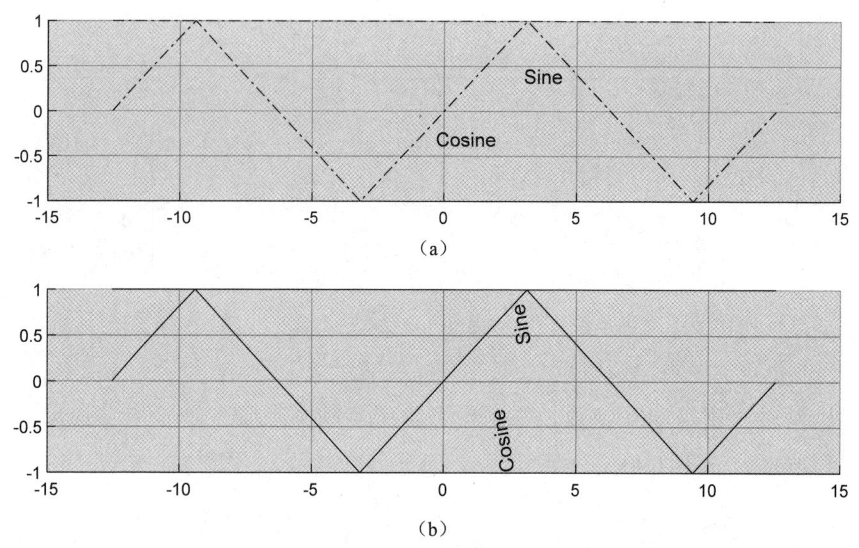

（a）

（b）

图 11-13　使用不同默认属性值的不同结果

提示：

如果用户希望无论何时运行 MATLAB 都使用自定义的默认值，则可以在 startup.m 文件中指定这些默认值。

11.3.2　factory 属性

如果查到根对象都没有找到用户定义的默认值，MATLAB 就使用 factory 的默认值。它的应用说明如下：

```
%设置默认值
set(0,'DefaultLineColor','k');%rootdefault=black
set(gcf,'DefaultLineColor','g');%figuredefault=green
%Create a line on the current axes.This line is green
Hndl=plot(randn(1,10));
set(Hndl,'Color','default');
pause(2);
%设置新值，黑线
set(gcf,'DefaultLineColor','remove');
set(Hndl,'Color','default');
```

11.3.3　打印位置

属性 Position 和 Units 用来指定图像在计算机屏幕上的位置。还有其他的 5 个属性用于指定图像在打印纸上的位置，这些属性被总结在表 11-2 中。

表 11-2　与打印相关的属性

参　数	描　述
PaperUnits	度量纸张的单位
PaperOrientation	[{portrait}|landscape]

续表

参　数	描　述
PaperPosition	位置向量，形式为[left,bottom,width,height]，单位是 PaperUnits
PaperSize	包含纸张大小的两个元素的向量
PaperType	设置纸张的类型。注意：设置这个属性会自动更新纸张的 PaperSize 属性

例如，利用 landscape 模式，用归一化单位在 A4 纸上打印一个图像，此时可以设置下面的属性：

```
set(Hndl,'PaperType','a4letter')
set(Hndl,'PaperOrientation','landscape')
set(\Hndl,'PaperUnits','normalized');
```

11.4　句柄的使用方法

MATLAB 给所创建的每个图形对象都指定一个句柄，所有的对象创建函数都能够返回被创建对象的句柄。如果用户希望访问对象的属性，那么最好在创建对象时将对象的句柄赋给一个变量，以免以后对句柄进行重复搜索。

11.4.1　访问对象句柄

除了 root 对象和 figure 对象，所有图形对象的句柄都是一个浮点数。用户在使用这些句柄数据时，必须保证这些数据的全部精度。root 对象的句柄总是 0；figure 对象的句柄可以是显示在窗口标题栏中的整数（默认情况下），也可以是一个完全符合 MATLAB 内部浮点数精度的数值。

图形对象的所有操作都是针对当前对象而言的。“当前”是图形对象的一个重要概念，当前窗口是指被指定作为图形输出的窗口；当前坐标轴是创建坐标轴子对象命令的目标坐标轴；当前对象是用户创建的最后一个图形对象或单击的最后一个对象。

虽然 gcf 和 gca 命令提供了一个简单地获取当前窗口与坐标轴句柄的方法，但是很少在 M 文件中使用这两个命令，因为一般在设计 MATLAB 程序的 M 文件时，不会根据用户行为获得当前对象。

MATLAB 还提供了一种通过属性搜索对象的方法，即 findobj 函数。在前面已经提到这个函数，它能够快速地形成一个继承表的横截面并获得具有指定属性值的对象句柄。

如果用户没有指定一个开始搜索的对象，那么 findobj 函数将从 root 对象开始，始终搜索与用户指定属性名和属性值都相符的所有事件。下面举例说明该函数的使用方法。

【例 11-14】 findobj 函数的使用。

```
>> clf reset;
>> t=(-2*pi:pi/10:2*pi)';
>> tt=t*[1 1];
>> yy=cos(tt)*diag([0.5 1]);
>> plot(tt,yy);                              %结果如图 11-14 所示
>> Hb=findobj(gca,'Color','b')
```

```
Hb=
  0×0 空 GraphicsPlaceholder 数组。
```

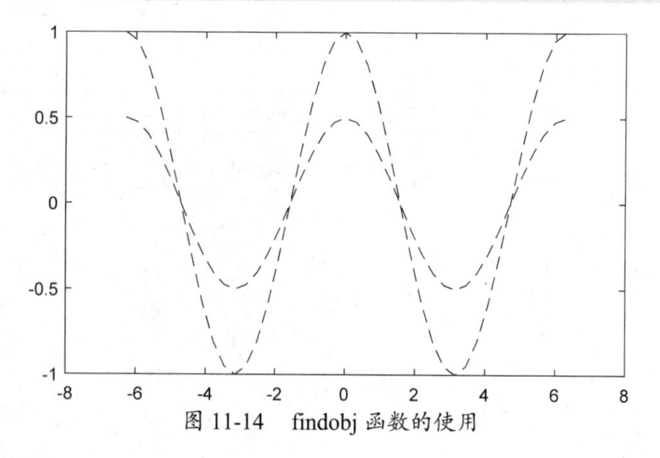

图 11-14　findobj 函数的使用

11.4.2　使用句柄操作图形对象

用户可以使用 copyobj 函数将一个对象从一个父对象中拷贝到另一个父对象中。新对象与旧对象唯一的不同就是其 Parent 属性和句柄。可以同时将多个对象拷贝到一个新的父对象中，也可以将一个对象拷贝到多个父对象中而不改变当前的父子关系。

当用户拷贝一个有子对象的对象时，MATLAB 会同时拷贝其所有的子对象。假设用户正在绘制多个数据并希望标注每个图形点，那么 text 函数将使用字符串和一个左向箭头来标注数据点。

【例 11-15】标注数据点。

```
>> h=plot(-2*pi:pi/10:2*pi,cos(-2*pi:pi/10:2*pi));
>> text(pi,0,'\leftarrowcos(\pi)','FontSize',18)  %结果如图 11-15 (a) 所示

>> figure                             %创建新图
>> axes                               %创建新轴
>> new_handle=copyobj(h,gca);         %使用 copyobj 函数拷贝文本对象，结果如图 11-15 (b) 所示
```

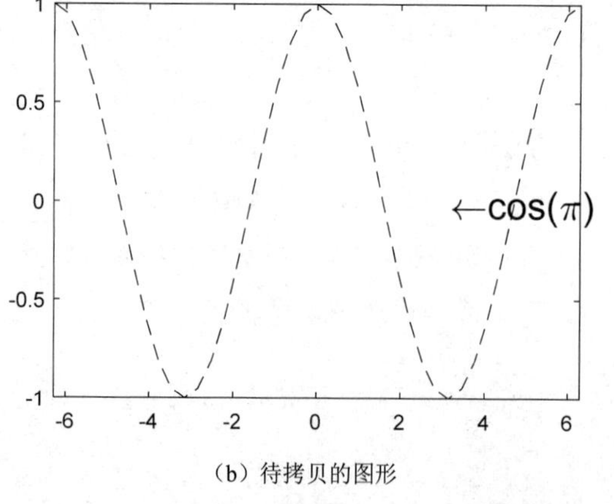

（b）待拷贝的图形

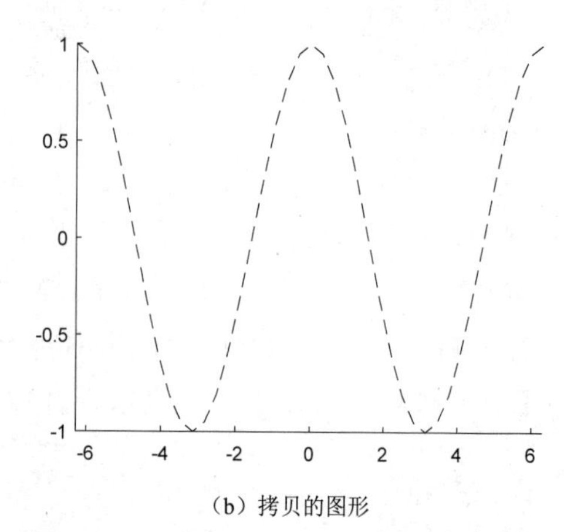

（b）拷贝的图形

图 11-15　标注数据点

11.4.3　删除对象

可以使用 delete 命令和句柄参数删除一个图形对象。

【例 11-16】 删除当前坐标轴。

```
>> hf=figure;
>> ha=axes;
>> x=-3*pi:pi/10:3*pi;
>> y1=sin(x/2);
>> y2=cos(2*x);
>> H1=plot(x,y1);
>> hold on;
>> H2=plot(x,y2);                    %结果如图 11-16（a）所示
>> delete(ha)                        %删除坐标轴，结果如图 11-16（b）所示
```

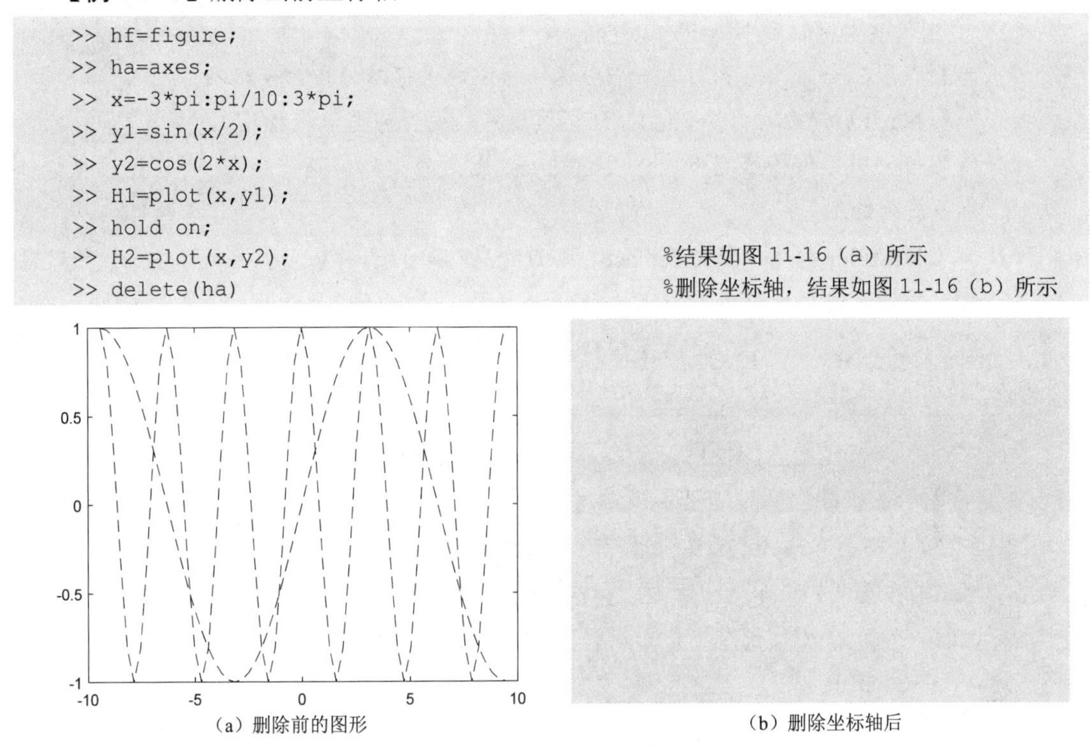

（a）删除前的图形　　　（b）删除坐标轴后

图 11-16　删除当前坐标轴

11.4.4　控制图形输出

MATLAB 允许在同一个运行过程中打开多个图形窗口，因此，当用一个 MATLAB 程序创建图形窗口以显示图形用户界面并绘制数据时，有必要对某些图形窗口进行保护，以免成为图形输出的目标；而对于相应的输出窗口，要做好接受新图形的准备。

下面介绍如何使用句柄来控制 MATLAB 显示图形的目标和方法。

在默认情况下，MATLAB 对象创建函数会在当前的图形窗口和坐标轴中显示图形。用户可以通过在对象创建函数中使用明确的 Parent 属性直接指定图形的输出位置。

MATLAB 提供了 newplot 函数，用来简化图形 M 文件设置 NextPlot 属性的编写过程。newplot 函数首先检查 NextPlot 的属性值，然后根据属性值决定相应的行为。用户应该在所有调用对象创建函数的 M 文件的开头定义 newplot 函数。当调用 newplot 函数时，有可能发生以下行为。

（1）检查当前图形窗口的 NextPlot 属性。

- 如果不存在图形窗口，则创建一个图形窗口并设该图形窗口为当前图形窗口。
- 如果 NextPlot 的属性值为 add，则将该图形窗口设置为当前图形窗口。

- 如果 NextPlot 的属性值为 replacechildren，则删除图形窗口的子对象并设置该图形窗口为当前图形窗口。
- 如果 NextPlot 的属性值为 replace，则删除图形窗口的子对象，重置图形窗口属性为默认值，并设置该图形窗口为当前图形窗口。

（2）检查当前坐标轴的 NextPlot 属性。

- 如果不存在坐标轴，则创建一个坐标轴并设该坐标轴为当前坐标轴。
- 如果 NextPlot 的属性值为 add，则将该坐标轴设置为当前坐标轴。
- 如果 NextPlot 的属性值为 replacechildren，则删除坐标轴的子对象，并设置该坐标轴为当前坐标轴。
- 如果 NextPlot 的属性值为 replace，则删除坐标轴的子对象，重置坐标轴属性为默认值，并设置该坐标轴为当前坐标轴。

注意：

在默认情况下，图形窗口的 NextPlot 的属性值为 add，坐标轴的 NextPlot 的属性值为 replace。

为了说明 newplot 函数的使用方法，下面给出一个类似于 plot 的绘图函数 my_plot，以演示如何将图形窗口和坐标轴用于用户编写的绘图函数。

【例 11-17】使用 newplot 函数管理指定绘图函数的输出。

my_plot 函数实现为特定的出版要求自定义坐标轴和图形窗口外观，针对多线条图形循环使用线型和单一颜色，添加具有指定显示名称的图例，并保存为 my_plot.m，代码设置如下：

```
function my_plot(x,y)
  cax = newplot;                                      % 调用 newplot 函数获取轴句柄
  % 自定义轴
  cax.FontName = 'Times'; cax.FontAngle = 'italic';
  fig = cax.Parent;
  fig.MenuBar= 'none';
  % 调用绘图命令生成自定义图形
  hLines = line(x,y,'Color',[.5,.5,.5],'LineWidth',2);
  lso = ['- ';'--';': ';'-.'];
  setLineStyle(hLines)
  grid on
  legend('show','Location','SouthEast')
  function setLineStyle(hLines)
    style = 1;
    for ii = 1:length(hLines)
      if style > length(lso)
        style = 1;
      end
      hLines(ii).LineStyle = lso(style,:);
      hLines(ii).DisplayName = num2str(style);
      style = style + 1;
    end
  end
end
```

my_plot 函数显示用户编写的绘图函数的基本结构。

（1）调用 newplot 函数获得目标坐标轴的句柄，并应用坐标区和图形窗口的 NextPlot 属性进行设置。

（2）使用返回的坐标轴句柄为该特定绘图函数自定义坐标轴或图形窗口。

（3）调用绘图函数（如 line 和 legend）以实现指定的图形。

由于 my_plot 函数使用 newplot 函数返回的句柄访问目标图形窗口和坐标轴，所示该函数的行为如下。

（1）在使用各后续调用清除坐标轴时，遵循 MATLAB 绘图函数的行为。

（2）在将 hold 设置为 on 时，工作正常。

NextPlot 属性的默认设置可以确保绘图函数遵循 MATLAB 规则（重新使用图形窗口），但不清除和重置每个新图形的坐标轴。my_plot 函数的输出结果如图 11-17 所示。

```
>> x = 1:10;
>> y = peaks(10);
>> my_plot(x,y)
```

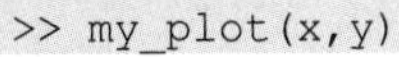

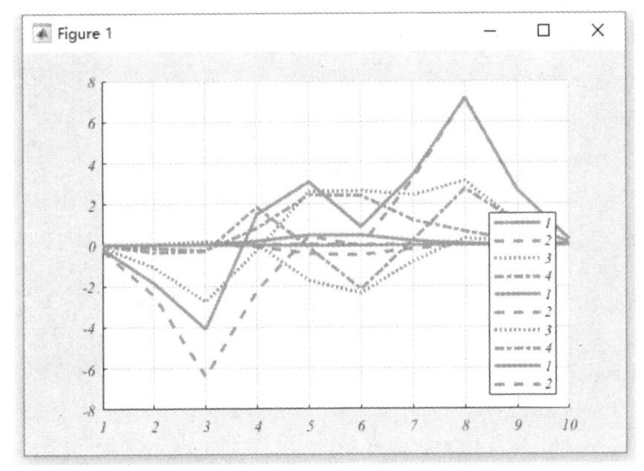

图 11-17　my_plot 函数的输出结果

11.4.5　在 M 文件中保存句柄

所有句柄无论可见与否都能够保持其有效性，如果用户确实知道某对象的句柄，则无论该句柄可见与否，用户都可以使用句柄进行对象属性的设置或查询。

图形 M 文件经常使用句柄访问属性值，并通过句柄直接定义图形输出的目标。MATLAB 提供了一些有用的函数来获得图形关键对象（如当前图形窗口和坐标轴）的句柄，然而在 M 文件中，使用这些函数并不是获得句柄的最好方法。这是因为，在 MATLAB 中查询对象句柄或其他信息的执行效率并不高，最好还是将句柄直接保存在一个变量中进行引用。

另外，由于当前坐标轴、图形窗口或对象都有可能因为用户的交互而发生变化，所以查询方式难以确保句柄完全正确；而使用句柄变量则可以保证正确地反映对象发生的变化。

说明：

为了保存句柄信息，通常在 M 文件的开始处保存 MATLAB 相关的状态信息。例如，可以使用以下语句作为 M 文件的开头：

```
cax=newplot;
cfig=get(cax,'Parent');
```

```
hold_state=ishold;
```

这样就无须在每次需要这些信息时都重新进行查询。如果用户在 M 文件中暂时改变了保持状态，那么用户应当将 NextPlot 的当前属性值保存下来，以便以后重新设置。

```
ax_nextplot=lower(get(cax,'NextPlot'));
fig_nextplot=lower(get(cfig,'NextPlot'));
set(cax,'NextPlot',ax_nextplot)
set(cfig,'NextPlot',fig_nextplot)
```

有一些内置的函数可以修改坐标轴的属性以实现某种特定的效果，这些函数可能会对用户的 M 文件产生一定的影响。

11.5　句柄图形的应用举例

下面通过两个实例来介绍句柄图形的应用。

【例 11-18】在曲面上彩绘 unit8 编址图像。

```
clear,clc,clf
t=(0:20)/20;
r=2.5-cos(pi*t);
[x,y,z]=cylinder(r,40);
fc=get(gca,'color');
h=surface(x,y,z,'FaceColor',fc,'EdgeColor','flat','FaceLighting',...
'none','EdgeLighting','flat');
view(3);
grid on;
axis off
set(h,'FaceColor','flat','LineStyle','-','EdgeColor',[.8 .8 .8])
[x,y,z]=cylinder(r,40);
[C,CMAP]=imread('trees.tif');
CC=double(C)+1;
surface(x,y,z,'Cdata',flipud(CC),'FaceColor','texturemap','EdgeColor',...
'none','CDataMapping','direct','Ambient',0.6,'diffuse',0.8,'speculars',0.9)
colormap(CMAP)
view(3);
axis on                                         %结果如图 11-18 所示
```

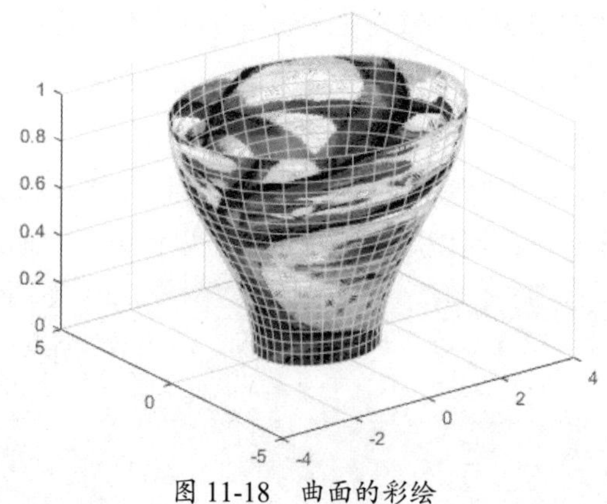

图 11-18　曲面的彩绘

【例 11-19】布置子图。

```
clear,clc,clf
zeta2=[0.1 0.3 0.5 0.7 0.9];n=length(zeta2); %获取 zeta2 的长度
for k=1:n                                    %循环开始
   Num{k,1}=1;
   Den{k,1}=[12*zeta2(k) 1];
end                                          %循环结束
S=tf(Num,Den);
t=(0:0.4:20)';
[Y,x]=step(S,t);
tt=t*ones(size(zeta2));
clf reset,H=axes('Position',[0,0,1,1],'Visible','off');
str{1}='\fontname{宋书}分段函数';
str{2}='y(t)=1-\beta^{-1}e^{-\zetat}cos(\beta+\theta)';
str{3}='';str{4}='\fontname{宋书}其中';
str{5}='\beta=(1-\zeta^{2})^{0.5}';
str{6}='\theta=arctg(\beta/\zeta)';
str{7}='\zeta=.1,.3,.5,.7,.9';
set(gcf,'CurrentAxes',H)
text(0.01,0.73,str,'FontSize',12)                   %标注
h1=axes('Position',[0.45,0.45,0.5,0.5]);
ribbon(tt,Y,0.4)
set(h1,'XTickLabelMode','manual','XTickLabel','0|0.4|0.8|1.2');
set(h1,'ZTickLabel','0|1.0|2.0');
set(get(h1,'XLabel'),'String','\zeta\rightarrow','Rotation',17.5);
set(get(h1,'YLabel'),'String','\leftarrowt','Rotation',-25);
set(get(h1,'Zlabel'),'String','y\rightarrow');
h2=axes('Position',[0.03,0.08,0.27,0.27]);
plot(tt,Y)                                          %画图
xx1=0.05:0.01:0.2;xx2=0.28:0.02:0.5;
xx3=0.9:0.02:1.1;xx4=0.24:0.02:1;
yy5=0.1:0.02:0.26;yy6=0.1:0.02:0.3;
yy1=0.3*ones(size(xx1));yy2=0.3*ones(size(xx2));
yy3=0.3*ones(size(xx3));yy4=0.1*ones(size(xx4));
xx5=0.24*ones(size(yy5));xx6=ones(size(yy6));
line(xx1,yy1);line(xx2,yy2);line(xx3,yy3);line(xx4,yy4);
line(xx5,yy5);line(xx6,yy6)
line(0.17,0.3,'Marker','>','MarkerFaceColor','k')
line(0.47,0.3,'Marker','>','MarkerFaceColor','k')
line(1.1,0.3,'Marker','>','MarkerFaceColor','k')
line(0.24,0.23,'Marker','^','MarkerFaceColor','k')
line(0.17,0.35,'Marker','+')
text(0.27,0.23,'-')
text(0.05,0.35,'u(t)')
text(1,0.35,'y(t)')
text(0.6,0.26,'s{^2}+2{\zeta}s');
xx7=0.56:0.02:0.84;yy7=0.3*ones(size(xx7));line(xx7,yy7)
text(0.68,0.35,'1')
```

执行上述代码，结果如图 11-19 所示。

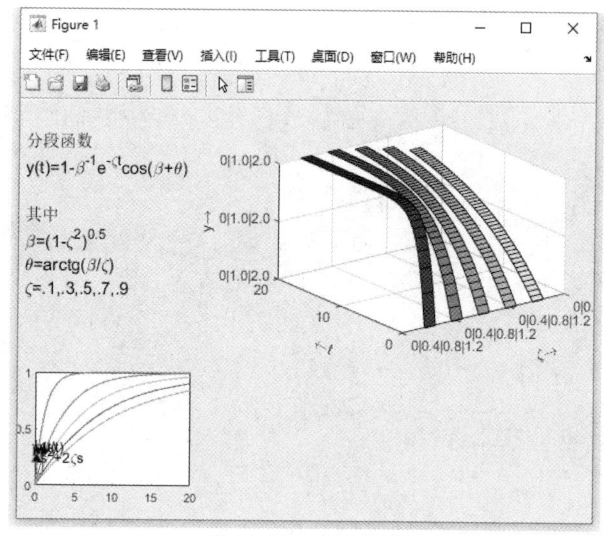

图 11-19　布置子图

以上两个例子是有关句柄图形应用的综合实例，读者在学习的过程中可以体会到 MATLAB 有关底层作图方面的强大功能。

11.6　本章小结

本章着重介绍了 MATLAB 的句柄图形，包括句柄图形体系、图形对象的操作、属性默认值和 factory 属性及打印位置、句柄的使用方法等。如果打算修改所创建的对象的属性，则应保存对象的句柄，为以后调用函数 get 和 set 做准备。限定函数 findobj 的搜索范围能加快函数的运行速度。如果想把对象放置在图形窗口的特定位置，最好的方法是用归一化坐标，因为不用考虑屏幕的大小。

第 12 章

输入与输出

MATLAB 具有直接对磁盘文件进行访问的功能，用户不仅可以进行高层的程序设计，必要时还可以进行低层次磁盘文件的读/写操作，增强了 MATLAB 程序设计的灵活性。

MATLAB 内建有很多有关文件输入和输出的函数，用户可以很方便地对二进制文件或 ASCII 码文件进行打开、关闭和存储等操作。本章将介绍如何打开与关闭文件、二进制文件的读取与写入、文本文件的读取与写入及二者的区别，最后介绍文件位置控制和状态函数。

学习目标

（1）熟练掌握 fopen、fclose 函数。

（2）熟练掌握二进制文件的读取与写入。

（3）熟练掌握文本文件的读取与写入。

（4）熟练掌握文件位置控制与状态函数。

12.1 文件的打开与关闭

熟悉 C 语言的读者都了解对文件进行操作的一些相关命令。MATLAB 中也有类似的函数，但是与 C 语言中的函数有着细微的不同。

12.1.1 打开文件

在使用程序或创建一个磁盘文件时，必须向操作系统发出打开文件的命令，使用完毕，还需要通知操作系统关闭这些文件。在 MATLAB 中，可以利用 fopen 函数打开一个文件并返回这个文件的文件标识数。它的基本格式如下：

```
fid=fopen(filename,permission)
[fid,message]=fopen(filename,permission)
[fid,message]=fopen(filename,permission,format)
```

其中，filename 是要打开的文件的名字；permission 用于指定打开文件的模式；format 是一个参数字符串，用于指定文件中数据的数字格式。

如果文件被成功打开，则在这个语句执行之后，fid 将为一个正整数，message 将为一个空字符。如果文件打开失败，则在这个语句执行之后，fid 将为-1，message 将为解释错误出现的字符串。

如果 MATLAB 要打开一个不为当前目录的文件，那么 MATLAB 将按搜索路径进行搜索，permission 表示文件访问类型，具体如表 12-1 所示。

表 12-1 文件访问类型

字 符 串	含 义
'r'	只读文件（reading）
'w'	只写文件，覆盖文件原有内容（如果文件名不存在，则生成新文件，writing）
'a'	增补文件，在文件尾增加数据（如果文件名不存在，则生成新文件，appending）
'r+'	读/写文件（不生成文件，reading and writing）
'w+'	创建一个新文件或删除已有文件内容，并可进行读/写操作
'a+'	读取和增补文件（如果文件名不存在，则生成新文件）

文件可以以二进制（默认）形式或文本形式打开，在二进制形式下，字符串不会被特殊对待。如果要求以文本形式打开文件，则在 permission 字符串后面加't'，如'rt+'、'wt+'等。在 UNIX 操作系统下，文本形式和二进制形式没有什么区别。

fid 是一个非负整数，称为文件标识，对文件进行的任何操作，都是通过这个标识值来传递的，MATLAB 通过这个值来标识已打开的文件，实现对文件的读/写和关闭等操作。

在正常情况下，应该返回一个非负整数，这个值是由操作系统设定的。如果返回的文件标识为-1，则表示 fopen 无法打开该文件，原因可能是该文件不存在。而以'r'或'r+'方式打开文件，也可能是因为用户无权限打开此文件。在程序设计中，每次打开文件时都要进行打开操作是否正确的测定。

【例 12-1】打开文件操作示例。

```
fid=fopen('example.dat','r')    %以只读方式打开二进制文件 example.dat
fid=fopen('outdat','wr')        %创建并打开输出文件 outdat，等待写入数据
%如果该文件已存在，则旧文件内容将被删除。如果要替换已存在的数据，则可以采用该方式
fid=fopen('outdat','at')        %打开要增加数据的输出文件 outdat，等待写入数据
%如果该文件已存在，则新的数据将会添加到已存在的数据中。如果不想替换已存在的数据，则可以采用该方式
fid=fopen('junk','r+')          %打开已存在文件 junk，对其进行二进制形式的输入和输出操作
fid=fopen('junk','w+')          %创建新文件 junk，对其进行二进制形式的输入和输出操作
%如果该文件已存在，则旧文件内容将被删除
```

在试图打开一个文件之后，检查错误是非常重要的。如果 fid 的值为-1，则说明文件打开失败，系统会把这个问题报告给执行者，允许其选择其他文件或跳出程序。

在使用 fopen 语句时，要注意指定合适的权限，这取决于要读取数据，还是要写入数据。在执行文件打开操作后，需要检查它的状态以确保它被成功打开。如果文件打开失败，则会提示解决方法。

12.1.2　关闭文件

在进行完读/写操作后，必须关闭文件，以免打开文件过多造成资源浪费，其基本形式如下：

```
status=fclose(fid)
%其中 fid 为文件标识，status 是操作结果，如果操作成功，则 status 为 0；如果操作失败，则 status 为-1
status=fclose('all')  %关闭所有文件。所有文件关闭成功后，status 将为 0，否则为-1
```

注意：

打开和关闭文件的操作都比较费时，因此，尽量不要将其置于循环语句中，以提高程序执行效率。

12.2　文件的读取与写入

类似 C 语言，MATLAB 也可以读/写文件，下面介绍读取和写入文件的 MATLAB 函数。

12.2.1　读取二进制文件

在 MATLAB 中，函数 fread 可以从文件中读取二进制数据，将每个字节看成一个整数，将结果写入一个矩阵中并返回，其最基本的调用形式为：

```
[array,count]=fread(fid,size,precision)
[array,count]=fread(fid,size,precision,skip)
```

其中，fid 是用 fopen 打开的一个文件的文件标识；array 是包含有数据的数组；count 用来读取文件中变量的数目；size 是要读取文件中变量的数目，它有以下 3 种形式。

- n：准确地读取 n 个值。执行完相应的语句后，array 将是一个包含有 n 个值的列向量。
- inf：读取文件中的所有值。执行完相应的语句后，array 将是一个列向量，包含有从文件中读取的所有值。
- [n,m]：从文件中精确定地读取 n×m 个值，array 是一个 n×m 的数组。如果 fread 执

行到达文件的结尾，而输入流没有足够的位数写满指定精度的数组元素，fread 就会用最后一位的数值或 0 填充，直到得到全部的值。

如果发生了错误，那么读取将直接到达最后一位。参数 precision 主要包括两部分：一是数据类型定义，如 int、float 等；二是一次读取的位数。默认情况下，precision 是 uchar（8 位字符型），常用的精度在表 12-2 中有简单介绍，并且与 C 语言中的相当形式做了对比。

表 12-2　精度字符串

MATLAB	C 语言	描　述
'uchar'	'unsignedchar'	无符号字符型
'schar'	'signedchar'	带符号字符型（8 位）
'int8'	'integer*1'	整型（8 位）
'int16'	'integer*2'	整型（16 位）
'int32'	'integer*4'	整型（32 位）
'int64'	'integer*8'	整型（64 位）
'uint8'	'integer*1'	无符号整型（8 位）
'uint16'	'integer*2'	无符号整型（16 位）
'uint32'	'integer*4'	无符号整型（32 位）
'uint64'	'integer*8'	无符号整型（64 位）
'single'	'real*4'	浮点数（32 位）
'float32'	'real*4'	浮点数（32 位）
'double'	'real*8'	浮点数（64 位）
'float64'	'real*8	浮点数（64 位）
'bitN'	—	N 位带符号整数(1≤N≤64)
'ubitN'	—	N 位无符号整数(1≤N≤64)

【例 12-2】读/写二进制数据。

默认存在一个 zhengxuan.m 文件，文件内容如下：

```
a=1:.2:2*pi;
b=sin(2*a);
figure(1);
plot(a,b);
```

用 fread 函数读取此文件，在命令行窗口中输入以下命令：

```
>> fid=fopen('zhengxuan.m','r');
>> data=fread(fid);
```

在命令行窗口中输入如下代码进行验证：

```
>> disp(char('data'));
>> a=1:.2:2*pi;
>> b=sin(2*a);
>> figure(1);
>> plot(a,b);                                    %结果如图 12-1 所示
```

说明：

如果不用 char 将 data 转换为 ASCII 码字符，则输出的是一组整数，取 data 的转置是为了方便阅读。

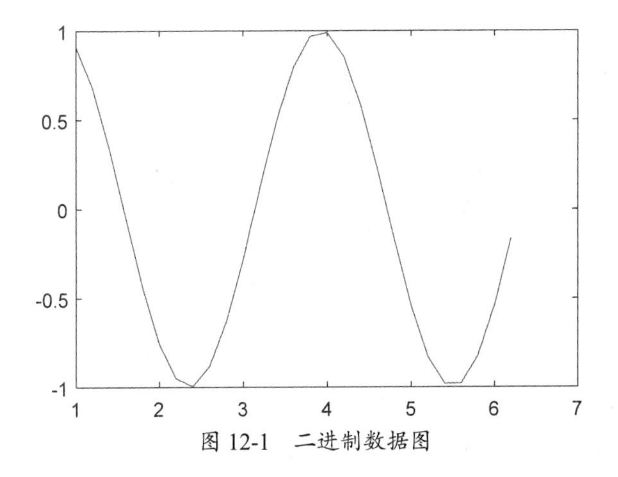

图 12-1　二进制数据图

还有一些类型是与平台有关的，平台不同可能位数不同，如表 12-3 所示。

表 12-3　与平台有关的精度字符串

MATLAB	C 语言	描　述
'char'	'char*1'	字符型（8 位，有符号或无符号）
'short'	'short'	整型（16 位）
'int'	'int'	整型（32 位）
'long'	'long'	整型（32 位或 64 位）
'ushort'	'unsignedshort'	无符号整型（16 位）
'uint'	'unsignedint'	无符号整型（32 位）
'ulong'	'unsignedlong'	无符号整型（32 位或 64 位）
'float'	'float'	浮点数（32 位）

12.2.2　写入二进制文件

函数 fwrite 的作用是将一个矩阵的元素按给定的二进制格式写入某个打开的文件中，并返回成功写入的数据个数，其基本的调用格式为：

```
count=fwrite(fid,A,precision)
count=fwrite(fid,A,precision,skip)
```

其中，fid 是用 fopen 打开的一个文件的文件标识；A 是写出变量的数组；count 是写入文件变量的数目；参数 precision 用于指定输出数据的格式；skip 用于指定在写入每个值之前跳过的字节数或位数。

MATLAB 既支持平台独立的精度字符串，又支持平台不独立的精度字符串。

本书中出现的字符串均为平台独立的精度字符串，所有的这些精度都以字节为单位，除了 bitN 和 ubitN，它们以位为单位。

选择性参数 skip 指定在每次写入输出文件之前要跳过的字节数或位数。在替换有固定长度的值的时侯，这个参数将非常有用。

注意：

如果 precision 是一个像 bitN 或 ubitN 的一位格式，则 skip 以位为单位。

【例 12-3】写入二进制文件。

下面的程序用于生成一个文件名为 wrt.bin 的二进制文件，包含 5×5 个数据，即 5 阶方阵，每个数据占用 8 字节的存储单位，数据类型为整型，输出变量 count 的值为 49：

```
>> fid=fopen('wrt.bin','w');
>> count=fwrite(fid,rand(5),'int32');
>> status=fclose(fid)
status=
   0
```

由于是二进制文件，所以无法用 type 命令显示文件内容，此时可采用以下命令进行查看：

```
>> fid=fopen('wrt.bin','r');
>> data=(fread(fid,49,'int32'))'
data=
  列 1 至 15
     0    0    0    0    1    1    1    0    0    0    1    0    0    0    1
  列 16 至 25
     1    1    0    1    0    1    0    1    0    0
```

12.2.3 写入文本文件

MATLAB 中的函数 fprintf 的作用是将数据转换成指定格式字符串，并写入文本文件中，其语法格式如下：

```
count=fprintf(fid,format,val1,val2,...)
fprintf(format,val1,val2,...)
```

其中，fid 由 fopen 产生，是要写入数据的那个文件的文件标识，如果 fid 丢失，则数据将写入标准输出设备（命令行窗口）；format 是控制数据显示的字符串；count 是返回的成功写入的字节数；val1，val2，...是 MATLAB 的数据变量。

fid 值也可以是代表标准输出的 1 和代表标准出错的 2，如果 fid 字段省略，则默认值为 1，会被输出到屏幕上。常用的格式类型说明符如下。

%e：科学记数形式，即将数值表示成 a×10b 的形式。

%f：固定小数点位置的数据形式。

%g：在上述两种格式中自动选取长度较短的格式。

可以用一些特殊格式，如\n、\r、\t、\b、\f 等来产生换行、回车、tab、退格、走纸等字符。此外，还可以包括数据占用的最小宽度和数据精度的说明。所有可能的转换指定符被列在表 12-4 中，可能的格式标识（修改符）被列在表 12-5 中。

如果用格式化字符串指定域宽和精度，那么小数点前的数就是域宽，域宽是所要显示的数据所占的字符数；小数点后的数是精度，是指小数点后应保留的位数。除了普通的字符和格式字符，还有转义字符（见表 12-6）。

表 12-4　函数 fprintf 的格式转换指定符

指　定　符	描　　述	指　定　符	描　　述
%c	单个字符	%G	与%g 类似，只不过要用到大写的 E
%d	十进制表示（有符号）	%o	八进制表示（无符号）
%e	科学记数法（会用到小写的 e，如 3.1416e+00）	%s	字符串
%E	科学记数法（会用到大写的 E，如 3.1416E+00）	%u	十进制表示（无符号）
%f	固定点显示	%h	用十六进制表示（用小写字母 af 表示）
%g	%e 和%f 中的复杂形式，多余的零将会被舍去	%H	用十六进制表示(用大写字母 AF 表示）

表 12-5　格式标识（修改符）

标识（修改符）	描　　述
负号（-）	数据在域中左对齐，如果没有这个符号，则默认为右对齐
+	输出时数据带有正负号
0	如果数据的位数不够，则用 0 填充前面的数

表 12-6　格式字符串的转义字符

转 义 字 符	描　　述	转 义 字 符	描　　述
\a	警报	\t	水平制表
\b	退后一格	\v	垂直制表
\f	换页	\\	打印一个普通反斜杠
\n	换行	''	打印一个单引号
\r	回车	%%	打印一个百分号（%）

提示：

fprintf 函数中的数据类型与格式字符串中的格式转换指定符的类型要一一对应，否则将会产生意想不到的结果。

【例 12-4】将一个平方根表写入 ss.dat 中。

```
>> a=1:13;
>> b=[a;sqrt(a)];
>> fid=fopen('ss.dat','w');
>> fprintf(fid,'平方根表:\n');
>> fprintf(fid,'%2.00f%5.5f\n',b);
>> fclose(fid);
>> type ss.dat
平方根表:
    11.00000
    21.41421
    31.73205
    42.00000
    52.23607
    62.44949
    72.64575
    82.82843
    93.00000
```

```
    103.16228
    113.31662
    123.46410
    133.60555
```

12.2.4 读取文本文件

1. fscanf 读取函数

若已知 ASCII 码文件的格式，要进行更精确的读取，则可用 fscanf 函数从文件中读取格式化的数据，其使用语法如下：

```
A=fscanf(fid,format)
A=fscanf(fid,format,size)
[A,count]=fscanf(fid,format,size)
```

其中，fid 是所要读取的文件的文件标识；format 是控制如何读取的格式字符串；A 是接受数据的数组；输出参数 count 返回从文件中读取的变量的个数；参数 size 指定从文件中读取数据的数目，它可以是一个整数 n 或[n,m]，也可以是 Inf。

其中，n 表示准确地读取 n 个值，执行完相应的语句后，A 将是一个包含有 n 个值的列向量；[n,m]表示从文件中精确地读取 n×m 个值，A 是一个 n×m 的数组；Inf 表示读取文件中的所有值，执行完相应的语句后，A 将是一个列向量，包含有从文件中读取的所有值。

格式字符串用于指定所要读取数据的格式，格式字符串由普通字符和格式转换指定符组成。函数 fscanf 把文件中的数据与文件字符串的格式转换指定符进行对比，只要两者区配，fscanf 函数就对值进行转换并把它存储在输出数组中。这个过程直到文件结束或读取的文件数目达到了 size(A)时才会结束。

format 用于指定读入数据的类型，其常用的格式如下。

%s：按字符串进行输入转换。

%d：按十进制数据进行转换。

%f：按浮点数进行转换。

另外，还有其他的格式，它们的用法与 C 语言的 fprintf 函数中参数的用法是相同的，可以参阅表 12-4。如果文件中的数据与格式转换指定符不匹配，fscanf 函数的操作就会突然中止。

在格式说明中，除了单个的空格字符可以匹配任意个数的空格字符，通常的字符在输入转换时将与输入的字符一一匹配，函数 fscanf 将输入的文件看作一个输入流，MATLAB 根据格式匹配输入流，并将在流中匹配的数据读入 MATLAB 系统中。

【例 12-5】读取文本文件中的数据。

在工作空间创建内容如图 12-2 所示的 sc.txt 文本文件，在命令行窗口中输入以下命令：

```
>> fid=fopen('sc.txt','r');
>> title=fscanf(fid,'%s')                    %将读取的数据解释为字符串
title=
    '12345679098765432l'
>> status=fclose(fid);
```

```
>> type sc.txt                                  %用 type 命令读取 sc.txt 文件
   123456790987654321
>> fid=fopen('sc.txt','r')
>> data=fscanf(fid,'%f')                        %以双精度格式读取
data=
  1.2346e+17
```

图 12-2　sc.txt 文本文件

2. fgetl 和 fgets 读取函数

如果需要读取文本文件中的某一行，并将该行的内容以字符串形式返回，则可采用以下两个命令：

```
tline=fgetl(fid)                  %从一文件中把下一行（最后一行除外）当作字符串来读取
tline=fgets(fid)                  %从一文件中把下一行（包括最后一行）当作字符串来读取
```

其中，fid 是所要读取的文件的标识；tline 是接受数据的字符数组，如果函数遇到文件的结尾，则 tline 的值为-1。

提示：

以上两个函数的功能很相似，均可从文件中读取一行数据，区别在于 fgetl 会舍弃换行符，而 fgets 则保留换行符。

12.2.5　文件格式化和二进制输入/输出比较

格式转换指定符为文件格式转换提供了帮助。格式化文件的优点是可以清楚地看到文件包括什么类型的数据，还可以非常容易地在不同类型的程序间进行转换；其缺点是程序必须做大量的工作，对文件中的字符串进行转换（转换成相应的计算机可以直接应用的中间数据格式）。

如果读取数据到其他的 MATLAB 程序中，则所有的这些工作都会造成资源浪费。可以直接应用的中间数据格式要比格式化文件中的数据大得多。因此，用字符格式存储数据是低效的且浪费磁盘空间。

无格式文件（二进制文件）可以克服上面的缺点，其中的数据无须转化，可以直接把内存中的数据写入磁盘中。因为没有转化发生，所以计算机就没有时间浪费在格式化数据上了。

在 MATLAB 中，二进制输入/输出操作要比格式化输入/输出操作快得多，因为它中间没有转化，数据占用的磁盘空间更小。另外，二进制数据不能进行人工检查和人工翻译，

不能移植到不同类型的计算机上，因为不同类型的计算机有不同的中间过程来表示整数或浮点数。

格式化输入/输出数据会产生格式化文件。格式化文件由组织字符、数字等组成，并以ASCII码文本格式存储。这类数据很容易辨认，因为可以将它在屏幕上显示出来或在打印机上打印出来。但是，为了应用格式化文件中的数据，MATLAB 程序必须把文件中的字符转化为计算机可以直接应用的中间数据格式。

格式化文件与无格式化文件的区别如表 12-7 所示。通常，对于那些必须进行人工检查或必须在不同的计算机上运行的数据，最好选择格式化文件。

对于那些不需要进行人工检查且在相同类型的计算机上创建并运行的数据，存储最好选择无格式化文件存储，因为在此环境下，无格式化文件的运算速度要快得多，占用的磁盘空间也更小。

表 12-7　格式化文件与无格式化文件的区别

格式化文件	无格式化文件
能在输出设备上显示数据	不能在输出设备上显示数据
能在不同的计算机上很容易地进行移植	不能在不同的计算机上很容易地进行移植
相对地，需要较大的磁盘空间	相对地，需要较小的磁盘空间
慢：需要较长的计算时间	快：需要较短的计算时间
在进行格式化的过程中，会产生截断误差或四舍五入错误	不会产生截断误差或四舍五入错误

【例 12-6】格式化和二进制输入/输出文件的比较。

本例比较用格式化和二进制输入/输出操作读/写一个含 1000 个元素的随机数组所需的时间。每项操作运行 15 次求平均值。

```
% 保存脚本文件为 compare.m
% 定义变量:count-读写计数器，fid-文件，in_array-输入数组，msg-弹出错误信息
%out_array-输出数组，status-运算，time-以 s 为单位计时
%%%%%%%%%%%%%%%%%%%%%%%%%%%%%%%%%%%%%%%%%%%%%
out_array = randn(1,1000);                         %产生 1000 个数据的随机数组
% （1）二进制输出操作计时
tic;                                                %重启秒表计时器
for ii = 1:15                                       %设置循环次数为 15 次
    [fid,msg] = fopen('unformatted.dat','w');%打开二进制文件进行写入操作
    count = fwrite(fid,out_array,'float64'); %写入数据
    status = fclose(fid);                         %关闭文件
end
time = toc / 15;                                    %获取平均运行时间
fprintf ('Write time for unformatted file = %6.3f\n',time);
%%%%%%%%%%%%%%%%%%%%%%%%%%%%%%%%%%%%%%%%%%%%%
% （2）格式化输出操作计时
tic;
for ii = 1:15
    [fid,msg] = fopen('formatted.dat','wt'); %打开格式化文件进行写入操作
    count = fprintf(fid,'%24.15e\n',out_array);
    status = fclose(fid);
end
```

```
time = toc / 15;                                %获取平均运行时间
fprintf ('Write time for formatted file = %6.4f\n',time);
%%%%%%%%%%%%%%%%%%%%%%%%%%%%%%%%%%%%%%%%%%%
% （3）二进制操作计时
tic;
for ii = 1:15
    [fid,msg] = fopen('unformatted.dat','r'); %打开二进制文件进行读取操作
    [in_array, count] = fread(fid,Inf,'float64'); %读取数据
    status = fclose(fid);
end
time = toc / 15;
fprintf ('Read time for unformatted file = %6.4f\n',time);
%%%%%%%%%%%%%%%%%%%%%%%%%%%%%%%%%%%%%%%%%%%
% （4）格式化输入操作的时间
%%%%%%%%%%%%%%%%%%%%%%%%%%%%%%%%%%%%%%%%%%%
tic;
for ii = 1:15
    [fid,msg] = fopen('formatted.dat','rt'); %打开格式化文件进行读取操作
    [in_array, count] = fscanf(fid,'%f',Inf);
    status = fclose(fid);
end
time = toc / 15;
fprintf ('Read time for formatted file = %6.3f\n',time)
```

运行后得到的结果为：

```
Write time for unformatted file =  0.002
Write time for formatted file = 0.0058
Read time for unformatted file = 0.0007
Read time for formatted file =  0.003
```

从结果中可以看到，写入格式化文件数据所需的时间大于写入无格式化文件数据所需的时间，读取时间也大于无格式化文件所需的时间。因此，在非必须情况下，应尽可能采用二进制输入/输出操作。

12.3　文件位置控制和状态函数

与 C 语言一样，MATLAB 也有专门的函数用来控制和移动文件指针，以达到随机访问磁盘文件的目的。MATLAB 文件是连续地从第一条记录开始一直读到最后一条记录。

根据操作系统的规定，在读/写数据时，默认的方式总是从磁盘文件的开始顺序地向后在磁盘空间上读/写数据。操作系统通过一个文件指针来指示当前的文件位置。

在 MATLAB 中，当一个文件被打开后，就可以通过函数 feof 和 ftell 判断当前数据在文件中的位置了。利用函数 frewind 和 fseek 在文件中移动文件的位置。当程序发生输入/输出错误时，MATLAB 中的函数 ferror 将会对这个错误进行详尽的描述。

12.3.1 exist 函数

exist 函数用来检测工作区中的变量、内建函数或 MATLAB 搜索路径中的文件是否存在。它的形式如下：

```
ident=exist('item');
%如果 item 存在，函数就根据它的类型返回一个值。可能的结果被显示在表 12-8 中
ident=exist('item','kind');
%指定所要搜索的条目（item）的类型（kind），其合法类型为 var、file、builtin 和 dir
```

函数 exist 是非常重要的，因为可以利用它判断一个文件是否存在。当文件被打开时，fopen 函数中的权限运算符“w”和“w+”会删除已有文件内容。

表 12-8　函数 exist 的返回值

值	意　义
0	没有发现条目
1	条目为当前工作区的一个变量
2	条目为 M 文件或未知类型的文件
3	条目是一个 MEX 文件
4	条目是一个 MDL 文件
5	条目是一个内建函数
6	条目是一个 p 代码文件
7	条目是一个目录

【例 12-7】打开一个输出文件。

本例程序从用户那里得到输出文件名，并检查它是否存在。如果存在，就询问用户是要用新数据覆盖这个文件，还是要把新的数据添加到这个文件中；如果这个文件不存在，那么这个程序会很容易地打开输出文件。

```
% 保存脚本文件为 outp.m
% 目的:打开一个输出文件，检测输出文件是否存在
% 定义变量:fid-文件；out_filename-输出文件名;yn--Yes/No 反馈
out_filename = input('Enter output filename: ','s');  % 得到输出文件
if exist(out_filename,'file')                          % 检查文件是否存在
   disp('Output file already exists.');                % 文件存在
   yn = input('Keep existing file? (y/n) ','s');
   if yn == 'n'
      fid = fopen(out_filename,'wt');
   else
      fid = fopen(out_filename,'at');
   end
else
   fid = fopen(out_filename,'wt'); % 文件不存在
end
fprintf(fid,'%s\n',date);                              % 输出数据
fclose(fid);
```

运行后的结果为：

```
Enter output filename: outp
Output file already exists.
```

```
Keep existing file? (y/n) y
>> type outp
23-Dec-2020
```

12.3.2　ferror 函数

在 MATLAB 的输入/输出系统中，有许多中间数据变量，包括一些专门提示与每个打开文件相关的错误的变量。每进行一次输入/输出操作，这些错误提示就会被更新一次。

函数 ferror 得到这些错误提示变量，并把它们转化为易于理解的字符信息，其形式如下：

```
message = ferror(fileID)
[message, errnum] = ferror(fileID)
[...] = ferror(fileID, 'clear')
```

这个函数会返回与 fileID 相对应文件的大部分错误信息。它能在输入/输出操作进行后随时被调用，用来得到错误的详细描述。如果这个文件被成功调用，则产生的提示为“…”，错误数为 0。对于特殊的文件标识，参数 clear 用于清除错误提示。

12.3.3　feof 函数

feof 函数用于测试指针是否在文件结束位置，其形式如下：

```
feof(fileID)
```

如果文件标识为 fileID 的文件的末尾指示值被置位，则此命令返回 1，说明指针在文件末尾；否则返回 0。

12.3.4　ftell 函数

ftell 函数返回 fileID 对应的文件指针读/写的位置，其形式如下：

```
position=ftell(fileID)
```

文件位置是一个非负整数，以字节为单位，从文件的开头开始计数。返回值为-1，代表位置询问不成功。如果这种情况发生了，则利用 ferror 函数询问不成功的原因。

12.3.5　frewind 函数

frewind 函数用于将指针返回到文件开始位置，其形式为：

```
frewind(fileID)
```

其中，参数 fileID 的用法同上。

12.3.6　fseek 函数

fseek 函数用于设定指针位置，其形式为：

```
status=fseek(fileID,offset,origin)
```

其中，fileID 是文件标识；offset 是偏移量，以字节为单位，它可以是整数（向文件末尾方向移动指针）、0（不移动指针）或负数（向文件起始方向移动指针）；origin 是基准点，可以是 bof（文件起始位置）、cof（指针目前位置）、eof（文件末尾），也可以用-1、0 或 1 来表示。

如果返回值 status 为 0，则表示操作成功；返回-1 表示操作失败。

【例 12-8】fseek 和 ferror 函数的应用。

```
>> [fid,msg]=fopen('sc.txt','r');
>> status=fseek(fid,-5,'bof');
>> if status~=0
>> msg=ferror(fid);
>> disp(msg);
>> end
偏移量错误 - 文件开始之前。
```

上述操作打开了一个文件，并把指针设置在文件开始之前的 5 字节上。这是不可能的，因此 fseek 将会返回-1，用 ferror 得到对应的错误信息。

【例 12-9】打开并读取文件实例。

```
>> a=rand(1,10);
>> fid=fopen('rd.bin','w');
>> fwrite(fid,a,'short');
>> status=fclose(fid);
>> fid=fopen('rd.bin','r');
>> rd=fread(fid,'short');
>> eof=feof(fid);
>> frewind(fid);
>> status=fseek(fid,2,0);
>> position=ftell(fid);
>> rd'
ans=
    0    0    0    1    1    1    1    1    0    0
>> eof
eof=
    1
>> status
status=
    0
>> position
position=
    2
```

下面介绍几个操作技巧。

（1）未经允许，请不要用新数据覆盖原有文件。

（2）在使用 fopen 语句时，一定要注意指定合适的权限，这取决于要读取数据，还是要写入数据。良好的编程习惯可以帮助避免错误。

（3）在执行文件打开操作后，需要检查它的状态以确保它被成功打开。

（4）对于那些必须进行人工检查且必须在不同的计算机上运行的数据，用格式化文件创建数据；对于那些不需要进行人工检查且在相同类型的计算机上创建并运行的数据，用无格式化文件创建数据。当输入/输出速度缓慢时，用格式化文件创建数组。

（5）除非必须与非 MATLAB 程序进行数据交换，存储和加载文件时都应用 mat 文件格式。这种格式是高效的且移植性强，它保存了所有 MATLAB 数据类型的细节。

本章的函数归纳如表 12-9 所示。

表 12-9　本章的函数归纳

类　别	函　数	描　述
加载/保存工作区	load	加载工作区
	save	保存工作区
打开/关闭文件	fopen	打开文件
	fclose	关闭文件
无格式化输入/输出	fread	从文件中读取二进制数据
	fwrite	把二进制数据写入文件
格式化输入/输出	fscanf	从文件中读取格式化数据
	fprintf	把格式化数据写入文件
	fgetl	读取文件的一行，忽略换行符
	fgets	读取文件的一行，不忽略换行符
文件位置、状态	delete	删除文件
	exist	检查文件是否存在
	ferror	所需文件的输入/输出错误情况
	feof	检测文件的结尾
	fseek	设置文件的位置
	ftell	检查文件的位置
	frewind	回溯文件

12.4　本章小结

本章着重介绍了 MATLAB 的输入与输出函数，包括文件的打开、不同格式文件的读取与写入、对文件操作的几个函数的形式。学习完本章之后，读者可以掌握 MATLAB 输入与输出函数的操作，并且可以读取或写入不同格式的文件，也可以对文件进行相应的操作。

第 13 章

Simulink 仿真

Simulink 具有实现动态系统建模和仿真的功能，它可以提供建立系统模型、选择仿真参数和数值算法、启动仿真程序并对该系统进行仿真、设置不同的输出方式来观察仿真结果等功能。

本章内容包括 Simulink 概论、Simulink 模型创建、子系统的创建与封装、仿真模型的分析、仿真的运行、S 函数、Simulink 与 MATLAB 结合建模的实例。

学习目标

（1）理解 Simulink 的概念及其应用。

（2）理解 S 函数的概念与编写。

（3）掌握如何使用 Simulink 搭建系统模型及其特点。

（4）掌握如何使用 Simulink 进行系统仿真并进行调试。

（5）掌握模型的基本调试方法。

13.1　Simulink 概论

Simulink 是 MATLAB 系列工具软件包中最重要的组成部分。它能够对连续系统、离散系统及连续离散的混合系统进行充分的建模与仿真。

13.1.1　Simulink 简介

Simulink 的每个模块对于用户来说都相当于一个“黑盒”，用户只需知道模块的输入和输出及模块的功能即可，而不必管模块内部是怎么实现的。

用户使用 Simulink 进行系统建模的任务就是选择合适的模块并把这些模块按照自己的模型结构连接起来，最后进行调试和仿真。如果仿真结果不满足要求，则可以改变模块的相关参数再运行，直到结果满足要求。

通过 Simulink，只要进行简单的拖拉操作就可构造出复杂的仿真模型。Simulink 模块框图是由一组图标组成的，模块之间连续连接，每个模块代表动态系统的某个单元，并产生一定的输出。

模块之间的连线代表模块的输入与输出之间的连接信号。模块的类型决定了模块输出与输入、状态和时间之间的关系；一个模块框图可以根据需要包含任意类型的模块。

每个模块都包括一组输入、状态和一组输出等几部分，模块的输出是仿真时间、输入或状态的函数。

在 Simulink 中，用户可以创建自己的模块。它可以由子系统封装得到，也可以采用 M 文件或 C 语言实现自己的功能算法，称之为 S 函数。

Simulink 使用“信号”一词来表示模块的输出值。Simulink 允许用户定义信号的数据类型、数值类型（实数还是复数）和维数（一维数组还是二维数组）等。Simulink 提供了一套高效、稳定、精确的微分方程数值求解方法（ODE），用户可以根据需要和模型特点选择合适的求解算法。

13.1.2　启动 Simulink

在 MATLAB 环境下启动 Simulink 的方法有如下两种。

- 在 MATLAB 的命令行窗口中输入 simulink 命令。
- 单击“主页”选项卡的“SIMULINK”选项组中的“Simulink”按钮。

启动 Simulink 以后，首先出现如图 13-1 所示的“Simulink Start Page”窗口，选择“Blank Model”选项，即可进入如图 13-2 所示的 Simulink 主界面。

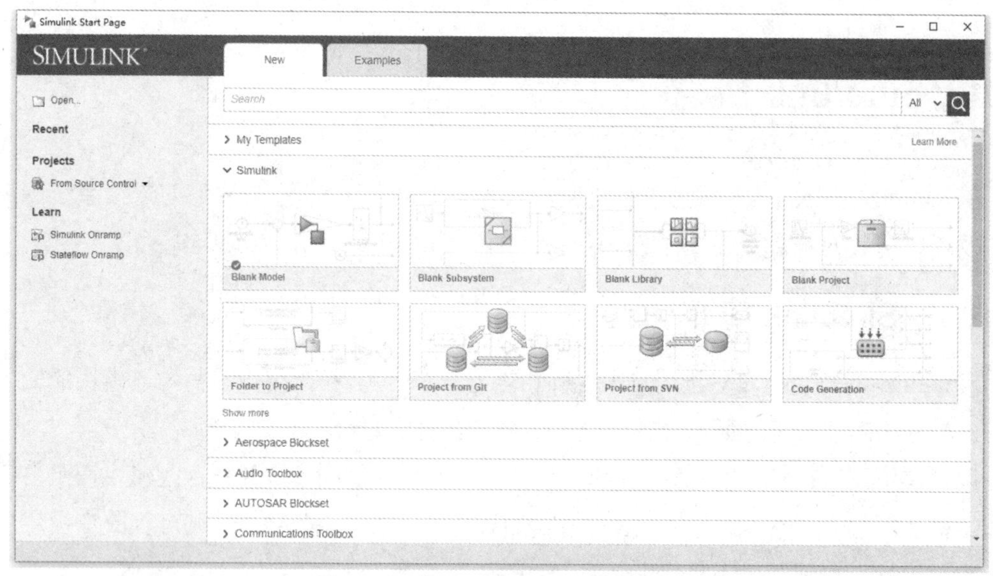

图 13-1 “Simulink Start Page” 窗口

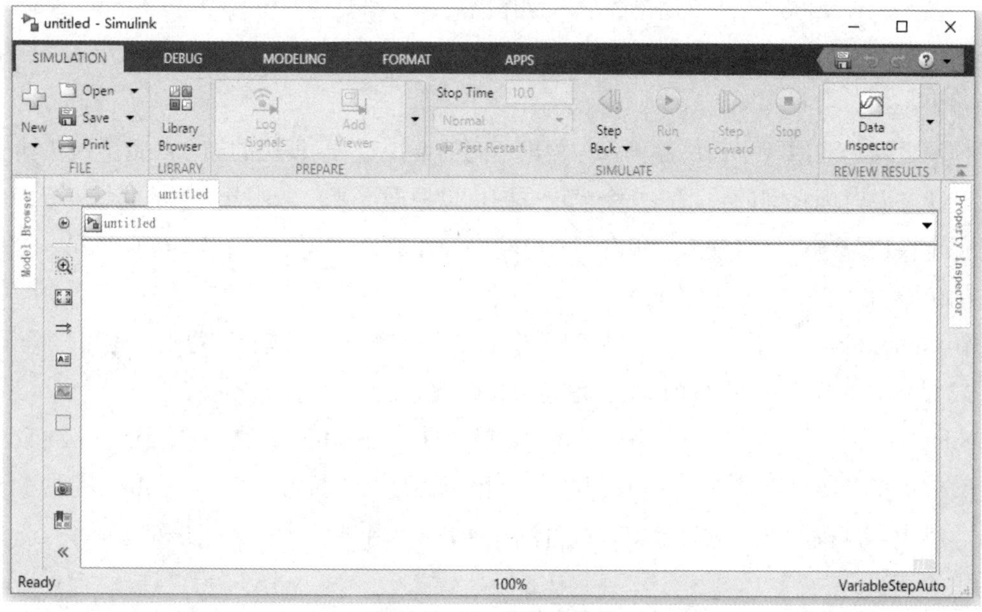

图 13-2 Simulink 主界面

在 Simulink 主界面中，单击“SIMULATION”选项卡的“LIBRARY”选项组中的“Library Browser”按钮，即可弹出如图 13-3 所示的“Simulink Library Browser”窗口。

“Simulink Library Browser”界面右侧的列表框中显示的就是 Simulink 公共模块库中的子库，如 Continuous（连续模块库）、Discrete（离散模块库）、Sinks（信宿模块库）、Sources（信源模块库）等，其中包含了 Simulink 仿真所需的基本模块。

界面的左半部分是 Simulink 的所有库的名称，第一个库是 Simulink 模块库，该库为 Simulink 的公共模块库；Simulink 模块库下面的模块库为专业模块库，服务于不同专业领域，普通用户很少用到，如 Control System Toolbox 模块库（面向控制系统的设计与分析）、Communications Toolbox（面向通信系统的设计与分析）等。

本书附录部分给出了 Simulink 模块库中的模块的功能，方便读者查阅使用。

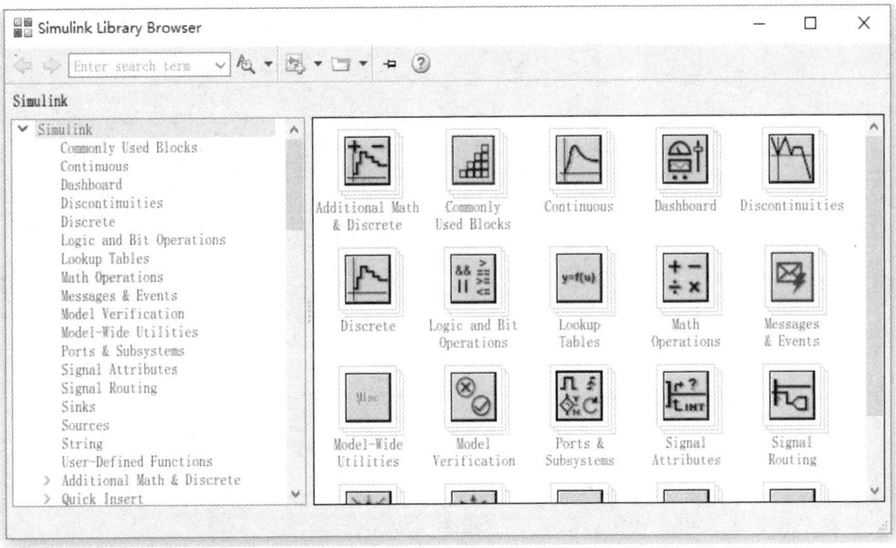

图 13-3　“Simulink Library Browser”窗口

13.1.3　Simulink 模型的特点

使用 Simulink 建立的模型具有仿真结果可视化、模型层次化、子系统可封装、建模简单化 4 个特点。下面通过一个 Simulink 提供的演示示例来说明上述特点。

（1）单击 Simulink 主界面右上角的“帮助”按钮，在其下拉菜单中选择“Simulink Examples”命令，弹出如图 13-4 所示的“帮助”窗口。

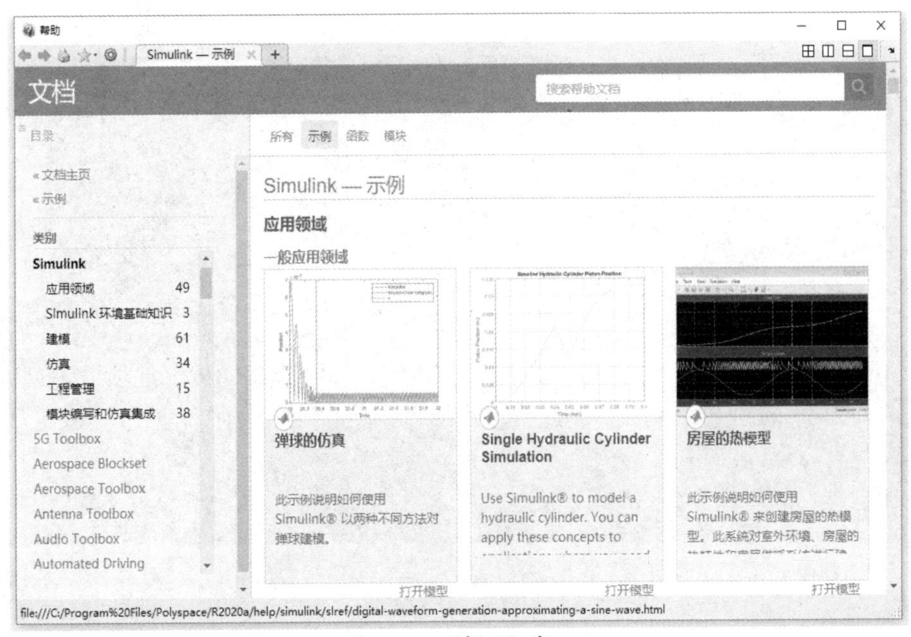

图 13-4　“帮助”窗口

（2）在“Simulink—示例”中的“房屋的热模型”下单击“打开模型”按钮，将模型加载到 Simulink 中，结果如图 13-5 所示。

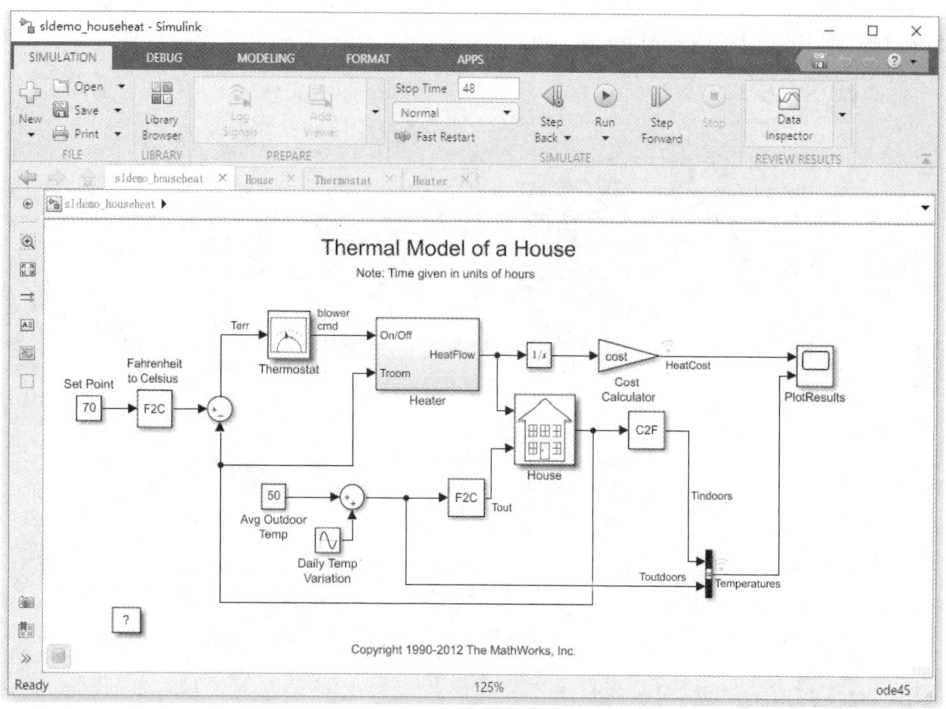

图 13-5 演示模型

（3）单击“SIMULATION”选项卡的“SIMULATE”选项组中的“Run”按钮。运行完成后，双击 PlotResults 模块，可以弹出如图 13-6 所示的仿真结果。

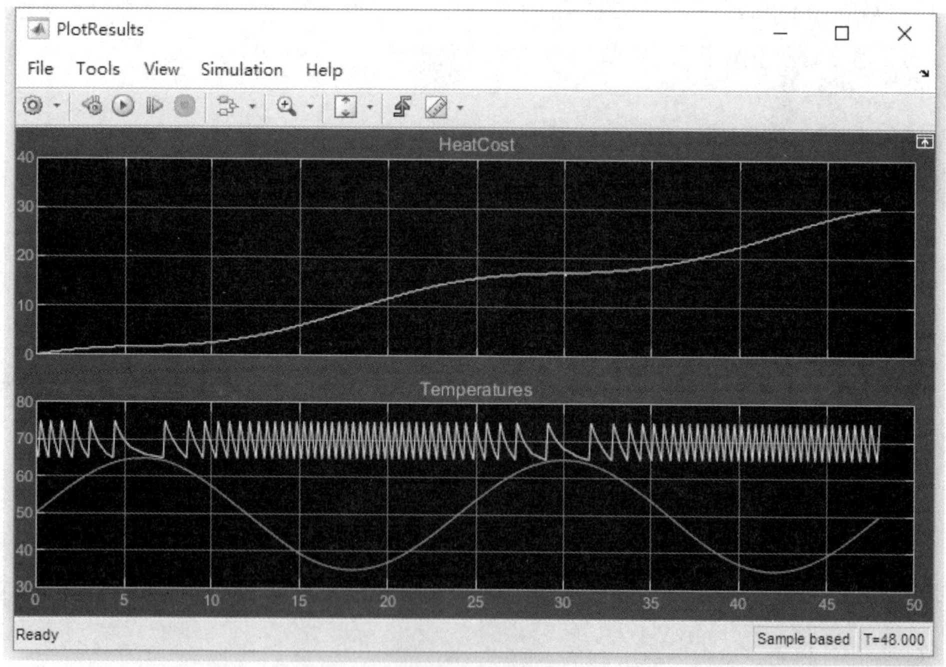

图 13-6 仿真结果

（4）双击 House 模块，可以弹出如图 13-7 所示的 House 子系统图标。

对于上述特点，读者在学完后续章节后，将会有更加深刻的理解。

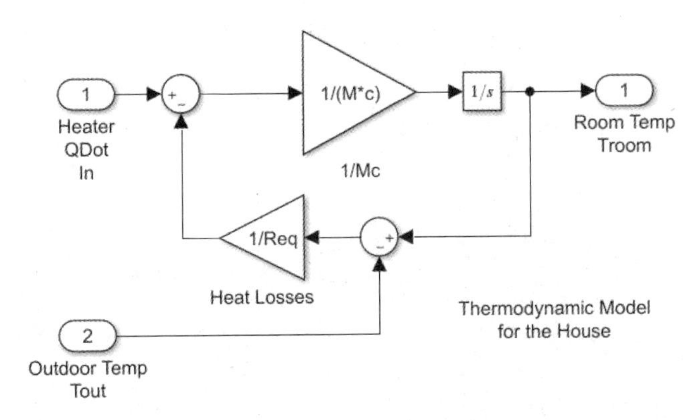

图 13-7　House 子系统图标

13.1.4　Simulink 实例

下面通过一个简单实例让读者在深入学习之前对 Simulink 有一个感性的认识。

【例 13-1】 对数学模型 $x=\sin t$， $y=\int_0^t x(t)\mathrm{d}t$ 进行动态画圆，并显示结果的波形。

（1）进入 Simulink 主界面。在 MATLAB 的命令行窗口中输入 simulink 命令，在随后弹出的“Simulink Start Page”窗口中选择“Blank Model”选项。

（2）进入模型库窗口。在 Simulink 主界面中，单击“SIMULATION”选项卡的“LIBRARY”选项组中的“Library Browser”按钮，弹出“Simulink Library Browser”窗口。

（3）创建模块。在窗口左边选择 Simulink 中的“Sources”，然后在右边的列表框中选择 Sine Wave 模块并按住鼠标左键，将它拖到 Simulink 主界面中。利用同样的方法，将“Commonly Used Blocks”中的 Integrator 模块、“Sinks”中的 XY Graph 模块拖到 Simulink 主界面中。

（4）连接模块，如图 13-8 所示。连接模块的操作方法：将鼠标指针移至源模块的输出端口，当鼠标指针变成十字形时，按住鼠标左键，拖动至目标模块输入端口，然后松开。

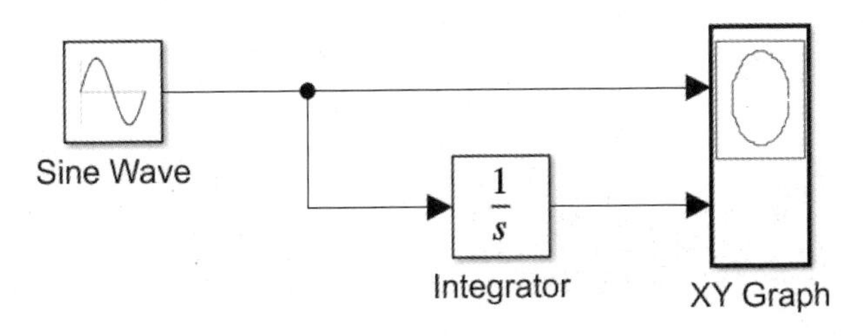

图 13-8　连接模块

（5）设置 Sine Wave 模块参数。双击 Sine Wave 模块，弹出参数设置对话框，设置相位（Phase）为 0，单位为 rad，如图 13-9 所示，然后单击“OK”按钮。

（6）设置 Integrator 模块参数。双击 Integrator 模块，弹出如图 13-10 所示的参数设置对话框，设置初始值（Initial condition）为 0，然后单击“OK”按钮。

（7）设置 XY Graph 模块参数。双击 XY Graph 模块，弹出如图 13-11 所示的参数设置对话框，设置 X 的取值为-1.5～1.5，Y 的取值为-1.2～2.2，然后单击“OK”按钮。

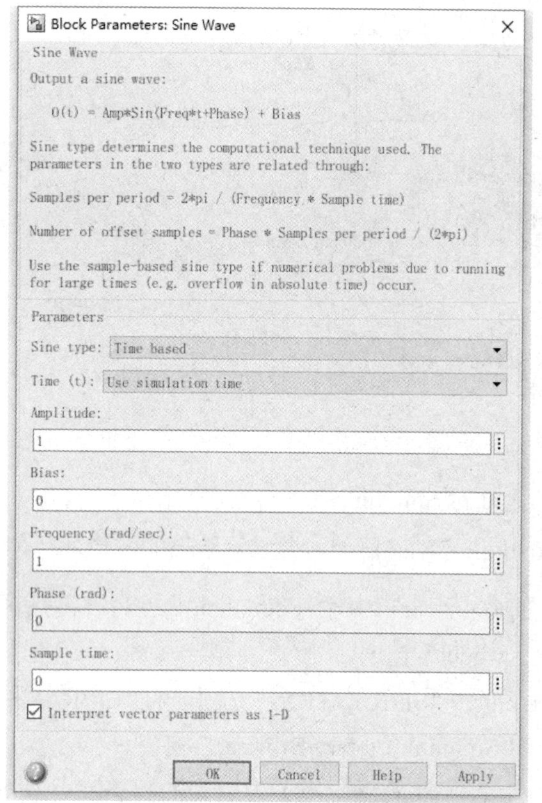

图 13-9　设置 Sine Wave 模块参数

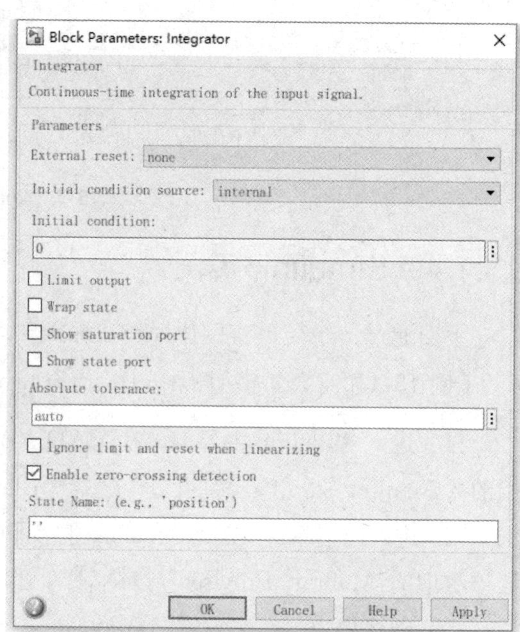

图 13-10　设置 Integrator 模块参数

（8）单击“运行”按钮，运行仿真，弹出如图 13-12 所示的输出图形。

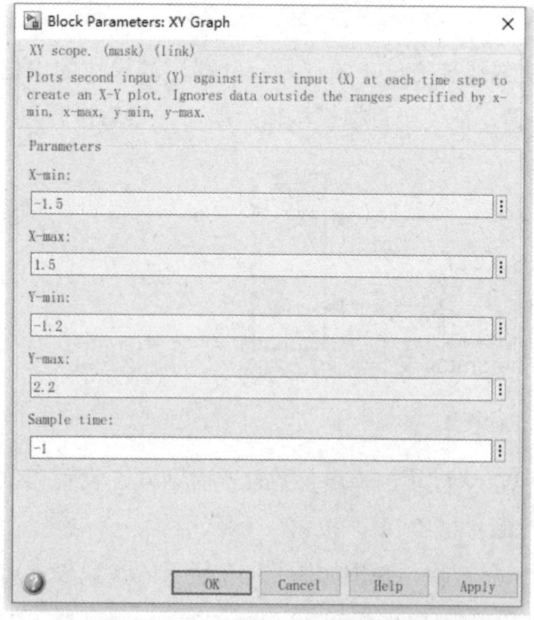

图 13-11　设置 XY Graph 模块参数

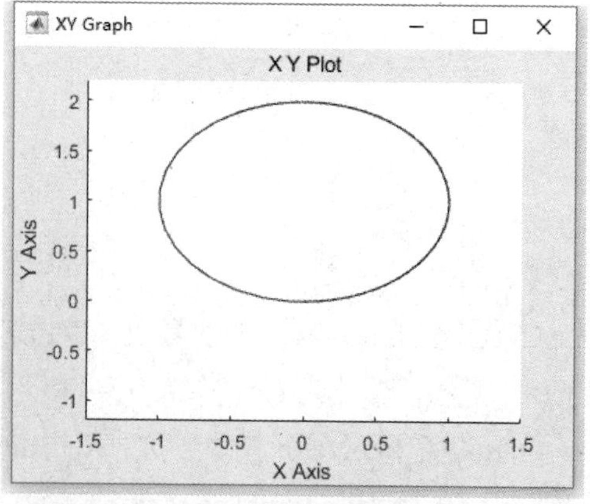

图 13-12　输出图形

13.2　Simulink 模型创建

下面介绍 Simulink 模型创建中的有关概念、相关工具和操作方法，以帮助读者熟悉 Simulink 环境和模型创建的基本操作。

13.2.1　模块操作

Simulink 模块库提供了大量的模块，单击模块库中“Simulink”选项前面的 > 按钮，可以看到 Simulink 模块库包含的子模块库，单击所需的子模块库，在右边的列表框中即可看到相应的基本模块，选择所需的基本模块，可将其拖到模型编辑窗口中。

同样，在“Simulink”选项上单击鼠标右键，在弹出的快捷菜单中选择“Open Simulink Library”命令，将打开 Simulink 基本模块库窗口。双击其中的子模块库图标，打开子模块库，可以查找仿真所需的基本模块。

在 Simulink 中，对模块进行操作的方法如表 13-1 所示。

表 13-1　对模块进行操作的方法

任　务	操 作 方 法
选择一个模块	单击要选择的模块，此时，之前选择的模块会被放弃
选择多个模块	① 拖动以画出方框，然后将要选择的模块包括在方框里 ② 按住 Shift 键，然后逐个选择
复制模块 （不同模型窗口间）	直接将模块从一个窗口拖动到另一个窗口
复制模块 （同一模型窗口内）	① 选中模块，然后按下 Ctrl+C 组合键，再按下 Ctrl+V 组合键 ② 在选中模块后，按住 Ctrl 键，拖动
移动模块	直接拖动模块
删除模块	选中模块，再按下 Delete 键
连接模块	选中源模块，然后按住 Ctrl 键并单击目标模块
断开模块间的连接	① 按下 Shift 键，然后拖动模块到另一个位置 ② 将鼠标指针指向连线的箭头处，当出现一个小圆圈圈住箭头时，拖动以移动连线
改变模块大小	选中模块，将鼠标指针移到模块方框的一角，当鼠标指针变成两端有箭头的线段时，拖动模块图标以改变图标大小
调整模块的方向	在模块上单击鼠标右键，然后在弹出的快捷菜单中选择“Rotate & Flip”→“Cloclwise”（或“Counterclockwise”）命令以改变模块的方向
给模块加阴影	在模块上单击鼠标右键，然后在弹出的快捷菜单中选择“Format”→“Shadow”命令，给模块加阴影
修改模块名	单击模块名即可修改
模块名的显示与否	选中模块后，通过“Format”→“Show Block Name”→“On”/“Off”命令控制模块名显示与否
改变模块名的位置	选中模块后，单击鼠标右键，然后在弹出的快捷菜单中选择“Rotate & Flip”→“Flip Block Name”命令，改变模块名的显示位置
在连线之间插入模块	拖动模块到连线上，使得模块的输入/输出端口对准连线

Simulink 中的每个模块均对应一个参数（Parameters）设置对话框，双击模块图标，即

可弹出对应的对话框。如图 13-13 所示，这是一个增益模块，用户可以设置它的增益大小、采样时间和输出数据类型等参数。模块参数还可以通过 set_param 命令进行设置。

Simulink 中的每个模块都有一个内容相同的属性（Properties）设置对话框，右击模块并在弹出的快捷菜单中选择“Properties”选项，即可弹出属性设置对话框，如图 13-14 所示。属性设置对话框主要包括 3 项内容，如表 13-2 所示。

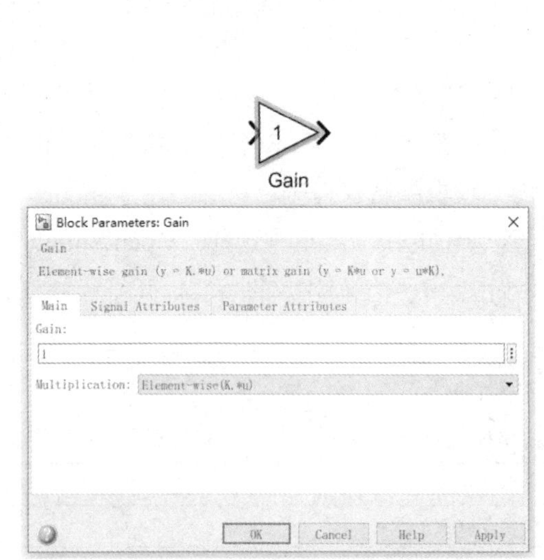

图 13-13　模块参数设置对话框

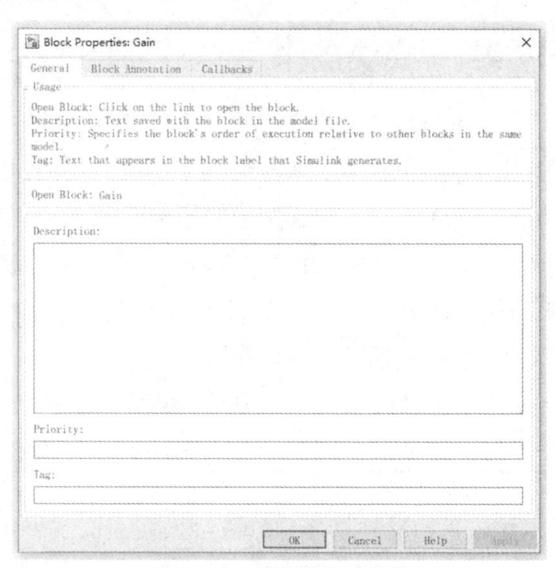

图 13-14　属性设置对话框

表 13-2　属性设置对话框包含的内容

选　项　卡	操 作 方 法
General	Description：用于对该模块在模型中的用法进行注释 Priority：规定该模块在模型中相对于其他模块执行的优先顺序 Tag：用户为模块添加的文本格式的标记
Block Annotation	用于指定在模块的图标下显示模块的某个参数及其值
Callbacks	用于定义当该模块发生某种特殊行为时所要执行的 MATLAB 表达式

13.2.2　信号线操作

模块设置好后，需要将它们按照一定的顺序连接起来，只有这样才能组成完整的系统模型（模块之间的连接称为信号线）。信号线基本操作包括绘制、分支、折曲、删除等。对信号线进行操作的方法如表 13-3 所示。

表 13-3　对信号线进行操作的方法

任　　务	操 作 方 法
选择多条直线	与选择多个模块的方法一样
选择一条直线	单击要选择的连线，此时，之前选择的连线被放弃
连线的分支	按下 Ctrl 键拖动直线
移动直线段	直接拖动直线
移动直线顶点	将鼠标指针指向连线的箭头处，当出现一个小圆圈圈住箭头时，拖动以移动连线
将直线调整为折线段	直接拖动直线

1. 绘制信号线

可以采用下面任意一种方法绘制信号线。

（1）将鼠标指针指向连线起点（某个模块的输出端），此时鼠标指针变成十字形，将其拖动到终点（另一模块的输入端），释放鼠标即可。

（2）首先选中源模块，然后在按 Ctrl 键的同时单击目标模块。

> **提示：**
>
> 信号线的箭头表示信号的传输方向；如果两个模块不在同一水平线上，那么连线将是一条折线，当将两模块调整到同一水平线上时，信号线自动变成直线。

2. 信号线的移动和删除

选中信号线，采用下面任一方法移动它。

（1）将鼠标指针指向它，拖动到目标位置，然后释放鼠标。

（2）选择模块，然后选择键盘上的↑、↓、←、→键移动模块，信号线也随之移动。

选中信号线，采用下面任一方法删除它。

（1）按 Delete 键。

（2）单击鼠标右键，在弹出的快捷菜单中执行“Clear”或“Cut”命令。

3. 信号线的分支和折曲

（1）信号线的分支。

在实际模型中，某个模块的信号经常要与不同的模块进行连接，此时，信号线将出现分支情况，如图 13-15 所示。

采用以下方法可实现信号线的分支。

① 按住 Ctrl 键，在信号线分支的地方按住鼠标左键并拖动到目标模块的输入端，释放 Ctrl 键和鼠标。

② 在信号线分支处按住鼠标左键并拖动至目标模块的输入端，然后释放鼠标。

（2）信号线的折曲。

在实际模型的创建过程中，有时需要信号线转向，称为折曲，如图 13-16 所示。

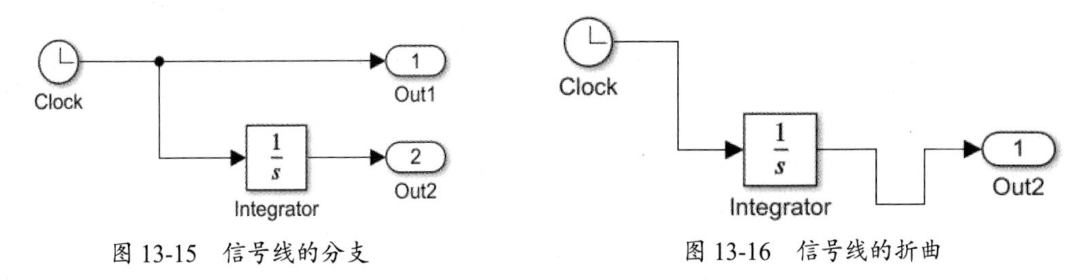

图 13-15　信号线的分支　　　图 13-16　信号线的折曲

采用以下方法可实现信号线的折曲。

① 任意方向折曲：选中要折曲的信号线，将鼠标指针指向需要折曲的地方，按住 Shift 键，拖动以任意方向折曲，释放鼠标。

② 直角方式折曲：同上面的操作，但不要按 Shift 键。

③ 折点的移动：选中折线，将鼠标指针指向待移的折点处，鼠标指针变成了一个小圆圈，按住鼠标左键并拖动到目标点，释放鼠标。

4．在信号线间插入模块

在建模过程中，有时需要在已有的信号线上插入一个模块，如果此模块只有一个输入端和一个输出端，那么可以直接将这个模块插到一条信号线中。具体操作为：选中要插入的模块，拖动模块到信号线上需要插入的位置，释放鼠标，如图 13-17 所示。

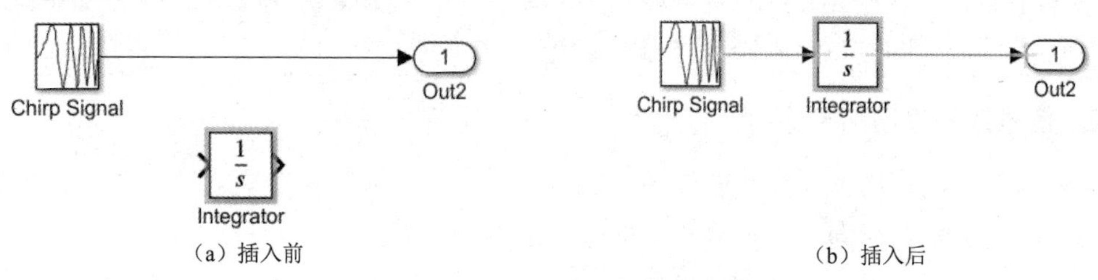

图 13-17　在信号线间插入模块

5．信号线的标记

为了增强模型的可读性，可以为不同的信号做标记，同时在信号线上附加一些说明。双击需要添加注释的信号线，在弹出的编辑框中输入信号线的注释内容即可，如图 13-18 所示。

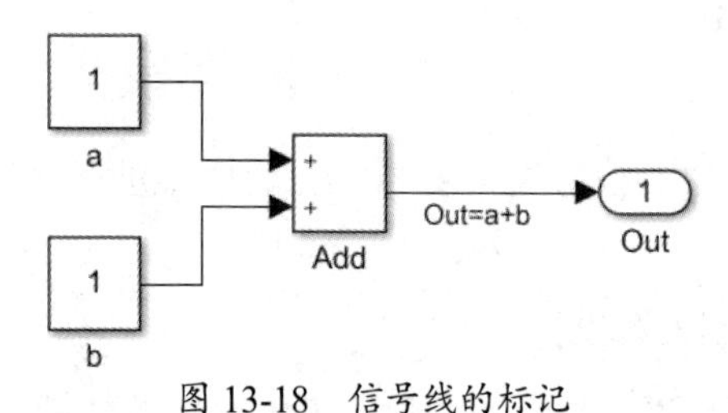

图 13-18　信号线的标记

13.2.3　模型的注释

对于友好的 Simulink 模型界面，系统的模型注释是不可缺少的。给一个信号添加标注，只需双击直线，然后输入文字即可。建立模型注释与之类似，只要双击模型窗口的空白处，然后输入注释文字即可。

信号标注和注释如图 13-19 所示。表 13-4 和表 13-5 列出了对标注和注释进行处理的具体操作方法。

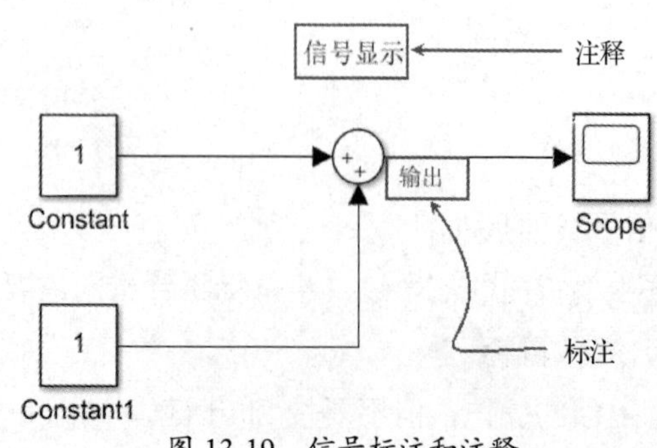

图 13-19　信号标注和注释

表 13-4 对标注进行处理

任 务	操 作 方 法
建立信号标注	双击直线，然后输入
复制信号标注	① 按下 Ctrl 键，然后选中标注并拖动 ② 在标注上单击鼠标右键，在弹出的快捷菜单中选择“Copy Label”命令
移动信号标注	选中标注并拖动
编辑信号标注	双击标注框内部，然后编辑
删除信号标注	在标注上单击鼠标右键，在弹出的快捷菜单中选择“Delete Label”命令

表 13-5 对注释进行处理

任 务	操 作 方 法
建立注释	双击模型图标，然后输入文字
复制注释	① 按下 Ctrl 键，选中注释文字并拖动 ② 在注释上单击鼠标右键，在弹出的快捷菜单中选择“Copy”命令
移动注释	选中注释并拖动
编辑注释	双击注释文字，然后编辑
删除注释	选中注释文字，再按 Delete 键

如图 13-20 所示，使用模型注释可以使模型更易被读懂，其作用如同 MATLAB 程序中的注释行的作用。

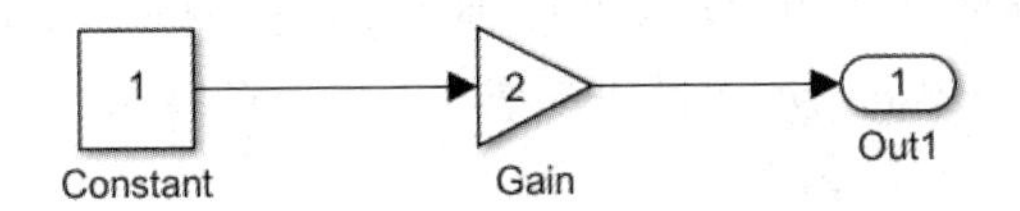

This simulink contains three model.

图 13-20 模型中的注释

（1）创建模型注释：双击将用作注释区的中心位置，在出现的编辑框中输入所需的文本，然后单击编辑框以外的区域，完成注释。

（2）注释位置移动：可以直接拖动实现。

（3）注释的修改：单击注释，当文本变为编辑状态时即可修改注释信息。

（4）删除注释：选中注释，按 Delete 键即可。

（5）注释文本属性控制：右击注释文本，可以改变文本的属性，如大小、字体和对齐方式；也可以通过执行模型窗口的“FORMAT”选项卡下的命令实现。

13.2.4 系统建模和系统仿真的基本步骤

下面向读者介绍使用 Simulink 进行系统建模和系统仿真的基本步骤。

（1）画出系统草图。

（2）打开“Simulink Library Browser”窗口，新建一个空白模型。

（3）在库中找到所需模块并拖到空白模型窗口中，按系统草图布局摆放并连接各模块。

（4）如果系统较复杂、模块太多，则可以将实现同一功能的模块封装成一个子系统，使系统的模型看起来更简洁（后面介绍）。

（5）设置各模块的参数，以及与仿真有关的各种参数。

（6）保存模型，模型文件的后缀名为.mdl。

（7）运行仿真，观察结果。

（8）调试模型。

【例 13-2】 模拟一次线性方程 $y=2x+10$，其中输入信号 x 是幅值为 5 的正弦波。

（1）建模所需模块的确定。

在进行建模之前，首先要确定建立上述模型所需的模块。

- 一个 Gain 模块，用于定义常数增益 2。Gain 模块来源于 Math Library。
- 一个 Constant 模块，用来定义一个常数 10。Constant 模块来源于 Source Library。
- 一个 Sum 模块，用来将两项相加。Sum 模块来源于 Math Library。
- —个 Sine Wave 模块，用来作为输入信号。Sine Wave 模块来源于 Source Library。
- 一个 Scope 模块，用来显示系统输出。Scope 模块来源于 Sinks Library。

（2）模块的拷贝。

把上面这些模块从各自的模块库中拷贝到用户的模型窗口中，结果如图 13-21 所示。

双击模块图标，分别打开 Gain 模块和 Constant 模块，再分别将它们设置为 2 和 10。然后单击“OK”按钮。打开 Sine Wave 模块，把它的幅值设为 5。

（3）模块的连接。

把各个模块连接起来，得到如图 13-22 所示的连线图。

Sine Wave 模块代表摄氏温度；Gain 模块的输出为 2，这个值与 Sum 模块和 Constant 模块中的常数 10 相加后得到输出，这个输出就是 y。

打开 Scope 模块就可以观看这个输出值的变化曲线了。其中，将 Scope 模块的 x 轴设为比较小的时间，如 10s，而把 y 轴设置得比幅值略大一些，以便能够得到整个曲线。

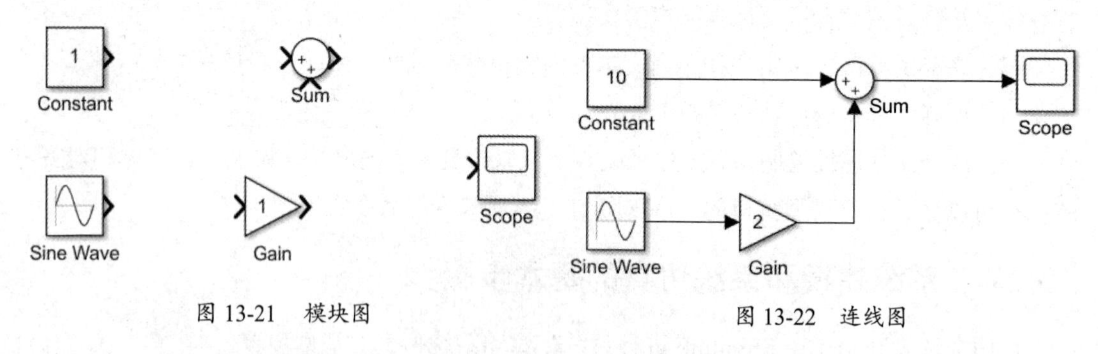

图 13-21　模块图　　　　图 13-22　连线图

（4）开始仿真。

在模型窗口“SIMULATION”选项卡的“SIMULATE”选项组中定义 Stop time 为 10s，然后单击“Run”（运行）按钮，仿真开始。运行完后双击 Scope 模块，可以看到仿真曲线，如图 13-23 所示。

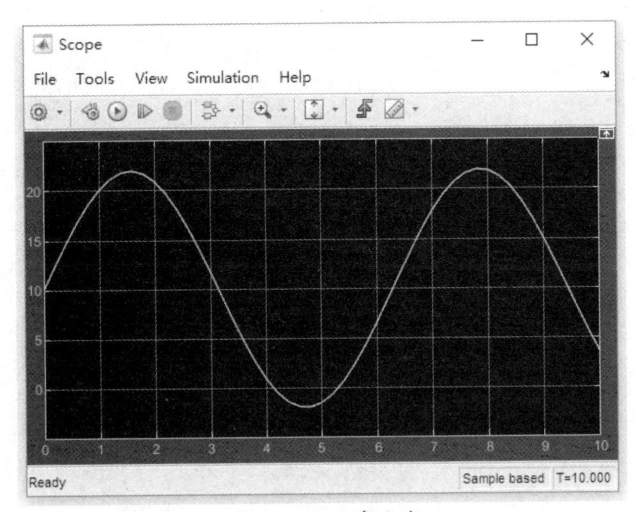

图 13-23　仿真曲线

【例 13-3】离散时间系统的建模与仿真。

构建一个低通滤波系统的 Simulink 模型。其中，输入信号是一个受正态噪声干扰的采样信号 $x(kT_s)=2\sin(2\pi\cdot kT_s)+2.5\cos(2\pi\cdot 10\cdot kT_s)+n(kT_s)$ ， $T_s=0.002\text{s}$ ， 而 $n(kT)\sim N(0,1)$ ， $F(z)=\dfrac{B(z)}{A(z)}=\dfrac{1}{1+0.2z^{-1}}$ 。

（1）建立理论数学模型：

$$y(k)=F(z)x(k)$$

$$F(z)=\frac{B(z)}{A(z)}=\frac{b(1)+b(2)z^{-1}+\cdots+b(n+1)z^{-n}}{1+a(2)z^{-1}+\cdots+a(n+1)z^{-n}}$$

$$F(z)=\frac{B(z)}{A(z)}=\frac{1}{1+0.2z^{-1}}$$

（2）启动 Simulink 模块。开启（新建）模型窗口，并建立模型，如图 13-24 所示。

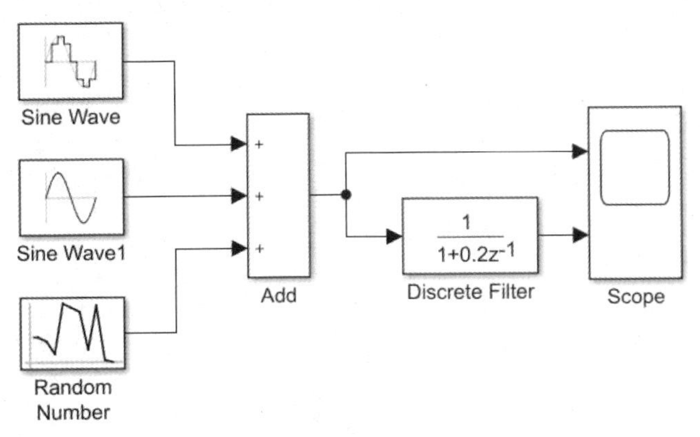

图 13-24　模型图

（3）设置参数。根据题意，分别设置信源 Sine Wave 模块的参数值，如图 13-25 所示；设置随机噪声 Random Number 模块的参数值，如图 13-26 所示；设置 Add 模块为“+++”模式；设置 Discrete Filter 模块的参数值，如图 13-27 所示。

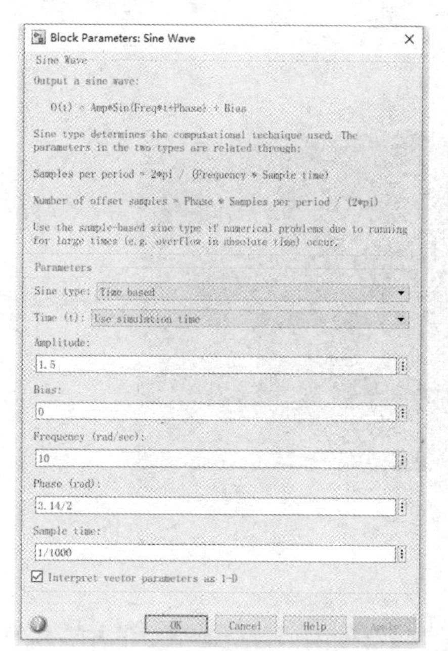

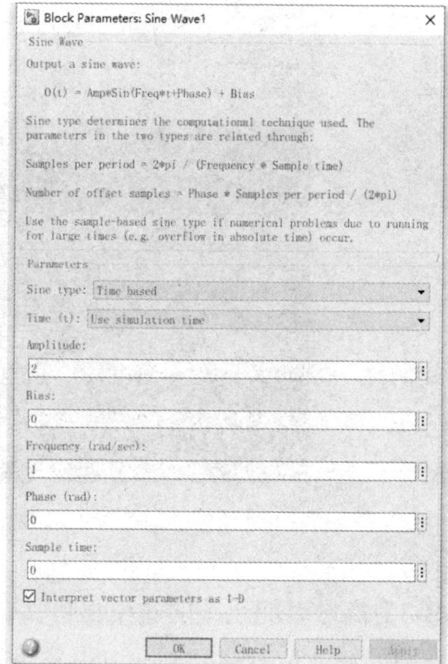

图 13-25　Sine Wave 模块参数设置

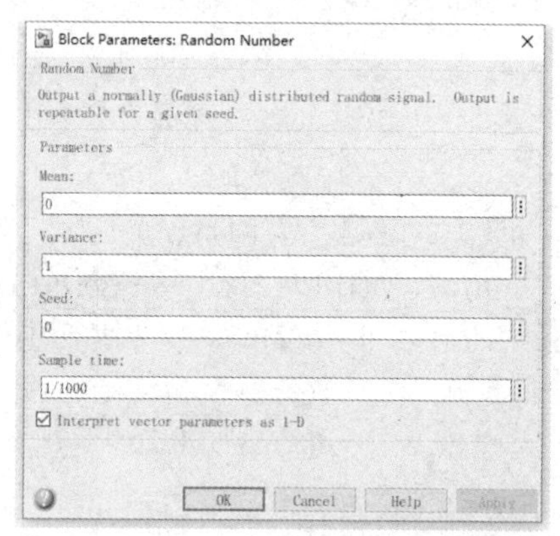

图 13-26　Random Number 模块参数设置

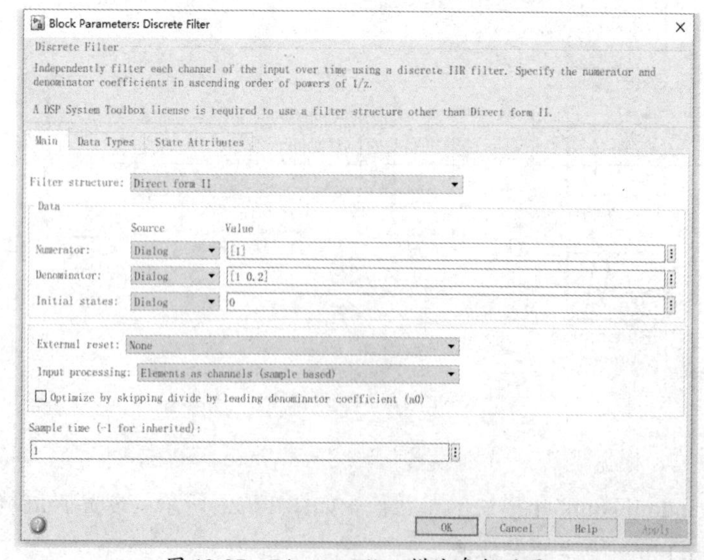

图 13-27　Discrete Filter 模块参数设置

（4）仿真结果。双击 Scope（示波器）模块，在出现的 Scope 界面中单击 按钮，在弹出的“Configuration Properties:Scope”对话框的“Time”选项卡下设置参数 Time span=10，如图 13-28 所示。单击 （运行）按钮，运行结束后显示如图 13-29 所示的仿真结果。

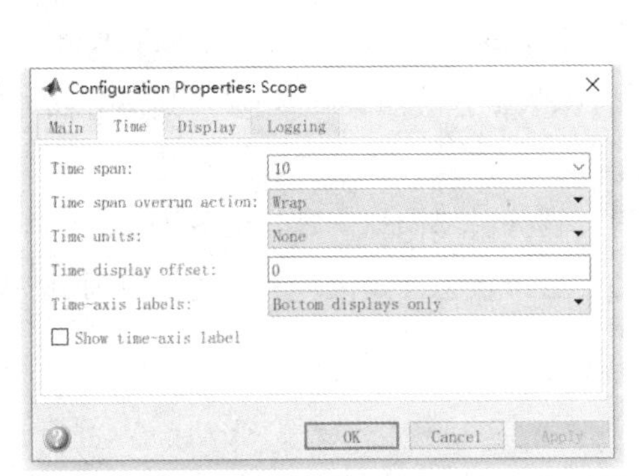

图 13-28　“Configuration Properties:Scope”对话框

图 13-29　仿真结果

13.2.5　信源 Source

Source 中包含了用于建模的基本输入模块，熟悉其中常用模块的属性和用法，对模型的创建是很有用的。表 13-6 列出了 Source 中的所有模块及各个模块的简单功能介绍。

表 13-6　Sources 简介

名　称	功　能
Band Limited White Noise	生成白噪声信号
Random number	生成高斯分布的随机信号
Chirp Signal	生成一个频率随时间线性增大的正弦波信号
From File	输入数据来自某个数据文件
Constant	生成常数信号
Sine Wave	生成正弦波
From Workspace	数据来自 MATLAB 的工作空间
Step	生成阶跃信号
Ground	用来连接输入端口未连接的模块
Clock	显示并输出当前的仿真时间
In1	输入端
Pulse Generator	脉冲发生器
Ramp	斜坡信号
Digital Clock	按指定采样间隔生成仿真时间
Repeating sequence	生成重复的任意信号
Signal Generator	信号发生器
Signal buider	生成任意分段的线性信号
Uniform Random Number	生成均匀分布的随机信号

下面对其中一些常用模块的功能及参数设置做一下简单说明。

1．Chirp Signal（扫频信号）模块

Chirp Signal 模块可以产生一个频率随时间线性增大的正弦波信号，可以用于非线性系统的频谱分析。该模块的输出既可以是标量又可以是向量。

打开模块参数对话框，该模块有 4 个参数可设置。

（1）Initial frequency：信号的初始频率，其值可以是标量或向量，默认值为 0.1Hz。

（2）Target time：目标时间，即变化频率在此时刻达到设置的目标频率，其值可以是标量或向量，默认值为 100s。

（3）Frequency at target time：目标频率，其值可为标量或向量，默认值为 1Hz。

（4）Interpret vector parameters as 1-D：如果处于选中状态，则模块参数的行或列值将转换成向量进行输出。

2．Clock（仿真时钟）模块

Clock 模块用于输出每步仿真的当前仿真时间。当模块打开的时候，此时间将显示在窗口中。但是，当此模块打开时，仿真的运行速度会减慢。

当在离散系统中需要输出仿真时间时，要使用 Digital Clock 模块，它对一些其他需要输出仿真时间的模块是非常有用的。

Clock 模块共有两个参数。

（1）Display time：用来指定是否显示仿真时间。

（2）Decimation：用来定义此模块的更新时间步长，默认值为 10。

3．Constant（常数）模块

Constant 模块产生一常数输出信号，该信号既可以是标量又可以是向量或矩阵，具体取决于模块参数和 Interpret vector parameters as 1-D 参数的设置，如图 13-30 所示。

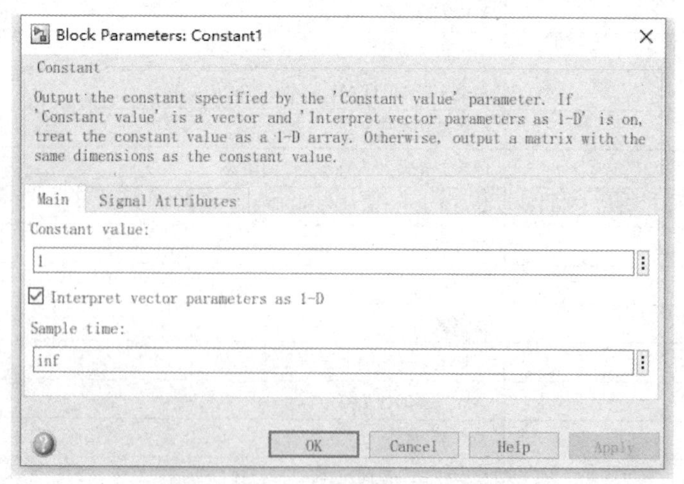

图 13-30　Constant 模块的参数设置对话框

参数说明如下。

（1）Constant value：常数的值，可以为向量，其默认值为 1。

（2）Interpret vector parameters as 1-D：在选中状态时，如果模块参数值为向量，则输出信号为一维向量；否则为矩阵。

（3）Sample time：采样时间，默认值为-1（inf）。

4．Sine Wave（正弦波）模块

Sine Wave 模块的功能是产生一个正弦波信号。它可以产生两类正弦波曲线：基于时间模式和基于采样点模式。若在“Sine type”下拉列表中选择“Time based”选项，则生成的曲线是基于时间模式的正弦波曲线。图 13-31 是 Sine Wave 模块的参数设置对话框。

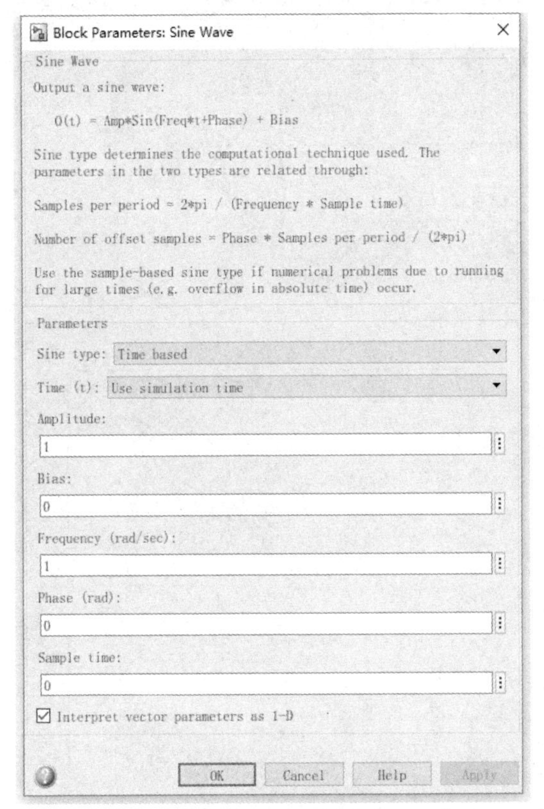

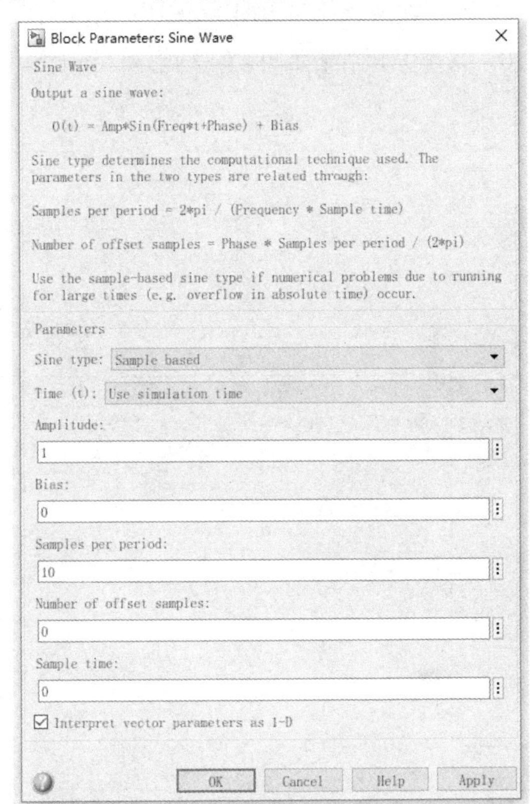

图 13-31　Sine wave 模块的参数设置对话框

在 Time based（基于时间）模式下，使用下面的公式计算输出的正弦波曲线：

$$y=\text{Amplitude}\times\sin(\text{Frequency}\times\text{time}+\text{phase})+\text{bias}$$

此模式下的 5 个参数的说明如下。

（1）Amplitude：正弦波信号的幅值，默认值为 1。

（2）Bias：偏移量，默认值为 0。

（3）Frequency：角频率（单位是 rad/s），默认值为 1。

（4）Phase：初相位（单位是 rad），默认值为 0。

（5）Sample time：采样间隔（单位为 s），默认值为 0，表示该模块工作在连续模式下；若其值大于 0，则表示该模块工作在离散模式下。

Sample based（基于采样）模式下的 5 个参数的说明如下。

（1）Amplitude：正弦波信号的幅值，默认值为 1。

（2）Bias：偏移量，默认值为 0。

（3）Samples per period：每个周期的采样点，默认值为 10。

（4）Number of offset samples：采样点的偏移数，默认值为 0。

（5）Sample time：采样间隔（单位为 s），默认值为 0。在该模式下，必须设置其值为大于 0 的数。

【例 13-4】求 sin*x* 的积分。

解：系统原理图如图 13-32 所示，所有模块均保持默认设置，将模型运行总步长设置为 10。系统仿真结果如图 13-33 所示（sin*x* 的积分为斜坡信号）。

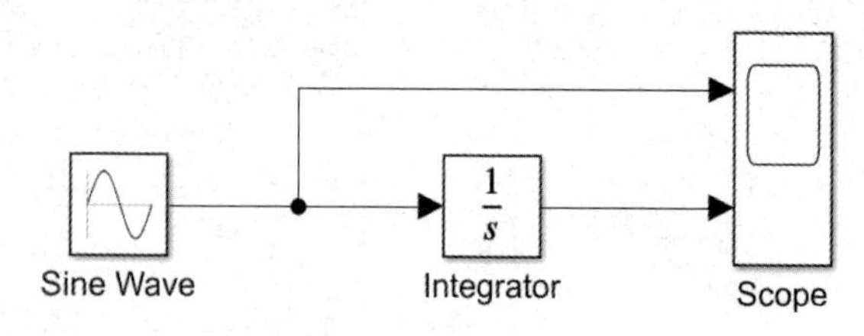

图 13-32　系统原理图

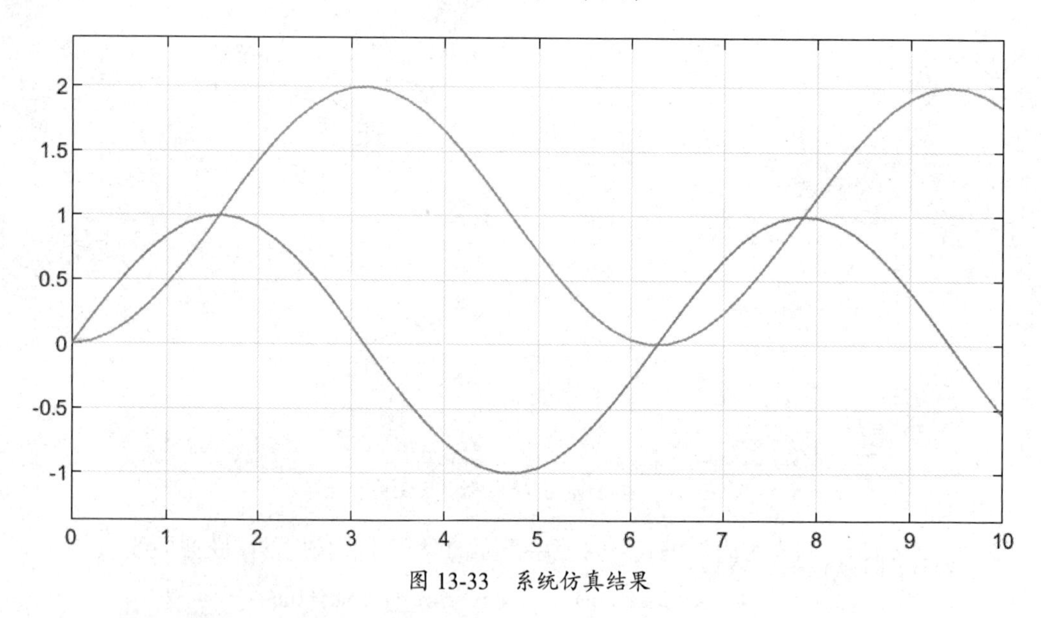

图 13-33　系统仿真结果

5．Repeating Sequence（周期序列）模块

Repeating Sequence 模块可以产生波形任意指定的周期标量信号，它共有两个可设置参数。

（1）Time values：输出时间向量，默认值为[0,2]，其最大时间值即指定周期信号的周期。

（2）Output values：输出值向量，每个值对应同一时间列中的时间值，默认值为[0,2]。

这两个参数的数组大小要一致。例如，将 Time values 参数设为[1,3]，将 Output values 参数设为[1,4]，周期序列输出波形如图 13-34 所示。

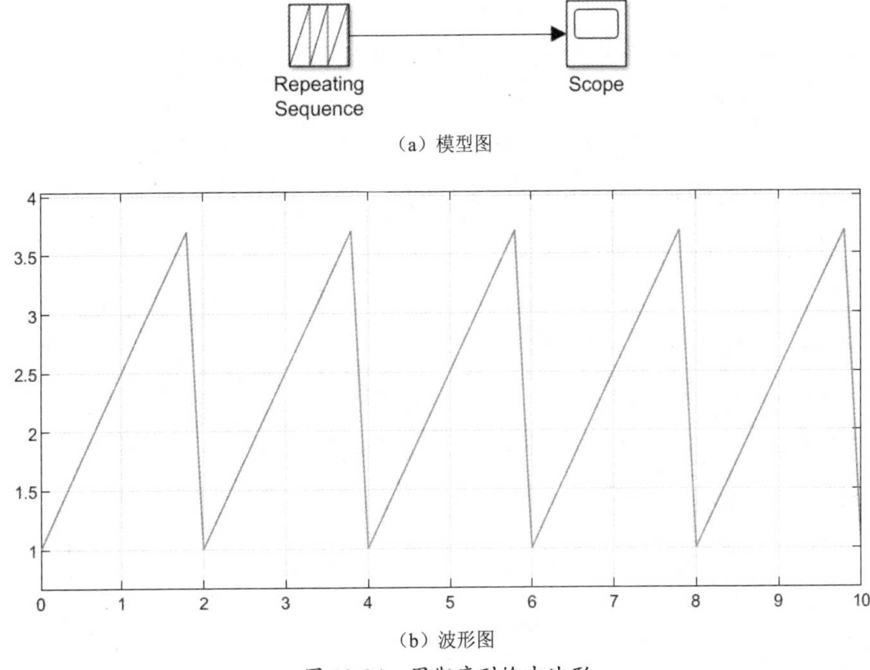

图 13-34　周期序列输出波形

6. Signal Generator（信号发生器）模块

Signal Generator 模块可以产生不同波形的信号：正弦波、方波、锯齿波和随机信号波，用于分析在不同激励下系统的响应。此模块的主要参数如下。

（1）Wave form：信号波形，可以设置为正弦波、方波、锯齿波、随机信号波 4 种波形，默认为正弦波。

（2）Time：指定使用仿真时间还是外部信号作为波形时间变量值的来源。如果指定外部源，那么模块将显示一个输入端口，用来连接该外部源。

（3）Amplitude：信号振幅，默认值为 1，可为负值（此时波形偏移 180º）。

（4）Frequency：信号频率，默认值为 1。

（5）Units：频率单位，可以设置为 Hz 和 rad/s，默认值为 Hz。

7. Step（阶跃信号）模块

Step 模块是在某规定时刻于两值之间产生一个阶跃变化，既可以输出标量信号又可以输出向量信号，取决于参数的设定。

8. Ramp（斜坡信号）模块

Ramp 模块用来产生一个开始于指定时刻，并以常数值为变化率的斜坡信号，其主要参数说明如下。

（1）Slope：斜坡信号的斜率，默认值为 1。

（2）Start time：开始时刻，默认值为 0。

（3）Initial output：变化之前的初始输出值，默认值为 0。

9．Pulse Generator（脉冲发生器）模块

Pulse Generator 模块以一定的时间间隔产生标量、向量或矩阵形式的脉冲信号，其主要参数说明如下。

（1）Amplitude：脉冲幅度，默认值为 1。

（2）Period：脉冲周期，默认值为 2，单位为 s。

（3）Pulse width：占空比，即信号为高电平的时间在一个周期内的比例，默认值为 50%。

（4）Phase delay：相位延迟（单位为 s），默认值为 0。

10．Digital Clock（数字时钟）模块

Digital Clock 模块仅以特定的采样间隔产生仿真时间，其余时间显示保持前一次的值。该模块适用于离散系统。它只有一个参数：Sample time（采样间隔），默认值为 1s。

11．From Workspace（读取工作间）模块

From Workspace 模块从 MATLAB 工作空间的变量中读取数据，模块的图标中显示变量名，其主要参数说明如下。

（1）Data：读取数据的变量名。

（2）Sample time：采样间隔，默认值为 0s。

（3）Interpolate data：选择是否对数据进行插值操作。

（4）Form output after final data value by：确定该模块在读取完最后时刻的数据后模块的输出值。

12．From File（读取文件）模块

From File 模块从指定文件中读取数据，模块将显示读取数据的文件名。文件必须包含大于两行的矩阵，其中第一行必须是单调增加的时间点，其他行为对应时间点的数据形式为

$$\begin{pmatrix} t_1 & \cdots & t_n \\ \vdots & \ddots & \vdots \\ t_{n1} & \cdots & t_{nn} \end{pmatrix}$$

输出的宽度取决于矩阵的行数。此模块采用时间数据计算其输出，但在输出中不包含时间项，这意味着，若矩阵为 m 行，则输出一个行数为 $m-1$ 的向量。该模块的主要参数说明如下。

（1）File name：输入数据的文件名，默认为 untitled.mat。

（2）Sample time：采样间隔，默认值为 0s。

13．Ground（接地）模块

Ground 模块用于将其他模块的未连接输入端口接地。如果模块中存在未连接的输入端口，则仿真时会出现警告信息，使用 Ground 模块可以避免产生这种信息。Ground 模块的输出是 0，数据类型与连接的输入端口的数据类型相同。

14．In1（输入接口）模块

In1 模块用于建立外部或子系统的输入端口，可将一个系统与外部连接起来，其主要参数说明如下。

（1）Port number：输入端口号，默认值为 1。

（2）Port dimensions：输入信号的维数，默认值为-1，表示动态设置维数；可以将其设置成 n 维向量或 $m \times n$ 维矩阵。

（3）Sample time：采样间隔，默认值为-1。

15．Band Limited White Noise（带限白噪声）模块

Band Limited White Noise 模块用来产生适用于连续或混合系统的高斯分布的随机信号。此模块与 Random Number（随机数）模块的主要区别在于，此模块以一个特殊的采样速率产生输出信号，此采样速率与噪声的相关时间有关。该模块的主要参数说明如下。

（1）Noise power：白噪声的功率谱（PSD）幅度值，默认值为 0.1。

（2）Sample time：噪声的相关时间，默认值为 0.1s。

（3）Seed：随机数的随机种子，默认值为 23341。

16．Random Number（随机数）模块

Random Number 模块用于产生高斯分布的随机数，若要产生一个均匀分布的随机数，则采用 Uniform Random Number 模块。该模块的主要参数说明如下。

（1）Mean：随机数的数学期望值，默认值为 0。

（2）Variance：随机数的方差，默认值为 1。

（3）Initial seed：起始种子数，默认值为 1。

（4）Sample time：采样间隔，默认值为 0s，即连续采样。

> 提示：
>
> 尽量避免对随机信号进行积分操作，因为在仿真中使用的算法更适于光滑信号。若需要干扰信号，则可以使用 Band Limited White Noise 模块。

17．Uniform Random Number 模块

Uniform Random Number 模块用于产生均匀分布在指定时间区间内且有指定起始种子的随机数。起始种子在每次仿真开始时会被重新设置。若要产生一个具有相同期望值和方差的向量，则需要设定参数 Initial seed 为一个向量。该模块的主要参数说明如下。

（1）Minimum：时间间隔的最小值，默认值为-1。

（2）Maximum：时间间隔的最大值，默认值为 1。

（3）Initial seed：起始种子的随机数，默认值为 0。

（4）Sample time：采样间隔，默认值为 0s。

13.2.6　信宿 Sink

Sink 中包含了用户用于建模的基本输出模块，熟悉其中模块的属性和用法，对模型的

创建和结果分析是必不可少的。表 13-7 列出了 Sink 中的所有模块及其简单功能的介绍。

表 13-7　Sink 简介

名　　称	功　　能
Display	数值显示
Floating Scope	悬浮示波器，显示仿真时生成的信号
Out1	为子系统或外部创建一个输出端口
Scope	示波器，显示仿真时生成的信号
Stop simulation	当输入为非零值时，停止仿真
Terminator	终止一个未连接端口
To File	将数据写在文件中
To Workspace	将数据写入工作空间的变量中
XY Graph	使用 MATLAB 图形窗口显示信号的 XY 图形

下面对 Source 中常用的几个模块做一下详细说明。

1. Display 模块

Display 模块用来显示输入信号的数值，既可以显示单个信号，又可以显示向量信号或矩阵信号。该模块的作用如下。

（1）显示数据的格式，可以通过属性对话框的“Format”选项来控制。

（2）如果信号显示的范围超出了模块的边界，则可以通过调整模块的大小来显示全部信号的值。

图 13-35 是输入为数组的情况，图 13-35（a）模型未显示全部输入；经过调整后显示全部输入，如图 13-35（b）所示。

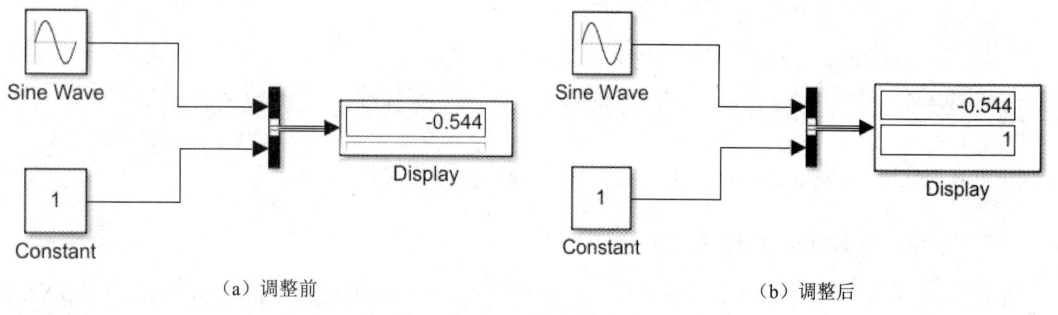

（a）调整前　　（b）调整后

图 13-35　Display 模块用例

2. Scope 模块和 Floating Scope 模块

Scope 模块的显示界面与示波器类似，以图形的方式显示指定的信号。当用户运行仿真模型时，Simulink 会把结果写入 Scope 中，但是并不打开 Scope 窗口。仿真结束后，会打开 Scope 窗口，显示 Scope 的输入信号的图形。

【例 13-5】以示波器显示时钟信号的输出结果。

解：Scope 模块使用模型如图 13-36（a）所示，时针信号显示结果如图 13-36（b）所示。

Scope 模块是 Sink 中最为常用的模块，通过利用 Scope 模块窗口中的相关工具，可以实现对输出信号曲线进行各种控制调整的功能，便于对输出信号进行分析和观察。

悬浮示波器是一个不带端口的模块，在仿真过程中可以显示被选中的一个或多个信号。要使用悬浮示波器，可以直接利用 Sink 中的 Floating Scope 模块。

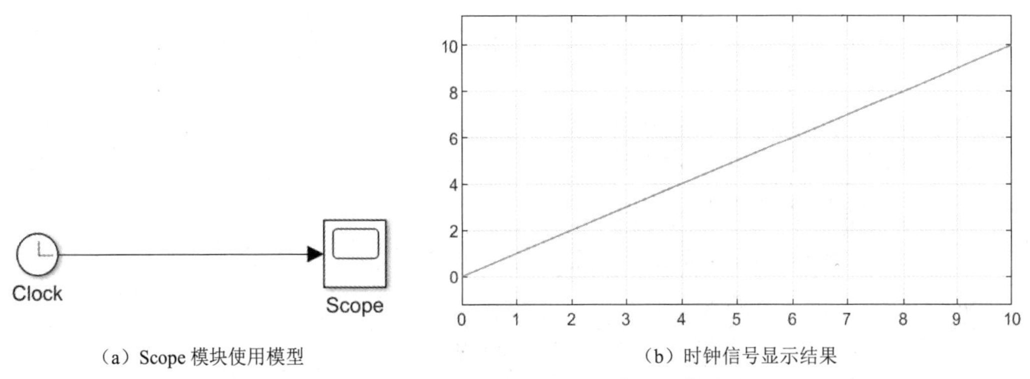

（a）Scope 模块使用模型　　　（b）时钟信号显示结果

图 13-36　以示波器显示时钟信号的输出结果

单击示波器工具栏上的“Configuration Properties”按钮，打开示波器属性设置对话框，这个对话框中有 4 个选项卡：“Main”“Time”“Display”“Logging”，如图 13-37 所示。

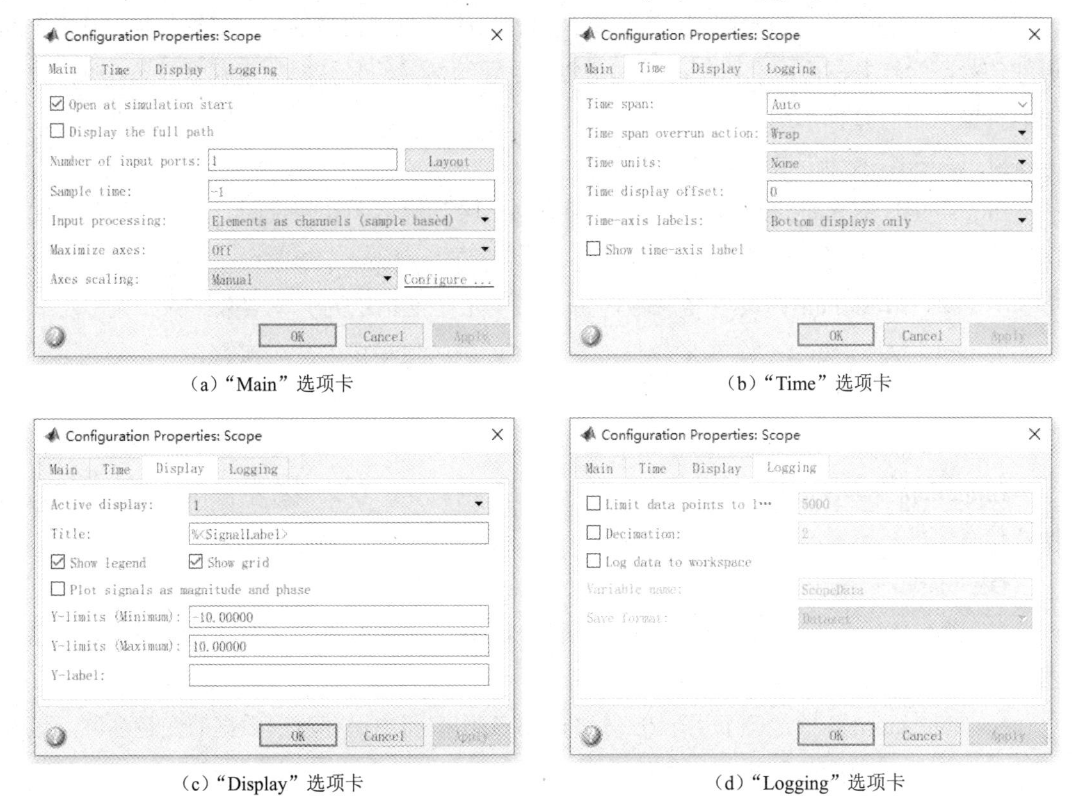

（a）“Main”选项卡　　　（b）“Time”选项卡

（c）“Display”选项卡　　　（d）“Logging”选项卡

图 13-37　示波器属性设置对话框

（1）“Main”选项卡下的参数说明。

Open at simulation start：选中此复选框，可以在仿真开始时打开示波器窗口。

Display the full path：选中此复选框，将显示模块名称及模块路径。

Number of input ports：设置 Scope 模块上输入端口的数量（整数），输入端口的数量最多为 96。

Layout：指定显示画面的数量和排列方式，最大布局为 16 行×16 列。

Sample time：指定示波器显示画面更新的时间间隔，该选项不适用于悬浮示波器和波形查看器。

Input processing：信道或元素信号处理。

Maximize axes：最大化图的大小。

（2）“Time”选项卡下的参数说明。

Time span：设置要显示的 X 轴的长度。

Time span overrun action：指定如何显示超出 X 轴可见范围的数据。

Time units：设置 X 轴的单位。

Time-axis labels：指定如何显示 X 轴（时间）标签。

Show time-axis label：显示或隐藏 X 轴标签，选中此复选框，表示可显示活动显示屏的 X 轴标签。

（3）“Display”选项卡下的参数说明。

Show legend：显示信号图例。图例中列出的名称是来自模型的信号名称。对于有多个通道的信号，信号名称后面会附加一个通道索引。连续信号的名称前面带有直线条，离散信号的名称前面带有楼梯形线条。

Show grid：控制是否显示内部网格线。

Plot signals as magnitude and phase：将画面拆分为幅值图和相位图。选中表示显示幅值图和相位图，取消选中表示显示信号图。

Y-limits (Minimum)：最小 Y 轴值，将 Y 轴的最小值指定为一个实数。

Y-limits (Maximum)：最大 Y 轴值，将 Y 轴的最大值指定为一个实数。

Y-label：指定要在 Y 轴上显示的文本。

（4）“Logging”选项卡下的参数说明。

Limit data points to last：限制示波器内部保存的数据。默认情况下保存所有数据点，以便在仿真完成后查看波形可视化。

Decimation：减少要显示和保存的波形数据量。

Log data to workspace：将数据保存到 MATLAB 工作空间中，该选项不适用于悬浮示波器和波形查看器。

Variable name：指定一个用于在 MATLAB 工作空间中保存波形数据的变量名称。该选项不适用于悬浮示波器和波形查看器。

Save format：选择一个用于在 MATLAB 工作空间中保存数据的变量格式。该选项不适用于悬浮示波器和波形查看器。

（5）Style 配置对话框中的参数设置。

在示波器菜单中执行“View”→“Style”命令，可以弹出如图 13-38 所示的 Style 配置对话框。Style 配置对话框中的部分配置参数说明如下。

Figure color：图形周围底色的选择。

Axes colors：图形底色和图形四周线宽颜色的选择。

Properties for line：图形中曲线的选择，默认为 channel1。

Line：图形中曲线形状、颜色和粗细度的选择。

Marker：图形中取点的形状选择。

图 13-38　Style 配置对话框

3．Out1 模块

Out1 模块与 Source 下的 In1 模块类似，可以为子系统或外部创建一个输出端口。

【例 13-6】将阶跃信号的幅度扩大一倍，并用 Out1 模块为系统设置一个输出端口。

解：阶跃信号幅度扩大一倍模型如图 13-39 所示。

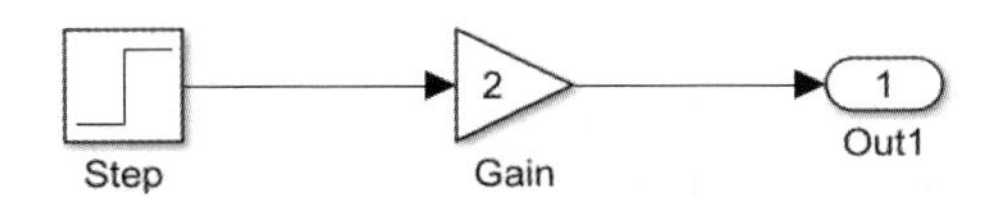

图 13-39　阶跃信号幅度扩大一倍模型

在该模型中，Out1 模块为系统提供了一个输出端口，如果同时定义返回工作空间的变量（变量通过 Configuration Parameters 中的“Data Import/Export”选项来定义），则此时可把输出信号（斜坡信号的积分信号）返回到定义的工作变量中。

此例中的时间变量和输出变量使用默认设置 tout 和 yout。运行仿真后，在 MATLAB 命令行窗口中输入如下命令以绘制输出曲线：

```
>> plot(tout,yout);
```

输出曲线在 MATLAB 图形窗口显示，如图 13-40 所示。

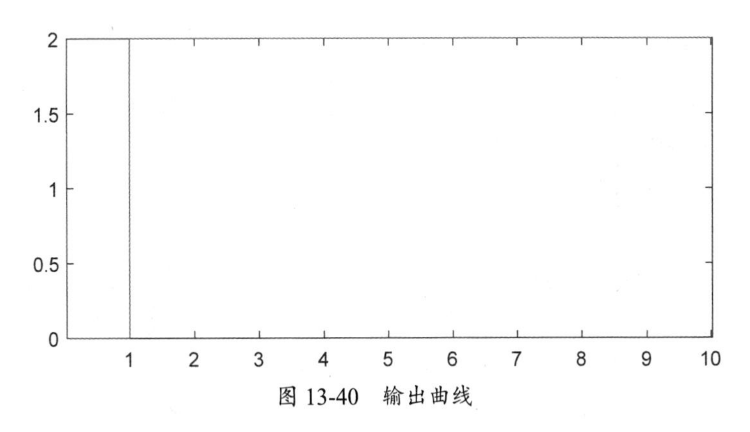

图 13-40　输出曲线

4．To Workspace（写入工作空间）模块

To Workspace 模块是把设置的输出变量写入 MATLAB 工作空间中，其部分配置参数说明如下。

（1）Variable name：模块的输出变量，默认值为 simout。

（2）Limit data points to last：限制输出数据点的数目，To Workspace 模块会自动截取数据的最后 *n* 个点（*n* 为设置值），默认值为 inf。

（3）Decimation：步长因子，默认值为 1。

（4）Save format：输出变量格式，可以指定为数组或结构。

（5）Sample time：采样间隔，默认值为-1。

5．XY Graph（XY 图形）模块

XY Graph 模块的功能是利用 MATLAB 的图形窗口绘制信号的 XY 曲线，其部分配置参数说明如下。

（1）x-min：x 轴的最小取值，默认值为-1。

（2）x-max：x 轴的最大取值，默认值为 1。

（3）y-min：y 轴的最小取值，默认值为-1。

（4）y-max：y 轴的最大取值，默认值为 1。

（5）Sample time：采样间隔，默认值为-1。

如果一个模型中有多个 XY Graph 模块，则在仿真时，Simulink 会为每个 XY Graph 模块打开一个图形窗口。

6．To File 模块

利用 To File 模块，可以将仿真结果以 mat 文件格式直接保存到数据文件中，其部分配置参数说明如下。

（1）Filename：保存数据的文件名，默认值为 untitled.mat。如果没有指定路径，则将文件名存于 MATLAB 工作空间目录中。

（2）Variable name：在文件中保存的矩阵的变量名，默认值为 ans。

（3）Decimation：步长因子，默认值为 1。

（4）Sample time：采样间隔，默认值为-1。

可以看出，仿真结果既可以以数据的形式保存在文件中，又可以用图形的方式直观地显示出来。仿真结果的输出可以采用以下几种方式实现。

（1）使用 Scope 模块或 XY Graph 模块。

（2）使用 Floating Scope 模块和 Display 模块。

（3）利用 Out1 模块将输出数据写入返回变量中，并用 MATLAB 绘图命令绘制曲线。

（4）将输出数据用 To Workspace 模块写入工作空间，并用 MATLAB 绘图命令绘制曲线。

熟悉以上模块的使用，对仿真结果的分析有很重要的意义。其余模块在这里不再介绍，如果有需要，则可以查阅 MATLAB 帮助信息。

13.2.7 过零检测

当仿真一个动态系统时，Simulink 在每个时间步都使用过零检测技术来检测系统状态变量的间断点。如果 Simulink 在当前的时间步内检测到了不连续的点，那么它将找到发生不连

续的精确时间点，并会在该时间点的前后增加附加的时间步。

表 13-8 列出了 Simulink 中支持过零检测的模块。

表 13-8　Simulink 中支持过零检测的模块

模 块 名	说　明
Abs	一个过零检测：检测输入信号沿上升或下降方向通过零点
Backlash	两个过零检测：一个检测是否超过上限阈值，一个检测是否超过下限阈值
DeadZone	两个过零检测：一个检测何时进入死区，一个检测何时离开死区
HitCrossing	一个过零检测：检测输入何时通过阈值
Integrator	若提供了 Reset 端口，就检测何时发生 Reset；若输出有限，则有三个过零检测，即检测何时达到上限饱和值、何时达到下限饱和值和何时离开饱和区
MinMax	一个过零检测：对于输出向量的每个元素，检测一个输入何时成为最大或最小值
Relay	一个过零检测：若 Relay 是 off 状态，就检测开启点；若是 on 状态，就检测关闭点
RelationalOperator	一个过零检测：检测输出何时发生改变
Saturation	两个过零检测：一个检测何时达到或离开上限，一个检测何时达到或离开下限
Sign	一个过零检测：检测输入何时通过零点
Step	一个过零检测：检测阶跃发生时间
Switch	一个过零检测：检测何时满足开关条件
Subsystem	用于有条件地运行子系统：一个使能端口，一个触发端口

如果仿真的误差容忍度设置得太大，那么 Simulink 有可能检测不到过零点。例如，在一个时间步内存在过零点，但是在时间步的开始和最终时刻没有检测到符号的变化，此时求解器将检测不到过零点。

【例 13-7】过零的产生与影响。

采用 Functions 中的 Function 模块和 Math 数学库中的 Abs 模块分别计算对应输入的绝对值。由于 Function 模块不会产生过零事件，所以在求取绝对值时，一些拐角点会被漏掉；但是 Abs 模块能够产生过零事件，因此，每当它的输入信号改变符号时，它都能够精确地得到零点结果。图 13-41 为此系统的 Simulink 模型及系统仿真结果。

从仿真结果中可以明显地看出，对于不常带有过零检测的 Function 模块，在求取输入信号的绝对值时，漏掉了信号的过零点（结果中的拐角点）；而对于具有过零检测能力的 Abs 模块，在求取绝对值时，它可以使仿真在过零点处的仿真步长足够小，从而可以获得精确的结果。

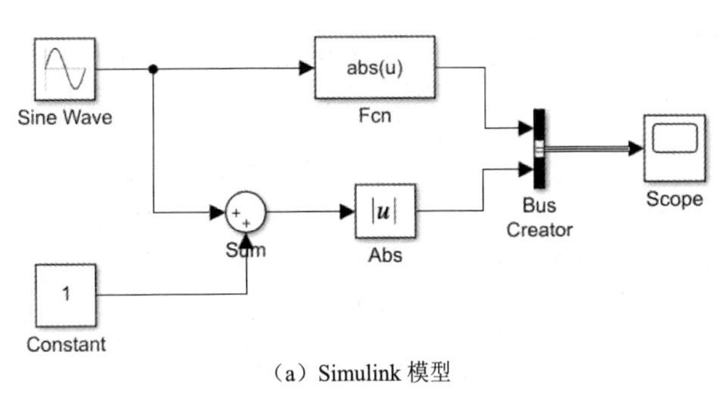

（a）Simulink 模型

图 13-41　过零的产生与影响

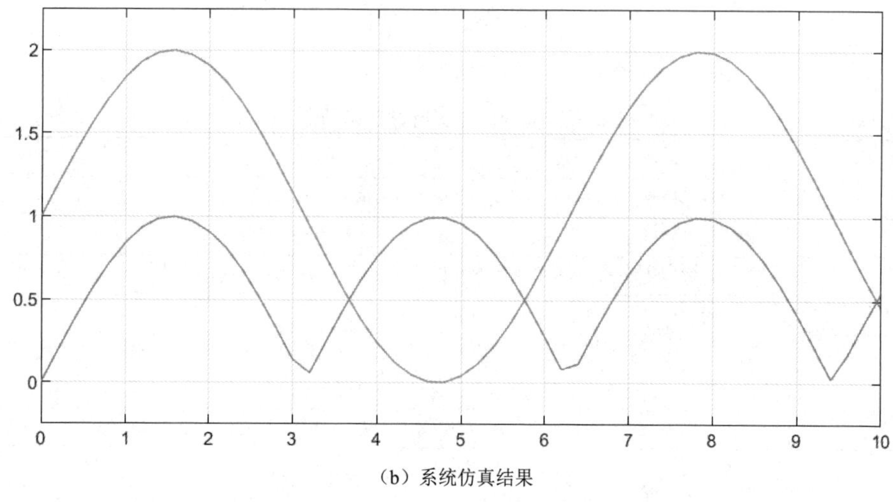

（b）系统仿真结果

图 13-41　过零的产生与影响（续）

在该例中，过零表示系统中的信号穿过了零点。其实，过零不仅可以用来表示信号穿过了零点，还可以用来表示信号的陡沿和饱和。

13.2.8　仿真配置

构建好一个系统的模型后，在运行仿真前，必须对仿真参数进行设置。仿真参数的设置包括仿真过程中的仿真算法、仿真的起始时刻、误差容限及错误处理方式等的设置，还可以定义仿真结果的输出和存储方式。

首先打开需要设置仿真参数的模型，然后在模型窗口中选择“MODELING”选项卡的“SETUP”选项组中的“Model Settings”命令，就会弹出仿真参数设置对话框。

仿真参数设置主要部分有 Solver、Data Import/Export、Diagnostics、Optimization。下面对其常用设置做一下具体说明。

1．Solver（算法）的设置

Solver 部分主要完成对仿真的起止时间、仿真算法类型等的设置，如图 13-42 所示。

（1）Simulation time：仿真时间，设置仿真的时间范围。

在“Start time”和“Stop time”数值框中输入新的数值，可以改变仿真的起始时间和终止时间，默认值分别为 0.0 和 10.0。

提示：

仿真时间与实际的时钟并不相同，仿真时间是计算机仿真对时间的一种表示；实际的时钟是仿真的实际时间。例如，仿真时间为 1s，如果步长为 0.1s，则该仿真要执行 10 步。当然，步长减小，总的执行时间会随之增加。仿真的实际时间取决于模型的复杂程度、算法及步长的选择、计算机的速度等诸多因素。

（2）Solver selection：算法选项，选择仿真算法并对其参数及仿真精度进行设置。

① Type：指定仿真步长的选取方式，包括 Variable-step（变步长）和 Fixed-step（固定步长）。

② Solver：选择对应的模式下采用的仿真算法。

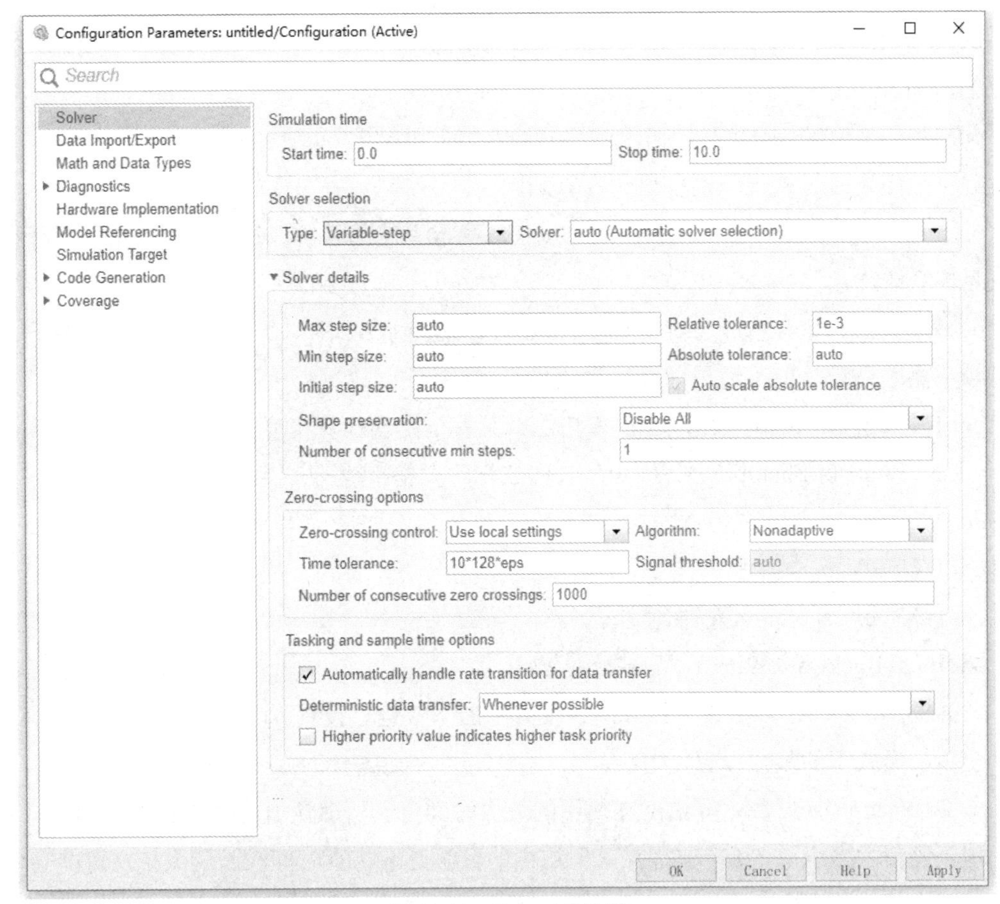

图 13-42　Solver 的设置

以下是变步长模式下的主要仿真算法。

Auto（Automatic solver selection）：自动选择仿真算法。

discrete（no continous states）：适用于无连续状态变量的系统。

ode45（Dormand-prince）：四五阶龙格-库塔法，默认算法；适用于大多数连续或离散系统，但不适用于刚性（stiff）系统；采用的是单步算法。一般来说，面对一个仿真问题，最好首先试试 ode45。

ode23（Bogacki-Shampine）：二三阶龙格-库塔法，在误差限要求不高和求解的问题不太难的情况下，它可能比 ode45 更有效。它也是单步算法。

ode113（Adams）：阶数可变算法，在误差容许要求严格的情况下，它通常比 ode45 有效。它是一种多步算法，就是在计算当前时刻输出时，需要以前多个时刻的解。

ode15s（stiff/NDF）：基于数值微分公式的算法。它也是一种多步算法，适用于刚性系统。当用户估计要解决的问题是比较困难的或不能使用 ode45，或者即使使用 ode45，效果也不好时，就可以用 ode15s。

ode23s（stiff/Mod.Rosenbrock）：单步算法，专门应用于刚性系统，在弱误差允许下的效果好于 ode15s。它能解决某些 ode15s 不能有效解决的刚性问题。

ode23t（mod.stiff/Trapezoidal）：适用于求解适度刚性问题而用户又需要一个无数字振荡算法的情况。

ode23tb（stiff/TR-BDF2）：在较大的容许误差下可能比 ode15s 有效。

以下是固定步长模式下的主要仿真算法。

discrete（no continous states）：固定步长的离散系统的求解算法，特别适用于不存在状态变量的系统。

ode5（Automatic solver selection）：ode45 的固定步长版本，属于默认算法，适用于大多数连续或离散系统，但不适用于刚性系统。

ode4（Runge-Kutta）：四阶龙格-库塔法，具有一定的计算精度。

ode3（Bogacki-Shampine）：固定步长的二三阶龙格-库塔法。

ode2（Heun）：改进的欧拉法。

ode1（Euler）：欧拉法。

ode14X（extrapolation）：插值法。

ode1be（Backward Euler）：隐式欧拉法。

（3）Solver details 参数设置：对两种模式下的参数进行设置。

变步长模式下的参数设置。

① Max step size：决定算法能够使用的最大时间步长，默认值为“仿真时间/50”，即在整个仿真过程中至少取 50 个取样点，但这样的取法对于仿真时间较长的系统，可能会使取样点过于稀疏，从而使仿真结果失真。一般建议对于仿真时间不超过 15s 的系统，采用默认值即可；对于超过 15s 的系统，每秒钟至少保证 5 个采样点；对于超过 100s 的系统，每秒钟至少保证 3 个采样点。

② Min step size：算法能够使用的最小时间步长。

③ Intial step size：初始时间步长，一般建议使用 auto 默认值。

④ Relative tolerance：相对误差，指误差相对于状态的值，是一个百分比，默认值为 1e-3，表示状态的计算值要精确到 0.1%。

⑤ Absolute tolerance：绝对误差，表示误差值的门限，或者说在状态值为零的情况下可以接受的误差。如果它被设成了 auto，那么 Simulink 为每个状态设置的初始绝对误差都为 1e-6。

固定步长模式下的主要参数设置。

Fixed-step size（fundamental sample time）：指定所选固定步长求解器使用的步长大小。默认值 auto 是指由 Simulink 选择步长大小。如果模型指定了一个或多个周期性采样时间，则 Simulink 将选择等于这些指定采样时间的最大公约数的步长大小，此步长大小称为模型的基础采样时间，可确保求解器在模型定义的每个采样时间内都执行一个时间步。如果模型没有定义任何周期性采样时间，则 Simulink 会选择一个可将总仿真时间等分为 50 个时间步的步长大小。

2．Data Import/Export（数据输入/输出）设置

仿真时，用户可以将仿真结果输出到 MATLAB 工作空间，也可以从工作空间载入模型的初始状态，这些都是在仿真配置中的 Data Import/Export 中完成的，如图 13-43 所示。

（1）Load from workspace：从工作空间载入数据。

① Input：输入数据的变量名。

② Initial state：从 MATLAB 工作空间获得的状态初始值的变量名。模型将从 MATLAB 工作空间获取模型所有内部状态变量的初始值，而不管模块本身是否已设置。在该文本框中输入的应该是 MATLAB 工作空间中已经存在的变量，变量的次序应与模块中各个状态下的次序一致。

（2）Save to workspace or file：保存结果到工作空间或文件中，主要参数说明如下。

① Time：时间变量名，存储输出到 MATLAB 工作空间的时间值，默认名为 tout。

② States：状态变量名，存储输出到 MATLAB 工作空间的状态值，默认名为 xout。

③ Output：输出变量名，如果模型中使用了 Out 模块，就必须选择该复选框。

④ Final states：最终状态值输出变量名，存储输出到 MATLAB 工作空间的最终状态值。

⑤ Format：设置保存数据的格式。

（3）Save options（变量存放选项）。

① Limit data points to last：保存变量的数据长度。

② Decimation：保存步长间隔，默认值为 1，即对每个仿真时间点产生值都进行保存。若其值为 2，则表示每隔一个仿真时刻保存一个值。

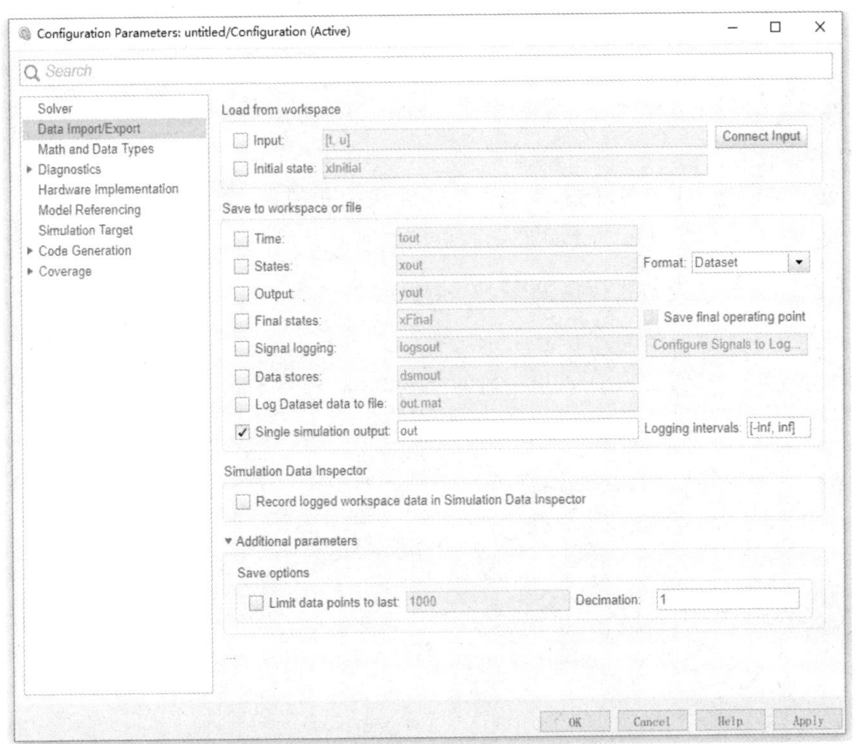

图 13-43　Data Import/Export 参数设置对话框

3. Diagnostics 和 Optimization 设置

（1）Diagnostics：主要设置用户在仿真过程中会出现的各种错误或报警消息。在该选项中进行适当的设置，可以定义是否需要显示相应的错误或报警消息。

（2）Optimazation：位于“Code Generation”选项下，主要用于设置影响仿真性能的不同选项。

13.2.9 启动仿真

仿真的最终目的是通过模型得到某种计算结果，故仿真结果分析是系统仿真的重要环节。仿真结果分析不但可以通过 Simulink 提供的输出模块完成，MATLAB 也提供了一些用于仿真结果分析的函数和指令，限于篇幅，此处不再赘述。

启动仿真的方式有如下两种。

（1）在 Simulink 环境下，执行“SIMULATION”选项卡的“SIMULATE”选项组中的“Run”命令。

（2）在命令行窗口中输入调用函数 sim('model')进行仿真。

【例 13-8】系统在 $t\leqslant 5$s 时，输出为正弦波信号 sin$t$；当 $t>5$s 时，输出为 5。试建立该系统的 Simulink 模型，并进行仿真分析。

求解过程如下。

（1）建立系统模型。根据系统数学描述选择合适的 Simulink 模块。

- Source 下的 Sine Wave 模块：作为输入的正弦波信号 sin$t$。
- Source 下的 Clock 模块：表示系统的运行时间。
- Source 下的 Constant 模块：用来产生特定的时间。
- Logical and Bit operations 下的 Relational Operator 模块：实现该系统时间上的逻辑关系。
- Signal Routing 下的 Switch 模块：实现系统输出随仿真时间的切换。
- Sink 下的 Scope 模块：实现输出图形的显示功能。

根据要求建立的系统仿真模型如图 13-44 所示。

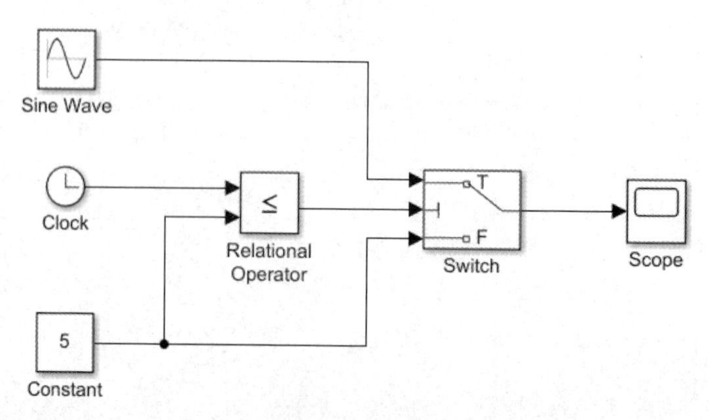

图 13-44　系统仿真模型

（2）模块参数的设置（没有提到的模块及相应的参数均采用默认值）。

- Sine Wave 模块：Amplitude 为 1，Frequency 为 1，产生信号 sin*t*。
- Constant 模块：Constant value 为 5，设置判断 *t* 是大于 5 还是小于 5 的门限值。
- Relational Operator 模块：将 Relational Operator 设为小于或等于。
- Switch 模块：将 Threshold 设为 0.1（该值只需大于 0 且小于 1 即可）。

（3）仿真配置。在进行仿真之前，需要对仿真参数进行设置。

仿真时间的设置：Start time 为 0s，Stop time 为 10.0s（只有在时间大于 5s 时，系统输出才有转换，需要设置合适的仿真结束时间），其余选项保持默认设置。

（4）运行仿真，结果如图 13-45 所示。

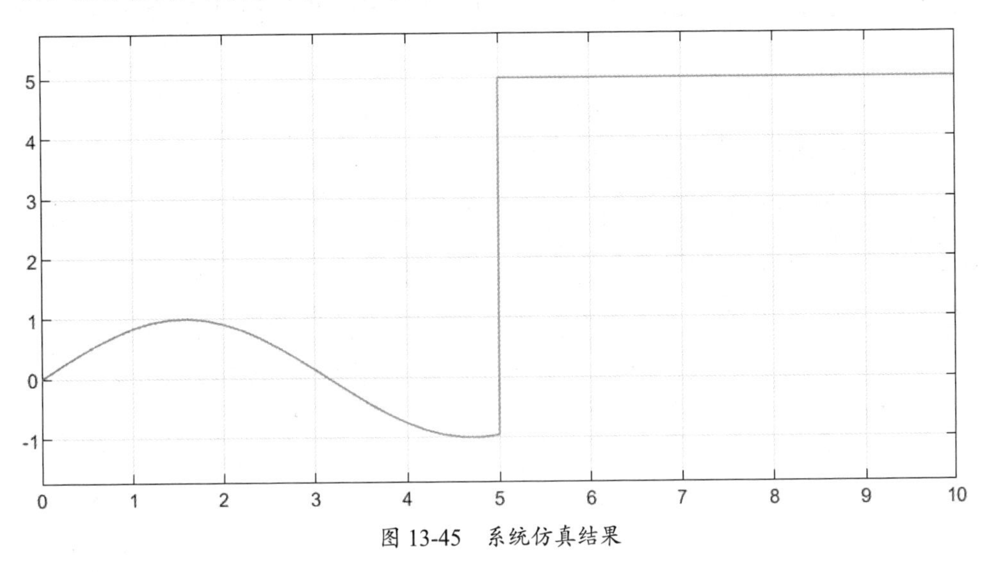

图 13-45 系统仿真结果

从系统仿真结果可以看出，在模型运行到第 5 步时，输出曲线由正弦波曲线变为恒定常数 5。

13.3 子系统的创建与封装

Simulink 在创建系统模型的过程中常采用分层设计思想。依照封装后系统的不同特点，Simulink 具有一般子系统、封装子系统和条件子系统 3 种不同类型的子系统。

13.3.1 子系统介绍

Simulink 其实就是分层建模的一种设计结构。例如，各种基本模块库可看成是封装了相关基本模块的子系统。用户在进行动态系统的仿真过程中，常常会遇到比较复杂的系统。但是无论多么复杂的系统，都是由众多不同的基本模块组成的。

【例 13-9】触发子系统工作原理；在 MATLAB 的命令行窗口中运行 Simulink 模型。

（1）构造如图 13-46 所示的触发子系统仿真模型，并保存为 ex13_9.slx。

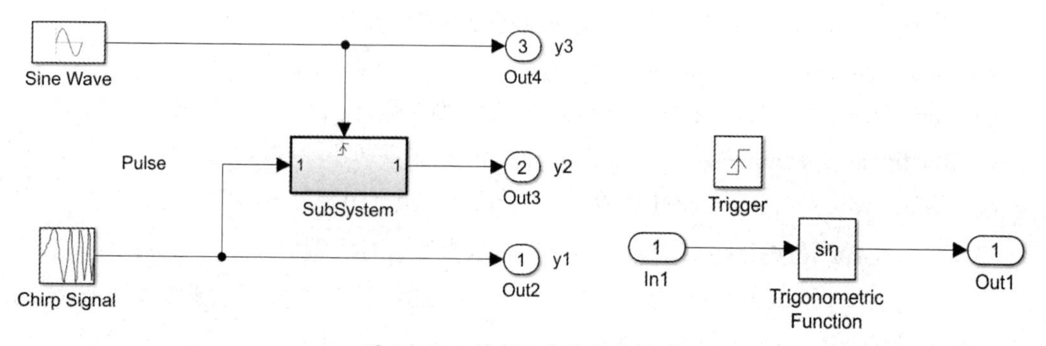

图 13-46　触发子系统仿真模型

（2）选择模型窗口的“SIMULATION”选项卡的“SIMULATE”选项组中的“Run”命令，信号仿真正确运行。

（3）在 MATLAB 命令行窗口中运行 Simulink 模型。MATLAB 代码设置如下：

```
[t,x,y]=sim('ex13_9',10);
clf,hold on
plot(t,y(:,1),'b')
stairs(t,y(:,2),'r')
stairs(t,y(:,3),'c')
hold off
axis([0 10 -1.1 1.1]),box on
>> legend({'Chirp Signal','Output','Trigger'},'Location','southeast')
```

执行上述代码，结果如图 13-47 所示。

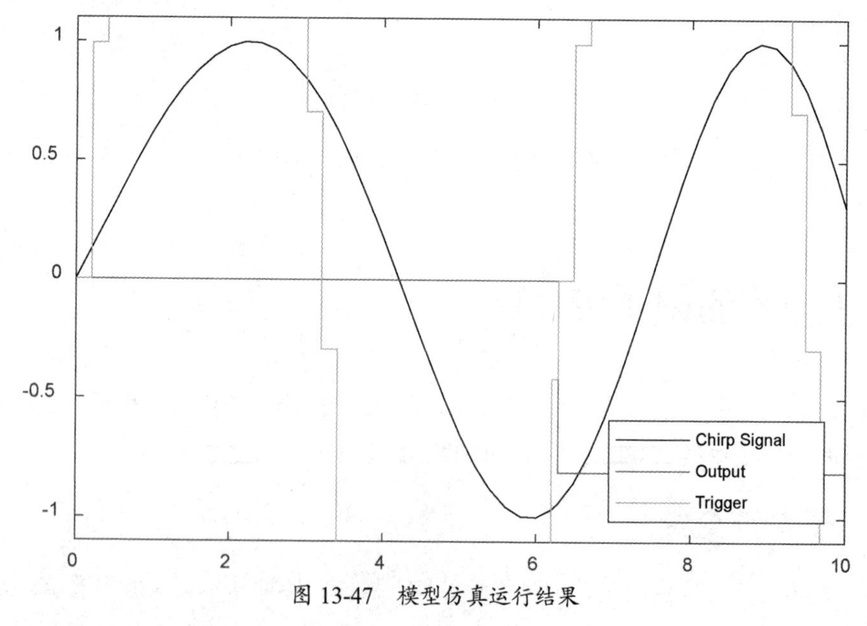

图 13-47　模型仿真运行结果

13.3.2　创建子系统

下面通过两个示例来介绍创建子系统的基本方法，读者可自行比较其不同之处。

【例 13-10】通过 Subsystem 模块创建子系统。

（1）在 Simulink 界面中创建仿真系统，从 Ports & Subsystems 中复制 Subsystem 模块到自己的模型中，如图 13-48（a）所示。

（2）双击 Subsystem 模块图标，打开 Subsystem 模块编辑窗口。在新的空白窗口中创建子系统，如图 13-48（b）所示。

（3）运行仿真并保存。

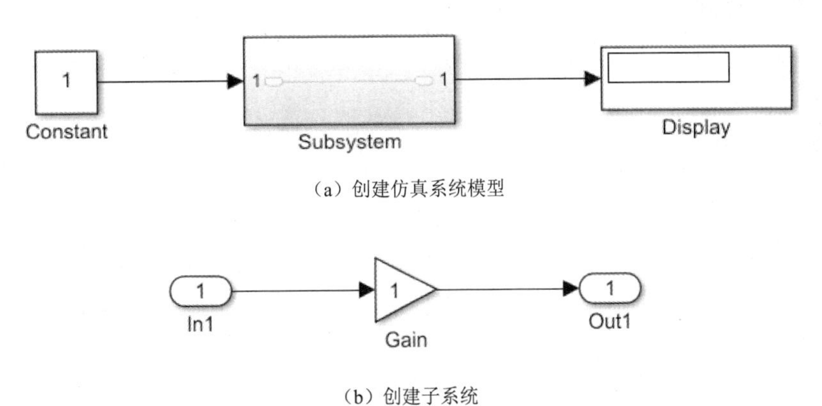

（a）创建仿真系统模型

（b）创建子系统

图 13-48　通过 Subsystem 模块创建子系统

【例 13-11】 通过组合已存在的模块创建子系统。

（1）在 Simulink 界面中创建如图 13-49（a）所示的系统。

（2）按住 Shift 键，选中要创建成子系统的 Abs 模块及 Integrator 模块，单击鼠标右键，在弹出的快捷菜单中选择“Create Subsystem From Selection”命令，生成子系统，如图 13-49（b）所示。

（3）运行仿真并保存。

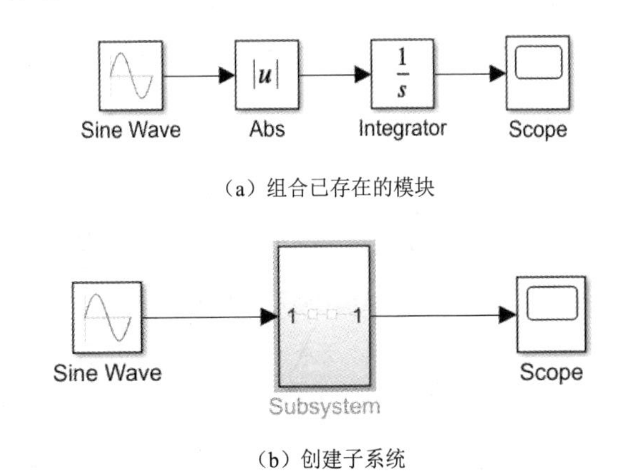

（a）组合已存在的模块

（b）创建子系统

图 13-49　通过组合已存在的模块创建子系统

13.3.3　封装子系统

封装子系统是在一般子系统的基础上设置而成的。在弹出的快捷菜单中选择“Mask”→“Create Mask”命令，会弹出如图 13-50 所示的封装编辑器。

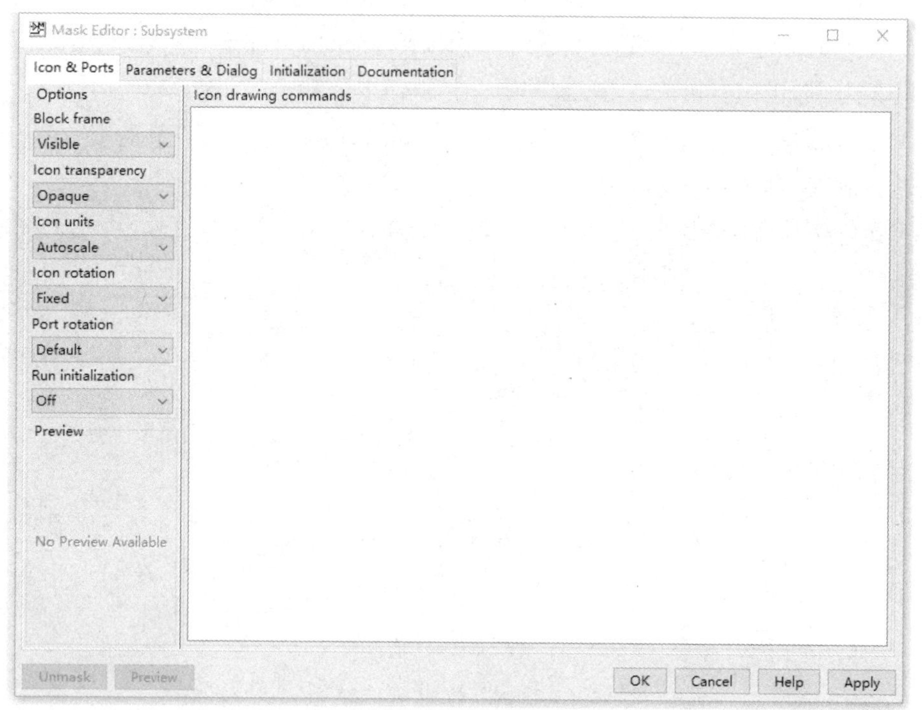

图 13-50　封装编辑器

【例 13-12】 封装子系统示例。

（1）建立如图 13-51 所示的含有一子系统的模型，并设置子系统中的 Gain 模块的 Gain 参数为一变量 2。

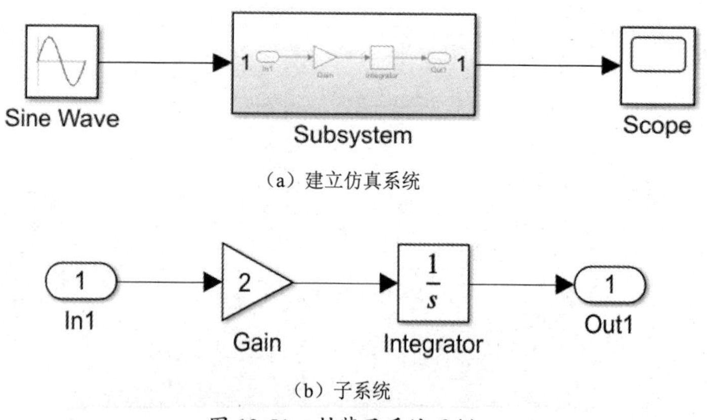

（a）建立仿真系统

（b）子系统

图 13-51　封装子系统示例

（2）选中模型中的 Subsystem 子系统，单击鼠标右键，在弹出的快捷菜单中选择“Mask”→“Create Mask”命令，打开封装编辑器，进行封装设置。

（3）在封装编辑器的“Icon & Ports”选项卡的“Icon drawing commands”文本框中输入 image(imread ('b747.jpg'))命令，创建标签。

（4）根据需要，在封装编辑器中依次设置“Parameters & Dialog”“Initialization”“Documentation”选项卡下的参数（本例均采用默认设置）。

（5）单击“Apply”或“OK”按钮，此时的封装编辑器如图 13-52 所示

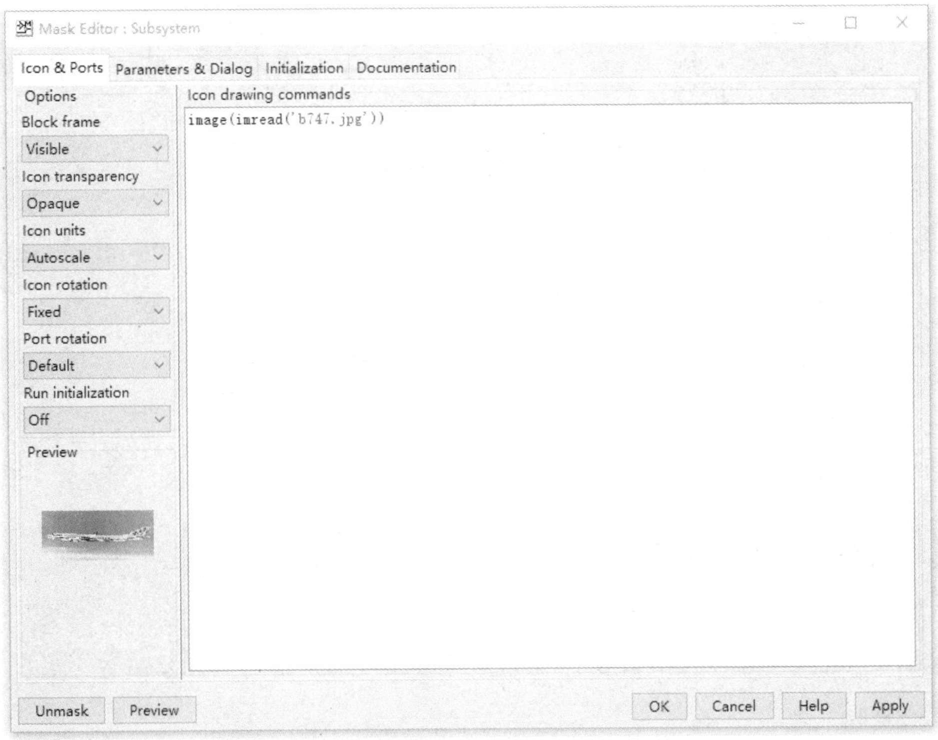

图 13-52　设置参数

（6）运行仿真。双击模型中的 Scope 模块，可以看到如图 13-53 所示的仿真结果。

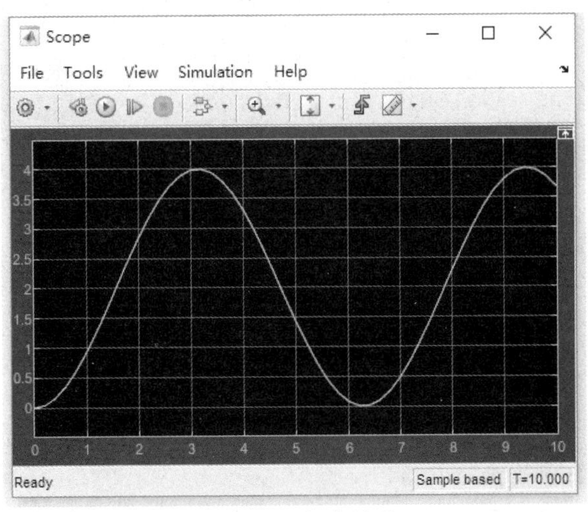

图 13-53　仿真结果

读者也可以创建自己的模块库：选择“SIMULIATION”选项卡的“FILE”选项组的“NEW”下拉菜单中的“Library”命令，可以自行创建模块库。执行该命令后，弹出“Simulink Start Page”窗口，然后选择“Blank Library”选项，即可弹出一个空白的库窗口，将需要的模块复制到模块库窗口中保存即可，如图 13-54 所示。

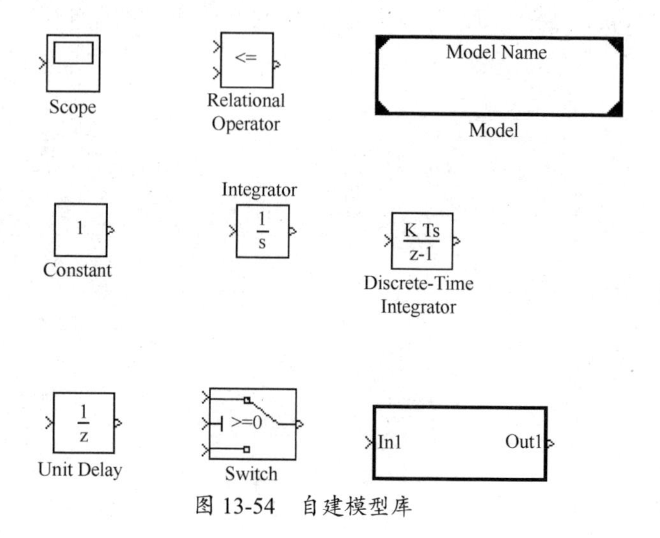

图 13-54　自建模型库

13.4　仿真模型的分析

在创建 Simulink 仿真模型之后，一般需要对创建的模型进行分析，这是为了修正仿真的参数和配置。

13.4.1　确定模型的状态

在进行 Simulink 仿真的过程中，常常需要为仿真模型设置初始状态。确定模型状态的命令如下：

```
[sys,x0,str,ts]=model([],[],[],'sizes');
```

其中，model 为具体模型名；sys 是输出参数，它是必须存在的，是一个 7 元向量，其中各部分的含义如下：

- sys(1)：状态向量中连续分量的数目。
- sys(2)：状态向量中离散分量的数目。
- sys(3)：输出分量的总数。
- sys(4)：输入分量的总数。
- sys(5)：系统中不连续解的数目。
- sys(6)：系统中是否含有直通回路。
- sys(7)：不同采样速率的类别数。

【例 13-13】 以 MATLAB 的演示模型 vdp.slx（见图 13-55）为对象确定模型的状态。

```
>> [sys,x0,str,ts]=vdp([],[],[],'sizes')
sys =
     2
     0
     2
     0
```

```
     0
     0
     1
x0 =
     2
     0
str =
  2×1 cell 数组
    {'vdp/x1'}
    {'vdp/x2'}
ts =
     0    0
```

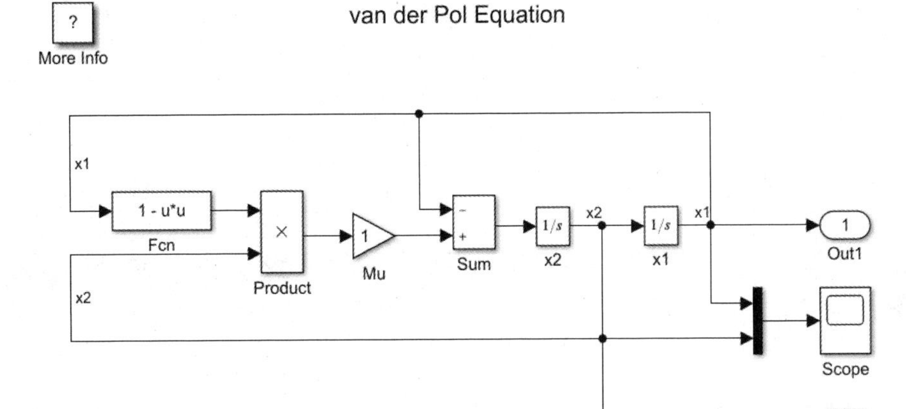

图 13-55　vdp.slx

结果显示，该模型中的积分模块 x1、x2 形成了唯一的两个连续状态。

13.4.2　平衡点的分析

Simulink 通过 trim 命令决定动态系统的稳定状态点。所谓稳定状态点，就是指满足用户自定义的输入、输出和状态条件的点。trim 的调用格式如下：

```
[x,u,y,dx]=trim('sys',x0,u0,y0,ix,iu,iy)
```

其中，x0、u0、y0 是初始状态；ix、iu、iy 是整数向量。

【例 13-14】 使用 trim 命令求解平衡点示例。

首先建立如图 13-56 所示的模型。

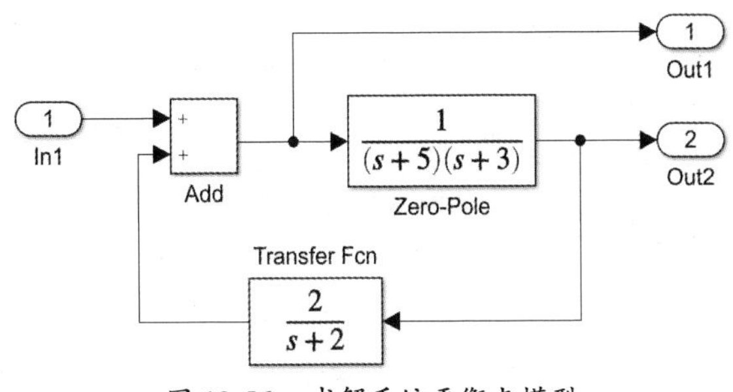

图 13-56　求解系统平衡点模型

MATLAB 代码如下：

```
>> clear,clc;
>> x=[0;0;0]; u=0; y=[3;3]; %为系统状态和输入定义一个初步的猜测值并把预期的输出值赋给 y
>> ix=[]; iu=[]; iy=[1;2];  %使用索引变量规定模型的输入/输出和状态中哪些可变，哪些不可变
>> [x,u,y,dx]=trim('ex13_14',x,u,y,ix,iu,iy) %使用 trim 命令求出平衡点
x =
    0.1875
   -0.0000
    1.4524
u =
    5.2500
y =
    5.6250
    0.3750
dx =
   1.0e-09 *
   -0.1323
    0.2141
   -0.0000
```

注意：

并不是所有求解平衡点的问题都有解。如果无解，则 trim 将返回一个与期望状态的偏差最小的一个解。trim 命令还有其他调用格式，读者可以查阅在线帮助信息。

13.4.3 微分方程的求解

前面已经介绍了如何通过 MATLAB 求解微分方程。通过 Simulink 提供的模块，也可以求解微分方程。下面通过一个数学模型——建立微分方程来演示利用 Simulink 求解微分方程的方法。

【例 13-15】已知质量 $m=1\text{kg}$，阻尼 $b=2\,\text{N}\cdot\text{s/m}$，弹簧系数 $k=70\,\text{N/m}$，且质量块的初始位移 $x(0)=0.02\text{m}$，其初始速度 $x'(0)=0.03\,\text{m/s}$，要求创建该系统的 Simulink 模型，并进行仿真运行。

（1）建立数学模型。

根据物理知识，可知 $mx''+bx'+kx=0$，代入具体数值并整理，可得 $x''=-2x'-70x$。

（2）启动 Simulink。

（3）新建模型窗口，并建立如图 13-57 所示的模型框图。

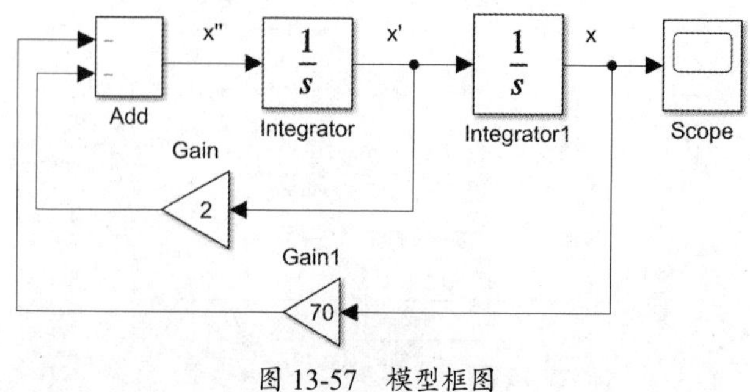

图 13-57　模型框图

（4）设置参数。根据数学模型分别设置增益模块 Gain、Gain1 的 Gain 参数为 2、70，设置 Add 模块的 Lisit of signs 为“--”模式，设置积分模块 Integrator、Integrator1 的 Initial Condition 参数为 0.03、0.02，其余参数采用默认值。

（5）仿真结果。单击 Simulink 仿真界面的“SIMULIATION”选项卡的“SIMULATE”选项组中的“Run”按钮，运行仿真。运行结束后单击示波器，出现如图 13-58 所示的波形。

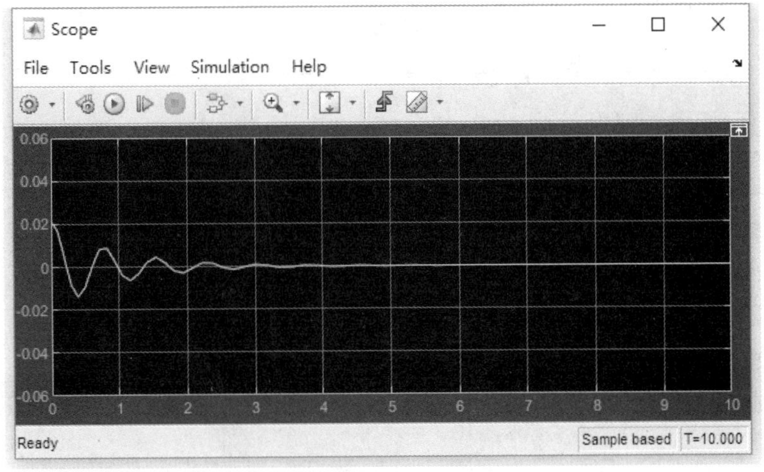

图 13-58　仿真结果

13.4.4　代数环

代数环的产生是一个支持直接馈入的输入端口由同一模块的输出直接或间接地通过由其他模块组成的反馈回路的输出驱动。

代数环如图 13-59 所示，将图中含有反馈环的模型改写成用 Algebraic Constraint 模块创建的模型，其仿真结果不变，如图 13-60 所示。

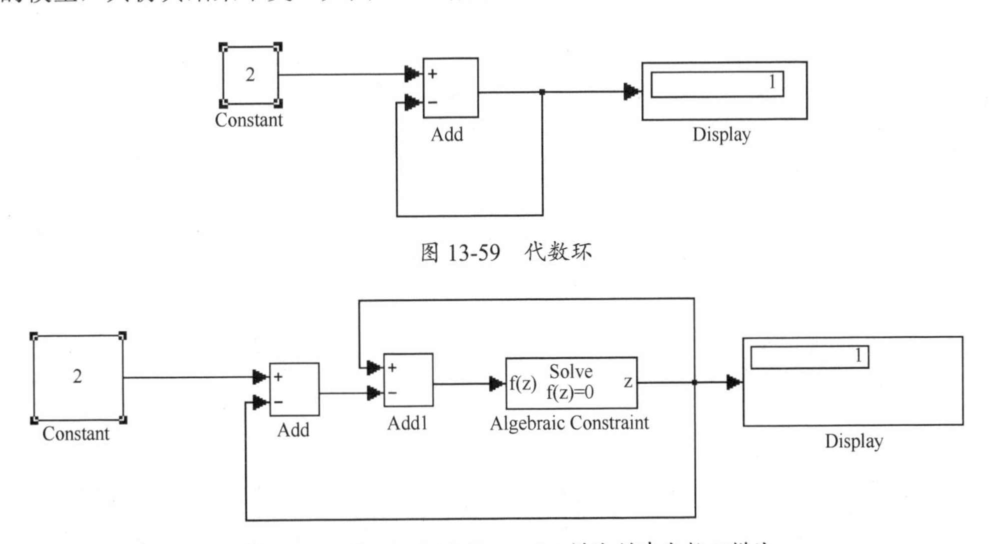

图 13-59　代数环

图 13-60　用 AlgebraicConstraint 模块创建代数环模块

创建向量代数环也很容易，图 13-61 所示的向量代数环可用下面的代数方程描述：

$$z2+z1-2=0$$

$$z2-z1-2=0$$

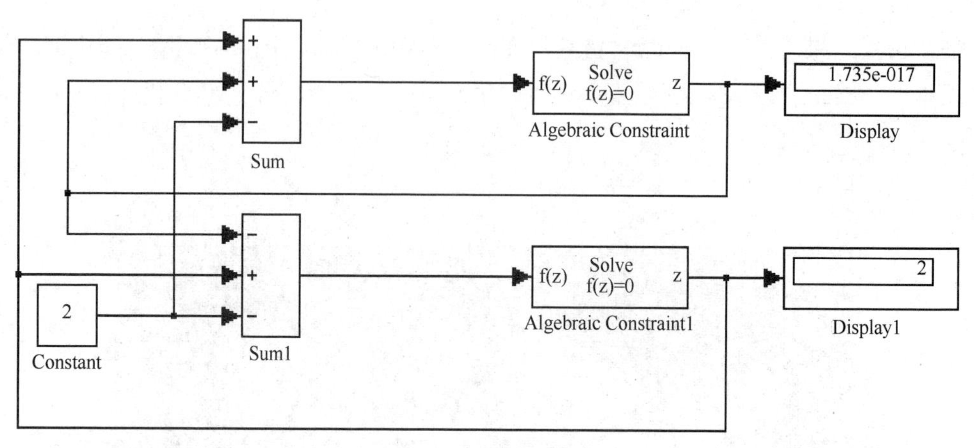

图 13-61 向量代数环

说明：

通过代数环计算得到的结果与实际解存在误差。

13.5 仿真的运行

仿真模型建立后，需要掌握仿真的结果，此时就需要运行仿真模型，根据模型需求对仿真进行配置并观测仿真结果。

13.5.1 启动仿真

Simulink 支持两种不同启动仿真的方法：一种是在命令行窗口中以指令形式开始相应模型的仿真；另一种是直接在模型窗口中执行相应的选项卡命令。

采用选项卡命令形式启动仿真的过程是相当简单和方便的，一般分为以下几步。

（1）设置仿真参数。

单击 Simulink 界面中“SIMULATION”选项卡的“MODELING”选项组中的“Model Settings”按钮（快捷键 Ctrl+E），弹出如图 13-62 所示的“Configuration Parameters”对话框。仿真参数设置完成后，单击“Apply”或“OK”按钮，当前参数设置即可生效。关于参数的配置，后面会做具体论述。

（2）仿真开始。

单击“SIMULATE”选项卡中的“Run”按钮（快捷键 Ctrl+T），即可启动仿真。在仿真的过程中，用户不能再改变模型本身的结构，如增减信号线或模块。如果要改变模型本身的结构，则需要停止模型的仿真过程。

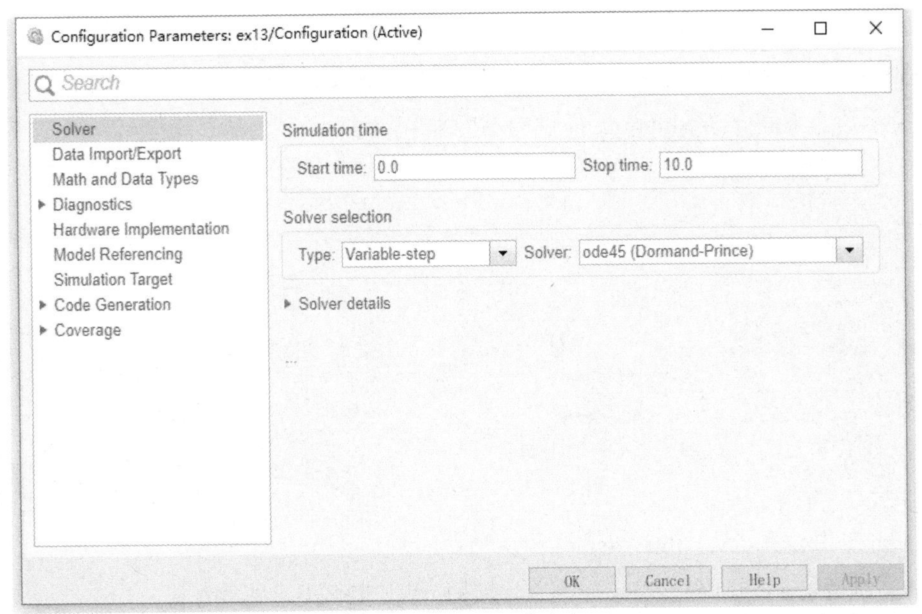

图 13-62　设置仿真参数

相比选项卡形式，MATLAB 提供了 sim 命令来启动仿真，该命令的完整语法如下：

```
sim('model','ParameterName1',Value1,'ParameterName2',Value2...);
```

在此命令中，只有 model 参数是必需的，其他参数都允许设置为空（[]）。在 sim 命令中设置的参数值会覆盖模型建立时设置的参数值，如果在 sim 命令中没有设置或被设为空，则其值等于建立模型时通过模块参数对话框设置的值或系统默认的值。

如果仿真的模型是连续系统，那么命令中还必须通过 simset 命令设定 solver 参数，默认的 solver 参数是用来求解离散模型的 Variable Step Discrete 的。

simset 命令用来设定仿真参数和求解器的属性值。该命令的语法如下：

```
simset(proj,'setting1',value1,'setting2',value2,...)
```

仿真过程很少用到该命令，在此不做介绍，如果碰到，则可以查阅在线帮助信息。相关的命令还有 simplot、simget、set_param 等。

如果仿真过程中出现错误，那么仿真将会自动停止，并弹出一个仿真诊断对话框来显示错误的相关消息。

13.5.2　仿真的配置

前面提到，通过“SIMULATE”选项组可以打开仿真参数设置对话框，也可以在模型窗口空白处单击鼠标右键，在弹出的快捷菜单中执行“Model Configuration Parameters”命令打开仿真参数设置对话框。

对话框将参数分成不同类型，下面介绍部分选项卡的功能，并对其中各个参数的功能和设置方法进行简单的介绍。

1. “Solver”选项卡

“Solver”选项卡如图 13-63 所示，主要用于设置仿真的开始时间和结束时间、选择求解器等相关参数。下面介绍 Simulink 提供的不同求解算法。

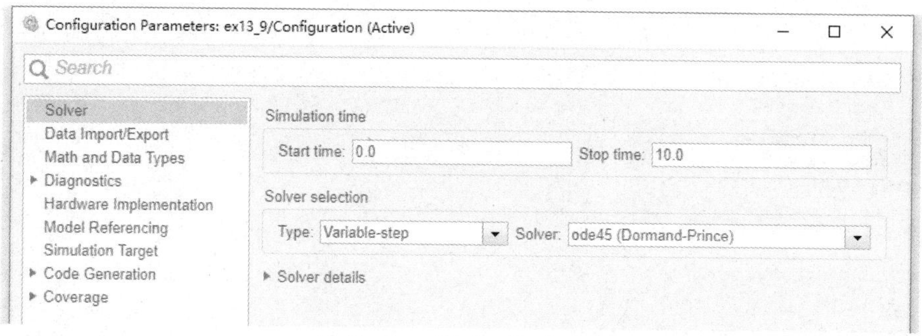

图 13-63　“Solver”选项卡

（1）可变步长类（Variable-step）。

Auto（Automatic solver selection）：自动选择可变步长类求解算法。

discrete（no continuous states）：当系统中没有连续状态变量时选择该算法。

ode45（Dormand-Prince）：四五阶龙格-库塔算法，属于单步求解法，即计算当前值 $y(t_n)$ 只需前一步的结果 $y(t_{n-1})$，它是大多数问题的首选求解算法。

ode23（Bogacki-Shampine）：二三阶龙格-库塔算法，属于单步求解法。在较大的容许误差和中度刚性系统模型下，它比 ode45 算法有效。

ode113（Adams）：变阶 Adams Bashforth-Moulton PECE 求解器。ode113 是一个多步求解器，即为了计算当前的结果 $y(t_n)$，不仅要知道前一步的结果 $y(t_{n-1})$，还要知道前几步的结果 $y(t_{n-2})$，$y(t_{n-3})$，…在误差容限比较严时，它比 ode45 更有效。

ode15s（stiff/NDF）：基于数值微分公式（NDFs）的变阶算法，属于多步预测算法。如果研究的系统刚度很大或使用 ode45 算法的求解效率不高，则可以尝试使用该算法。

ode23s（stiff/Mod.Rosenbrock）：基于改进的二阶公式，属于单步求解法。在较大的容许误差情况下，它比 ode15s 更有效。在求解某些刚性系统时，如果 ode15s 的计算效果不佳，则可以改用这种算法。

ode23t（mod.stiff/Trapezoidal）：一般用来解决中度刚性系统的求解问题。

ode23tb（stiff/TR-BDF2）：使用 TR-BDF2 实现，即基于隐式龙格-库塔公式，其第一级是梯形规则步长、第二级是二阶反向微分公式，两级计算使用相同的迭代矩阵。与 ode23s 相似，它在较大的误差容限情况下比 odtl5s 更有效。

odeN（Nonadaptive）：使用非自适应龙格-库塔积分，其阶数由解算器的阶数决定。使用由最大步长参数确定的固定步长，可以减小步长以捕捉某些求解器事件，如零交叉和离散采样等。

daessc（DAE solver for Simscape）：Simulink 在检测到模型中没有连续状态时选择的一种求解器，没有状态的系统选用。

（2）固定步长类（Fixed-step）。

Auto（Automatic solver selection）：自动选择固定步长类求解算法。

discrete（no continuous states）：不执行积分的固定步长求解器，是固定步长的离散系统求解算法，特别适用于不存在状态变量的系统及对过零检测和误差控制要求不高的模型。

ode8（Dormand-Prince）：基于 8 阶的 Dormand-Prince 算法。它采用当前状态值和中间点的逼近状态导数的显函数来计算模型在下一个时间步的状态。

ode5（Dormand-Prince）：采用固定步长的 ode45 算法，基于 Dormand-Prince 算法。

ode4（Runge-Kutta）：四阶龙格-库塔算法。

ode3（Bogacki-Shampine）：采用固定步长的 ode23 算法，基于 Bogacki-Sbampine 算法。

ode2（Heun）：采用 Heun 算法，即改进的 Euler 公式。

odel（Euler）：采用 Euler 算法。

ode14x（extrapolation）：结合牛顿方法和基于当前值的外插方法，采用下一个时间步的状态和状态导数的隐函数来计算模型在下一个时间步的状态。

od1be（Backward Euler）：Backward Euler 型求解器，使用固定的牛顿迭代次数，计算成本固定。

2. “Data Import/Export”选项卡

“Data Import/Export”选项卡如图 13-64 所示，它用于向 MATLAB 工作空间输出模型仿真结果数据或从 MATLAB 工作空间读取数据到模型中。

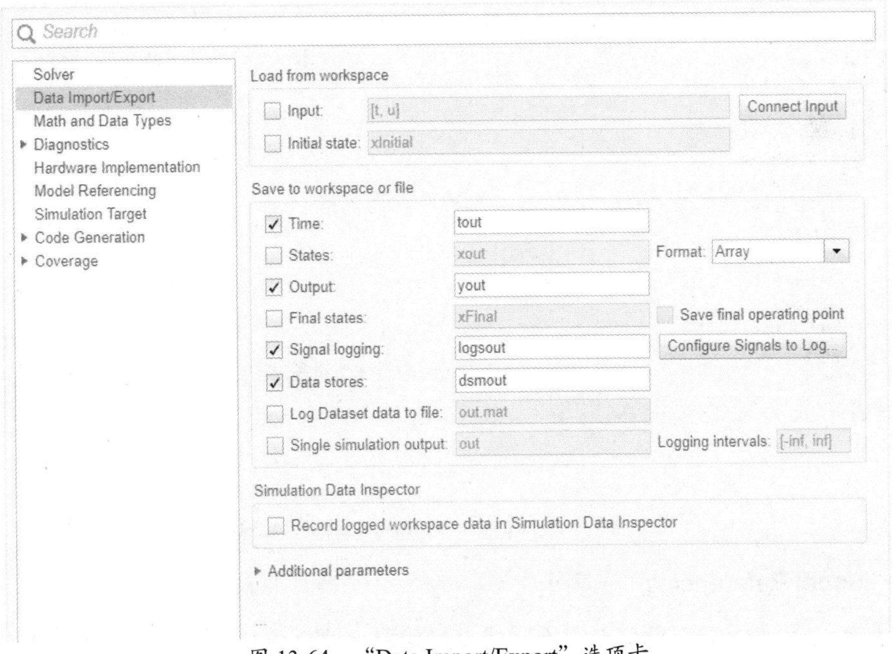

图 13-64　“Data Import/Export”选项卡

3. “Diagnostics”选项卡

“Diagnostics”选项卡主要用于设置当模块在编译和仿真遇到突发情况时，Simulink 将采用哪种诊断动作，如图 13-65 所示。该选项卡还将各种突发情况的出现原因分类列出，各类突发情况的诊断办法的设置在此不做详细介绍。

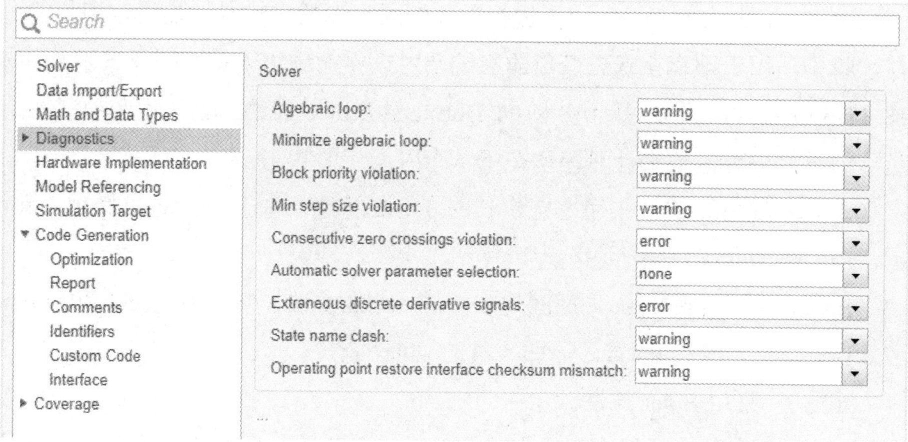

图 13-65 “Diagnostics”选项卡

4．“Hardware Implementation”选项卡

“Hardware Implementation”选项卡如图 13-66 所示，主要用于定义硬件的特性（包括硬件支持的字长等），这里的硬件是指将来要用来运行模型的物理硬件。

这些设置可以帮助用户在模型实际运行目标系统（硬件）之前，通过仿真检测到以后在目标系统上运行可能出现的问题，如溢出问题等。

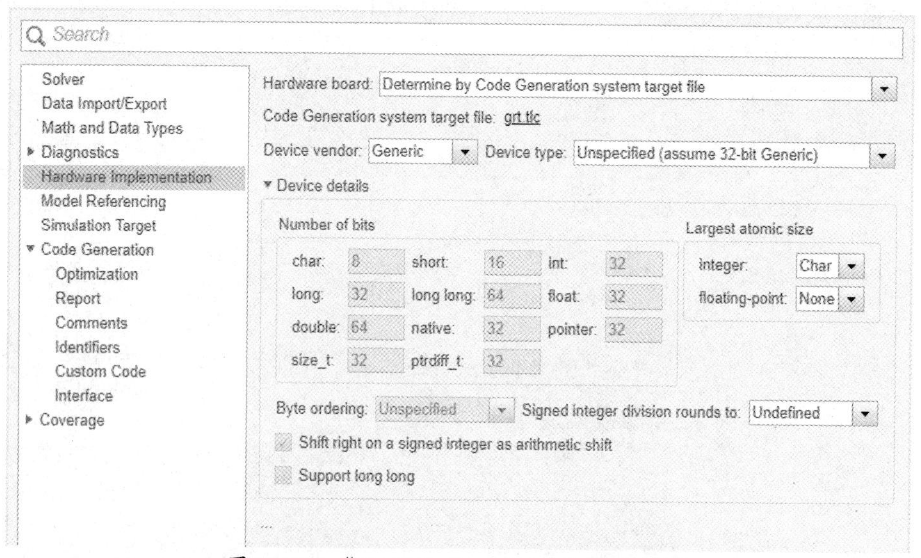

图 13-66 “Hardware Implementation”选项卡

5．“Model Referencing”选项卡

“Model Referencing”选项卡用于生成目标代码、建立仿真，以及定义当此模型中包含其他模型或其他模型引用该模型时的一些选项参数值，如图 13-67 所示。

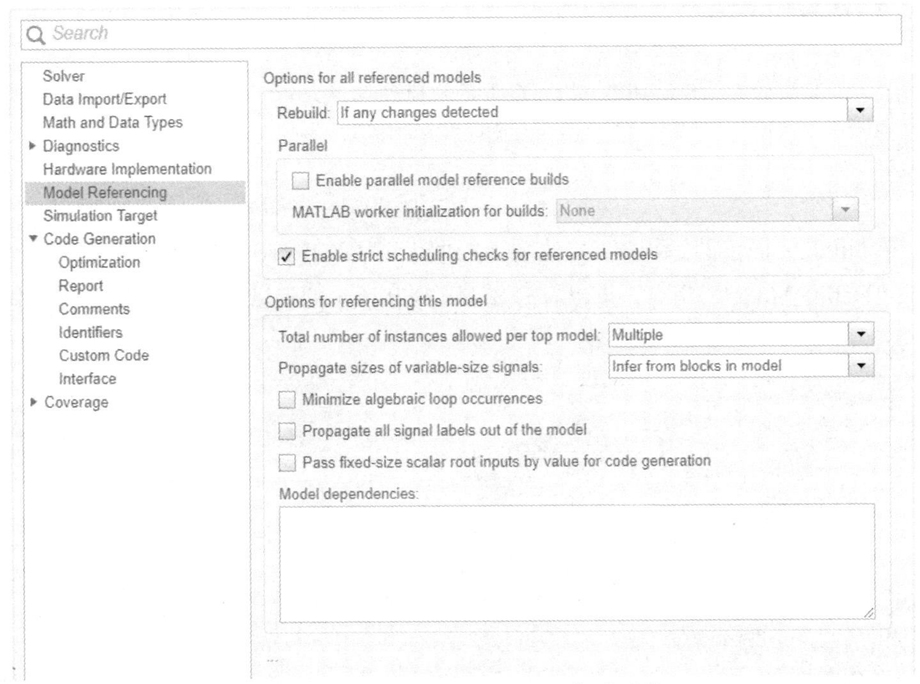

图 13-67　“Model Referencing”选项卡

13.5.3　观测仿真结果

在仿真进行过程中，通常需要随时绘制仿真结果的曲线，以观察信号的实时变化情况，在模型中使用示波器（Scope）是其中最为简单和常用的方式。

不论示波器是否已经打开，只要仿真一启动，示波器缓冲区就会接收传递来的信号。该缓冲区数据长度的默认值为 5000。如果数据长度超过设定值，则最早的历史数据将被冲掉。

示波器窗口中、、图标分别表示 X-Y 双轴调节、X 轴调节和 Y 轴调节，它们可以根据数据的实际范围自动设置纵坐标的显示范围和刻度。

双击 Scope 界面中的图标，弹出如图 13-68 所示的示波器属性对话框，在此可以对示波器进行显示设置，限于篇幅，这里不再做详细介绍。

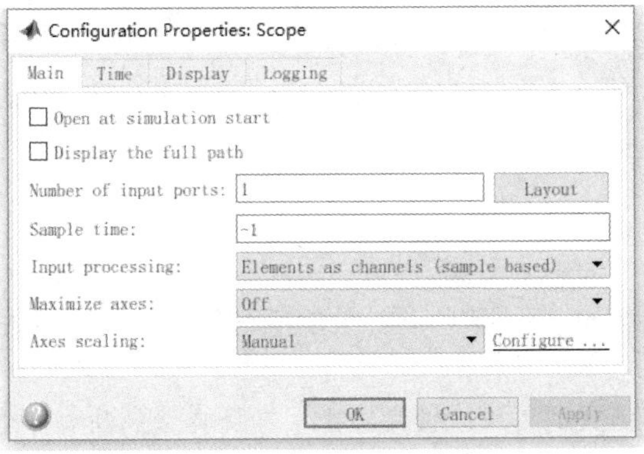

图 13-68　示波器属性对话框

13.5.4 仿真调试

为了提高工作效率，Simulink 提供了强大的模型调试功能，利用调试功能，可以方便地对模型进行优化改进。

1. 模型调试器

在 Simulink 界面中的“DEBUG”选项卡的“BREAKPOINTS”选项组中选择“Breakpoints List”→“Debug Model”命令，可以打开如图 13-69 所示的调试器窗口。下面对其中各选项的设置进行讲解。

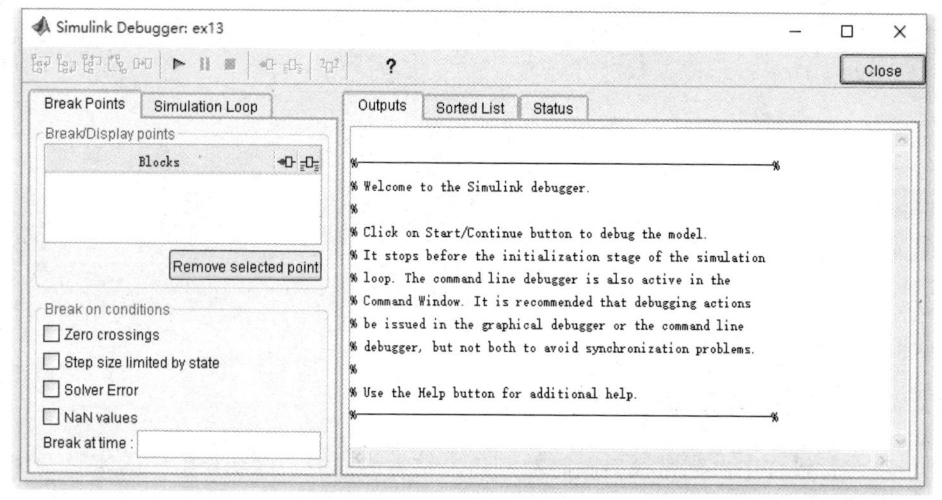

图 13-69　调试器窗口

“Break Points”选项卡：用于设置断点，即当仿真运行到某个模块方法或满足某个条件时停止。

“Simulation Loop”选项卡：包含“Method”“Breakpoints”“ID”3 列内容，用于显示当前仿真步正在运行的相关信息。

“Outputs”标签页：用于显示调试结果，包括调试命令提示、当前运行模块的输入/输出和模块的状态。如果采用命令行调试，那么这些结果在 MATLAB 命令行窗口中也会显示。调试命令提示显示当前仿真时间、仿真名和方法的索引号。

“Sorted List”标签页：用于显示被调试的模块列表，该列表按模块执行的顺序排列。

“Status”标签页：用于显示调试器各种选项设置的值及其他状态信息。

2. 命令行调试及设置断点

通过下面两个命令可以启动调试器：

```
sim('vdp',[0,10],simset('debug','on'))
%使用现有模型配置参数对指定模型进行仿真，并将结果返回 Simulink.SimulationOutput 对象
sldebug('vdp')                                   %在调试模式下启动仿真。其中 vdp 是模型名
```

所谓断点，就是指仿真运行到此处会停止。当仿真遇到断点停止时，可以使用 continue 命令跳过当前断点继续运行，直到下一个断点。

调试器允许定义两种断点，即无条件断点和有条件断点。所谓无条件断点，就是指运行到此处就停止；有条件断点是指当仿真过程中满足用户定义的条件时停止仿真。

如果知道自己的程序中的某一点或当某一条件满足时就会出错，那么设置断点将很有用。设置断点的方式如下。

- 通过调试器的工具栏：先在模型窗口中选择要设置断点的模块，然后单击按钮。可用“Removeselectedpoint”按钮删除已设置好的断点。
- 通过调试器的“Simulation Loop”选项卡：在该选项卡的“Breakpoints”列中选中与要设置的断点对应的复选框即可。

13.6 S 函数

S 函数是一种采用 MATLAB 或 C 语言编写，用以描述动态系统行为的算法代码。通过编写 S 函数，可以向 Simulink 模块中添加自己的算法。

13.6.1 S 函数的工作原理

S 函数采用特殊的调用规则，能够与 Simulink 自身的方程求解器进行交互，这种交互过程与 Simulink 本身标准模块的工作机制几乎完全相同。S 函数支持连续系统、离散系统及混合系统，因此，几乎所有的 Simulink 模块都可以采用 S 函数实现。

S 函数最常用的功能是创建定制的 Simulink 模块（读者可以采用 S 函数实现）。

Simulink 当中的任何模块都是由输入向量 $\boldsymbol{u}$、输出向量 $\boldsymbol{y}$ 和状态向量 $\boldsymbol{x}$ 三部分构成的。各个向量的状态可以是连续的或离散的，也可以是连续离散混合的信号。输入/输出和状态之间的数学关系可以表示为

$$\boldsymbol{y} = f_0(t,\boldsymbol{x},\boldsymbol{u})$$
$$\dot{x}_c = f_d(t,\boldsymbol{x},\boldsymbol{u})$$
$$x_{d_{k+1}=}f_u(t,\boldsymbol{x},\boldsymbol{u})$$
$$\boldsymbol{x} = x_c + x_d$$

Simulink 在仿真过程中会反复调用 S 函数，在调用过程中，Simulink 将调用 S 函数子程序。

13.6.2 编写 S 函数

下面介绍 S 函数中的一些基本概念及如何书写 S 函数。

（1）直通：直通意味着输出或可变采样时间直接受输入信号控制。

（2）动态输入：S 函数可以动态设置输入的向量宽度，在这种情况下，实际输入信号的宽度是由仿真开始时输入信号的宽度决定的，输入信号的宽度又可用来设置连续/离散状态和输出信号的数目。

（3）采样时间的设置：S 函数还支持多速率系统，即在同一个 S 函数中存在多个不同的采样周期。

为了理解以上概念的具体实现，用户可以查阅相应的模块源程序，Simulink 为此提供了大量的例子，它们都放置在指定目录下：

M-files：toolbox/simulink/blocks。

CMEX-files：simulink/src。

下面使用 MATLAB 语言书写 S 函数，称为 M 文件 S 函数，每个 M 文件 S 函数都包含一个如下形式的 M 函数：

```
[sys,x0,str,ts]=f(t,x,u,flag,p1,p2,...)
```

在上述命令中，各参数的含义如表 13-9 所示。这类 S 函数中的 S 函数回调方法是用 M 文件子函数的形式实现的。

表 13-9　各参数的含义

参 数 名	参 数 含 义
f	S 函数的名称
T	当前仿真时间
x	S 函数模块的状态向量
u	S 函数模块输入
flag	用以标示 S 函数当前所处的仿真阶段，以便执行相应的子函数
p1,p2,...	S 函数模块的参数
ts	向 Simulink 返回一个包含采样时间和偏置值的两列矩阵。不同的采样时间设置方法对应不同的矩阵值。如果希望 S 函数在每一个时间步都运行，就将其设为[0,0]；如果希望 S 函数与和它相连的模块以相同的速率运行，就将其设为[-1,0]；如果希望步长可变，就将其设为[2,0]；如果希望从 0.1s 开始，每隔 0.25s 运行一次，就将其设为[0.25,0.1]；如果 S 函数要执行多个任务，而每个任务运行的速率不同，则可设为多维矩阵。例如，需要执行两个任务，此时将矩阵设为[0.25,0;1.0,0.1]
sys	用以向 Simulink 返回仿真结果的变量。根据不同的 flag 值，sys 返回的值也不完全一样
x0	用以向 Simulink 返回初始状态值
str	保留参数

在模型仿真过程中，Simulink 重复地调用 f，并根据 Simulink 所处的仿真阶段为 flag 参量传递不同的值，同时为 sys 变量指定不同的角色（不同的角色对应不同的返回值）。flag 用来标示 f 函数要执行的任务，以便 Simulink 调用相应的子函数，即 S 函数的回调方法。

在编写 M 文件 S 函数时，只需用 MATLAB 语言为每个 flag 值对应的 S 函数方法编写代码即可。表 13-10 列出了各个仿真阶段对应要执行的 S 函数回调方法及相应的 flag 参数值。

表 13-10　各个仿真阶段对应要执行的 S 函数回调方法及相应的 flag 参数值

仿真阶段及方法说明	S 函数回调方法	flag
初始化。定义 S 函数模块的基本特性，包括采样时间、连续或离散状态的初始条件和 Sizes 数组	mdlInitializeSizes	flag=0
计算下一个采样点的绝对时间。该方法只有在读者说明了一个可变的离散采样时间时才可用	mdlGetTimeOfNextVarHit	flag=4
更新离散状态	mdlUpdate	flag=2
计算输出	mdlOutputs	flag=3
计算微分	mdlDerivatives	flag=1
结束仿真	mdlTerminate	flag=9

用户可以通过在 MATLAB 命令行窗口中输入 sfundemos 命令来查看 S 函数示例，如图 13-70 所示。

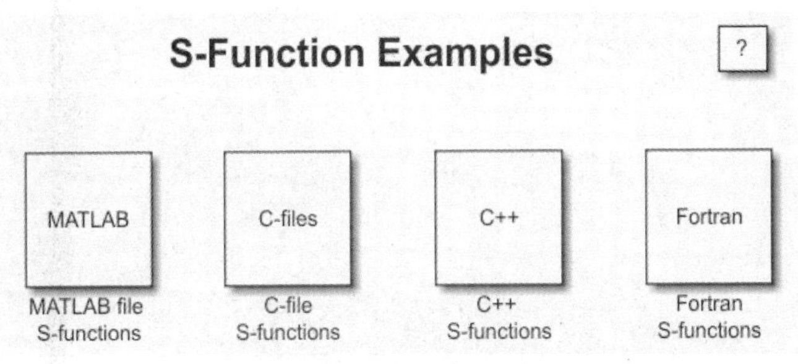

图 13-70　S 函数示例

下面介绍如何利用 User-Defined Functions 库中的 S-Function 模块创建由 MATLAB 语言书写的 M 文件 S 函数。

【例 13-16】单位延迟示例。

（1）双击 User-Defined Functions 库中的 S-Function Examples 模块，然后选择“MATLAB file S-Functions”→“Level-2 MATLAB files”选项，找到 Unitdelay 模型框图并双击它，打开如图 13-71 所示的模型图。

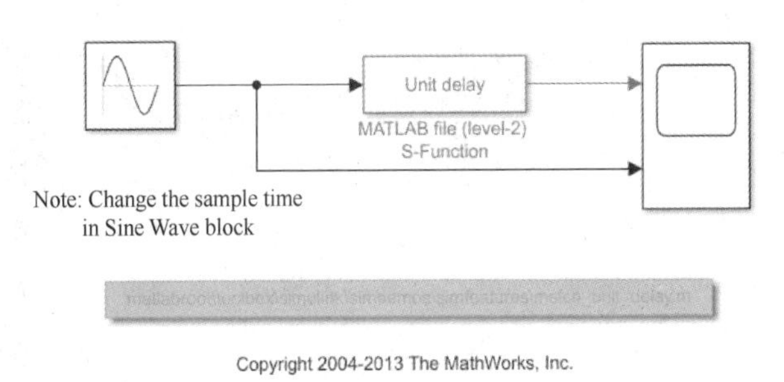

图 13-71　模型图

（2）单击“Run”按钮，仿真结果如图 13-72 所示，上下两个模块的输出结果一样，这就证明 S 函数功能正确。读者可以试着书写自己的 S 函数模块。

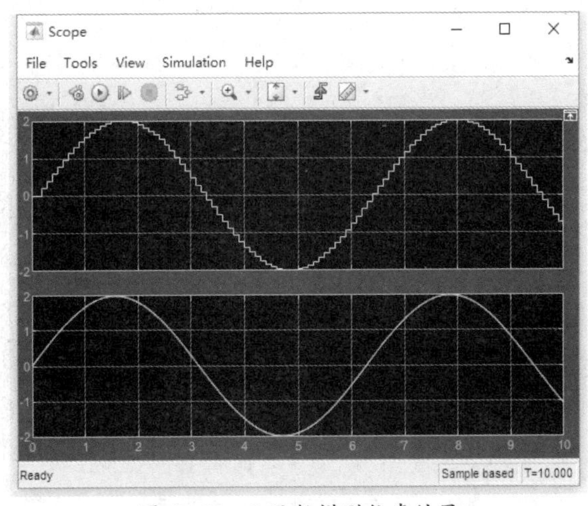

图 13-72　S 函数模型仿真结果

双击模型图下方的蓝底文本，可以查看 S 函数文件内容：

```
function msfcn_unit_delay(block)
% Level-2 MATLAB file S-Function for unit delay demo.
%   Copyright 1990-2009 The MathWorks, Inc.
  setup(block);
%endfunction

function setup(block)
  block.NumDialogPrms  = 1;

  %% Register number of input and output ports
  block.NumInputPorts  = 1;
  block.NumOutputPorts = 1;

  %% Setup functional port properties to dynamically
  %% inherited.
  block.SetPreCompInpPortInfoToDynamic;
  block.SetPreCompOutPortInfoToDynamic;

  block.InputPort(1).Dimensions        = 1;
  block.InputPort(1).DirectFeedthrough = false;

  block.OutputPort(1).Dimensions       = 1;

  %% Set block sample time to [0.1 0]
  block.SampleTimes = [0.1 0];

  %% Set the block simStateCompliance to default (i.e., same as a built-in block)
  block.SimStateCompliance = 'DefaultSimState';

  %% Register methods
  block.RegBlockMethod('PostPropagationSetup',    @DoPostPropSetup);
  block.RegBlockMethod('InitializeConditions',    @InitConditions);
  block.RegBlockMethod('Outputs',                 @Output);
  block.RegBlockMethod('Update',                  @Update);

%endfunction

function DoPostPropSetup(block)
  %% Setup Dwork
  block.NumDworks = 1;
  block.Dwork(1).Name = 'x0';
  block.Dwork(1).Dimensions      = 1;
  block.Dwork(1).DatatypeID      = 0;
  block.Dwork(1).Complexity      = 'Real';
  block.Dwork(1).UsedAsDiscState = true;
%endfunction

function InitConditions(block)
```

```
  %% Initialize Dwork
  block.Dwork(1).Data = block.DialogPrm(1).Data;
%endfunction

function Output(block)
  block.OutputPort(1).Data = block.Dwork(1).Data;
%endfunction

function Update(block)
  block.Dwork(1).Data = block.InputPort(1).Data;
%endfunction
```

13.7　Simulink 与 MATLAB 结合建模实例

本节重点介绍 Simulink 与 MATLAB 结合建模实例，请读者深深体会 Simulink 用来解决实际问题的方便与实效功能。

【例 13-17】 调用 MATLAB 工作空间中的信号矩阵信源。从 MATLAB 工作空间中输入的函数为

$$u(t)=\begin{cases} t & 0\leqslant t<T \\ (3T-t+1)^2 & T\leqslant t<2T \\ 1 & \text{else} \end{cases}$$

（1）编写一个产生信号矩阵的 M 文件，文件名为 souc.m，代码如下：

```
function TU=souc(T0,N0,K)
t=linspace(0,K*T0,K*N0+1);
N=length(t);
u1=t(1:(N0+1));
u2=(t((N0+2):(2*N0+1))-3*T0+1).^2;
u3(1:(N-(2*N0+2)+1))=1;
u=[u1,u2,u3];
TU=[t',u'];
```

（2）构造简单的实验模型，如图 13-73 所示。

（3）在命令行窗口中输入并运行以下指令，以在 MATLAB 工作空间中产生 TU 信号矩阵：

```
>> TU=souc(1,40,2);
```

（4）在 Simulink 模型窗口中单击“Run”按钮，模型运行完之后，双击示波器模块，出现如图 13-74 所示的仿真信号。

下面例举一个分别利用 Simulink 模块和命令代码仿真的实例，请仔细观察并比较两种方法最后的结果。

【例 13-18】 食饵-捕食者模型。

设食饵（如鱼、兔等）数量为 $x(t)$，捕食者（如鲨鱼、狼等）数量为 $y(t)$，则有

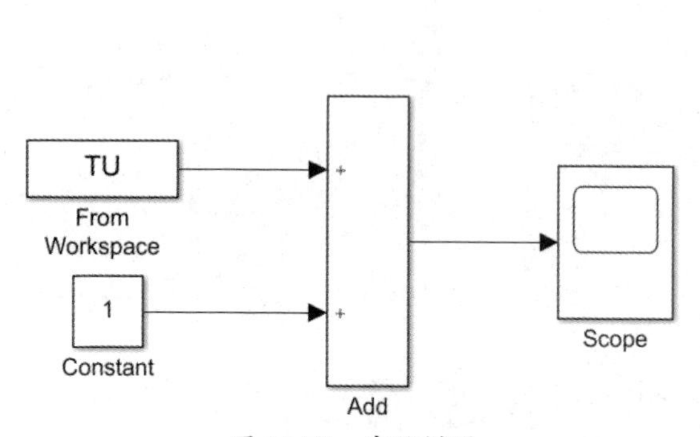

图 13-73　实验模型

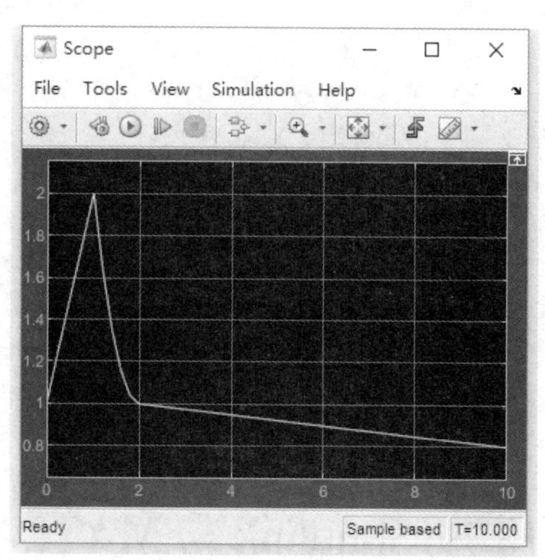

图 13-74　仿真信号

$$\begin{cases} \dot{x} = x(r - ay) \\ \dot{y} = y(-d + bx) \end{cases}$$

或写成矩阵形式：

$$\begin{pmatrix} \dot{x} \\ \dot{y} \end{pmatrix} = \begin{pmatrix} r - ay & 0 \\ 0 & -d + bx \end{pmatrix} \begin{pmatrix} x \\ y \end{pmatrix}$$

设 r=1，d=0.5，a=0.1，b=0.02，$x(0)$=25，$y(0)$=2。求 $x(t)$、$y(t)$和 $y(x)$的图形。

解法 1：先编写 M 文件 shier.m：

```
function xdot=shier(t,x)
r=1; d=0.5;
a=0.1; b=0.02;
xdot=diag([r-a*x(2),-d+b*x(1)])*x;
```

在 MATLAB 的命令行窗口中输入以下命令：

```
>> ts=0:0.1:15;
>> x0=[25,2];
>> [t,x]=ode45('shier',ts,x0);
>> plot(t,x),grid,gtext('x1(t)'),gtext('x2(t)')
>> plot(x(:,1),x(:,2)),grid,xlabel('x1'),ylabel('x2')
```

执行上述代码，结果如图 13-75 所示。

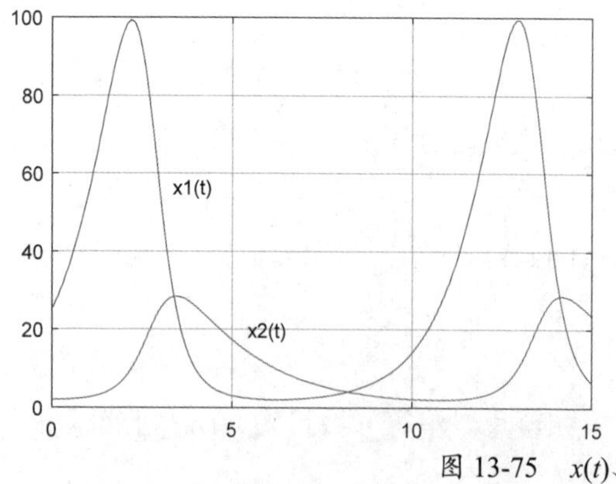

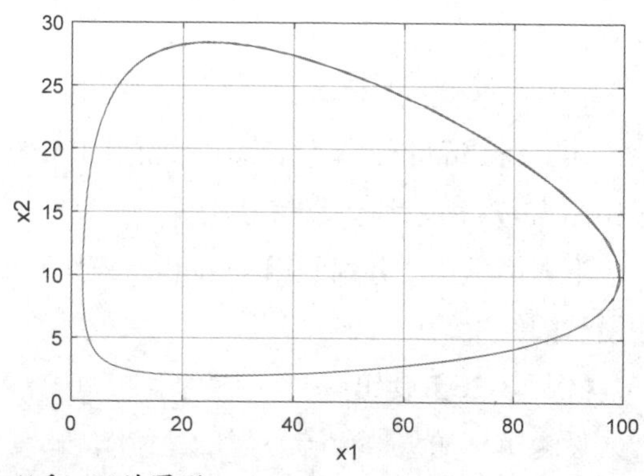

图 13-75　$x(t)$、$y(t)$和 $y(x)$的图形

解法 2：用 Simulink 仿真。Simulink 仿真模型如图 13-76 所示。

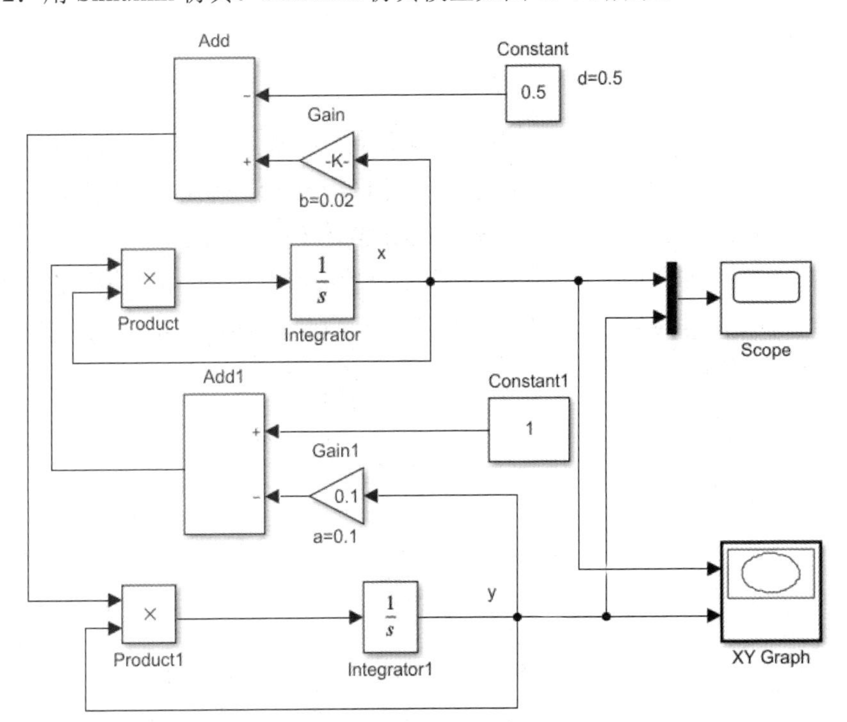

图 13-76　Simulink 仿真模型

启动仿真，运行结果如图 13-77 所示。不难发现，两种解法显示的结果几乎是一样的。

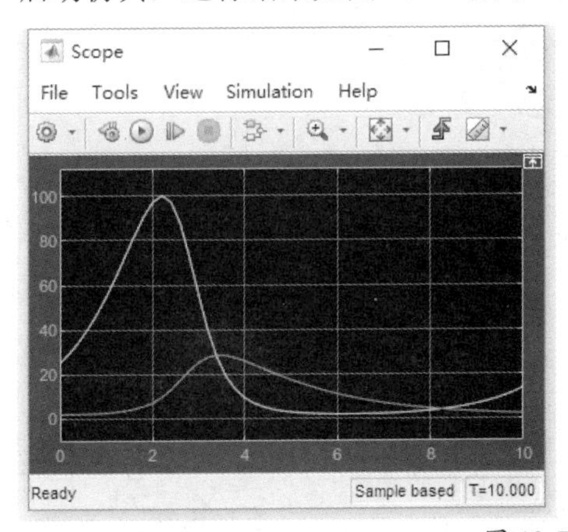

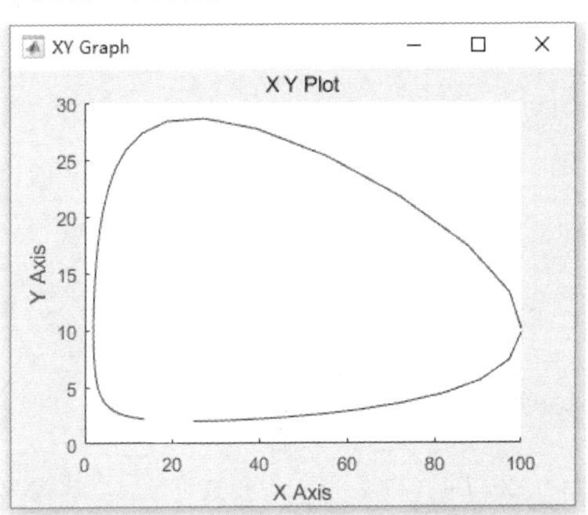

图 13-77　运行结果

提示：

用户也可利用 S 函数（在 User-DefinedFunctios 子库中）自行定义所需模块，但需要为其另外编写 S 函数。

技巧：

例如，上面的模型可利用 S 函数进行简化，只保留输出模块。其中，S 函数模块要调用 M 文件 shier.m，调用方法是双击“S-Function”图标，在出现的对话框的“S-Function”文本框中填写“shier”(不必加扩展名.m)。需要注意的是，此 M 文件须在 MATLAB 的路径中。

13.8 本章小结

本章主要针对 Simulink 仿真的初学者编写而成，从 Simulink 的概念出发，详细地介绍了其工作环境及模型特点，以及模块组成并附实例演示过程。另外，在本章的最后还介绍了 S 函数的概念与应用，以及 Simulink 与 MATLAB 结合建模实例。

Simulink 让用户把精力从编程中转移到模型的构造中去，并为用户省去了许多重复的代码编写工作。希望读者学习完本章以后能够顺利掌握 MATLAB 中 Simulink 模块的操作。

附录 A

Simulink 模块库

Simulink 模块库中的模块如表 A-1 所示。

表 A-1　Simulink 模块库中的模块

序　号	模 块 名 称	功　　能
	Continuous	
1	Derivative	输出信号是输入信号的时间导数
2	Descriptor State-Space	线性隐式系统模型
3	Entity Transport Delay	在 SimEvents 信息传播中引入延迟
4	First Order Hold	在输入信号上实现线性外插一阶保持
5	Integrator	对信号求积分
6	Integrator Limited	根据上下限对信号求积分
7	PID Controller	连续时间或离散时间 PID 控制器
8	PID Controller (2DOF)	连续时间或离散时间双自由度 PID 控制器
9	Second-Order Integrator	对输入信号执行二次积分
10	Second-Order Integrator Limited	基于指定的上下限对输入信号执行二次积分
11	State-Space	实现线性状态空间系统
12	Transfer Fcn	通过传递函数为线性系统建模
13	Transport Delay	按给定的时间量延迟输入
14	Variable Time Delay	按可变时间量延迟输入
15	Variable Transport Delay	按可变时间量延迟输入
16	Zero-Pole	通过零极点增益传递函数进行系统建模

续表

序号	模块名称	功能
	Dashboard	
1	Callback Button	根据用户输入执行 MATLAB 代码
2	Check Box	选择参数或变量值
3	Combo Box	从下拉菜单中选择参数值
4	Custom Gauge	在定制仪表上显示信号值
5	Dashboard Scope	在仿真过程中跟踪信号
6	Display	在仿真期间显示信号值
7	Edit	为参数输入新值
8	Gauge	以圆形刻度显示信号值
9	Half Gauge	以半圆刻度显示输入值
10	Horizontal Gauge	在模拟过程中，在水平可定制仪表上显示信号值
11	Knob	用刻度盘调整参数值
12	Lamp	显示反映输入值的颜色
13	Linear Gauge	以线性刻度显示输入值
14	MultiStateImage	显示图像反射输入值
15	Push Button	设置按下按钮时的参数值
16	Quarter Gauge	按象限刻度显示输入值
17	Radio Button	选择参数值
18	Rocker Switch	在两个值之间切换参数
19	Rotary Switch	切换参数以设置刻度盘上的值
20	Slider	用滑动标尺调整参数值
21	Slider Switch	在两个值之间切换参数
22	Toggle Switch	将参数在两个值之间切换
23	Vertical Gauge	在模拟过程中，在垂直可定制仪表上显示信号值
	Discontinuities	
1	Backlash	对间隙系统行为进行建模
2	Coulomb and Viscous Friction	对值为零时的不连续性及非零时的线性增益建模
3	Dead Zone	提供零值输出区域
4	Dead Zone Dynamic	提供零值输出动态区域
5	Hit Crossing	检测穿越点
6	Quantizer	按给定间隔将输入离散化
7	Rate Limiter	限制信号变化的速率（不可在 Triggered Subsystem 内使用）
8	Rate Limiter Dynamic	限制信号变化的速率（可在 Triggered Subsystem 内使用）
9	Relay	在两个常量输出之间进行切换
10	Saturation	将输入信号限制在饱和上界值和下界值之间
11	Saturation Dynamic	将输入信号限制在动态饱和上界值和下界值之间
12	Wrap To Zero	如果输入大于阈值，将输出设置为零
	Discrete	
1	Delay	按固定或可变采样期间延迟输入信号
2	Difference	计算一个时间步内的信号变化
3	Discrete Derivative	计算离散时间导数

续表

序　号	模块名称	功　　能
	Discrete	
4	Discrete FIR Filter	构建FIR滤波器模型
5	Discrete Filter	构建无限脉冲响应（IIR）滤波器模型
6	Discrete PID Controller	离散时间或连续时间PID控制器
7	Discrete PID Controller (2DOF)	离散时间或连续时间双自由度PID控制器
8	Discrete State-Space	实现离散状态空间系统
9	Discrete Transfer Fcn	实现离散传递函数
10	Discrete Zero-Pole	对由离散传递函数的零点和极点定义的系统建模
11	Discrete-Time Integrator	执行信号的离散时间积分或累积
12	First-Order Hold (Obsolete)	实施一阶抽样保留
13	Memory	输出上一个时间步的输入
14	Resettable Delay	通过可变采样周期延迟输入信号，并用外部信号重置
15	Tapped Delay	将标量信号延迟多个采样期间并输出所有延迟版本
16	Transfer Fcn First Order	实现离散时间一阶传递函数
17	Transfer Fcn Lead or Lag	实现离散时间前导或滞后补偿器
18	Transfer Fcn Real Zero	实现实数零无极点的离散时间传递函数
19	Unit Delay	将信号延迟一个采样期间
20	Variable Integer Delay	按可变采样期间延迟输入信号
21	Zero-Order Hold	实现零阶保持采样期间
	Logic and Bit Operations	
1	Bit Clear	将存储整数的指定位设置为0
2	Bit Set	将存储整数的指定位设置为1
3	Bitwise Operator	对输入执行指定的按位运算
4	Combinatorial Logic	实现真值表
5	Compare To Constant	确定信号与指定常量的比较方式
6	Compare To Zero	确定信号与零的比较方式
7	Detect Change	检测信号值的变化
8	Detect Decrease	检测信号值下降
9	Detect Fall Negative	当信号值降到严格的负值时，检测下降沿，其先前值为非负值
10	Detect Fall Nonpositive	当信号值降到非正值时，检测下降沿，其先前值严格为正
11	Detect Increase	检测信号值的增长
12	Detect Rise Nonnegative	当信号值增大到非负值时，检测上升沿，且其先前值严格为负值
13	Detect Rise Positive	上升沿检测（当信号值从上一个严格意义上的负值变为非负值时）
14	Extract Bits	输出从输入信号选择的连续位
15	Interval Test	确定信号是否在指定区间内
16	Interval Test Dynamic	确定信号是否在规定的时间间隔内
17	Logical Operator	对输入执行指定的逻辑运算
18	Relational Operator	对输入执行指定的关系运算
19	Shift Arithmetic	移动信号的位或二进制小数点

续表

序　号	模块名称	功　能
	Lookup Tables	
1	1-D Lookup Table	逼近一维函数
2	2-D Lookup Table	逼近二维函数
3	Direct Lookup Table (n-D)	为 N 维表进行索引，以检索元素、向量或二维矩阵
4	Interpolation Using Prelookup	使用预先计算的索引和区间比值快速逼近 N 维函数
5	Lookup Table Dynamic	使用动态表逼近一维函数
6	Prelookup	计算 Interpolation Using Prelookup 模块的索引和区间比
7	Sine 和 Cosine 模块	通过象限波对称性的查找表方法实现定点正弦波或余弦波
8	n-D Lookup Table	逼近 N 维函数
	Math Operations	
1	Abs	输出/输入信号的绝对值
2	Add	输入信号的加减运算
3	Algebraic Constraint	限制输入信号
4	Assignment	为指定的信号元素赋值
5	Bias	为输入添加偏差
6	Complex to Magnitude-Angle	计算复信号的幅值和或相位角
7	Complex to Real-Imag	输出复数输入信号的实部和虚部
8	Divide	一个输入除以另一个输入
9	Dot Product	生成两个向量的点积
10	Find Nonzero Elements	查找数组中的非零元素
11	Gain	将输入乘以常量
12	Magnitude-Angle to Complex	将幅值和或相位角信号转换为复信号
13	Math Function	执行数学函数
14	MinMax	输出最小/最大输入值
15	MinMax Running Resettable	确定信号随时间改变的最小值或最大值
16	Permute Dimensions	重新排列多维数组的维度
17	Polynomial	对输入值执行多项式系数计算
18	Product	标量和非标量的乘除运算或矩阵的乘法和逆运算
19	Product of Elements	复制或求一个标量输入的倒数，或者缩减一个非标量输入
20	Real-Imag to Complex	将实和/或虚输入转换为复信号
21	Reshape	更改信号的维度
22	Rounding Function	对信号应用舍入函数
23	Sign	指示输入的符号
24	Sine Wave Function	使用外部信号作为时间源来生成正弦波
25	Slider Gain	使用滑块更改标量增益
26	Sqrt	计算平方根、带符号的平方根或平方根的倒数
27	Squeeze	从多维信号中删除单一维度
28	Trigonometric Function	指定应用于输入信号的三角函数
29	Unary Minus	对输入求反
30	Vector Concatenate、Matrix Concatenate	串联相同数据类型的输入信号以生成连续输出信号
31	Weighted Sample Time Math	支持涉及采样时间的计算

续表

序 号	模块名称	功 能
	Messages & Events	
1	Hit Crossing	检测穿越点
2	Queue	将消息和实体排队
3	Receive	从收到的消息中提取数据
4	Send	创建并发送消息
5	Sequence Viewer	在模拟过程中显示块之间的消息、事件、状态、转换和功能
	Model Verification	
1	Assertion	检查信号是否为零
2	Check Dynamic Gap	检查信号振幅范围内是否出现宽度可能变化的间隙
3	Check Dynamic Range	检查信号是否落在随时间步长变化的振幅范围内
4	Check Static Gap	检查信号振幅范围内是否存在间隙
5	Check Static Range	检查信号是否在固定的振幅范围内
6	Check Discrete Gradient	检查离散信号连续采样间差值的绝对值是否小于上限值
7	Check Dynamic Lower Bound	检查一个信号始终小于另一个信号
8	Check Dynamic Upper Bound	检查一个信号是否总大于另一个信号
9	Check Input Resolution	检查输入信号是否具有规定的分辨率
10	Check Static Lower Bound	检查信号是否大于（或等于）静态下限值
11	Check Static Upper Bound	检查信号是否小于（或可选地等于）静态上限值
	Model-Wide Utilities	
1	Block Support Table	Simulink 模块的视图数据类型支持
2	DocBlock	创建用以说明模型的文本并随模型保存文本
3	Model Info	显示模型属性和模型中的文本
4	Timed-Based Linearization	特定时间内在基础工作空间中生成线性模型
5	Trigger-Based Linearization	触发时在基本工作空间中生成线性模型
	Ports and Subsystems	
1	Configurable Subsystem	表示从用户指定的模块库中选择的任何模块
2	Enable	将使能端口添加到子系统或模型中
3	Enabled Subsystem	由外部输入使能执行的子系统
4	Enabled and Triggered Subsystem	由外部输入使能和触发执行的子系统
5	For Each Subsystem	对输入信号的每个元素或子数组都执行一遍运算，再将运算结果串联起来的子系统
6	For Iterator Subsystem	在仿真时间步期间重复执行的子系统
7	Function-Call Feedback Latch	中断函数调用块之间涉及数据信号的反馈回路
8	Function-Call Generator	提供函数调用事件以控制子系统或模型的执行
9	Function-Call Split	提供连接点以拆分函数调用信号线
10	Function-Call Subsystem	其执行由外部函数调用输入控制的子系统
11	If	使用类似于 if-else 语句的逻辑选择子系统执行
12	If Action Subsystem	执行由 If 模块使能的子系统
13	In Bus Element	选择连接到输入端口的信号
14	Inport	为子系统或外部输入创建输入端口
15	Model	引用另一个模型创建模型层次结构

续表

序　号	模 块 名 称	功　　能
	Ports and Subsystems	
16	Out Bus Element	指定连接到输出端口的信号
17	Outport	为子系统或外部输出创建输出端口
18	Resettable Subsystem	其块状态是用外部触发器重置的子系统
19	Subsystem、Atomic Subsystem、CodeReuse Subsystem	对各模块进行分组以创建模型层次结构
20	Switch Case	使用类似于 switch 语句的逻辑选择子系统执行
21	Switch Case Action Subsystem	由 Switch Case 模块启用其执行的子系统
22	Trigger	向子系统或模型添加触发器或函数端口
23	Triggered Subsystem	由外部输入触发执行的子系统
24	Unit System Configuration	将单位限制为指定的允许单位制
25	While Iterator Subsystem	在仿真时间步期间重复执行的子系统
26	可变子系统、变体模型	包含 Subsystem 模块或 Model 模块作为变体选择项的模板子系统
	Signal Attributes	
1	Bus to Vector	将虚拟总线转换为向量
2	Data Type Conversion	将输入信号转换为指定的数据类型
3	Data Type Conversion Inherited	使用继承的数据类型和定标将一种数据类型转换为另一种数据类型
4	Data Type Duplicate	强制所有输入为同一数据类型
5	Data Type Propagation	根据参考信号的信息设置传播信号的数据类型和缩放比例
6	Data Type Scaling Strip	删除缩放比例并映射到内置整数
7	IC	设置信号的初始值
8	Probe	输出信号属性，包括宽度、维数、采样时间和复信号标志
9	Rate Transition	处理以不同速率运行的模块之间的数据传输
10	Signal Conversion	将信号转换为新类型，而不改变信号值
11	Signal Specification	指定信号所需的维度、采样时间、数据类型、数值类型和其他属性
12	Unit Conversion	转换单位
13	Weighted Sample Time	支持涉及采样时间的计算
14	Width	输入向量的输出宽度
	Signal Routing	
1	Bus Assignment	替换指定的总线元素
2	Bus Creator	根据输入信号创建总线
3	Bus Selector	从传入总线中选择信号
4	Data Store Memory	定义数据存储
5	Data Store Read	从数据存储中读取数据
6	Data Store Write	向数据存储中写入数据
7	Demux	提取并输出虚拟向量信号的元素
8	Environment Controller	创建只适用于模拟或代码生成的框图分支
9	From	接收来自 Goto 模块的输入
10	Goto	将模块输入传递给 From 模块
11	Goto Tag Visibility	定义 Goto 模块标记的作用域
12	Index Vector	基于第一个输入值在不同输入之间切换输出

续表

序　号	模 块 名 称	功　　能
	Signal Routing	
13	Manual Switch	在两个输入之间切换
14	Manual Variant Sink	在输出端的多个变体选择项之间切换
15	Manual Variant Source	输入时在多个变量选择之间切换
16	Merge	将多个信号合并为单个信号
17	Multiport Switch	基于控制信号选择输出信号
18	Mux	将相同数据类型和数值类型的输入信号合并为虚拟向量
19	Parameter Writer	写入模型实例参数
20	Selector	从向量、矩阵或多维信号中选择输入元素
21	State Reader	读取块状态
22	State Writer	写入块状态
23	Switch	将多个信号合并为单个信号（根据第二个输入信号的值传递第一个或第三个输入信号）
24	Variant Sink	使用变量在多个输出之间路由
25	Variant Source	使用变量在多个输入之间路由
26	Vector Concatenate、Matrix Concatenate	串联相同数据类型的输入信号以生成连续输出信号
	Sinks	
1	Display	显示输入的值
2	Floating Scope	显示仿真过程中生成的信号，无信号线
3	Out Bus Element	指定连接到输出端口的信号
4	Outport	为子系统或外部输出创建输出端口
5	Scope	显示仿真过程中生成的信号
6	Stop Simulation	当输入为非零值时停止仿真
7	Terminator	终止未连接的输出端口
8	To File	将数据写入文件中
9	To Workspace	将数据写入工作空间中
10	XY Graph	使用 MATLAB 图形窗口显示信号的 XY 图形
	Sources	
1	Band-Limited White Noise	在连续系统中引入白噪声
2	Chirp Signal	生成频率不断增加的正弦波
3	Clock	显示并提供仿真时间
4	Constant	生成常量值
5	Counter Free-Running	进行累加计数并在达到指定位数的最大值后溢出归零
6	Counter Limited	进行累加计数，并在输出达到指定的上限后绕回 0
7	Digital Clock	以指定的采样间隔输出仿真时间
8	Enumerated Constant	生成枚举常量值
9	From File	从 MAT 文件中加载数据
10	From Spreadsheet	从电子表格中读取数据
11	From Workspace	从工作空间中加载信号数据
12	Ground	将未连接的输入端口接地
13	In Bus Element	选择连接到输入端口的信号

续表

序　号	模块名称	功　能
	Sources	
14	Inport	为子系统或外部输入创建输入端口
15	Pulse Generator	按固定间隔生成方波脉冲
16	Ramp	生成持续上升或下降的信号
17	Random Number	生成高斯分布的随机数
18	Repeating Sequence	生成任意形状的周期信号
19	Repeating Sequence Interpolated	输出并重复离散时间序列，从而在数据点之间插值
20	Repeating Sequence Stair	输出并重复离散时间序列
21	Signal Builder	创建和生成可交替的具有分段线性波形的信号组
22	Signal Editor	显示、创建、编辑和切换可互换方案
23	Signal Generator	生成各种波形
24	Sine Wave	使用仿真时间作为时间源以生成正弦波
25	Step	生成阶跃函数
26	Uniform Random Number	生成均匀分布的随机数
27	Waveform Generator	使用信号符号输出波形
	String	
1	ASCII to String	将 Uint8 向量信号转换为字符串信号
2	Compose String	根据指定的格式和输入信号组成输出字符串信号
3	Scan String	扫描输入字符串并按指定格式转换为信号
4	String Compare	比较两个输入字符串
5	String Concatenate	串联各个输入字符串以形成一个输出字符串
6	String Constant	输出指定字符串
7	String Contains	确定字符串是包含模式、以模式开头还是以模式结尾
8	String Count	计算字符串中模式的出现次数
9	String Find	返回模式字符串第一次出现的索引
10	String Length	输入字符串中的输出字符数
11	String to ASCII	将字符串信号转换为 uint8 向量
12	String to Double	将字符串信号转换为双精度信号
13	String to Enum	将字符串信号转换为枚举信号
14	String to Single	将字符串信号转换为单个信号
15	Substring	从输入字符串信号中提取子串
16	To String	将输入信号转换为字符串信号
	User-Defined Functions	
1	C Caller	在 Simulink 中集成 C 代码
2	Fcn	将指定的表达式应用于输入（不推荐）
3	Function Caller	调用 Simulink 或导出的 Stateflow 函数
4	Initialize Function	在发生模型初始化事件时执行内容
5	Interpreted MATLAB Function	将 MATLAB 函数或表达式应用于输入
6	Level-2 MATLAB S-Function	在模型中使用 Level-2 MATLAB S-Function
7	MATLAB Function	将 MATLAB 代码包含在生成可嵌入式 C 代码的模型中
8	MATLAB System	在模型中包含 System object

续表

序　号	模 块 名 称	功　　能
	User-Defined Functions	
9	Reset Function	对模型重置事件执行内容
10	S-Function	在模型中包含 S-Function
11	S-Function Builder	集成 C 或 C++代码以创建 S-Function
12	Simulink Function	使用 Simulink 模块定义的函数
13	Terminate Function	在模型终止事件上执行内容
	Additional Math and Discrete	
1	Fixed-Point State-Space	实现离散时间状态空间
2	Transfer Fcn Direct Form II	实现直接传递函数 II
3	Transfer Fcn Direct Form II Time Varying	实现以时变形式直接传递函数 II
4	Decrement Real World	将信号的真实值加 1
5	Decrement Stored Integer	将信号的存储整数值减 1
6	Decrement Time To Zero	通过采样时间减小信号的真实值，但仅限为零
7	Decrement To Zero	将信号的真实值减 1，但仅限为零
8	Increment Real World	将信号的真实值加 1
9	Increment Stored Integer	将信号的存储整数值加 1

参考文献

[1] 付文利，刘刚．MATLAB 编程指南[M]．北京：清华大学出版社，2017．

[2] 张志涌，杨祖樱．MATLAB 教程[M]．北京：北京航空航天大学出版社，2015．

[3] 周开利，邓春晖．MATLAB 基础及其应用教程[M]．北京：北京大学出版社，2007．

[4] 李宏艳，郭志强，李清华，等．数学实验 MATLAB 版[M]．北京：清华大学出版社，2015．

[5] 李海涛，邓樱．MATLAB 程序设计教程[M]．北京：高等教育出版社，2010．

[6] 管爱红，张红梅，杨铁军，等．MATLAB 基础及其应用教程[M]．北京：电子工业出版社，2009．

[7] 李献，骆志伟，于晋臣．MATLAB/Simulink 系统仿真[M]．北京：清华大学出版社，2017．

[8] 刘超，高双．MATLAB 基础与实践教程[M]．2 版．北京：机械工业出版社，2016．

[9] 穆尔，MATLAB 实用教程[M]．2 版．高会生，刘童娜，刘聪聪，译．北京：电子工业出版社，2010．

[10] 刘浩，韩晶．MATLAB R2012a 完全自学一本通（升级版）[M]．北京：电子工业出版社，2013．

[11] 史洁玉，孔玲军．MATLAB R2012a 超级学习手册[M]．北京：人民邮电出版社，2013．

[12] 郑阿奇．MATLAB 实用教程[M]．4 版．北京：电子工业出版社，2016．